工业和信息化普通高等教育"十二五"规划教材

21世纪高等教育计算机规划教材

信息安全技术与应用

Technology and Application of
Information Security

彭新光 王峥 主编

张辉 郭昊 朱晓军 编著

人民邮电出版社

北 京

图书在版编目（CIP）数据

信息安全技术与应用 / 彭新光，王峥主编；张辉，
郭昊，朱晓军编著. — 北京 : 人民邮电出版社，2013.3（2022.10 重印）
21世纪高等教育计算机规划教材
ISBN 978-7-115-30247-2

Ⅰ．①信… Ⅱ．①彭… ②王… ③张… ④郭… ⑤朱
… Ⅲ．①信息安全－高等学校－教材 Ⅳ．①G203

中国版本图书馆CIP数据核字(2013)第015149号

内 容 提 要

本书从信息安全基础理论、工作原理、技术应用和工程实践多个方面对信息安全技术进行了全面与系统的介绍，内容覆盖了当前信息安全领域的核心技术，包括信息安全概述、密码技术、身份认证、访问控制、防火墙、攻击技术分析、入侵检测、病毒防治、安全通信协议、邮件系统安全和无线网络安全。书中介绍的各种信息安全技术可直接应用于网络信息系统安全保障工程。

本书采用理论、原理、技术和应用为主线的层次知识体系撰写风格，不仅可作为高等院校计算机、软件工程、物联网工程、网络工程、电子商务等相关专业教材，也适用于信息安全技术培训或信息安全工程技术人员使用。

◆ 主　　编　彭新光　王　峥

　　编　　著　张　辉　郭　昊　朱晓军

　　责任编辑　邹文波

◆ 人民邮电出版社出版发行　　北京市丰台区成寿寺路 11 号
　　邮编　100164　　电子邮件　315@ptpress.com.cn
　　网址　http://www.ptpress.com.cn
　　北京七彩京通数码快印有限公司印刷

◆ 开本：787×1092　　1/16
　　印张：17.75　　　　　　　　　　2013 年 3 月第 1 版
　　字数：462 千字　　　　　　　　2022 年 10 月北京第 15 次印刷

ISBN 978-7-115-30247-2

定价：35.00 元

读者服务热线：(010)81055256　印装质量热线：(010)81055316
反盗版热线：(010)81055315

前　言

随着网络应用的普及和信息化建设的快速推进，网络基础设施与信息系统已经渗透到社会的政治、经济、文化、军事、意识形态和社会生活的各个方面。特别是随着近年来电子商务、电子政务、办公自动化和企事业单位信息化建设的飞速发展，网络攻击、计算机病毒、特洛伊木马、网络窃听、邮件截获、滥用特权等各种恶意行为频繁发生。针对重要信息资源和网络基础设施的蓄意破环、篡改、窃听、假冒、泄露、非法访问等入侵行为对国家安全、经济和社会生活造成了极大的威胁，因此，信息安全已成为当今世界各国共同关注的焦点。我国网络基础设施和信息系统安全保障建设远滞后于信息化发展，尽管安全意识不断增强，但缺乏信息安全防护措施。特别是国家强制实施信息安全等级保护工作以来，越来越多的相关专业技术人员需要学习和掌握信息安全技术与应用技能。

信息安全是一个涉及计算机科学、网络技术、软件工程、通信技术、密码技术、法律、法规、管理、教育等多个领域的复杂系统工程。本书按照信息安全基础理论、工作原理、技术应用和工程实践层次体系结构组织教学内容。对当前信息安全领域的核心技术进行了全面与系统地介绍，内容包括信息安全概述、密码技术、身份认证与访问控制、防火墙工作原理及应用、攻击技术分析、入侵检测系统、病毒防治、安全通信协议、电子邮件系统安全和无线网络安全。在强调基础理论和工作原理的基础上，注重安全解决方案、选择、集成、配置、评估、维护和管理信息安全保障系统的工程实践技能。为方便读者学习、分析、设计和实践信息安全技术，多数应用实例均取自优秀的信息安全开源项目。在撰写风格上力求做到深入浅出、概念清晰和通俗易懂。

此外，本书配有电子课件，教师可以根据课时需要进行裁减。本书配套的教学课件可从人邮教育社区（www.ryjiaoyu.com）上免费下载。

本书由彭新光和王峥任主编，负责全书体系结构、内容范围、撰写风格的制订以及统稿、编著等组织工作，全书由陈俊杰教授主审。全书共分 10 章，其中第 1 章、第 6 章、第 10 章由彭新光编写，第 2 章、第 5 章、第 7 章由王峥编写，第 3 章由郭昊编写，第 4 章、第 8 章由张辉编写，第 9 章由朱晓军编写。

在编写此书的过程中，邀请了多位信息安全企业专家审定教学内容，他们提供了许多建设性意见。陈俊杰教授认真审阅了全书，提出了许多宝贵修改意见。冯秀芳教授和李海芳教授对本书的编写也给予了大力支持和热心帮助，谨向他们表示衷心的感谢。

尽管编著者尽心尽力编写各章内容，但信息安全技术涉及的知识面十分广泛，书中难免存在一些缺点和错误，恳请广大读者批评指正。

编著者
2012 年 12 月

目 录

第1章
信息安全概述

随着 Internet 迅猛发展和网络社会化的到来，网络已经无所不在地影响着社会的政治、经济、文化、军事、意识形态和社会生活的各个方面。同时在全球范围内，针对重要信息资源和网络基础设施的入侵行为和企图入侵行为的数量仍在持续不断增加，网络攻击与入侵行为对国家安全、经济和社会生活造成了极大的威胁。因此，信息安全已成为世界各国当今共同关注的焦点。

1.1　信息安全基本概念

1.1.1　信息安全定义

安全在字典中的定义是为防范间谍活动或蓄意破坏、犯罪、攻击而采取的措施，将安全的一般含义限定在网络与信息系统范畴，信息安全就是为防范计算机网络硬件、软件、数据偶然或蓄意破坏、篡改、窃听、假冒、泄露、非法访问和保护网络系统持续有效工作的措施总和。

1. 信息安全保护范围

信息安全、网络安全与计算机系统安全和密码安全密切相关，但涉及的保护范围不同。信息安全所涉及的保护范围包括所有信息资源，计算机系统安全将保护范围限定在计算机系统硬件、软件、文件和数据范畴，安全措施通过限制使用计算机的物理场所和利用专用软件或操作系统来实现。密码安全是信息安全、网络安全和计算机系统安全的基础与核心，密码安全是身份认证、访问控制、拒绝否认和防止信息窃取的有效手段。信息安全、网络安全、计算机系统安全和密码安全的关系如图 1.1 所示。

2. 信息安全侧重点

事实上，信息安全也可以看成是计算机网络上的信息安全，凡涉及网络信息的可靠性、保密性、完整性、有效性、可控性和拒绝否认性的理论、技术与管理都属于信息安全的研究范畴，只是不同人员或部门对信息安全关注的侧重点有所不同。信息安全研究人员更关注从理论上采用数学方法精确描述安全属性，通过安全模型来解决信息安全问题。信息安全工程人员从实际应用角度对成熟的信息安全解决方案和新型信息安全产品更感兴趣，他们更关心各种安全防范工具、操作系统防护技术和安全应急处理措施。信息安全评估人员较多关注的是信息安全评价标准、安全等级划分、安全产品测评方法与工具、网络信息采集以及网络攻击技术。网络安全管理或信息安全管理人员通常更关心信息安全管理策略、身份认证、访问控制、入侵检测、网络与系统安全审计、信息安全

图 1.1　信息安全保护范围

应急响应、计算机病毒防治等安全技术，因为他们负责配置与维护网络信息系统在保护授权用户方便访问信息资源的同时，必须防范非法访问、病毒感染、黑客攻击、服务中断、垃圾邮件等各种威胁，一旦系统遭到破坏、数据或文件丢失后，能够采取相应的信息安全应急响应措施予以补救。对国家安全保密部门来说，必须了解网络信息泄露、窃听和过滤的各种技术手段，避免涉及国家政治、军事、经济等重要机密信息的无意或有意泄露；抑制和过滤威胁国家安全的反动与邪教等意识形态信息传播，以免给国家造成重大经济损失，甚至危害到国家安全。对公共安全部门而言，应当熟悉国家和行业部门颁布的常用信息安全监察法律法规、信息安全取证、信息安全审计、知识产权保护、社会文化安全等技术，一旦发现窃取或破坏商业机密信息、软件盗版、电子出版物侵权、色情与暴力信息传播等各种网络违法犯罪行为，能够取得可信的、完整的、准确的、符合国家法律法规的诉讼证据。军事人员则更关心信息对抗、信息加密、安全通信协议、无线网络安全、入侵攻击、网络病毒传播等信息安全综合技术，通过综合利用信息安全技术夺取网络信息优势；扰乱敌方指挥系统；摧毁敌方网络基础设施和信息系统，以便赢得未来信息战争的决胜权。也许最关注信息安全问题的是广泛使用计算机及网络的个人或企业用户，在网络与信息系统为工作、生活和商务活动带来便捷的同时，他们更关心如何保护个人隐私和商业信息不被窃取、篡改、破坏和非法存取，确保网络信息的保密性、完整性、有效性和拒绝否认性。

1.1.2　信息安全目标

信息安全的最终目标就是通过各种技术与管理手段实现网络信息系统的可靠性、保密性、完整性、有效性、可控性和拒绝否认性。可靠性（reliability）是所有信息系统正常运行的基本前提，通常指信息系统能够在规定的条件与时间内完成规定功能的特性。可控性（controllability）是指信息系统对信息内容和传输具有控制能力的特性。拒绝否认性（no-repudiation）也称为不可抵赖性或不可否认性，是指通信双方不能抵赖或否认已完成的操作和承诺，利用数字签名能够防止通信双方否认曾经发送和接收信息的事实。在多数情况下，信息安全更侧重强调网络信息的保密性、完整性和有效性。

1. 保密性

保密性（confidentiality）是指信息系统防止信息非法泄露的特性，信息只限于授权用户使用。保密性主要通过信息加密、身份认证、访问控制、安全通信协议等技术实现，信息加密是防止信息非法泄露的最基本手段。口令加密可以防止密码被盗，保护密码是防止信息泄露的关键。如果密码以明文形式传输，在网络上窃取密码是一件十分简单的事情。事实上，大多数信息安全防护系统都采用了基于密码的技术，密码一旦泄露，就意味着整个安全防护系统的全面崩溃。机密文件和重要电子邮件在 Internet 上传输也需要加密，加密后的文件和邮件即使被劫持，尽管多数加密算法是公开的，但由于没有正确密钥进行解密，劫持的密文仍然是不可读的。此外，机密文件即使不在网络上传输，也应该进行加密；否则，窃取密码就可以获得机密文件。对机密文件加密可以提供双重保护。

2. 完整性

完整性（integrity）是指信息未经授权不能改变的特性，完整性与保密性强调的侧重点不同。保密性强调信息不能非法泄露，而完整性强调信息在存储和传输过程中不能被偶然或蓄意修改、删除、伪造、添加、破坏或丢失，信息在存储和传输过程中必须保持原样。信息完整性表明了信息的可靠性、正确性、有效性和一致性，只有完整的信息才是可信任的信息。影响信息完整性的因素主要有硬件故障、软件故障、网络故障、灾害事件、入侵攻击、计算机病毒等，保障信息完整性的技术主要有安全通信协议、密码校验、数字签名等。实际上，数据备份是防范信息完整性受到破坏时的最有效恢复手段。

3. 有效性

有效性（availability）是指信息资源容许授权用户按需访问的特性，有效性是信息系统面向用户服务的安全特性。信息系统只有持续有效，授权用户才能随时、随地根据自己的需要访问信息系统提供的服务。有效性在强调面向用户服务的同时，还必须进行身份认证与访问控制，只有合法用户才能访问限定权限的信息资源。一般而言，如果网络信息系统能够满足保密性、完整性和有效性3个安全目标，信息系统在通常意义下就可认为是安全的。

1.1.3 信息安全模型

为了实现信息安全目标，安全研究人员希望通过构造信息安全理论模型获得完整的信息安全解决方案。早期的信息安全模型主要从安全操作系统、信息加密、身份认证、访问控制、服务安全访问等方面来保障网络信息系统的安全性，但信息安全解决方案是一个涉及法律、法规、管理、技术和教育等多个因素的复杂系统工程，单凭几个安全技术不可能保障网络信息系统的安全性。事实上，安全只具有相对意义，绝对的安全只是一个理念，任何安全模型都不可能将所有可能的安全隐患都考虑周全。因此，理想的信息安全模型永远不会存在。

由 Internet 安全系统公司（Internet security systems，ISS）提出的著名 PPDR（policy protection detection response）信息安全模型在国际上公认为具有一定的可操作性，ISS 公司最早提出的是 PDR（protection detection response）模型，PPDR 模型是 PDR 模型的改进版。许多信息安全公司出于商业策略考虑，也分别提出了各自的信息安全模型，但本质内容仍然来自 PPDR 模型。包括 ISS 公司也将 PPDR 模型改版为 PADIMEE 模型，PADIMEE 分别表示策略（policy）、评估（assessment）、设计（design）、履行（implementation）、管理（management）、应急响应（emergency response）和教育（education）。

PPDR 信息安全模型如图 1.2 所示，包括安全策略、保护、检测和响应四个部分。安全策略是 PPDR 模型的核心，是围绕安全目标、依据信息系统具体应用、针对信息安全等级在信息安全管理过程中必须遵守的原则。安全策略的制定与实施依赖于安全技术、安全管理和法律法规，先进的信息安全技术为信息安全防范提供了技术保障；严格的信息安全管理为实施安全策略提供了基础；完善的法律法规为制定信息安全策略提供了坚强后盾。

图 1.2 PPDR 信息安全模型

安全保护是网络安全的第一道防线，包括安全细则、安全配置和各种安全防御措施，能够阻止决大多数网络入侵和危害行为。安全细则是在安全策略基础上根据不同网络应用制定的规章制度，安全配置主要是在安全策略指导下确保服务安全与合理分配用户权限，安全防御措施主要包括信息加密、身份认证、访问控制、防火墙、病毒防治、风险评估、虚拟专用网（virtual private network，VPN）等安全防范组件。入侵检测是网络信息安全的第二道防线，目的是采用主动出击方式实时检测合法用户滥用特权、第一道防线遗漏的攻击、未知攻击和各种威胁信息安全的异常行为，通过安全监控中心掌握整个网络与信息系统的运行状态，采用与安全防御措施联动方式尽可能降低威胁网络与信息系统安全的风险。发现恶意攻击或威胁信息安全的异常行为以后，应急响应能够在信息系统受到危害之前，采用用户定义或自动响应方式及时阻断进一步的破坏活动。通过详细

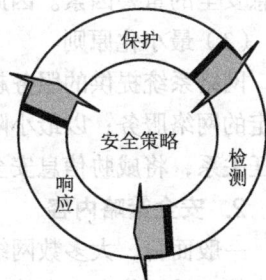

记录入侵过程为入侵跟踪和计算机取证奠定基础，应急响应通常还包括数据和系统恢复措施，最大程度地减小破坏造成的损失。

1.1.4 信息安全策略

信息安全策略是保障机构信息安全的指导文件，一般而言，信息安全策略包括总体安全策略和具体安全管理实施细则。总体安全策略用于构建机构信息安全框架和战略指导方针，包括分析安全需求、分析安全威胁、定义安全目标、确定安全保护范围、分配部门责任、配备人力物力、确认违反策略的行为和相应的制裁措施。总体安全策略只是一个安全指导思想，还不能具体实施，在总体安全策略框架下针对特定应用制定的安全管理细则才规定了具体的实施方法和内容。

1. 安全策略总则

无论是制定总体安全策略，还是制定安全管理实施细则，都应当根据信息安全特点遵守均衡性、时效性和最小限度共性原则。

（1）均衡性原则

由于软件漏洞、协议漏洞、管理漏洞和网络威胁永远不可能消除，信息安全必定是计算机网络的永恒主题。无论制定多么完善的信息安全策略，还是使用多么先进的信息安全技术，信息安全也只是一个相对概念，因为世上没有绝对的安全系统。此外，信息系统易用性和效能与安全强度是一对天生的矛盾。夸大信息安全漏洞和威胁不仅会浪费大量投资，而且会降低信息系统易用性和效能，甚至有可能引入新的不稳定因素和安全隐患。忽视信息安全比夸大信息安全更加严重，有可能造成机构或国家重大经济损失，甚至威胁到国家安全。因此，信息安全策略需要在安全需求、易用性、效能和安全成本之间保持相对平衡，科学制定均衡的信息安全策略是提高投资回报和充分发挥网络及信息系统效能的关键。

（2）时效性原则

由于影响信息安全的因素随时间有所变化，导致信息安全问题具有显著的时效性。例如，信息系统用户增加、信任关系发生变化、网络规模扩大、新安全漏洞和攻击方法不断暴露都是影响信息安全的重要因素。因此，信息安全策略必须考虑环境随时间的变化。

（3）最小化原则

网络系统提供的服务越多，安全漏洞和威胁也就越多。因此，应当关闭信息安全策略中没有规定的网络服务；以最小限度原则配置满足安全策略定义的用户权限；及时删除无用账号和主机信任关系，将威胁信息安全的风险降至最低。

2. 安全策略内容

一般而言，大多数网络都是由网络硬件、网络连接、操作系统、网络服务和数据组成，网络安全管理员或信息安全管理员负责安全策略的实施，网络用户则应当严格按照安全策略的规定使用网络提供的服务。因此，在考虑网络与信息系统整体安全问题时应主要从网络硬件、网络连接、操作系统、网络服务、数据、安全管理责任和网络用户几方面着手。

（1）硬件物理安全

核心网络设备和服务器应当设置防盗、防火、防水、防毁等物理安全设施以及温度、湿度、洁净、供电等环境安全设施，位于雷电活动频繁地区的网络基础设施必须配备良好的防雷与接地装置，每年因雷电击毁网络设施的事例层出不穷。在规划物理安全设施时可参考《GB/T 21052—2007 信息系统物理安全要求》《GB/T 22239—2008 信息系统安全等级保护基本要求》等国家技术标准。

核心网络设备和服务器最好集中放置在中心机房，其优点是便于管理与维护，也容易保障设备的物理安全，更重要的是能够防止直接通过端口窃取重要资料。防止信息空间扩散也是规划物理安全的重要内容，除光纤之外的各种通信介质、显示器以及设备电缆接口都不同程度地存在电磁辐射现象，利用高性能电磁监测和协议分析仪有可能在几百米范围内将信息复原，对于涉及国家机密的信息必须考虑电磁泄露防护技术。例如，铺设电缆采用金属导管屏蔽，计算机和显示器最好使用符合美国瞬态电磁脉冲辐射标准（transient electromagnetic pulse emanation standard，TEMPEST）的产品，尽可能减小因电磁辐射导致失密的危险，TEMPEST 是美国国家安全部制定的计算机信息泄漏安全防护标准。我国也先后颁布了国家公共安全保密标准《GGBB1—1999 信息设备电磁泄漏发射限值》、《GGBB2—1999 计算机信息系统设备电磁泄漏发射测试方法》和国家保密标准《BMB5—2000 涉密信息设备使用现场的电磁泄漏发射防护要求》。

（2）网络连接安全

网络连接安全主要考虑网络边界的安全，如内部网（intranet）与外部网（extranet）、Internet 公用网络有连接需求，使用防火墙和入侵检测技术双层安全机制来保障网络边界的安全。内部网安全主要通过操作系统安全和数据安全策略来保障，由于网络地址转换（network address translator，NAT）技术能够对 Internet 屏蔽内部网地址，必要时也可以考虑使用 NAT 保护内部网私有 IP 地址。

对信息安全有特殊要求的内部网最好使用物理隔离技术保障网络边界的安全，根据安全需求，可以采用固定公用主机、双主机或一机两用等不同物理隔离方案。固定公用主机与内部网无连接，专用于访问 Internet，虽然使用不够方便，但能够确保内部主机信息的保密性。双主机在一个机箱中配备了两块主板、两块网卡和两个硬盘，双主机在启动时由用户选择内部网或 Internet 连接，较好地解决了安全性与方便性的矛盾。一机两用隔离方案由用户选择接入内部网或 Internet，但不能同时接入两个网络。虽然成本低廉、使用方便，但仍然存在泄密的可能性。

（3）操作系统安全

操作系统安全应重点考虑计算机病毒、特洛伊木马（Trojan horse）和入侵攻击威胁。计算机病毒是隐藏在计算机系统中的程序，具有自我繁殖、相互感染、激活再生、隐藏寄生、迅速传播特点，以降低计算机系统性能、破环系统内部信息或破环计算机系统运行为目的的。截至目前，已发现有两万多种不同类型的病毒。病毒传播途径已经从移动存储介质转向 Internet，病毒在网络中以指数增长规律迅速扩散，诸如邮件病毒、Java 病毒和 ActiveX 病毒给网络病毒防治带来新的挑战。

特洛伊木马与计算机病毒不同，特洛伊木马是一种未经用户同意私自驻留在正常程序内部，以窃取用户资料为目的的间谍程序。目前，并没有特别有效的计算机病毒和特洛伊木马程序防治手段，主要还是通过提高病毒防范意义，严格安全管理，安装优秀防病毒、杀病毒、特洛伊木马专杀软件来尽可能减少病毒与木马入侵机会。操作系统漏洞为入侵攻击提供了条件，因此，经常升级操作系统、防病毒软件和木马专杀软件是提高操作系统安全性的最有效、最简便方法。

（4）网络服务安全

目前网络提供的电子邮件、文件传输、Usenet 新闻组、远程登录、域名查询、网络打印和 WWW（world wide web）服务都存在大量的安全隐患，虽然用户并不直接使用域名查询服务，但域名查询通过将主机名转换成主机 IP 地址为其他网络服务奠定了基础。由于不同网络服务的安全隐患和安全措施不相同，应当在分析网络服务风险的基础上，为每一种网络服务分别制定相应的安全策略细则。

（5）数据安全

根据数据机密性和重要性的不同，一般将数据分为关键数据、重要数据、有用数据和非重要数据，以便对不同类型数据采取不同的保护措施。关键数据是指直接影响信息系统正常运行或无法再次得到的数据，如操作系统和关键应用程序等。重要数据是指具有很高机密性或高使用价值的数据，如国防或国家安全部门涉及国家机密的数据；金融部门涉及用户的账目数据等。有用数据一般指信息系统经常使用但可以从其他地方复制的数据，非重要数据则是很少使用而且很容易得到的数据。由于任何安全措施都不可能保证网络信息系统绝对安全或不发生故障，在信息安全策略中除考虑重要数据加密之外，还必须考虑关键数据和重要数据的备份。

目前，数据备份使用的介质主要是磁带、硬盘和光盘，因磁带具有容量大、技术成熟、成本低廉等优点，大容量数据备份多选用磁带存储介质。随着硬盘价格不断下降，网络服务器都使用硬盘作为存储介质，目前流行的硬盘数据备份技术主要有磁盘镜像和冗余磁盘阵列（redundant arrays of inexpensive disks，RAID）。磁盘镜像技术能够将数据同时写入型号与格式相同的主磁盘和辅助磁盘，RAID 是专用服务器广泛使用的磁盘冗错技术。大型网络常采用光盘库、光盘阵列和光盘塔作为存储设备，但光盘特别容易被划伤，导致数据读出错误，数据备份使用更多的还是磁带和硬盘存储介质。

（6）安全管理责任

由于人是制定和执行信息安全策略的主体，所以在制定信息安全策略时，必须明确信息安全管理责任人。小型网络与信息系统可由网络管理员兼任信息安全管理职责，但大型网络、电子政务、电子商务、电子银行或其他要害部门的网络信息系统应配备专职信息安全管理责任人。信息安全管理采用技术与行政相结合的手段主要对授权、用户和资源进行管理，其中授权是信息安全管理的重点。安全管理责任包括行政职责、网络设备、网络监控、系统软件、应用软件、系统维护、数据备份、操作规程、安全审计、病毒防治、入侵跟踪、恢复措施、内部人员、网络用户等与网络安全相关的各种功能。

（7）网络用户安全责任

信息安全不仅仅是信息安全管理员的事，网络用户对信息安全也负有不可推卸的责任。网络用户应特别注意不能私自将调制解调器（modem）接入 Internet；不要下载未经安全认证的软件和插件；确保本机没有安装文件和打印机共享服务；不要使用脆弱性口令；经常更换口令等。

1.2 信息安全漏洞与威胁

1.2.1 软件漏洞

软件漏洞（flaw）是指在设计与编制软件时没有考虑对非正常输入进行处理或错误代码而造成的安全隐患，软件漏洞也称为软件脆弱性（vulnerability）或软件隐错（bug）。软件漏洞产生的主要原因是软件设计人员不可能将所有输入都考虑周全，因此，软件漏洞是任何软件存在的客观事实。软件产品通常在正式发布之前，一般都要相继发布 α 版本、β 版本和 γ 版本供反复测试使用，目的就是为了尽可能减少软件漏洞。

根据卡内基梅隆大学软件工程研究所计算机应急响应协作中心（CERT coordination center）截止到 2008 年的软件漏洞和攻击事件统计报告，1995 年仅有 171 起软件漏洞报告，2006 年则上升到 8064 起软件漏洞报告。随着软件设计技术水平的提高和人们对信息安全事件的重视，2008 年软件漏洞报告下降到 6058 件，并逐步趋于稳定。针对软件漏洞的攻击，1998 年仅发生了 6 起，

2003 年就发生了 137 529 起攻击事件。由于各种自动攻击工具在网络上随处可见，CERT 认为统计攻击事件已经没有太多意义，从 2004 年开始转向电子犯罪统计。软件漏洞和攻击事件统计趋势分别如图 1.3 和图 1.4 所示。

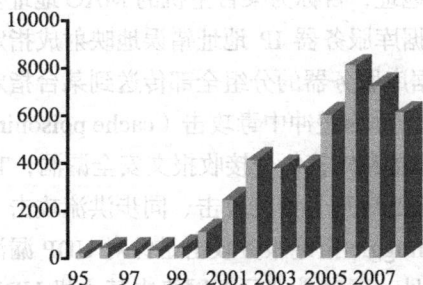

图 1.3　软件漏洞趋势图

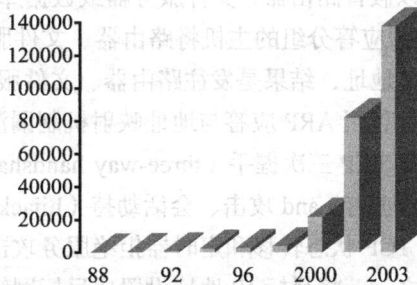

图 1.4　攻击事件趋势图

缓冲区溢出、特殊字符组合和操作系统多任务竞争是最常见的软件漏洞，除非正常输入和错误代码造成的软件漏洞之外，通常将软件配置不当造成的安全隐患也归类到软件漏洞范畴，如操作系统缺省配置、脆弱性口令、系统后门等都是攻击首选的安全漏洞。不同软件、同一软件的不同版本或不同运行环境其软件漏洞各自都不相同，因此，脱离具体软件和运行环境讨论软件漏洞毫无意义。此外，软件漏洞具有时效性特点，随着软件的广泛使用，软件漏洞将不断暴露出来。软件商通常会发布软件补丁修补已发现的软件漏洞，或在新版本中予以纠正。新版本软件在纠正旧版本软件的同时，有可能引入新的软件漏洞。随着软件使用时间的推移，已暴露的软件漏洞会不断消亡，新的软件漏洞将不断出现。

1.2.2　网络协议漏洞

网络协议漏洞类似于软件漏洞，是指网络通信协议不完善而导致的安全隐患。截止到目前，Internet 上广泛使用的 TCP/IP 协议族几乎所有协议都发现存在安全隐患，包括数据链路层（data link layer）的地址解析协议（address resolution protocol，ARP）、逆向地址解析协议（reverse address resolution protocol，RARP）；网络层（network layer）的网际协议（internet protocol，IP）、Internet 控制报文协议（internet control messages protocol，ICMP）、Internet 组管理协议（internet group management protocol，IGMP）；传输层（transport layer）的传输控制协议（transfer control protocol，TCP）、用户数据报协议（user datagram protocol，UDP）、可靠数据协议（reliable data protocol，RDP）；应用层（application layer）的域名系统（domain name systems，DNS）、文件传输协议（file transfer protocol，FTP）、超文本传输协议（hyper text transfer protocol，HTTP）、简单邮件传输协议（simple message transfer protocol，SMTP）、远程登录协议（Telnet）等。

应用程序在 IEEE802.3 以太网（ethernet）标准上采用 TCP/IP 传送数据时，用户数据通过传输层、网络层、数据链路层都要分别添加 TCP、IP 和载波监听多路访问/冲突检测（carrier sense multiple access/collision detect，CSMA/CD）首部信息。由于 IP 分组封装在 CSMA/CD 帧内，位于数据链路层的网络接口驱动程序并不清楚有 IP 地址，而且也不理解 IP 地址格式。主机在数据链路层采用 48 位介质访问控制（medium access control，MAC）硬件地址实现数据通信，因此，在数据通信之前，必须首先获得目标主机的 MAC 地址，源和目标主机的 MAC 地址封装在 CSMA/CD 帧头内，最终才能通过物理层介质达到传送数据的目的。ARP 的主要任务就是通过查询本机 ARP 缓冲表来获取目标 IP 地址对应的 MAC 地址，主机传送数据前，首先查询 ARP 缓冲表，如检索到目标 IP 地址，则将对应的 MAC 地址封装在帧头内。否则，在网段内发送一个 ARP 询问广播包，具有目标 IP 地址的主机将回送一个包含 MAC 地址的 ARP 应答包，源主机提取目标 MAC 地址并将其保存到 ARP 缓冲表。正是 ARP 的应答与地址映射机制导致了安全隐患，ARP 应答分组完全可以假冒路由器、文件服务器或数据库服务器 IP 地址，目标为某台主机的 MAC 地址。接收 ARP 虚假应答分组的主机将路由器、文件服务器或数据库服务器 IP 地址错误地映射成指定主机的 MAC 地址，结果是发往路由器、文件服务器或数据库服务器的分组全部传送到某台指定的主机，这种利用 ARP 应答与地址映射机制漏洞实施的攻击称为缓冲中毒攻击（cache poisoning）。

针对 TCP 三次握手（three-way handshake）初始连接和应答每个接收报文安全漏洞，TCP 漏洞典型攻击有 Land 攻击、会话劫持（hijack）攻击、TCP 序列号猜测攻击、同步洪流攻击（SYN flood）、TCP 状态转移和定时器拒绝服务攻击等。UDP fraggle 拒绝服务攻击是针对 UDP 漏洞的典型攻击之一，将目标 IP 地址设置成目标网络的广播地址，通过伪造目标网络中某主机 UDP 广播报文，广播域内所有主机会给目标主机发送错误消息，目标主机将被错误消息所淹没，导致目标主机发生拒绝服务。Smurf 攻击利用 ICMP 回复漏洞和 IP 地址欺骗能够使广播域内数据流量巨增，从而导致目标主机拒绝为正常请求服务。ICMP 与 IP 都位于网络层，但 ICMP 报文是封装在 IP 分组中传输的。Smurf 攻击类似于 UDP fraggle 拒绝服务攻击，伪造源 IP 地址并将目标 IP 地址设置成目标网络的广播地址，通过向广播域发送类型为 8、代码为 0 的回应请求（echo）ICMP 报文，由于广播域内的所有主机都向伪造的 IP 地址发送回应消息，大量回应消息不仅充斥广播域，而且将淹没目标主机。

截止到 2012 年 6 月，专门从事安全漏洞名称标准化的公共漏洞披露机构（common vulnerability and exposures，CVE）已发布了 53 623 个不同的安全漏洞，新的安全漏洞仍在不断披露。

1.2.3　安全管理漏洞

软件漏洞和网络协议漏洞是天生具有的，但由于安全管理疏漏产生的安全漏洞则完全是人为因素造成的。信息安全技术只是保证信息安全的基础，信息安全管理才是发挥信息安全技术的根本保证。因此，信息安全问题并不是一个纯技术问题，从信息安全管理角度看，信息安全首先应当是管理问题。事实上，国际标准化组织（international standardization organization，ISO）将网络管理划分为故障、性能、配置、记账和安全管理五个领域，表明安全管理是网络管理的重要组成部分。

由于计算机网络包含各种网络设施、服务器、工作站、网络终端等设备，每个设备又可能安装了不同操作系统和应用软件，各自都具有不同的安全隐患。因此，计算机网络和信息系统的安全隐患由大量子系统安全隐患聚集而成，导致信息安全隐患数量庞大且十分复杂，提高了信息安全管理的技术难度与成本，容易造成更多的安全管理疏漏。

但许多安全管理漏洞只要提高安全管理意识完全可以避免，如常见的系统缺省配置、脆弱性口令、信任关系转移等。系统缺省配置主要考虑的是用户友好性，但方便使用的同时也就意味着更多的安全隐患。许多系统采用 123456 作为默认口令，用 Administrator 或 ChangeMe 作为默认用户名，这些系统缺省配置很容易被猜测。许多用户习惯用用户名或用户名的变形、自己或亲友生日、电话号码、身份证或员工号码、常用单词等作为口令，事实上，这些口令都是典型的脆弱性口令。假设用出生 19×× （0～99）年×× （1～12）月××日 （1～31）8 位数字作为口令，但可能的组合数只有 100×12×31=37200，一般口令破解软件每秒至少可以搜索 4 万种组合。通常 8 位以上、字母大小写和数字混用的口令才是安全口令。

信息安全管理是在信息安全策略指导下为保护网络与信息系统不受内外各种威胁而采取的一系列信息安全措施，信息安全策略则是根据信息安全目标和网络应用环境，为提供特定安全级别保护而必须遵守的规则。因此，信息安全策略与网络应用环境密切相关，不同的应用环境需要制定不同的安全策略。如果将信任区的安全策略应用到非信任区，必然会产生众多的安全管理漏洞。如果将非信任区的安全策略应用到信任区，又会造成不必要的资金浪费。由此可见，信息安全是相对的，是建立在信任基础之上的，绝对的信息安全永远不存在。信任区与非信任区，或者安全区与非安全区的边界是基于信任关系划定的，在安全区内应当相信系统管理人员和内部用户不会滥用特权，并且具有良好的职业道德。但是当信任关系发生变化时，安全管理必须进行及时调整，否则会大大降低整个网络的安全性。

1.2.4 信息安全威胁来源

信息安全威胁是指事件对信息资源的可靠性、保密性、完整性、有效性、可控性和拒绝否认性可能产生的危害，信息安全威胁根据威胁产生的因素可以分为自然和人为两大类。因自然因素产生的信息安全威胁主要有硬件故障、软件故障、电源故障、电磁干扰、电磁辐射和各种不可抗拒的自然灾害，电磁辐射并不影响信息的完整性和有效性，但破坏了信息的保密性，物理故障及自然灾害主要破坏了信息的完整性和有效性。人为因素导致的信息安全威胁又可以根据是否有意分为意外损坏和蓄意攻击两类，意外损坏主要包括偶然删除文件、格式化硬盘、带电拔插、系统断电等各种操作失误，操作失误主要影响了信息的完整性和有效性，对保密性影响不大。蓄意攻击则是有意利用软件漏洞、协议漏洞和管理漏洞试图绕过信息安全策略破坏、篡改、窃听、假冒、泄露和非法访问信息资源的各种恶意行为，包括网络攻击、计算机病毒、特洛伊木马、网络窃听、邮件截获、滥用特权等多种类型，信息安全威胁分类及破坏目标如图1.5所示。

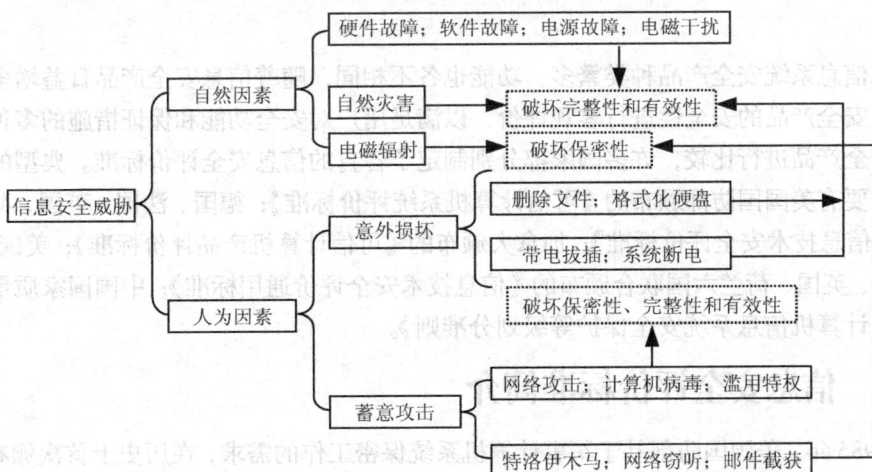

图1.5 信息安全威胁分类及破坏目标

根据信息安全威胁来自网络边界内部或外部，蓄意攻击还可以分为内部攻击和外部攻击，由于内部人员位于信任范围内，熟悉敏感数据的存放位置、存取方法、网络拓扑结构、安全漏洞及防御措施，而且多数机构的安全保护措施都是防外不防内，因此，决大多数蓄意攻击来自内部而不是外部。因内部人员角色经常变动，内部人员界定比较困难，一般而言，软件开发人员、系统维护人员、授权用户、网络管理员、安全管理员、系统管理员、数据库管理员等属于内部人员，当角色发生变动后，必须及时修改安全策略。

以窃取网络信息为目的的外部攻击一般称为被动攻击，其他外部攻击统称为主动攻击。被动攻击主要破坏信息的保密性，而主动攻击主要破坏信息的完整性和有效性。窃取网络信息有多种技术手段，利用电磁辐射、搭线监听、无线监听、网络窃听、邮件截获、特洛伊木马、计算机病毒都可以实现被动攻击。尽管信息加密能够在一定程度上防止信息非法泄露，但利用网络流量分析技术仍然可以获得有价值信息。例如，某机构的网络流量突然迅速增加，表明该机构近期有可能发生重大事件。

主动攻击主要来自网络黑客（hacker）、敌对势力、网络金融犯罪分子和商业竞争对手，早期黑客一词并无贬义，指独立思考、智力超群、精力充沛、热衷于探索软件奥秘和显示个人才干的计算机迷。但国内多数传播媒介将黑客作为贬义词使用，泛指利用信息安全漏洞蓄意破坏信息资源保密性、完整性和有效性的恶意攻击者。事实上，根据黑客尊崇的不同道德规范，黑客在国际上分为白帽（white hat）、灰帽（gray hat）和黑帽（black hat）三类。白帽黑客发现安全漏洞会首先通知厂商，在厂商修补安全漏洞之前不会披露漏洞消息。白帽黑客协助厂商解决安全问题，为提高软件产品安全性做出了积极贡献，属于正面意义上的黑客。灰帽黑客发现安全漏洞后，在群体内发布的同时也通知厂商。黑帽黑客属于真正意义上的反面黑客，发现安全漏洞后既不通知厂商，也不向社会披露。无视国家法律和法规，针对安全漏洞研究漏洞利用（exploits）攻击机制，并遵守漏洞利用共享规范。随着黑客人数的不断增加，黑客不仅成立了自己的组织机构，还不定期召开黑客国际交流会议。目前，世界上至少有 20 万个黑客网站，免费提供各种漏洞利用软件，有些网站还提供了详细的黑客教程，给信息安全造成了极大的威胁。

1.3　信息安全评价标准

计算机信息系统安全产品种类繁多，功能也各不相同，随着信息安全产品日益增多，为了更好地对信息安全产品的安全性进行客观评价，以满足用户对安全功能和保证措施的多种需求，也便于同类安全产品进行比较，许多国家都分别制定了各自的信息安全评价标准。典型的信息安全评价标准主要有美国国防部颁布的《可信计算机系统评价标准》；德国、法国、英国、荷兰四国联合颁布的《信息技术安全评价标准》；加拿大颁布的《可信计算机产品评价标准》；美国、加拿大、德国、法国、英国、荷兰六国联合颁布的《信息技术安全评价通用标准》；中国国家质量技术监督局颁布的《计算机信息系统安全保护等级划分准则》。

1.3.1　信息安全评价标准简介

早在 1985 年，美国国防部基于军事计算机系统保密工作的需求，在历史上首次颁布了《可信计算机系统评价标准》（trusted computer system evaluation criteria，TCSEC），在 1987 年对 TCSEC 进行了修订，增加了可信网络解释（trusted network interpretation，TNI）和可信数据库解释（trusted database interpretation，TDI）标准文件。随后美国国防部又颁布了包含 20 多个文件的安全标准系列，由于每个标准文件采用不同颜色的封面，所以将该安全标准系列称为彩虹系列（rainbow series）。TCSEC 文件的封面为桔红色，简称桔皮书。1988 年，德国信息安全部（German information security agency，GISA）在参考 TCSEC 的基础上，也推出了自己国家的《计算机安全评价标准》，简称 GISA 绿皮书。由于不同国家颁布的信息安全标准其侧重点和表述方法有很大差异，因此，在某个国家获得安全认证的产品在其他国家不被认可。德国、法国、英国、荷兰四国于 1991 年联合颁布了欧洲共同体成员国使用的《信息技术安全评价标准》（information technology security evaluation criteria，ITSEC）。加拿大政府于 1993 年制定了自己的《可信计算机产品评价标准》（Canadian trusted computer product evaluation criteria，CTCPEC），CTCPEC 主要从保密性、完整性、有效性和可计算性规定了产品的安全功能，从安全功能实现安全策略的角度定义了产品的安全信任度。

为了适应安全技术发展和保持国际领先地位，1993 年美国国家标准技术委员会（national institute of standards and technology，NIST）和国家安全局（national security agency，NSA）共同制定了《信息技术安全评价联邦标准草案》（federal criteria for information technology security，FC），FC 主要参考了 CTCPEC 和 TCSEC，本质上就是 TCSEC 修订版的升级版本。由于 FC 存在较多缺陷，问世不久就停止了对 FC 草案的修订工作，FC 草案最终只是一个过渡标准。美国 NIST、美国 NSA、加拿大、德国、法国、英国、荷兰六国于 1996 年 1 月正式发布了《信息技术安全评价公共标准》（common criteria for information technology security evaluation，CC），1999 年 9 月，中国国家质量技术监督局正式批准由公安部组织制定的《计算机信息系统安全保护等级划分准则》GB 17859—1999 国家标准，并于 2001 年 1 月 1 日开始施行。表 1.1 所示为信息安全标准名称、颁布国家（或有关机构）和年份。

表 1.1　信息安全评价标准发展历程

信息安全标准名称	颁布国家（或有关机构）	颁布年份
美国可信计算机系统评价标准 TCSEC	美国国防部	1985
美国 TCSEC 修订版	美国国防部	1987
德国计算机安全评价标准	德国信息安全部	1988
英国计算机安全评价标准	英国贸易部和国防部	1989
信息技术安全评价标准 ITSEC	欧洲德、法、英、荷四国	1991
加拿大可信计算机产品评价标准 CTCPEC	加拿大政府	1993
信息技术安全评价联邦标准草案 FC	美国标准技术委员会和安全局	1993
信息技术安全评价公共标准 CC	美、加、德、法、英、荷六国	1996
国家军用标准军用计算机安全评估准则	中国国防科学技术委员会	1996
国际标准 ISO/IEC 15408（CC）	国际标准化组织	1999
计算机信息系统安全保护等级划分准则	中国国家质量技术监督局	1999
信息技术—安全技术—信息技术安全评估准则	中国国家质量技术监督局	2001

1.3.2　美国可信计算机系统评价标准

TCSEC 根据计算机系统采用的安全策略、提供的安全功能和安全功能保障的可信度将安全级别划分为 D、C、B、A 四大类七个等级，其中 D 类安全级别最低，A 类安全级别最高。C 类分为 2 个安全等级 C1 和 C2，B 类分为 3 个安全等级 B1、B2 和 B3，安全级别按 D、C1、C2、B1、B2、B3、A 依次增高，安全风险依次降低，高安全级别的计算机系统包含了低安全级别的安全属性。TCSEC 对每个安全等级的安全策略、身份认证、访问控制、审计跟踪及文档资料等安全属性进行了详细说明，只有符合相应安全等级的所有安全属性，美国国防部所属的权威评测机构国家计算机安全中心（national computer security center，NCSC）才颁发对应安全等级的认证证书。尽管目前提出了一些新的安全评价标准，但由于 TCSEC 影响深远，信息技术厂商和用户依然习惯采用 TCSEC 度量信息产品的安全性，特别是计算机操作系统，甚至数据库和网络设备也一直采用 TCSEC 标准进行评价解释。

1. 无安全保护 D 类

D 类只有一个安全等级，凡经过评价但不满足 C、B、A 类安全属性的计算机系统全部划归到 D 类。D 类没有任何安全保护功能，包括基本的身份认证和访问控制。早期广泛使用的 MS-DOS、MS-Windows 3.x、Windows 95、Windows 98、Macintosh System 7.x 操作系统属于 D 类，这些操作系统对用户访问系统资源没有任何限制。从系统安全角度看，不适合多用户环境使用。

2. 自主安全保护 C 类

C 类具有自主访问控制和审计跟踪安全属性，通过将数据与用户隔离提供了自主安全保护功能（discretionary security protection），有 2 个安全等级 C1 和 C2，分别称为自主安全保护和控制访问保护。C1 安全等级通过账号和口令建立用户对数据的访问权限，能够防止其他用户非法访问，提供了基本的安全保护功能。C2 安全等级除具有自主访问控制外，还提供了审计跟踪安全属性，要求记录系统中的每个安全事件。此外，C2 等级还要求提供控制访问环境（controlled-access environment），控制访问环境能够限制用户执行命令和访问文件的权限。因此，C2 比 C1 具有更细的自主安全保护力度。因计算机系统的安全性和易用性之间存在矛盾，多数商用操作系统属于 C2 安全等级。

3. 强制安全保护 B 类

B 类具有强制访问控制安全属性，由操作系统或安全管理员根据强制访问规则确定用户对系统资源的访问权限。B 类不容许用户改变许可权限，提供了强制安全保护功能（mandatory security protection），分 3 个安全等级 B1、B2、B3。

B1 称为标记安全保护（labeled security protection）等级，要求给每个主体和访问对象设置标签，标识主体和访问对象的敏感级别，以便引入强制访问控制机制。B2 称为结构安全保护（structured protection）等级，强调系统体系结构设计、形式化安全模型、配置管理、可信通路机制、隐蔽通道分析、安全测试和完善的自主访问控制及强制访问控制机制。B3 称为安全区域保护（security domain）等级，要求使用硬件措施加强保护区域的安全性，防止非法访问和篡改安全区域内的对象。

军用操作系统一般都在 B1 安全等级以上，美国政府对 B1 安全等级以上的操作系统有严格的出口限制，对我国出口的操作系统都在 B 类以下。因此，研制具有自主知识产权、B 类安全防护功能的操作系统始终是国内安全操作系统领域中的研究热点，也是国家重点支持的研究方向。

4. 验证安全保护 A 类

A 类是 TCSEC 标准的最高安全等级，也称为验证设计（verify design）等级，主要安全属性与 B3 安全等级相同。要求提供形式化安全策略模型、模型的数学证明、形式化高层规约、高层规约与模型的一致性证明、高层规约与安全属性的一致性证明等，目的是通过形式化设计和形式化安全验证手段，利用强制访问控制机制确保重要数据的安全性。TCSEC 定义的 D、C1、C2、B1、B2、B3、A 安全等级，在安全功能方面虽然高安全级别覆盖了低安全级别，但更强调安全功能在实现和验证方面的可信程度，TCSEC 标准各安全等级之间的关系如图 1.6 所示。

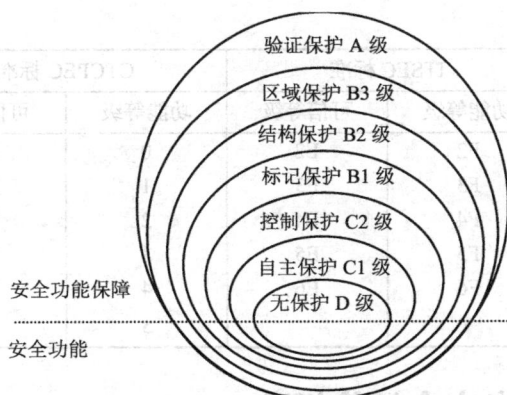

图 1.6 TCSEC 标准各安全等级关系

1.3.3 其他国家信息安全评价标准

1. 德国计算机安全评价标准

德国信息安全部颁布的《计算机安全评价标准》绿皮书在 TCSEC 的基础上增加了系统有效性和数据完整性要求，共定义了 10 个安全功能类别和 8 个实现安全功能的质量保障等级，安全功能类别用 F1～F10 表示，安全质量保障等级用 Q0～Q7 表示。其中 F1～F5 分别对应 TCSEC 的 C1～B3 安全等级，F6 是针对数据完整性定义的安全功能需求，F8～F10 是针对数据通信环境定义的安全需求。Q0～Q7 安全保障等级大致对应 TCSEC 的 D～A 和超 A 保障能力，超 A 是 TCSEC 为适应安全技术发展预留的评价标准，没有制定详细的评价规范。

2. 欧共体信息技术安全评价标准

欧洲共同体成员国德国、法国、英国、荷兰联合制定的《信息技术安全评价标准》（ITSEC）在吸收 TCSEC、英国标准和德国绿皮书经验的基础上，首次提出了信息保密性、完整性和有效性安全目标概念。在保留德国绿皮书 10 个安全功能 F1～F10 和英国标准功能描述语言的同时，ITSEC定义了 7 个安全功能可信等级 E0～E6，称为有效性等级，分别对应 TCSEC 的 D～A 安全等级。

3. 加拿大可信计算机产品评价标准

加拿大制定的《可信计算机产品评价标准》（CTCPEC）也将产品的安全要求分成安全功能和功能保障可依赖性两个方面，安全功能根据系统保密性、完整性、有效性和可计算性定义了 6 个不同等级 0～5。保密性包括隐蔽信道、自主保密和强制保密；完整性包括自主完整性、强制完整性、物理完整性、区域完整性等属性；有效性包括容错、灾难恢复、坚固性等；可计算性包括审计跟踪、身份认证、安全验证等属性。根据系统结构、开发环境、操作环境、说明文档、测试验证等要求，CTCPEC 将可依赖性定为 8 个不同等级 T0～T7，其中 T0 级别最低，T7 级别最高。德国绿皮书标准、欧共体 ITSEC 标准、加拿大 CTCPEC 标准与美国 TCSEC 标准之间的大致对应关系如表 1.2 所示。

表 1.2 安全评价标准之间的大致对应关系

德国绿皮书标准		ITSEC 标准		CTCPEC 标准		TCSEC 标准
功能等级	可信等级	功能等级	可信等级	功能等级	可信等级	安全等级
	Q0		E0		T0	D
F1	Q1	F1	E1		T1	C1

德国绿皮书标准		ITSEC 标准		CTCPEC 标准		TCSEC 标准
功能等级	可信等级	功能等级	可信等级	功能等级	可信等级	安全等级
F2	Q2	F2	E2	0	T2	C2
F3	Q3	F3	E3	1	T3	B1
F4	Q4	F4	E4	2	T4	B2
F5	Q5	F5	E5	3	T5	B3
		F6	E6	4	T6	A
	Q6			5	T7	超 A
	Q7					

1.3.4　国际通用信息安全评价标准

《信息技术安全评价公共标准》（CC）能够对信息技术领域中的各种安全措施进行安全评价，但信息系统和产品的物理安全、行政管理、密码强度等间接安全措施不在评价范围之内，重点考虑人为因素导致的安全威胁。评价的信息系统或技术产品及其相关文档在 CC 中称为评价目标（target of evaluation，TOE），如操作系统、分布式系统、网络设施、应用程序等。

CC 标准采用类（class）、族（family）、组件（component）层次结构化方式定义 TOE 的安全功能。每个功能类表示一个安全主题，由类名、类介绍、一个或多个功能族组成。每个功能族又由族名、族行为、组件层次、管理、一个或多个组件构成，族是在同一个安全主题下侧重面不同的安全功能。功能组件由组件标识、组件依赖关系、一个或多个功能元素组成，功能元素则是不可拆分的最小安全功能要求。CC 标准定义的 11 个安全功能类如表 1.3 所示，基本覆盖了信息安全技术的所有主题。

表 1.3　CC 标准定义的安全功能类

序　号	类　　名	类　功　能
1	FAU	安全审计（security audit）
2	FCO	通信（communication）
3	FCS	密码支持（cryptographic support）
4	FDP	用户数据保护（user data protection）
5	FIA	身份认证（identification and authentication）
6	FMT	安全管理（security management）
7	FPR	隐私（privacy）
8	FPT	TOE 安全功能保护（protection of TOE security function）
9	FRU	资源利用（resource utilization）
10	FTA	TOE 访问（TOE access）
11	FTP	可信通路（trusted path）

CC 标准定义安全保证（security assurance）同样采用了类、族和组件层次结构，保证类包含保证族，保证族又包含保证组件，保证组件由多个保证元素组成。保证类和保证族主要用于对保证要求进行分类，保证组件用于指明保护轮廓（protection profile，PP）和安全目标（security target，SF）中的保证要求。保护轮廓是满足用户特定需求的 TOE 安全要求，安全目标则是对 TOE 进行评价的一组安全规范。保证类结构包括类名、类介绍、一个或多个保证族，保证类名由 A（assurance）开头的 3 个字母构成，CC 标准定义的 10 个安全保证类如表 1.4 所示。

表 1.4 CC 标准定义的安全保证类

序 号	类 名	类 功 能
1	ACM	配置管理（configuration management）
2	ADO	提交与操作（delivery and operation）
3	ADV	开发（development）
4	AGD	指导文档（guidance documents）
5	ALC	生命周期支持（life cycle support）
6	ATE	测试（tests）
7	AVA	脆弱性评估（vulnerability assessment）
8	AMA	保证维护（maintenance of assurance）
9	APE	资源利用（protection profile evaluation）
10	ASE	安全对象评价（security target evaluation）

CC 标准在安全保证要求中共定义了 7 个评价保证等级（evaluation assurance levels，EAL），分别是功能测试 EAL1、结构测试 EAL2、系统测试与检查 EAL3、系统设计和测试及复查 EAL4、半形式化设计和测试 EAL5、半形式化验证设计和测试 EAL6、形式化验证设计和测试 EAL7，评价保证等级越大，信息系统或技术产品的安全可信度就越高。CC 标准评价保证等级 EAL2～EAL7 大致对应美国 TCSEC 标准的 C1～A 安全等级，保证等级 EAL1 位于 D 和 C1 之间。

ISO 和国际电工委员会（international electrotechnical commission，IEC）于 1999 年 12 月正式采纳 CC 第二版作为国际通用信息安全评价标准 ISO/IEC 15408 发布。世界上已有澳大利亚、加拿大、德国、法国、日本、新西兰、英国、美国、奥地利、芬兰、希腊、以色列、意大利、荷兰、挪威、西班牙、瑞典、匈牙利、土耳其等国家签署了 CC 多边认可协议（common criteria recognition arrangement，CCRA），CCRA 协议规定：协议签署国家认可其他 CCRA 成员国完成的 CC 标准评价结果。

1.3.5 国家信息安全评价标准

由于信息安全直接涉及国家政治、军事、经济、意识形态等许多重要领域，各国政府对信息系统或技术产品安全性的测评认证要比其他产品更为重视。尽管许多国家签署了 CC 多边认可协议 CCRA，但很难想象一个国家会绝对信任其他国家对涉及国家安全和经济的产品的测评认证。事实上，各国政府都通过颁布相关法律、法规和技术评价标准对信息安全产品的研制、生产、销售、使用和进出口进行强制管理。

中国国家质量技术监督局 1999 年颁布的《计算机信息系统安全保护等级划分准则》国家标准 GB 17859—1999，在参考美国 TCSEC、欧共体 ITSEC 和加拿大 CTCPEC 等标准的基础上，将计算机信息系统安全保护能力划分为用户自主保护、系统审计保护、安全标记保护、结构化保护和访问验证保护 5 个安全等级，分别对应 TCSEC 标准的 C1～B3 等级。为了与国际通用安全评价标准接轨，国家质量技术监督局于 2001 年 3 月又正式颁布了《信息技术—安全技术—信息技术安全性评估准则》国家推荐标准 GB/T 18336—2001，推荐标准完全等同于国际标准 ISO/IEC 15408，即《信息技术安全评价公共标准》CC 第二版。

推荐标准 GB/T 18336—2001 由 3 部分组成，第 1 部分是《简介和一般模型》GB/T 18336.1，第 2 部分是《安全功能要求》GB/T 18336.2，第 3 部分是《安全保证要求》GB/T 18336.3，分别对应国际标准化组织和国际电工委员会国际标准 ISO/IEC 15408-1、ISO/IEC 15408-2 和 ISO/IEC

15408-3。《信息技术安全评价公共标准》（CC）、《计算机信息系统安全保护等级划分准则》国家标准 GB 17859—1999、《信息技术安全性评估准则》国家推荐标准 GB/T 18336—2001 与美国 TCSEC 标准的对应关系如表 1.5 所示。

表 1.5　CC 及国家标准与 TCSEC 标准的对应关系

CC 标准	国家 GB 17859—1999	国家 GB/T 18336—2001	美国 TCSEC
EAL1		EAL1	D
EAL2	用户自主保护	EAL2	C1
EAL3	系统审计保护	EAL3	C2
EAL4	安全标记保护	EAL4	B1
EAL5	结构化保护	EAL5	B2
EAL6	访问验证保护	EAL6	B3
EAL7		EAL7	A

1.4　国家信息安全保护制度

信息安全技术标准只是度量信息系统或产品安全性的技术规范，但信息安全技术标准的实施必须通过信息安全法规来保障。为了保护计算机信息系统的安全，促进计算机的应用和发展，保障社会主义现代化建设的顺利进行，1994 年 2 月 18 日，中华人民共和国国务院发布了第 147 号令《中华人民共和国计算机信息系统安全保护条例》（以下简称《安全保护条例》），为计算机信息系统提供了安全保护制度。《安全保护条例》从信息系统建设和应用、安全等级保护、计算机机房、国际联网、媒体进出境、安全管理制度、计算机犯罪案件、计算机病毒防范和安全专用产品销售 9 个方面规定了安全保护制度，同时规定了重点信息安全保护范围、主管部门、监督职权和违反《安全保护条例》的法律责任。《安全保护条例》明确指出涉及国家事务、经济建设、国防建设、尖端科学技术等重要领域的计算机信息系统安全属于重点保护范围；公安部主管全国计算机信息系统安全保护工作；公安机关行使监督职权；国家安全部、国家保密局和国务院其他有关部门在国务院规定的职责范围内做好安全保护的有关工作。

1.4.1　信息系统建设和应用制度

《安全保护条例》第八条规定：计算机信息系统的建设和应用，应当遵守法律、行政法规和国家其他有关规定。无论是扩建、改建或新建信息系统，还是设计、施工和验收，都应当符合国家、行业部门或地方政府制定的相关法律、法规和技术标准。目前国家质量监督检验检疫总局和国家标准化管理委员会已先后颁布多项有关信息安全的国家技术标准条目，全国人民代表大会常务委员会、国务院、公安部、国家保密局、国家安全部、工业和信息化部、国家密码管理委员会、中国人民银行、中国互联网协会等部门也先后颁布了多条涉及信息安全的国家或行业法律法规。随着信息安全新问题的出现，还将不断颁布新的信息安全技术标准和法律法规。

1.4.2　信息安全等级保护制度

《安全保护条例》第九条规定：计算机信息系统实行安全等级保护，安全等级的划分标准和安全等级保护的具体办法，由公安部会同有关部门制定。安全等级保护的关键是确定不同安全等级的边界，只有对不同安全等级的信息系统采用相应等级的安全保护措施，才能保障国家安全、维护社会稳定和促进信息化建设健康发展。信息系统安全等级划分涉及信息保密安全等级、用户授权安全等级、物理环境安全等级、计算机系统安全等级和机构安全等级等多个方面，而安全等级保护的实施则与法律法规、技术标准、安全产品、过程控制和监督机制等多个因素密切相关。

公安部及国家信息安全标准化技术委员会依据《安全保护条例》先后组织制定了一系列信息系统安全等级保护国家标准，主要包括《信息系统安全保护等级定级指南》、《信息系统安全等级保护实施指南》、《信息系统安全等级保护基本要求》、《信息系统安全等级保护测评要求》、《信息系统安全等级保护测评过程指南》和《信息系统等级保护安全设计技术要求》等。

信息系统分级保护是划分涉密信息系统安全等级的关键要素，《中华人民共和国保守国家秘密法》明确指出：国家秘密是关系国家的安全和利益，依照法定程序确定，在一定时间内只限一定范围的人员知悉的事项。其中第八条规定了属于国家秘密的事项：国家事务的重大决策中的秘密事项；国防建设和武装力量活动中的秘密事项；外交和外事活动中的秘密事项以及对外承担保密义务的事项；国民经济和社会发展中的秘密事项；科学技术中的秘密事项；维护国家安全活动和追查刑事犯罪中的秘密事项；其他经国家保密工作部门确定应当保守的国家秘密事项。第九条根据对国家安全和利益的重要程度，将国家秘密的密级分为秘密、机密和绝密三个等级。绝密是最重要的国家秘密，泄露会使国家的安全和利益遭受特别严重的损害；机密是重要的国家秘密，泄露会使国家的安全和利益遭受严重的损害；秘密是一般的国家秘密，泄露会使国家的安全和利益遭受损害。

由于国家秘密信息只限局部范围人员知晓，根据用户应知晓范围赋予不同的访问权限，将用户划分成不同安全等级。国家涉密标准《涉及国家秘密的信息系统分级保护技术要求 BMB17—2006》、《涉及国家秘密的信息系统分级保护管理规范 BMB20—2007》、《涉及国家秘密的信息系统分级保护测评指南 BMB22—2007》等是划分涉密信息系统安全等级的重要依据，也是设计、施工、验收和维护的指导性文件。

1.4.3　国际联网备案与媒体进出境制度

国际联网备案与媒体进出境制度是保障国家安全与利益的重要手段之一，《安全保护条例》第十一条规定：进行国际联网的计算机信息系统，由计算机信息系统的使用单位报省级以上人民政府公安机关备案。第十二条规定：运输、携带、邮寄计算机信息媒体进出境的，应当如实向海关申报。国际联网与多媒体技术的发展，给色情、赌博、诈骗、暴力、迷信等新型社会公害提供了泛滥机会，严重败坏了社会风气，污染了社会环境，特别是危害了青少年的身心健康，已经成为诱导青少年犯罪的主要原因。根据中国互联网络信息中心 2012 年 7 月发布的《第三十次中国互联网络发展状况统计报告》，截止到 2012 年 6 月，我国上网用户总数已经达到 5.38 亿，手机上网用户总数已达到 3.88 亿，其中 19 岁以下青少年占 25.4%。因此，摧毁不良信息传播途径和遏止网上犯罪发展势头已经刻不容缓。

中国互联网络协会和各地公安机关相继建立了不良信息公众举报网站，如公安部网络违法案件举报网站（http://www.cyberpolice.cn），中国互联网络协会主办的违法和不良信息举报中心（http://net.china.cn）。为依法惩治利用国际联网、移动通信终端制作、复制、出版、贩卖、传播淫秽电子信息、通过声讯台传播淫秽语音信息等违法犯罪活动，维护公共网络、通信的正常秩序，保障公众的合法权益，最高人民法院和最高人民检察院于 2004 年 9 月发布了《关于办理利用互联网、移动通信终端、声讯台制作、复制、出版、贩卖、传播淫秽电子信息刑事案件具体应用法律若干问题的解释》，依照《中华人民共和国刑法》第三百六十三条第一款的规定，以牟利为目的，制作、复制、出版、贩卖、传播淫秽物品情节特别严重的，可处十年以上有期徒刑或者无期徒刑，并处罚金或者没收财产。

1.4.4　安全管理与计算机犯罪报告制度

《安全保护条例》第十三条和第十四条分别规定：计算机信息系统的使用单位应当建立健全安全管理制度，负责本单位计算机信息系统的安全保护工作。对计算机信息系统中发生的案件，有关使用单位应当在 24 小时内向当地县级以上人民政府公安机关报告。因不同使用单位对应的机构安全、数据保密安全、计算机系统安全、物理环境安全以及采用的安全技术等级各不相同，由使用单位制定安全管理制度，有利于满足安全策略的均衡性和时效性原则。一般而言，健全的安全管理制度应当包括网络硬件物理安全、操作系统安全、网络服务安全、数据保密安全、安全管理责任、网络用户责任等几个方面。

我国 1997 年全面修订《中华人民共和国刑法》时，分别加进了第二百八十五条非法侵入计算机信息系统罪、第二百八十六条破坏计算机信息系统罪和第二百八十七条利用计算机实施的各类犯罪条款。违反国家规定，侵入国家事务、国防建设、尖端科学技术领域的计算机信息系统属于非法侵入计算机信息系统罪。破坏计算机信息系统罪包括，违反国家规定，对计算机信息系统功能进行删除、修改、增加、干扰，造成计算机信息系统不能正常运行；违反国家规定，对计算机信息系统中存储、处理或者传输的数据和应用程序进行删除、修改、增加的操作；故意制作、传播计算机病毒等破坏性程序，影响计算机系统正常运行。利用计算机实施的各类犯罪指的是利用计算机实施金融诈骗、盗窃、贪污、挪用公款、窃取国家秘密或者其他犯罪行为。《全国人民代表大会常务委员会关于维护互联网安全的决定》也从保障互联网运行安全、维护国家安全和社会稳定、维护社会主义市场经济秩序和社会管理秩序、保护个人、法人和其他组织的人身、财产等合法权利四个方面规定了 15 种计算机犯罪行为。

打击计算机犯罪的关键是获取真实、可靠、完整和符合法律规定的电子证据，由于计算机犯罪具有无时间与地点限制、高技术手段、犯罪主体与对象复杂、跨地区和跨国界作案、匿名登录或冒名顶替等特点，使电子证据本身和取证过程不同于传统物证和取证方法，给网络安全和司法调查提出了新的挑战。计算机取证（computer forensics）技术属于网络安全和司法调查领域交叉学科，目前已成为网络安全领域中的研究热点。计算机取证本质上就是使用软件和工具，按照预先定义的程序全面检查计算机系统，以便提取和保护有关计算机犯罪的证据。随着计算机取证技术的发展，采用数据擦除、隐藏和加密等手段的反取证技术也经出现，给计算机取证带来极大的困难。因此，计算机取证技术和计算机犯罪案件报告制度是打击计算机犯罪的重要手段，但还不能完全满足打击计算机犯罪的要求。

1.4.5　计算机病毒与有害数据防治制度

《安全保护条例》第十五条规定：对计算机病毒和危害社会公共安全的其他有害数据的防治研究工作，由公安部归口管理。公安部在关于《中华人民共和国计算机信息系统安全保护条例》中涉及的有害数据问题的批复文件中明确指出，有害数据是指计算机信息系统及其存储介质中存在、出现的，以计算机程序、图像、文字、声音等多种形式表示的，含有攻击人民民主专政、社会主义制度，攻击党和国家领导人，破坏民族团结等危害国家安全内容的信息；含有宣扬封建迷信、淫秽色情、凶杀、教唆犯罪等危害社会治安秩序内容的信息，以及危害计算机信息系统运行和功能发挥，应用软件、数据可靠性、完整性和保密性，用于违法活动的包含计算机病毒在内的计算机程序。

中华人民共和国公安部第 51 号令《计算机病毒防治管理办法》对计算机病毒概念、计算机病毒主管部门、传播计算机病毒行为、计算机病毒疫情和违规责任等事项进行了详细说明。其中第二条定义了计算机病毒概念，计算机病毒是指编制或者在计算机程序中插入的破坏计算机功能或者毁坏数据，影响计算机使用，并能自我复制的一组计算机指令或者程序代码。第四条规定了计算机病毒主管部门，公安部公共信息网络安全监察部门主管全国的计算机病毒防治管理工作，地方各级公安机关具体负责本行政区域内的计算机病毒防治管理工作。第六条规定了传播计算机病毒行为，故意输入计算机病毒，危害计算机信息系统安全；向他人提供含有计算机病毒的文件、软件、媒体；销售、出租、附赠含有计算机病毒的媒体。第二十一条阐明了计算机病毒疫情概念，计算机病毒疫情是指某种计算机病毒爆发、流行的时间、范围、破坏特点、破坏后果等情况的报告或者预报。第七条明确指出，任何单位和个人不得向社会发布虚假的计算机病毒疫情。根据有害数据和计算机病毒概念的定义可以看出，计算机病毒属于有害数据范畴，但有害数据不一定就是计算机病毒。

为掌握我国信息网络安全现状和计算机病毒疫情状况，普及信息网络安全和计算机病毒防治知识，国家计算机病毒应急处理中心在全国范围内组织开展了 2011 年度信息网络安全状况暨计算机病毒疫情调查活动。《2011 年全国信息网络安全状况与计算机及移动终端病毒疫情调查分析报告》表明，有 68.83% 的用户发生过信息网络安全事件，安全漏洞和弱口令是导致发生网络安全事件的主要原因。计算机病毒感染率为 48.87%，计算机病毒主要通过电子邮件、网络下载或浏览、局域网及移动存储介质等途径传播。有 67.43% 的移动终端感染过病毒，比 2010 年提高了 27.58 个百分点，移动终端感染病毒的主要途径是网站浏览和电子邮件，移动终端感染病毒造成的后果主要是信息泄露、恶意扣费、远程受控、手机僵尸、影响手机正常运行等。

1.4.6　安全专用产品销售许可证制度

《安全保护条例》第十六条规定，国家对计算机信息系统安全专用产品的销售实行许可证制度。为了加强计算机信息系统安全专用产品的管理，保证安全专用产品的安全功能，维护计算机信息系统的安全，根据《安全保护条例》第十六条规定，公安部出台了第 32 号令《计算机信息系统安全专用产品检测和销售许可证管理办法》。其中第三条规定，中华人民共和国境内的安全专用产品进入市场销售，实行销售许可证制度。安全专用产品的生产者在其产品进入市场销售之前，必须申领《计算机信息系统安全专用产品销售许可证》。

由于信息系统和信息安全产品直接影响着国家的安全和经济利益，各个国家都有自己的测评认证体系。我国的测评认证体系由国家信息安全测评认证管理委员会、国家信息安全测评认证中心（http://www.itsec.gov.cn）和授权分支机构组成。测评认证管理委员会负责测评认证的监管工作，测评认证中心代表国家具体实施信息安全测评认证业务，授权分支机构是认证中心根据业务发展和管理需要而授权成立的、具有测试评估能力的独立机构。测评认证中心的主要职能是：对国内外信息安全产品和信息技术进行测评和认证；对国内信息系统和工程进行安全性评估和认证；对提供信息安全服务的组织和单位进行评估和认证；对信息安全专业人员的资质进行评估和认证。

1.5 信息安全等级保护法规和标准

信息安全等级保护工作是我国为保障国家安全、社会秩序、公共利益以及公民、法人和其他组织合法权益强制实施的一项基本制度。依据《中华人民共和国计算机信息系统安全保护条例》，国家相关部门先后颁布了《关于信息安全等级保护工作的实施意见》《信息安全等级保护管理办法》《信息系统安全等级保护定级指南》《信息系统安全等级保护基本要求》《信息系统安全等级保护测评要求》等一系列法规和技术标准。

1.5.1 信息系统安全等级保护法规

为提高我国信息安全的保障能力和防护水平，维护国家安全、公共利益和社会稳定，保障和促进信息化建设的健康发展，贯彻落实国务院颁布的《安全保护条例》中信息安全等级保护条款，公安部、国家保密局、国家密码管理局和国务院信息化办公室先后颁布了《关于信息安全等级保护工作的实施意见》《信息安全等级保护管理办法》《关于开展全国重要信息系统安全等级保护定级工作的通知》《信息安全等级保护备案实施细则》《公安机关信息安全等级保护检查工作规范》《关于加强国家电子政务工程建设项目信息安全风险评估工作的通知》《关于开展信息安全等级保护安全建设整改工作的指导意见》等法规。

1. 信息安全等级保护的实施

（1）信息安全等级保护意义

我国信息安全保障工作存在突出问题，主要是信息安全意识和安全防范能力薄弱，信息安全滞后于信息化发展；信息系统安全建设和管理的目标不明确；信息安全保障工作的重点不突出。随着信息技术的高速发展和网络应用的迅速普及，信息资源已经成为国家经济建设和社会发展的重要战略资源之一。保障信息安全，维护国家安全、公共利益和社会稳定已成为当前信息化发展中迫切需要解决的重大问题。

（2）信息安全等级保护原则

信息安全等级保护的基本原则是对信息安全分等级、按标准进行建设、管理和监督。明确责任，共同保护；依照标准，自行保护；同步建设，动态调整；指导监督和重点保护是我国信息安全等级保护的原则。

（3）信息安全等级保护内容

根据信息和信息系统在国家安全、经济建设、社会生活中的重要程度以及遭到破坏后对国家安全、社会秩序、公共利益以及公民、法人和其他组织的合法权益的危害程度确定保护等级，信息安全等级保护分为五个保护等级。第一级至第五级分别称为自主保护、指导保护、监督保护、强制保护和专控保护等级。

（4）信息安全等级保护职责分工

公安机关负责信息安全等级保护工作的监督、检查、指导。国家保密工作部门负责等级保护工作中有关保密工作的监督、检查、指导。国家密码管理部门负责等级保护工作中有关密码工作的监督、检查、指导。信息和信息系统的主管部门及运营、使用单位按照等级保护的管理规范和技术标准进行信息安全建设和管理。

2. 信息安全等级保护的管理

（1）信息安全等级保护划分

信息系统安全等级保护共分为 5 个等级。

第一级：信息系统受到破坏后，会对公民、法人和其他组织的合法权益造成损害，但不损害国家安全、社会秩序和公共利益。

第二级：信息系统受到破坏后，会对公民、法人和其他组织的合法权益产生严重损害，或者对社会秩序和公共利益造成损害，但不损害国家安全。

第三级：信息系统受到破坏后，会对社会秩序和公共利益造成严重损害，或者对国家安全造成损害。

第四级：信息系统受到破坏后，会对社会秩序和公共利益造成特别严重损害，或者对国家安全造成严重损害。

第五级：信息系统受到破坏后，会对国家安全造成特别严重损害。

（2）信息安全等级保护测评

信息系统建设完成后，运营、使用单位或者其主管部门应当选择符合《信息安全等级保护管理办法》规定条件的测评机构，依据《信息系统安全等级保护测评要求》技术标准，定期对信息系统安全等级状况开展等级测评。第三级信息系统要求每年至少进行一次等级测评，第四级信息系统要求每半年至少进行一次等级测评，第五级信息系统要求依据特殊安全需求进行等级测评。

（3）等级保护安全产品选择

第三级以上信息系统必须选择具有我国自主知识产权；取得国家信息安全产品认证机构颁发的认证证书的信息安全产品进行保护。

（4）等级保护密码产品选择

信息安全等级保护必须采用经国家密码管理部门批准使用或者准于销售的密码产品进行安全保护；不得采用国外引进或者擅自研制的密码产品；未经批准不得采用含有加密功能的进口信息技术产品。

3. 信息安全等级保护的建设

（1）等级保护建设整改流程

① 制定信息系统安全建设整改工作规划，对信息系统安全建设整改工作进行总体部署。

② 开展信息系统安全保护现状分析，从管理和技术两个方面确定信息系统安全建设整改需求。

③ 确定安全保护策略，制定信息系统安全建设整改方案。

④ 建立并落实安全管理制度，落实安全责任制，建设安全设施，落实安全措施。

⑤ 开展安全自查和等级测评，及时发现信息系统中存在安全隐患和威胁。

（2）等级保护建设整改标准

《计算机信息系统安全保护等级划分准则 GB 17859》是信息安全等级保护的基础性标准，《信息系统安全等级保护基本要求 GB/T 22239》是信息系统安全建设整改的依据，《信息系统安全等级保护定级指南 GB/T 22240》为信息系统定级工作提供了技术支持，《信息系统安全等级保护测评要求》为等级测评机构开展等级测评提供了测评和评价方法。《信息系统安全等级保护实施指南》是信息系统安全等级保护建设实施的过程控制标准，《信息系统等级保护安全设计技术要求》则用于指导信息系统安全建设整改的技术设计活动。

（3）等级保护能力目标

各级信息系统通过安全建设整改后应达到如下安全保护能力目标。

① 第一级信息系统经过安全建设整改，具有抵御一般性攻击的能力；防范常见计算机病毒和恶意代码危害的能力；系统遭到损害后，具有恢复系统主要功能的能力。

② 第二级信息系统经过安全建设整改，具有抵御小规模、较弱强度恶意攻击的能力，抵抗一般自然灾害的能力，防范一般计算机病毒和恶意代码危害的能力；具有检测常见的攻击行为，并对安全事件进行记录；系统遭到损害后，具有恢复系统正常运行状态的能力。

③ 第三级信息系统经过安全建设整改，在统一安全策略下具有抵御大规模、较强恶意攻击的能力，抵抗较为严重的自然灾害的能力，防范计算机病毒和恶意代码危害的能力；具有检测、发现、报警、记录入侵行为的能力；具有对安全事件进行响应处置，并能够追踪安全责任的能力；在系统遭到损害后，具有能够较快恢复正常运行状态的能力；对于服务保障性要求高的系统，应能快速恢复正常运行状态；具有对系统资源、用户、安全机制等进行集中控管的能力。

④ 第四级信息系统经过安全建设整改，在统一安全策略下具有抵御敌对势力有组织的大规模攻击的能力，抵抗严重的自然灾害的能力，防范计算机病毒和恶意代码危害的能力；具有检测、发现、报警、记录入侵行为的能力；具有对安全事件进行快速响应处置，并能够追踪安全责任的能力；在系统遭到损害后，具有能够较快恢复正常运行状态的能力；对于服务保障性要求高的系统，应能立即恢复正常运行状态；具有对系统资源、用户、安全机制等进行集中控管的能力。

1.5.2　信息系统安全等级保护定级

信息系统的安全保护等级由两个定级要素决定，一是当信息或信息系统遭到破坏后是否侵害了国家安全、社会秩序、公共利益以及公民、法人或其他组织的合法权益，二是造成侵害的程度，包括一般损害、严重损害和特别严重损害。定级要素与信息系统安全保护等级的关系如表1.6所示。

表1.6　定级要素与信息系统安全保护等级的关系

侵害对象	侵害程度		
	一般损害	严重损害	特别严重损害
公民、法人或其他组织的合法权益	第一级	第二级	第二级
社会秩序、公共利益	第二级	第三级	第四级
国家安全	第三级	第四级	第五级

信息系统安全包括业务信息安全和系统服务安全，信息系统定级由业务信息安全和系统服务安全两方面确定。从业务信息安全角度反映的信息系统安全保护等级称业务信息安全保护等级，从系统服务安全角度反映的信息系统安全保护等级称系统服务安全保护等级。将业务信息安全保护等级和系统服务安全保护等级的较高者确定为信息或信息系统的安全保护等级。

1.5.3　信息系统安全等级保护基本要求

国家标准《信息系统安全等级保护基本要求》针对不同安全保护等级信息系统应该具有的基本安全保护能力提出了具体安全要求，基本安全要求分为基本技术要求和基本管理要求两大类。基本管理要求和基本技术要求各主要控制项如图1.7所示。

基本技术要求主要从物理安全、网络安全、主机安全、应用安全和数据安全方面采取技术措施，通过在信息系统中部署软硬件并正确的配置其安全功能来实现。基本管理要求主要从安全管理制度、安全管理机构、人员安全管理、系统建设管理和系统运维管理方面采取管理措施，通过控制信息系统中各种角色的活动来实现。基本技术要求和基本管理要求是确保信息系统安全不可分割的两个部分。

图 1.7 安全等级保护基本要求控制项

1. 基本技术要求控制项

物理安全控制项有物理位置的选择、物理访问控制、防盗窃和防破坏、防雷击、防火、防水和防潮、防静电、温湿度控制、电力供应和电磁防护。网络安全控制项有结构安全、访问控制、安全审计、边界完整性检查、入侵防范、恶意代码防范和网络设备防护。主机安全控制项有身份鉴别、安全标记、访问控制、可信路径、安全审计、剩余信息保护、入侵防范、恶意代码防范和资源控制。应用安全控制项有身份鉴别、安全标记、访问控制、可信路径、安全审计、剩余信息保护、通信完整性、通信保密性、抗抵赖、软件容错和资源控制。数据安全及备份恢复控制项有数据完整性、数据保密性、备份和恢复。

2. 基本管理要求控制项

安全管理制度控制项有管理制度、制定和发布、评审和修订。安全管理机构控制项有岗位设置、人员配备、授权和审批、沟通和合作、审核和检查。人员安全管理控制项有人员录用、人员离岗、人员考核、安全意识教育和培训、外部人员访问管理。系统建设管理控制项有系统定级、安全方案设计、产品采购和使用、自行软件开发、外包软件开发、工程实施、测试验收、系统交付、系统备案、等级测评和安全服务商选择。系统运维管理控制项有环境管理、资产管理、介质管理、设备管理、监控管理和安全管理中心、网络安全管理、系统安全管理、恶意代码防范管理、密码管理、变更管理、备份与恢复管理、安全事件处置和应急预案管理。

1.6　本章知识点小结

1. 信息安全基本概念

（1）信息安全定义

在重点掌握信息安全概念的基础上，熟悉信息安全、网络安全、计算机系统安全和密码安全保护范围的包容关系，密码安全是信息安全、网络安全和计算机系统安全的基础。信息安全涉及法律、法规、管理、技术和教育等多个方面，覆盖的知识面十分浩大，没有任何人能够熟知信息安全的全部内容。因此，信息安全研究人员、工程技术人员、管理人员、信息保密人员、监督执法人员、军事人员、测评认证人员、个人或企业用户应根据工作需要侧重掌握信息安全的不同方面。

（2）信息安全目标

信息安全目标就是要保障网络信息系统的可靠性、保密性、完整性、有效性、可控性和拒绝否认性，一般而言，信息安全更侧重强调网络信息的保密性、完整性和有效性。

（3）信息安全模型

PPDR 信息安全模型由相互关联的策略、保护、检测和响应四部分组成，安全策略是 PPDR 模型的核心。理想的信息安全只是一个理念，任何信息安全模型都不可能解决所有的安全隐患。

（4）信息安全策略

信息安全策略是保障信息安全的指导性文件，包括总体安全策略和具体安全管理实施细则两部分内容。为提高安全投资回报和发挥网络效能，制定信息安全策略必须遵守均衡性、时效性和最小限度原则，信息安全策略一般包括网络硬件物理安全、网络连接安全、操作系统安、网络服务安全、数据安全、安全管理责任和用户安全责任等内容。

2. 信息安全漏洞与威胁

（1）软件漏洞

错误代码、非正常输入和软件配置不当造成的安全隐患称为软件漏洞，软件漏洞也称为软件脆弱性或软件隐错，软件漏洞是任何软件都存在的客观事实。软件漏洞具有时效性特点，随着软件使用时间的推移，已暴露的软件漏洞会不断消亡，新的软件漏洞将不断出现。

（2）网络协议漏洞

网络协议漏洞是指网络通信协议不完善而导致的安全隐患，已经发现 TCP/IP 协议族 ARP、RARP、IP、ICMP、IGMP、TCP、UDP、RDP、DNS、FTP、HTTP、SMTP、Telnet 等协议都存在安全隐患。

（3）安全管理漏洞

因安全管理疏漏产生的安全隐患称为安全管理漏洞，安全管理是网络管理与信息系统管理的重要组成部分之一。系统缺省配置、脆弱性口令和信任关系转移是最常见的安全管理漏洞，提高安全管理意识能够避免许多安全管理漏洞。

（4）信息安全威胁

信息安全威胁是指事件对信息资源的可靠性、保密性、完整性、有效性、可控性和拒绝否认性可能产生的危害，包括自然因素和人为因素两类。自然因素产生的信息安全威胁主要有硬件故障、软件故障、电源故障、电磁干扰、电磁辐射和各种不可抗拒的自然灾害。人为因素导致的信息安全威胁又可以分为意外损坏和蓄意攻击，意外损坏主要指各种操作失误，蓄意攻击包括网络攻击、计算机病毒、特洛伊木马、网络窃听、邮件截获和滥用特权等恶意行为。

3. 信息安全评价标准

（1）美国可信计算机系统评价标准

TCSEC 根据计算机系统的可信度将安全级别划分为 D、C、B、A 四大类七个等级，安全级别按 D、C1、C2、B1、B2、B3、A 依次增高，安全风险依次降低，高安全级别的计算机系统包含了低安全级别的安全属性。

（2）其他国家信息安全评价标准

德国《计算机安全评价标准》绿皮书定义了 10 个安全功能类和 8 个质量保障等级，安全功能类用 F1～F10 表示，质量保障等级用 Q0～Q7 表示。欧洲共同体成员国 ITSEC 定义了 10 个安全功能类 F1～F10 和 7 个安全功能可信等级 E0～E6。加拿大 CTCPEC 定义了 6 个安全功能等级 0～5 和 8 个可依赖性等级 T0～T7。

（3）国际通用信息安全评价标准

ISO 和 IEC 采用《信息技术安全评价公共标准》（CC）第二版作为国际通用信息安全评价标准 ISO/IEC 15408。CC 标准采用类、族、组件的层次结构定义安全功能和安全保证，共定义了 11 个安全功能类、10 个安全保证类和 7 个评价保证等级 EAL1～EAL7。

（4）国家信息安全评价标准

目前我国有两个信息安全评价标准，分别是《计算机信息系统安全保护等级划分准则》国家标准 GB 17859—1999 和《信息技术—安全技术—信息技术安全性评估准则》国家推荐标准 GB/T 18336—2001。GB 17859—1999 信息系统安全保护能力划分为 5 个安全等级，GB/T 18336—2001 等同于国际标准 ISO/IEC 15408。目前国家信息安全测评认证中心采用 GB/T 18336—2001 对国内外信息安全产品和信息技术进行测评和认证。

4. 国家信息安全保护制度

《中华人民共和国计算机信息系统安全保护条例》是实施国家信息安全保护制度的法律文件，从计算机信息系统建设和应用、信息安全等级保护、计算机机房国际联网备案、媒体进出境申报、建立健全安全管理、计算机犯罪案件报告、计算机病毒与有害数据防治、安全专用产品销售许可证 9 个方面规定了信息安全保护制度。

全国人民代表大会常务委员会、国务院、公安部、国家保密局、工业和信息化部、中国互联网协会等部门先后颁布了多条配套的法律法规。这些法律法规和国家质量监督检验检疫总局、国家标准化管理委员会颁布的信息安全技术标准为全面实施国家信息安全保护制度奠定了坚实的基础。

5. 信息安全等级保护法规和标准

信息安全等级保护工作是我国为保障国家安全、社会秩序、公共利益以及公民、法人和其他组织合法权益强制实施的一项基本制度，根据信息和信息系统的重要程度以及遭到破坏后对国家安全、社会秩序、公共利益以及合法权益的危害程度分为五个保护等级。国家相关部门先后颁布的一系列法规和技术标准是从事信息安全等级保护工作的依据。

习　　题

1. 简述信息安全、网络安全、计算机系统安全和密码安全的关系。

2. 什么是信息安全目标？

3. 简述保密性、完整性和有效性的含义，分别使用什么技术手段能够保障网络信息的保密性、完整性和有效性？

4. PPDR 信息安全模型由哪几部分组成？说明每部分的作用。

5. 为什么制定信息安全策略时要遵守均衡性、时效性和最小限度原则？

6. 信息安全策略一般包括哪些内容？

7. 为什么软件漏洞具有时效性特点？

8. 在深入理解 TCP 的基础上，查阅有关 TCP 安全隐患的资料，综述已经披露的 TCP 漏洞。

9. 列举各种可能的安全管理漏洞。

10. 说明信息安全威胁的类别以及各自破坏的目标。

11. 查阅有关信息安全评价标准资料，撰写一篇不少于 3000 字的信息安全评价标准发展历史技术报告。

12. 简述美国可信计算机系统评价标准 D、C、B、A 四大类安全级别的安全属性。

13. 详细阅读国家推荐标准《信息技术—安全技术—信息技术安全性评估准则》GB/T 18336—2001，说明 EAL1～EAL7 不同评价保证等级的区别。

14. 详细阅读《中华人民共和国计算机信息系统安全保护条例》，其中具体规定了哪些信息系统安全保护制度？

15. 信息系统安全等级划分主要与哪些因素相关？

16. 说明计算机病毒和有害数据的相同点与不同点。

17. 列举《中华人民共和国刑法》规定的计算机犯罪行为。

18. 详细阅读《信息系统安全等级保护基本要求》国家标准，为三级信息系统设计一个安全等级保护解决方案。

第2章
密码技术基础

密码技术是实现网络信息安全的核心技术，是保护数据最重要的工具之一。密码技术以保持信息的机密性，实现秘密通信为目的。密码技术建立在密码学的基础之上，密码学包括两个分支：密码编码学和密码分析学。密码编码学通过研究对信息的加密和解密变换，以保护信息在信道的传输过程中不被通信双方以外的第三者窃用；而收信端则可凭借与发信端事先约定的密钥轻易地对信息进行解密还原。密码分析学则主要研究如何在不知密钥的前提下，通过唯密文分析来破译密码并获得信息。

2.1　密码学理论基础

密码学涉及信息论、数论和算法复杂性等多方面基础知识。随着计算机网络不断渗透到各个领域，密码技术的应用也随之扩大，应用密码学基础理论知识，深入探索可靠可行的加解密方法，应用于数字签名、身份鉴别等新技术中成为网络安全研究的重要方面。

2.1.1　信息论基础知识

信息论的创始人，美国贝尔电话研究所的数学家香农（C.E.Shannon）为解决通信技术中的信息编码问题，提出通信系统的一般模型，建立了信息量的统计公式，奠定了信息论的理论基础。

信息论是一门关于信息的本质，用数学理论研究、描述度量信息的方法，以及传递处理信息的基本理论的科学。它是运用概率论与数理统计的方法，研究信息、信息熵、通信系统、数据传输、信息编码、数据压缩等问题的应用数学学科。信息论中将信息定义为：信息是人们通过对事物的了解消除的不确定性，即能够使人们在对事物的认识上消除不确定性所感知到的一切都是信息。信息的各种不同的信号形式是可以识别、转换、复制、存储、处理、传播和传输的。传播或传输信息的过程称为通信。

信息量是表示事物的可确定度、有序度、可辨度（清晰度）、结构化（组织化）程度、复杂度、特异性或发展变化程度的量。熵是表示事物的不确定度、无序度、模糊度、混乱程度的量。信息熵是对信息状态"无序"与"不确定"的度量。信息的增加使产生的熵减小，熵可以用来度量信息的增益。信息熵表现信息的基本目的是找出某种符号系统的信息量（表示信息多少）和多余度之间的关系，以便能用最小的成本和消耗来实现最高效率的数据储存、管理和传递。香农的信息熵公式为

$$H(X) = \sum P(x_i) I(x_i) = - \sum P(x_i) \log_2 {}^{P(x_i)} \qquad i = 1,2,\cdots,n \qquad (2.1)$$

式中，$P(X_i)$表示信源符号集X中某一信息符号x_i发生的概率；$I(x_i) = -\log_2 {}^{P(x_i)}$表示状态$x_i$所含的信息量。

2.1.2　数论基础知识

数论是研究整数性质的一个数学分支，同时也是密码技术的基础。数论中许多基本内容在现代密码体制、数字签名、密钥分配与管理、身份认证等方面都有非常重要的应用。

1. 整除

定义 2.1　设a,b是任意两个整数，其中$a \neq 0$。如果存在整数q使得$b = aq$成立，那么就说b可以被a整除，记为$a|b$，且称b是a的倍数。a是b的因数（或称约数、除数、因子）。b不能被a整除可以记作$a \nmid b$。由定义及乘法运算的性质，可推出整除关系具有以下性质（注：符号$a|b$本身包含了条件$a \neq 0$）：

（1）$a|a$；

（2）如果$a|b$且$b|c$，则$a|c$；

（3）设$m \neq 0$，则$a|b$与$am|bm$等价；

（4）如果$a|b$且$a|c$，则对任意整数x，y，有$a|bx+cy$；

（5）设$b \neq 0$，如果$a|b$，那么$|a| \leq |b|$；

（6）如果$a|b$，$b \neq 0$，则$\frac{b}{a}|b$；

（7）如果$a|b$且$b|a$，则$a = \pm b$。

2. 素数

定义 2.2　设整数$p \neq 0$。如果它除了± 1，$\pm p$显然因数外没有其他的因数，则p为素数，也叫不可约数，或称p是不可约的。若$a \neq 0$，± 1且a不是素数，则a称为合数。

关于素数有下面一些定理。

定理 2.1　如果p是素数，且$p|ab$，则$p|a$或$p|b$。

定理 2.2　任意整数$n \geq 2$，均可以唯一分解成素数幂之积：

$$n = p_1^{e_1} p_2^{e_2} \cdots p_k^{e_k} \tag{2.2}$$

其中，$p_i < p_j (1 \leq i < j \leq k)$是素数，$e_i (1 \leq i \leq k)$是正整数。式（2.2）叫做$n$的标准分解式。

定理 2.3　素数有无穷多个。

3. 最大公因数与最小公倍数

定义 2.3　设$a_1, a_2, \cdots, a_k$，是k个整数，如果$b|a_1, b|a_2, \cdots, b|a_k$，则称$b$是$a_1, a_2, \cdots, a_k$的公因数。

定义 2.4　若$a_1, a_2, \cdots, a_k$是k个不全为零的整数，它们的公因数中最大的一个公因数叫做最大公因数，记作：$(a_1, a_2, \cdots, a_k)$或$\gcd(a_1, a_2, \cdots, a_k)$。

特别地，当$(a_1, a_2, \cdots, a_k) = 1$时，我们称$a_1, a_2, \cdots, a_k$互素或互质。

定理 2.4　若$a_1, a_2, \cdots, a_k$是k个不全为零的整数，则：

（1）$a_1, a_2, \cdots, a_k$与，$|a_1|, |a_2|, \cdots, |a_k|$的公因数相同；

（2）$(a_1, a_2, \cdots, a_k) = (|a_1|, |a_2|, \cdots, |a_k|)$。

定理 2.5　设a, b, c是三个不全为零的整数，如果$a = bq + c$，其中q是整数，则$(a, b) = (b, c)$。反复运用定理 2.5 可以求得两数的最大公因数。

例 2.1　设$a = -1859, b = 1573$，计算(a, b)。

解：由定理 2.4 有：$(-1859,1573) = (1859,1573)$

　　　　因为 $1859 = 1 \times 1573 + 286$，所以有：$(1859,1573) = (1573,286)$

　　　　又：$1573 = 5 \times 286 + 143$，所以有：$(1573,286) = (286,143) = 143$

　　　　故：$(-1859,1573) = 143$

定理 2.6　设 $a_1, a_2, \cdots, a_k$ 是 k 个整数，且 $a_1 \neq 0$，令 $(a_1, a_2) = d_2$，$(d_2, a_3) = d_3, \cdots, (d_{k-1}, a_k) = d_k$，则 $(a_1, a_2, \cdots, a_k) = d_k$。

例 2.2　计算最大公因数 $(60,270,105,25)$。

解：因为 $(60,270) = 30$，$(30,105) = 15$，$(15,25) = 5$

所以　$(60,270,105,25) = 5$

定义 2.5　设 $a_1, a_2, \cdots, a_k$ 是 k 个整数。若 m 是这 k 个数的倍数，则 m 叫做这 k 个数的一个公倍数，$a_1, a_2, \cdots, a_k$ 的所有公倍数中的最小正整数叫做最小公倍数，记为 $[a_1, a_2, \cdots, a_k]$ 或 $\mathrm{lcm}(a_1, a_2, \cdots, a_k)$。

定理 2.7　设 a，b 是两个正整数，则

（1）若 $a|m$，$b|m$，则 $[a,b]|m$；

（2）$[a,b] = \dfrac{ab}{(a,b)}$。

定理 2.8　设 $a_1, a_2, \cdots, a_k$ 是 k 个整数，令 $[a_1, a_2] = m_2$，$[m_2, a_3] = m_3$，$\cdots$，$[m_{k-1}, a_k] = m_k$，则 $[a_1, a_2, \cdots, a_k] = m_k$。

例 2.3　计算最小公倍数 $[60,270,105,25]$。

解：因为 $[60,270] = \dfrac{60 \times 270}{(60,270)} = \dfrac{60 \times 270}{30} = 540$

$$[540,105] = \frac{540 \times 105}{(540,105)} = \frac{540 \times 105}{15} = 3780$$

$$[3780,25] = \frac{3780 \times 25}{(3780,25)} = \frac{3780 \times 25}{5} = 18900$$

所以最小公倍数 $[60,270,105,25] = 18900$。

4. 同余

定义 2.6　设 n 是一个正整数，对任意两个整数 a、b，若 $n|(a-b)$，则称 a 和 b 模 n 同余，记为 $a \equiv b \pmod{n}$，整数 n 称为模数。

从同余的定义出发，可得同余的基本性质：

（1）自反性：$a \equiv a \pmod{n}$；

（2）对称性：若 $a \equiv b \pmod{n}$，则 $b \equiv a \pmod{n}$；

（3）传递性：若 $a \equiv b \pmod{n}$，$b \equiv c \pmod{n}$，则 $a \equiv c \pmod{n}$；

定理 2.9　整数 a、b 对模数 m 同余的充分必要条件是 $m|(a-b)$。

定理 2.10　设 m 是一个正整数，a、b 是两个整数，则 $a \equiv b \pmod{m}$ 的充要条件是存在一个整数 k，使得 $a = b + km$。

定理 2.11　设 m 是一个正整数，a_1, a_2, b_1, b_2 是四个整数。如果 $a_1 \equiv b_1 \pmod{m}$，$a_2 \equiv b_2 \pmod{m}$，则：（1）$a_1 + a_2 \equiv b_1 + b_2 \pmod{m}$；（2）$a_1 a_2 \equiv b_1 b_2 \pmod{m}$。

例 2.4　2012 年 10 月 31 日是星期三，问第 2^{2012} 天是星期几？

解：因为 $2^1 \equiv 2(\bmod 7)$ ， $2^2 \equiv 4(\bmod 7)$ ， $2^3 = 8 \equiv 1(\bmod 7)$

又 $2012 = 670 \times 3 + 2$ ，所以 $2^{2012} = (2^3)^{670} \cdot 2^2$ ，由定理 2.11（2）知：

$2^{2012} = (2^3)^{670} \cdot 2^2 \equiv 1 \times 4 \equiv 4(\bmod 7)$ ，所以，第 2^{2012} 天是星期日。

5. 欧拉（Euler）函数 $\varphi(n)$

定义 2.7 设 m 是一个正整数，则 m 个正整数 $0, 1, \cdots, m-1$ 中与 m 互素的整数的个数，记作 $\varphi(m)$ ，通常叫做欧拉（Euler）函数。

定理 2.12 若 p 是素数，则 $\varphi(p) = p-1$ 。

定理 2.13 若 p 是素数， k 是大于等于 1 的整数，则 $\varphi(p^k) = p^{k-1}(p-1)$ 。

定理 2.14 若 m ， n 是互素的两个正整数，则 $\varphi(mn) = \varphi(m)\varphi(n)$ 。

定理 2.15 任意整数 $n \geq 2$ ，根据定理 2.2 有标准分解式 $n = p_1^{e_1} p_2^{e_2} \cdots p_k^{e_k}$ ，则 $\varphi(n) = n(1-1/p_1)$ $(1-1/p_2) \cdots (1-1/p_k)$ 。

例 2.5 求 $\varphi(63)$ 。

解：由定理 2.12～2.14 可知： $\varphi(63) = \varphi(3^2 \times 7) = \varphi(3^2)\varphi(7) = (3 \times 2) \times (7-1) = 36$

或由定理 2.15 知： $\varphi(63) = \varphi(3^2 \times 7) = 63 \times (1-1/3) \times (1-1/7) = 36$

定理 2.16（欧拉定理） 设 m 是大于 1 的整数，如果 a 是满足 $(a,m) = 1$ 的整数，则 $a^{\varphi(m)} \equiv 1(\bmod m)$ 。

例 2.6 设 $m = 11$ ， $a = 2$ ，有 $(2,11) = 1$ ， $\varphi(11) = 10$ ，故 $2^{10} \equiv 1(\bmod 11)$ 。

定理 2.17（费马小定理） 设 p 是素数，则 $a^p \equiv a(\bmod p)$ 。

证明：若 $(a,p) = 1$ ，由欧拉定理 $a^{p-1} \equiv 1(\bmod p)$ ，因而 $a^p \equiv a(\bmod p)$ ；

若 $(a,p) \neq 1$ ，则 $p | a$ ，故 $a^p \equiv a(\bmod p)$ ，证毕。

2.1.3 计算复杂性基础知识

求解某一问题的不同算法在时间、空间要求上相差很大，即使同一算法，当用其求解问题的不同实例时，其性能差异也很大。计算复杂性理论是研究用计算机求解问题的难易程度。

1. 算法与问题

所谓问题，是指一个要求给出解释的一般性提问，通常含有若干个未定参数或自由变量。它由两个要素组成：第一个是对所有的未定参数的一般性描述；第二个是解答必须满足的性质。一个问题 P 可以看成是由无穷多个问题实例组成的一个类。

所谓算法，是指完成一个问题的求解过程所采用的方法和计算步骤。通常的计算机程序都可以看做是算法的表达形式，算法对应于问题的两个要素分别是算法的"输入"和"输出"。

如果把问题 P 的任意一个实例作为算法 A 的输入， A 在有限步骤之内总能输出关于此实例的正确答案，则算法 A 可解问题 P 。对于一个问题 P ，如果存在一个算法 A 可解问题 P ，则称问题 P 是算法可解的。

2. 算法复杂性

算法的复杂性是算法效率的度量，是评价算法优劣的重要依据。计算复杂性理论为分析不同密码技术和算法的复杂性提供了依据，它对密码算法和技术进行比较，并判定密码算法和技术的安全性能。

算法的复杂性通常用关于输入规模的函数来表征： n 是输入的规模或尺寸，以某个特定的基本步骤为单元，完成计算过程所需的总单元数称为算法的时间复杂性，或时间复杂度，记为 $T(n)$ ；

以某个特定的基本存储空间为单元，完成计算过程所用的存储单元数，称为算法的空间复杂性或空间复杂度，记为 $S(n)$。一般在设计算法时，都已经考虑到对空间复杂性的某种限制，所以，实际应用中更多关注的是时间复杂性。

一个算法的计算复杂性用符号"O"表示其数量级。"O"的意思是：对于两个任意的实值函数 f 和 g，若记号 $f(n)=O(g(n)),n\to\infty$，则存在有一个值 a，对充分大的 n，$|f(n)|\leqslant a|g(n)|$。

计算复杂性的数量级就是这种类型的函数，即当 n 变大时增长得最快的函数，所有常数和较低阶形式的函数可以忽略不计。例如，一个所给定的算法复杂性是 $3n^3+2n\log_2^n+16$，那么其计算复杂性是 n^3 阶的，表示为 $O(n^3)$。显然，计算 n^3 要比计算 $3n^3+2n\log_2^n+16$ 简单得多。

如果算法的时间复杂性为 $O(n^k)$，其中 k 为常数，n 为输入规模，则称该算法是多项式时间算法。特别地，当 $k=0$ 时为常数时间算法；当 $k=1$ 时为线性时间算法；当 $k=2$ 时为二次时间算法，依此类推。如果算法的复杂性为 $O(k^{f(n)})$，其中 k 为大于 1 的常数，$f(n)$ 为输入规模 n 的多项式函数，则称该算法是指数时间算法。

3. 问题的复杂性

算法的复杂性是指解决问题的一个具体算法的复杂程度，是算法的性质；问题的复杂性是指这个问题本身的复杂程度，是问题固有的性质。问题的复杂性理论利用算法复杂性作为工具，将大量典型的问题按照求解的代价进行分类。问题的复杂性由在图灵机上解其最难实例所需的最小时间与空间决定，还可以理解为由解该问题的最有效的算法所需的时间与空间来度量。

在确定型图灵机上可用多项式时间求解的问题，称为易处理的问题。易处理的问题的全体称为确定性多项式时间可解类，记为 P 类。

对于很难找到多项式时间算法的问题，或者根本没有多项式时间的算法问题，如果给定该问题的一个答案，可以在多项式时间内判断答案的正确性，从而验证一个解是否正确的问题称为 NP 问题。即在非确定性图灵机上可用多项式时间求解的问题，也称为非确定性多项式时间可解问题。NP 问题的全体称为非确定性多项式时间可解类，记为 NP 类。显然，$P\subseteq NP$，即在确定型图灵机上多项式时间可解的任何问题在非确定型图灵机上也是多项式时间可解的。

NP 类中还有一类问题称为 NP 完全类，记为 NPC。所有的 NP 问题都可以通过多项式时间转换为 NPC 中的问题。NPC 是 NP 类中困难程度最大的一类问题，但 NPC 中的问题困难程度相当，都可以多项式时间转化为称为可满足性问题的 NPC 问题，此类 NPC 具有如下性质，若其中的任何一个问题属于 P，则所有的 NP 问题都属于 P，且 $P=NP$。

现在的密码算法的安全性都是基于 NPC 问题的，想破译一个密码相当于解一个 NPC 问题，如果 $P=NP$，那么破译就相当容易，密码算法将不再是牢不可破的。

2.2　密码系统与加密标准

经典的信息加密理论主要用于通信保密，而现代信息加密技术的应用已深入到信息安全的各个环节和对象，信息的加密方式和标准也有了深入广泛的发展，本节将介绍信息加密技术的基本概念、方式和标准。

2.2.1　密码系统的基本概念

密码学是研究信息变换方法的一门科学，它的基本思想是将一种形式的信息变换成另外一种形式的信息。密码学中用到的各种变换被称为密码算法。一个能够将意义明确的信息（称为明文）变换成意义不明的乱码（称为密文），使非授权者难以解读信息的意义的变换被称为加密算法。把明文转换成密文的过程称为加密。反之，一个能将意义不明的乱码变换成意义明确的信息的变换称为解密算法（或脱密算法）。把密文恢复（还原）成明文的过程称为解密（或脱密）。如果一个变换能够将一个信息变换成一种证据，用来验证某个实体对信息内容的认可，则该变换被称为签名。

在现代密码学中，加密算法和解密算法是彼此互逆的两个变换，签名算法和验证算法也是彼此互逆的两个变换。彼此互逆的两个变换通常都是在一组密钥的控制下实现的。密钥是一组特定的秘密数据，在加密时，它控制密码算法按照指定的方式将明文变换成相应的密文，并将一组信源标识信息变换成不可伪造的签名；在解密时，它控制密码算法按照指定的方式将密文变换成相应的明文，并将签名信息变换成不可否认的信源证据。加密算法中用到的密钥称为加密钥，解密算法中用到的密钥称为解密钥，签名算法用到的密钥称为签名密钥，验证算法用到的密钥称为验证密钥。一般地，密钥长度越大，相应的密文就越安全。

所有可能的密钥称为密钥空间，用 K 表示；所有被加密算法支持的消息集合称为明文空间（消息空间），记做 M；所有可能的密文的集合称为密文空间，记做 C。若存在 $m \in M$，$c \in C$，$k_1, k_2 \in K$，其中 k_1 是加密钥，k_2 是解密钥，则加密算法表示为 $c = E_{k_1}(m)$ 实现加密，解密算法表示为 $m = D_{k_2}(c)$ 实现解密，且有 $D_{k_2}(E_{k_1}) = m$。一个完整的密码系统如图 2.1 所示。

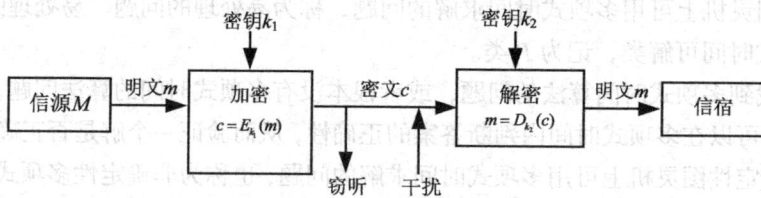

图 2.1　密码系统示意图

任何一个密码系统必须基本具备以下三个安全规则。

① 机密性（confidentiality）：密码系统在信息的传送中提供一个或一系列密钥，把信息通过密码运算译成密文，使信息不会被非预期的人员所读取，只有发送者和接收者应该知晓此信息的内容。

② 完整性（integrity）：数据在传送过程中不应被破坏，收到的信宿数据与信源数据是一致的。应该选取健壮的密码和加密密钥，以确保入侵者无法攻破密钥或找出一个相同的加密算法，阻止入侵者改变数据后对其重新加密。

③ 认证性（authentication）：密码系统应该提供数字签名技术，使接收信息用户验证是谁发送的信息，确定信息是否被第三者篡改。只要密钥还未泄露或与别人共享，发送者就不能否认他发送的数据。

对于一个密码系统，非授权者采用窃听密文和向系统注入假信息的方法攻击损坏明文信息的机密性和完整性。若攻击者无论获得多少密文信息也求不出明文信息，这种密码系统是理论上不可破译的，具有无条件安全性。若密码系统理论上可破译，但由于得到密钥或解密过程需要付出巨大的计算，不能在希望的时间内或可能的条件下求出答案，则这种密码系统是实际上不可破译的，具有计算安全性。

信息加密是保障信息安全的最基本、最核心的技术措施和理论基础。信息加密也是现代密码学的主要组成部分。信息加密过程由形形色色的加密算法来具体实施，它以很小的代价提供很大的安全保护。在多数情况下，信息加密是保证信息机密性的唯一方法。

2.2.2 信息加密方式

1. 信息加密方式分类

加密方式可以根据密码系统的不同特征进行划分。

（1）按密钥方式划分

对称密钥加密：收发双方使用相同密钥，加密密钥 k_1 和解密密钥 k_2 相同为 k，如图 2.2 所示。对称密钥加密信息安全性高，加密速度快，加密、解密基于简单的代替和换位，因此密文信息冗余量小。但是，对称密钥加密密钥管理复杂，不具有个人私有性，不支持签名。

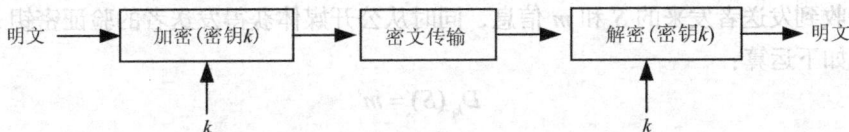

明文 → 加密(密钥k) → 密文传输 → 解密(密钥k) → 明文

图 2.2　对称式加密示意图

非对称式加密：也称公用密钥加密，加密和解密使用不同密钥，分别称为"公钥"和"私钥"，且必须配对使用。其中，"公钥"可以对外公布，"私钥"则不对外公布，只有持有人知道，加密算法和解密算法在非对称式加密中是不相同的，如图 2.3 所示。非对称式加密的密钥便于管理，可以实现数字签名和认证。但是，与对称密钥加密相比，加密速度较慢，密文信息冗余量较大，密钥长度相同时安全性相对较低。

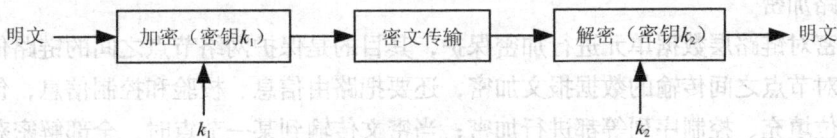

明文 → 加密（密钥k_1） → 密文传输 → 解密（密钥k_2） → 明文

图 2.3　非对称式加密示意图

公用和对称密钥加密结合：公钥加密技术安全性高，效率低，而对称加密安全性低，效率高。所以，常见的加密方法就是结合以上两种形式，用对称加密算法对明文信息进行加密，然后使用更安全的但效率低的公钥加密算法对对称密钥进行加密或应用于数字签名实现认证。

（2）按保密程度划分

理论上保密的加密：无论获取多少密文和有多大的计算能力，对于明文始终不能得到唯一解的加密方法。例如，采用客观随机一次产生的密钥就属于这种加密方式。

实际上保密的加密：从理论的角度是可以破解的，但在现有客观条件下，无法通过计算来确定唯一解。

（3）按明文形态划分

模拟信息加密：用来加密模拟信息。例如，动态范围之内，连续变化的语音信号的加密。

数字信息加密：用来加密数字信息。例如，两个离散电平构成 0、1 二进制关系的电报信息的加密。

2. 数字签名

数字签名是对源信息附上加密信息的过程，是一种身份认证技术，支持加密系统认证性和不可否定性，即签名者对发布的源信息的内容负责，不可否认。如图 2.4 所示为签名的工作流程，数字签名采用非对称式加密对信息 m 使用签名密钥 k_2 加密，运算如下：

$$S = E_{k_2}(m)$$

其中 S 为签名，E 为签名算法。

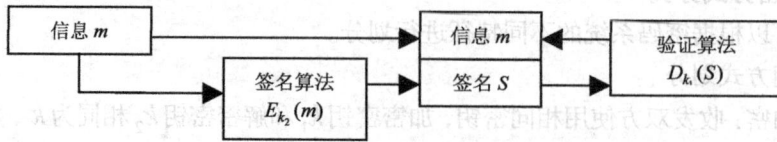

图 2.4　数字签名工作流程图

接收者收到发送者发来的 S 和 m 信息，同时从公开媒体获得发送者的验证密钥 k_1，接收者用 k_1 对 S 进行如下运算：

$$D_{k_1}(S) = m'$$

其中 D 为验证算法。

收到的 m 等于计算出来的 m'，结果说明信息确实来源于发送者，第三方不可能知道签名密钥 k_2，无法篡改 S，发送者无法否认发送 m 信息。在实际工作中，由于解密计算缓慢，为了提高签名速度，m 信息往往要经过压缩或散列处理或尽量取简短信息。

3. 网络信息加密

网络信息加密的目的是保护网内的数据、文件、口令和控制信息，保护网上传输的数据。网络加密常用的方式有链路加密和端点加密。

（1）链路加密

链路加密对链路层数据单元进行加密保护，其目的是保护网络节点之间的链路信息安全。这种加密不但对节点之间传输的数据报文加密，还要把路由信息、校验和控制信息，包括数据链路层的帧头、位填充、控制序列等都进行加密；当密文传输到某一节点时，全部解密获得信息和明文，然后全部加密后发送到下一个节点；对于这种加密，加密设备的设计相对复杂，必须理解链路层协议和必要的协议转换。

链路加密方式下几乎任何有用消息都被加密保护，其加密范围包括用户数据、路由信息、协议信息等，攻击者将不知道通信的发送和接收者的身份、信息的内容、信息长度以及通信持续的时间，而且，系统的安全性将不依赖任何传输管理技术，所以加密系统十分有效。链路加密的密钥管理也相对简单，仅仅是线路的两端需要共同的密钥，而线路两端可以通过独立于网络的其他部分更换密钥。

链路加密的缺点是：整个连接中的每段连接都需要加密保护。对于包含不同体系机构子网络的较大型网络，加密设备、策略管理、密钥量等方面的开销巨大。另外，在每个加密节点，都存在加密的空白段——明文信息，特别是对于跨越不同安全域的网络，这是及其危险的。为解决节点中数据是明文的缺点，可在节点内增加加密、解密装置，称为节点加密；但和链路加密一样，同样依靠公共网络节点资源的配合，开销较大。

（2）端点加密

端点加密是对源端用户到目的端用户的数据提供加密保护，即面向网络层以上的加密方式。端点加密中，数据在从加密的端节点到对应的解密端节点的整个传输过程中都保持密文形式，从而克服了链路加密出现加密空白段的问题。由于加密和解密只发生在两个端节点，因此对中间节点是透明的。这样大大减少了安装设备的开销，特别是中间节点设备开销，以及复杂的策略管理和密钥管理所引起的麻烦。由于加密范围往往集中在网络高层的协议数据，容易为不同流量的数据提供 QoS 服务，实现按特定流量进行加密和按特定强度进行加密，从而有利于提高系统的效能，优化系统的性能。

端点加密的缺点是：由于通信环境往往比较复杂，要在跨越网络的两个端用户之间成功地完成密钥的建立，需要付出性能代价。其次，端点加密不能保护数据传输过程中的某些信息，如路由信息、协议信息等，攻击者可以借助这些信息发动某些流量分析攻击。另外，端点加密设备（模块）的实现十分复杂，要求设备必须理解服务的提供层协议，并且成功调用这些服务，然后在设备中对对应的数据进行密码处理，并且将处理后的数据传送给上层协议。如果加密设备不能为上层协议提供良好的服务接口，则将对通信的性能产生较大的影响。

网络加密技术是网络安全最有效的技术之一，可以采取软件和硬件相结合的灵活的方法。加密网络不但可以防止非授权用户的搭线窃听和入网，而且也是对付恶意软件和病毒的有效方法之一。

2.2.3　数据加密标准

1. 对称密钥加密

DES（data encryption standard）是 1976 年由美国国家标准局颁布的一种加密算法，属于对称密钥加密算法体制，早期被公认为较好的加密算法，经过长期验证后，被国际标准化组织接受作为国际标准。DES 自它应用 20 多年来，不断经受了许多科学家破译，同时也成为密码界研究的重点。DES 对称密钥加密算法广泛地应用在民用密码领域，为全球贸易、金融等非官方部门提供了可靠的通信安全保障。DES 算法运算速度快，生成密钥容易，适合于在当前大多数计算机上用软件方法和专用芯片上实现。但 DES 密钥太短（56 位），密钥健壮性不够好，降低了保密强度；同时，DES 安全性完全依赖于对密钥的保护，在网络环境下使用，分发密钥的信道必须具备有力的可靠性才能保证机密性和完整性。DES 算法还有一些变形，如三重 DES 和广义 DES 等。目前，DES 应用领域主要包括：计算机网络通信中的数据保护（只限于民用敏感信息）；电子资金加密传送；保护用户存储文件，防止了未授权用户窃密；计算机用户识别等。

2. 加密芯片标准

这种数据加密标准对用户只提供加密芯片（Clipper）和硬件设备，它的密码算法不公开，密钥量比 DES 多 1000 多万倍，是美国国家保密局（NSA）在 1993 年正式使用的新的商用数据加密标准，目的是取代 DES，提高密码算法的安全性，主要用于通信交换系统中电话、传真和计算机通信信息的安全保护。为确保更可靠的安全性，加密设备的制作方法按照严格规定来实施，Clipper 芯片由一个公司制造裸片，再由另一公司编程。Clipper 芯片主要特点是充分利用高的运算能力的设备资源加大密钥量，从而用于计算机通信网上的信息加密，如政府和军事通信网中数据加密。芯片的研究不断换代，使它还实现了数字签名标准和保密的哈希函数标准以及用纯噪声源产生随机数据的算法等。

3. 国际数据加密标准

这种算法是在 DES 算法的基础上发展的。与 DES 相同，国际数据加密算法（international data encryption algorithm，IDEA）也是针对数据块加密；它采用 128 位密钥，设计了一系列加密轮次，每轮加密都使用从完整的加密密钥中生成的一个子密钥，基于这种算法，采用软件实现和采用硬件实现同样快速，非常适合于对大量的明文信息的快速加密。它在 1990 年正式公布并在以后得到了增强。

4. 公开密钥加密标准

在网络通信中，传统的对称加密方法是发送者加密、接收者解密使用同样的密钥，这种方法虽然有运算快的特点，随着用户的增加，大量密钥的分配是一个难以解决的问题。例如，若系统中有 n 个用户，其中每两个用户之间需要建立密码通信，则系统中每个用户须掌握 $(n-1)$ 个密钥，而系统中所需的密钥总数为 $n*(n-1)/2$ 个。对 100 个用户，仅考虑用户之间的通信只使用一种会话密钥的情况，每个用户必须有 99 个密钥，系统中密钥的总数为 4950 个。如此庞大数量的密钥生成、管理、分发确实是一个难处理的问题。因此，对称加密方法所带来的密钥的脆弱性和密钥管理的复杂性局限了它的发展。

早在 20 世纪 70 年代，美国斯坦福大学的两名学者迪菲和赫尔曼提出了一种加密方法——公开密钥加密方法，解决了传统加密体系的密钥分配复杂的缺点。公开密钥加密方法是非对称加密方式，该技术采用不同的加密密钥和解密密钥对信息加密和解密，每个用户有一个对外公开的加密算法 E 和对外保密的解密算法 D，它们须满足条件：

① D 是 E 的逆，即 $D[E(X)] = X$；

② E 和 D 容易计算；

③ 如果由 E 出发求解 D 十分困难。

加密密钥可对外公开，称为公钥。一个用户向另一用户传送信息，首先通过开放途径获得另一用户的公开密钥，对明文加密后发送；而另一用户唯一保存的解密密钥是保密的，称为私钥，并通过安全的方法验证信源可靠后，采用私钥将密文复原、解密。理论上解密密钥可由加密密钥推算出来，但这种算法设计在实际上是不可能的，或者虽然能够推算出，但要花费很长的时间和代价，所以，将加密密钥公开不会危害密钥的安全。

著名的 RSA 正是基于这种理论，算法的名字以发明者的名字命名：Ron Rivest, Adi Shamir 和 Leonard Adleman。这种算法为公用网络上信息的加密和鉴别提供了一种基本的方法。为提高保密强度，RSA 密钥至少为 500 位长，一般推荐使用 1024 位，这就使加密的计算量很大。为减少计算量，在传送信息时，常采用传统对称加密方法与 RSA 公开密钥加密方法相结合的方式：信息明文加密采用改进的 DES 或 IDEA 加密方法，使用 RSA 用于加密密钥和信息摘要。美国的保密增强邮件系统就是采用了 RSA 和 DES 结合的方法，目前已成为电子邮件保密通信标准。

5. 量子加密方法

量子加密与公钥加密标准同期出现，适用于网络上加密普通宽带数据信道所传送的信息，工作原理是两端用户各自产生一个私有的随机数字符串，两个用户向对方的接收装置发送代表数字字符串的单个量子序列（光脉冲），接收装置从两个字符串中取出相匹配的比特值组成了密钥，实现了会话或交换密钥的传递。由于这种方法依赖的是量子力学定律，传输的光量子是无法被窃听的；如果有人进行窃听，就会对通信系统造成干扰，对通信系统的量子状态造成不可挽回的变化，通信双方就会得知有人进行窃听，从而结束通信，重新生成密钥。这样的密钥生成过程同时保证了密钥的安全传递。试验证明，这种加密方法在光纤和卫星通信中可以进行量子密钥的交换，但普通的铜缆无法使用这种技术。这种加密技术不久的将来应该有应用和发展，但是如何实现数字签名有待于研究。

2.3　信息加密算法

本节就目前常见的对称加密算法：DES 加密算法和非对称加密算法：RSA 加密算法、Diffie-Hellman 算法、ElGamal 加密算法、椭圆曲线加密算法进行介绍和说明。

2.3.1　DES 加密算法

DES 是加密算法中影响较大的一种算法，许多新的加密算法都吸收了 DES 加密算法的技术思想。DES 加密算法是一个分组加密算法，它以 64 位为分组对数据进行加密。64 位的分组明文序列作为加密算法的输入，经过 16 轮加密得到 64 位的密文序列。DES 加密密钥的长度为 56 位，但通常表示为 64 位，其中，每个第 8 位都用作奇偶校验位。DES 算法完全公开，所以，其保密性完全依赖密钥。DES 全部 16 轮加解密结构如图 2.5 所示，其加密和解密过程相同，只是解密子密钥与加密子密钥的使用顺序刚好相反。

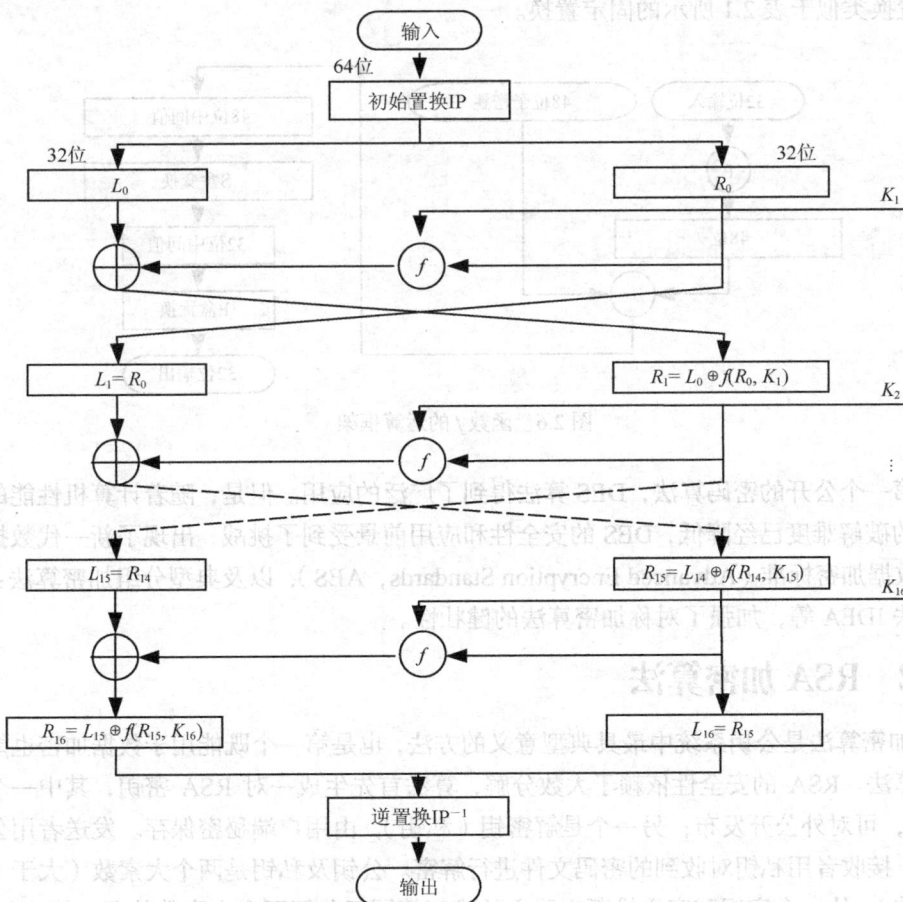

图 2.5　DES 加解密流程

图中的置换是将原有的信息位进行了位置的变换，如表 2.1 所示，初始置换 IP 将原来第 58 位移动到第 1 位，原第 50 位移动到第 2 位，依此类推。逆置换 IP^{-1} 则将变换后的第 40 位移动到第 1 位，原第 8 位移动到第 2 位。

表 2.1　DES 的初始置换 IP 及逆置换 IP⁻¹

Bit	IP								Bit	IP⁻¹							
1	58	50	42	34	26	18	10	2	1	40	8	48	16	56	24	64	32
9	60	52	44	36	28	20	12	4	9	39	7	47	15	55	23	63	31
17	62	54	46	38	30	22	14	6	17	38	6	46	14	54	22	62	30
25	64	56	48	40	32	24	16	8	25	37	5	45	13	53	21	61	29
33	57	49	41	33	25	17	9	1	33	36	4	44	12	52	20	60	28
41	59	51	43	35	27	19	11	3	41	35	3	43	11	51	19	59	27
49	61	53	45	37	29	21	13	5	49	34	2	42	10	50	18	58	26
57	63	55	47	39	31	23	15	7	57	33	1	41	9	49	17	57	25

图 2.5 中的函数 f 如图 2.6 所示，f 有两个输入：32 位的加密数据和 48 位的子密钥，其中 32 位的加密数据由上一轮变换后的 $R_i(0 \leqslant i \leqslant 15)$ 决定，48 位的子密钥由 64 位的密钥通过复杂的密钥置换和移位得到。图中的 E 将 32 位信息扩展到 48 位；S 盒变换是 DES 算法中唯一的非线性变换部件，也是整个算法的核心，是保证 DES 算法的重要部件，它的设计原则和过程至今没有公布。P 盒置换类似于表 2.1 所示的固定置换。

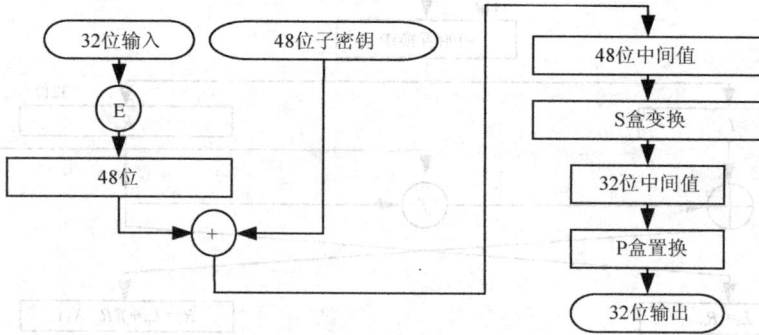

图 2.6　函数 f 的运算框架

作为第一个公开的密码算法，DES 算法得到了广泛的应用。但是，随着计算机性能的逐步提高，DES 的破解难度已经降低，DES 的安全性和应用前景受到了挑战，出现了新一代数据加密标准：高级数据加密标准（Advanced Encryption Standards，AES），以及典型分组加密算法：国际数据加密算法 IDEA 等，加强了对称加密算法的健壮性。

2.3.2　RSA 加密算法

RSA 加密算法是公钥系统中最具典型意义的方法，也是第一个既能用于数据加密也能用于数字签名的算法。RSA 的安全性依赖于大数分解，算法首先生成一对 RSA 密钥，其中一个是加密钥（公钥），可对外公开发布；另一个是解密钥（私钥），由用户端秘密保存。发送者用公钥加密发送文件，接收者用私钥对收到的密码文件进行解密。公钥及私钥是两个大素数（大于 100 个十进制位的数），从一个密钥和密文推断出明文的难度等同于分解两个大素数的积，算法如下。

1. 生成密钥

① 任意选取两个不同的大素数 p,q。

② 计算 $n = p*q$，$\varphi(n) = (p-1)(q-1)$，在这里 $\varphi(n)$ 指的是 Euler 函数。

③ 任意选取一个大整数 e，满足 $1 < e < \varphi(n)$ 且 $\gcd(\varphi(n), e) = 1$，整数 e 用作加密钥。

④ 计算解密钥 d，满足 $d * e \equiv 1 (\mathrm{mod}\, \varphi(n))$，即 d 是 e 关于模 $\varphi(n)$ 乘的逆元，由 e 的定义，d 存在唯一值。

⑤ 输出公钥 $\{e, n\}$，保存私钥 $\{d, n\}$。

2. 加密操作

选定 $k = [\log_2^{(n-1)}]$，把明文分成长度为 k 的组块。对每个明文分组 m，m 在 0 到 $(n-1)$ 之间。加密操作为：$c = m^e \bmod n$。

3. 解密操作

得到密文分组 c，解密操作为：$m = c^d \bmod n$。

例 2.7　RSA 加密解密示例。

设取 $p = 13$，$q = 17$，计算 $n = pq = 221$；$\varphi(n) = (p-1)(q-1) = 192$；随机选取 e 且 e 与 $\varphi(n)$ 互素，如 $e = 83$，通过 $(d \times e) \equiv 1 \bmod 192$，计算出 $d = 155$，得公钥 $K_c = \{83, 221\}$，得私钥 $K_p = \{155, 221\}$。

例如，明文为 $m = 136135$，则分组得 $m_1 = 13$，$m_2 = 61$，$m_3 = 35$

$$c_1 = 13^{83} \bmod 221 = 208; \quad c_2 = 61^{83} \bmod 221 = 133; \quad c_3 = 35^{83} \bmod 221 = 120$$

得到密文 208133120，利用 $d = 155$ 解密：

$$m_1 = 208^{155} \bmod 221 = 13; \quad m_2 = 133^{155} \bmod 221 = 61; \quad m_3 = 120^{155} \bmod 221 = 35$$

得到明文 136135

4. RSA 算法的局限

（1）有限的安全性

RSA 是一种分组密码算法，它的安全是基于数论中大的整数 n 分解为两个素数之积的难解性。RSA 及其变种算法已被证明等价于大数分解，同样，分解 n 也是最直接的攻击方法。现在，人们已能分解 140 多个十进制位的大素数。因此，依据实际需求，模数 n 应尽可能选大一些。同时要注意，如果系统中共享一个模数，不同的人拥有不同的公钥 e_1 和 e_2，这些公钥共模而且互质，假如有同一信息 P 用不同的公钥加密，那么该信息无须私钥就可得到恢复，即设 P 为信息明文，C_1 和 C_2 为密文，公共模数是 n，则 $C_1 = P^{e_1} \bmod n$，$C_2 = P^{e_1} \bmod n$。密码分析者知道 n、e_1、e_2、C_1 和 C_2，就能得到 P。所以，应注意不要共享模数 n。

（2）运算速度慢

RSA 算法进行的都是大数计算，使得其最快的情况也比 DES 慢 100 倍，无论是软件实现还是硬件实现，速度一直是 RSA 算法的缺陷。一般地，RSA 算法只用于少量数据加密。

但是，RSA 算法是第一个能同时用于加密和数字签名的算法，也易于理解和操作，经历了各种攻击的考验和最广泛的研究，是目前最实用的公钥算法之一。

2.3.3　Diffie-Hellman 算法

Diffie 和 Hellman 在 1976 年公开发表的第一个公钥密码算法论文中定义了公钥密码学。论文中提出一个密钥交换系统，让网络互不相见的两个通信体，可以共享一把钥匙，用以证明公开密钥的概念的可行性。这个算法本身基于计算离散对数难题，其目的是实现两个用户之间安全地交换密钥以便于后续的数据加密。直到现在，Diffie-Hellman 密钥交换算法仍然在许多商用产品中使用。

首先定义一个素数 q 的原根 r：若 r 是素数 q 的一个原根，那么数值

$$(r, r^2, \cdots, r^{q-1}) \bmod q$$

是各不相同的整数，并且以某种排列方式组成了从 1 到 $q-1$ 的所有整数，即 $r \in \{1,2,3,\cdots,(q-1)\}$，且 $\{1,2,3,\cdots,(q-1)\} = \{r \bmod q, r^2 \bmod q, r^3 \bmod q, \cdots, r^{q-1} \bmod q\}$。

对于一个整数 $b \in \{1,2,3,4,\cdots(q-1)\}$ 和素数 q 的一个原根 r，可以找到唯一的指数 i，使得 $b = r^i \bmod q$ 成立，则称指数 i 是 b 的以 r 为基数的模 q 的离散对数。

Diffie-Hellman 密钥交换算法基于上述背景知识，假定有两个全局公开的参数：素数 q 和 q 的一个原根 r，对于用户 A 和 B 交换密钥的方法描述如下：

① 用户 A 选择一个作为私有密钥的随机数 $X_A < q$，并计算公开密钥 $Y_A = r^{X_A} \bmod q$，A 将 X_A 秘密保存而将 Y_A 公开给用户 B；

② 用户 B 选择一个作为私有密钥的随机数 $X_B < q$，并计算公开密钥 $Y_B = r^{X_B} \bmod q$，B 将 X_B 秘密保存而将 Y_B 公开给用户 A；

③ 用户 A 计算密钥 $K_A = (Y_B)^{X_A} \bmod q$，用户 B 计算密钥 $K_B = (Y_A)^{X_B} \bmod q$；

由于 $\quad K_A = (Y_B)^{X_A} \bmod q = (r^{X_B} \bmod q)^{X_A} \bmod q$

$$= (r^{X_B})^{X_A} \bmod q = (r^{X_A})^{X_B} \bmod q \quad （根据取模运算规则得到）$$

$$= (r^{X_A} \bmod q)^{X_B} \bmod q = (Y_A)^{X_B} \bmod q = K_B$$

由此，用户 A 和 B 得到一个共享的密钥 $K = K_A = K_B$。因为 X_A，X_B 保密，由离散对数难解性可知，仅通过公开信息 q, r, Y_A, Y_B 是很难破解出 K 的。

例 2.8 Diffie-Hellman 加密解密示例。

有素数 $q=97$，$r=5$，用户 A 选择 $X_A=36$，用户 B 选择 $X_B=58$。用户 A 和 B 分别计算公钥：

$$Y_A = r^{X_A} \bmod q = 5^{36} \bmod 97 = 50$$

$$Y_B = r^{X_B} \bmod q = 5^{58} \bmod 97 = 44$$

交换公钥后 A 和 B 分别计算共享密钥：

$$K_A = (Y_B)^{X_A} \bmod 97 = 44^{36} \bmod 97 = 75$$

$$K_B = (Y_A)^{X_B} \bmod 97 = 50^{58} \bmod 97 = 75$$

从 $\{97,5,50,44\}$ 出发要计算出 75 很难。而在系统中，q 和 r 有特殊的规定：q 至少是 512 位的素数，也可以根据安全的需要是 1024 位或者更多，而且 $(q-1)$ 最好是个素数或有一个大的质因子；r 必须是 q 的原根。

Diffie-Hellman 算法仅当需要时才生成密钥，减少了密钥存储和管理带来的攻击问题，但算法无法证明通信双方的身份，且容易遭受阻塞攻击和重演攻击等攻击行为。

2.3.4 ElGamal 加密算法

ElGamal 加密算法是 T.ElGamal 在 1985 年提出的基于离散对数问题的公钥加密算法，算法既能用于数据加密也能用于数字签名。

密钥对产生方法如下：选择一个素数 p，两个随机数 g 和 x，$g, x \in [0, p-1]$，计算 $y = g^x \pmod p$，则公钥 $k_1 = (y, g, p)$，私钥 $k_2 = x$。

（1）加密变换。对于消息 m，秘密选取一个随机数 $k \in [0, p-1]$，且 $\gcd(k, p-1) = 1$，然后计算：$c_1 = g^k \bmod p$；$c_2 = my^k \bmod p$。c_1 与 c_2 并联构成密文，即密文 $c = (c_1, c_2)$，因此密文的长度是明文的两倍。

（2）解密变换。由加密变换可知：$c_2(c_1^x)^{-1} = my^k (g^{xk})^{-1} = mg^{xk} g^{-xk} \equiv m \bmod p$

所以：$m = c_2(c_1^x)^{-1} \bmod p$。

可见，ElGamal 体制的密文不是唯一的，这是一种非确定性加密方式。这种加密算法显然增加了系统的安全性，但是代价是密文膨胀了两倍。

例 2.9　ElGamal 加密算法示例。

设 $p = 2579$，$g=2$，私钥 $x = 765$。

计算：
$$y=g^x \bmod p = 2^{765} \bmod 2579 = 949$$

如果明文消息 $m = 1299$，选择随机数 $k = 853$，那么可计算出密文：

$$c = (c_1,\ c_2) = (g^k,\ my^k) \bmod p$$
$$= (2^{853} \bmod 2579,\ 1299 \times 949^{853} \bmod 2579)$$
$$= (435,\ 2396)$$

所以，密文为 (435，2396)。

解密：
$$m = c_2(c_1^x)^{-1} \bmod p = 2396 \times (435^{765})^{-1} \bmod 2579$$
$$= 2396 \times (2424)^{-1} \bmod 2579 = 2396 \times 1980 \bmod 2579$$
$$= 1299$$

由于密文不仅取决于明文，还依赖于加密者每次选择的随机数 k，因此 ElGamal 公钥体制是非确定性的，同一明文多次加密得到的密文可能不同，同一明文最多会有多达 $p-1$ 个不同的密文。

2.3.5　椭圆曲线加密算法

1985 年，Koblitz 和 Miller 相互独立地开发提出了在密码学中应用椭圆曲线（Eliptical Curve）构造公开密钥密码体制的思想。这一算法一出现便受到关注。由于基于椭圆曲线的公开密钥密码体制具有开销小、安全性高等优点，在快速加密、密钥交换、身份认证、数字签名等信息安全领域得到了广泛的应用。

1. 有限域上的椭圆曲线算法的提出

普通平面直角坐标系不能表示无穷远点，为表示无穷远点，引入射影平面坐标系的概念：对于普通平面直角坐标系中的一点 $a(x, y)$，任取一个整数 $Z \neq 0$，令 $X=xZ$，$Y=yZ$，则将 a 映射到射影平面坐标系中的 (X,Y,Z)。此时有 $x \to \infty$ 或 $y \to \infty$ 时，$Z \to 0$。射影平面坐标系中的椭圆曲线方程为

$$Y^2Z + a_1XYZ + a_3YZ^2 = X^3 + a_2X^2Z + a_4XZ^2 + a_5Z^3 \qquad (2.3)$$

设 $x = X/Z$，$y = Y/Z$，则上式转换为

$$y^2 + a_1xy + a_3y = x^3 + a_2x^2 + a_4x + a_5 \qquad (2.4)$$

满足式（2.4）的光滑曲线加上一个无穷远点组成了椭圆曲线。

通常的椭圆曲线是连续的，但是密码学研究的是整数域上的计算，因此，密码学将椭圆曲线定义在整数域上的一个有限域 F_p 上。椭圆曲线 $E(F_p)$ 上的点集对点的加法 $\oplus$ 构成阿贝尔群，即运算 $\oplus$ 存在单位元、逆元，且满足交换律、结合律和点的可加性。

椭圆曲线密码体制基于椭圆曲线上的离散对数问题，定义如下：给定素数 p 和椭圆曲线 E，对于 $Q = kp$（k 个 p 相 $\oplus$），可以证明，由 k 和 p 计算 Q 比较容易，但由 Q 计算 p 和 k 则比较困难。

2. 椭圆曲线上的密码算法

利用椭圆曲线进行加密通信的过程描述如下。

① 用户端 A 选定一条椭圆曲线 E，并取椭圆曲线上一点 p 作为基点。

② 用户端 A 选择一个私有密钥 k，并生成公开密钥 $Q=kp$。

③ 用户端 A 将 E 和点 Q，p 传给用户端 B。

④ 用户端 B 接到信息后，将待传输的明文编码到 E 上一点 M，并产生一个随机整数 $r<n$。

⑤ 用户端 B 计算点 $C_1 = M + rQ$；$C_2 = rp$。

⑥ 用户端 B 将 C_1、C_2 传给用户端 A。

⑦ 用户端 A 接到信息后，计算 $C_1-k\,C_2 = M+rQ-k(rp) = M+rQ-r\,(kp) = M$。

⑧ 再对点 M 进行解码就可以得到明文。

基于椭圆曲线的密码体制需要更多的数学知识，其数学背景、椭圆曲线群上的离散对数及一些构建于椭圆之上的密码体制等，还需读者查阅有关资料。

2.4　信息加密产品简介

信息加密产品随着加密技术的应用和发展出现了良好的商业化趋势，比较常用的信息加密软件有 PGP 和 CryptoAPI，作为开放的软件工具，它们的使用为深入开展信息加密技术的研究提供了帮助。

2.4.1　PGP 加密软件简介

PGP（pretty good privacy）是一个对邮件和传输的文档进行加密的软件，可以用来对邮件和文档保密以防止非授权者阅读，让用户可以安全地和从未见过的人进行通信。PGP 软件综合了目前健壮的加密方法和加密系统认证性方面的新手段，功能强大且速度较快，是一种比较实用和安全的加密工具。PGP 软件创始人是美国的 Phil Zimmermann，由于许多版本不受密码出口管制，源代码也是免费的，获取比较方便。

1. PGP 采用的加密标准

PGP 用的是公钥加密和传统加密的杂合算法，这种算法创造性在于它把公钥加密体系的方便和传统加密体系的高速度结合起来，充分利用多个算法各自的优点应用于明文加密和密钥认证管理机制中，巧妙地设计形成了整个加密系统。

PGP 采用 IDEA 的传统加密算法对明文加密。IDEA 的加（解）密速度比公钥加密算法如 RSA 快得多，但主要缺点就是密钥的传递渠道解决不了安全性问题，不适合网络环境的加密需要。因此，PGP 每次加密都可以随机生成密钥用 IDEA 算法对明文加密，然后在密钥的传递中用公钥加密算法，一般是使用不适合加密大量数据的 RSA 或 Diffie-Hellman 算法对该密钥加密来保证传递渠道的安全性，这样收件人同样是用 RSA 或 Diffie-Hellman 解密出这个随机密钥，再用 IDEA 解密出明文。PGP 加密方法如图 2.7 所示。这样的层次加密方式增强了保密性，提高了加密系统的快捷性。

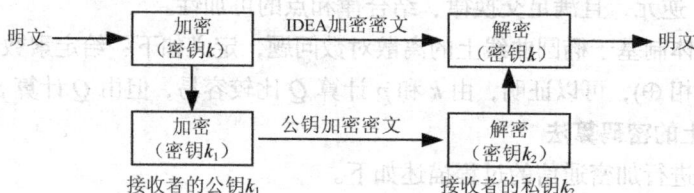

图 2.7　PGP 加密方法示意图

2. PGP 密钥管理和安全性

PGP 中如果 IDEA 密钥是通过网络传送而不加密，攻击者可能通过监听来获取密钥，带来一定的安全隐患。因此，必须通过必要可靠的密钥管理来保证信息发送和接收的安全性。

一个成熟的加密系统必然要有完善的密钥管理配套机制，PGP 中应用 RSA 或 Diffie-Hellman 算法实施密钥分配，通过公钥加密体系来保证密钥分配的安全性。但是，分配过程中首先要获取对方公钥，如果公钥被篡改，所获得的公钥成了伪造的，密钥分配传递给篡改者，篡改者可以用自己的私钥解密获得密钥。这可能成为公钥密码体系中较严重的漏洞和安全性问题，所以，必须保证公钥的真实性。

解决这个问题的一般方法是数字签名，即直接认证信息接收者的公钥，防止公钥被篡改。PGP 发展了一种公钥介绍机制来解决这个问题，描述如下：如果 A 和接收信息的 B 有一个共同的朋友 C，而 C 知道他手中的 B 的公钥 K_B 是正确的，这样 C 可以用他自己的私钥 K_C 对 K_B 加密，表示他担保 K_B 属于 B，然后 A 需要用 C 的公钥 K_C 解密获取 K_B，同样 C 也可以向 B 认证 A 的公钥 K_A。这样 A 就可以放心地获得 C 签过字的公钥，由于经过 C 认证，没人可能获得 C 的私钥去伪造和篡改 B 给 A 的公钥，但前提是 C 认证过 B 的公钥，这样才是从信任的公共渠道传递公钥的安全手段。这里的 C 被称为"介绍人"。

PGP 建议选择非官方私人方式作为密钥中介，这样可以自由地选择信任的介绍人。为签名验证考虑，PGP 提醒生成公钥时输入"用户名"和本人的 E-mail 地址，作为验证的依据。在使用任何一个公钥之前，必须首先认证它，并且，不要信任一个从公共渠道得来的公钥，同样也不要随便为别人签字认证公钥。

PGP 在安全性问题上还考虑了以下几个方面。

① 严格的密钥管理。

② 灵活选择加密密钥对的位数。

③ 专门用来签名而不加密，用于声明人用自己的私钥签名证实自己的身份。

④ 加密的实际密钥随机数难以分析，如 PGP 程序对关键的随机数——RSA 密钥的产生，是从用户敲键盘的时间间隔上取得随机数种子的，以有效地防止从随机数文件中对实际加密密钥规律进行分析。

⑤ PGP 内核使用 PKZIP 算法来压缩加密前的明文，压缩后再经过 7bit 编码加密使密文比明文更短，节省了网络传输的时间；另一方面，明文经过压缩，信息更加杂乱无章，增强了对明文攻击的抵御能力。

3．PGP 软件一般操作过程

PGP 是免费加密软件，成为较为流行的加密软件包。早期，PGP 5.5.3I 只提供原始码，使用 Microsoft Visual C++ version 5.0 编译。现在较为普遍的是更高版本的安装版。PGP 实现了加密、签名、认证、解密等功能，步骤简述如下。

① 软件安装完成后，提示输入姓名和 E-mail 作为自己的公钥和私钥关联的身份信息。

② 选择密钥对的生成算法，指示可选 Diffie-Hellman 或 RSA 作为加密或数字签名的算法，建议选用 Diffie-Hellman 新标准。

③ 选择密钥对的位数，对于许多应用选择 1024～2048bit 较为有效；位数越大，运算越慢，但越安全。

④ 选择密钥对的到期时间（一般不限制）。

⑤ 输入密钥对中私钥的通行码，8 个以上西文和数字，输入两次。

⑥ 不停地移动鼠标或敲击键盘，产生随机密钥对。

⑦ 散布自己的公开密钥和将别人的公开密钥加入自己的密钥队列中。

⑧ 对信息摘要和密钥数字签名（输入通行码执行私钥加密运算）；相反，对签名信息进行认

证（公钥解密运算），查看检验结果。

⑨ 作为介绍人，将获取的验证过的某人的公钥签名后传给第三者，利用第三者对你的信任程度来分配公钥。

⑩ 信息加密：对文本文件加密，同时用公钥加密随机产生的明文的加密密钥并发送。

⑪ 信息解密：用私钥解密获得明文的加密密钥，用它再解密密文。

⑫ 废除和新生成密钥对。

2.4.2 CryptoAPI 加密软件简介

Microsoft CryptoAPI（Cryptography API，加密 API）是微软公司开发的一系列 API 标准加密接口功能函数，主要提供在 Win32 环境下加解密、数字签名验证等安全服务应用，供给应用程序使用这些 API 函数生成和交换密钥、加密和解密数据、实现密钥管理和认证、验证数字签名及散列计算等操作，增强应用程序的安全性和可控性。

1. CryptoAPI 实现的加密系统结构和加密标准

Microsoft 提供 CryptoAPI 接口和 CSP（cryptographic service provider），CSP 是实现所有加密操作的独立模块，由两部分组成：一个动态链接库（dynamic linkable library，DLL）文件和一个签名文件。Microsoft 安装会将该 CSP 的各个的文件安放到相应的目录下，并在注册表中为其注册。特定要求的应用程序需要定制特定的 CSP，因为 CSP 涉及密钥对管理和加密算法，如果加密算法用硬件实现，那么 CSP 还要包括硬件装置。

每个 CSP 都有一个密钥库，如图 2.8 所示。密钥库用于存储密钥，每个密钥库包括一个或多个密钥容器。每个密钥容器中含有属于一个特定用户的所有密钥对。每个密钥容器都有一个唯一的名字作为 CryptoAPI 函数的访问参数，从而获得指向这个密钥容器的句柄。

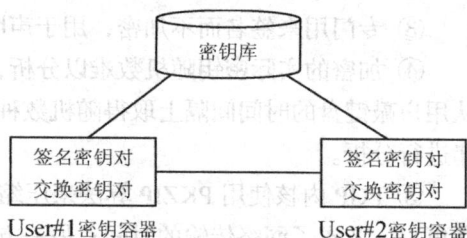

CryptoAPI 实现的加密系统由 3 部分组成：应用程序、CryptoAPI 函数层和 CSP。应用程序通过 CryptoAPI 接口控制访问 CSP 模块，与 CSP 协同工作，应用程序开发人员可以直接调用 CryptoAPI 函数实施数据加解密方案，使用数字证书进行身份验证等，而无须了解内部的实现细节。

图 2.8　CSP 密钥库

目前，CSP 包含的加密标准有 9 种，不同的 CSP 包含的加密标准有不同的 DLL 文件，如表 2.2 所示（表中部分算法未在本章讲述到，请参考有关文献）。

表 2.2　CSP 类型和算法

CSP 类型	交换算法	签名算法	对称加密算法	Hash 算法
PROV_RSA_FULL	RSA	RSA	RC2/RC4	MD5/SHA
PROV_RSA_SIG	none	RSA	none	MD5/SHA
PROV_RSA_SCHANNEL	RSA	RSA	RC4/DES/Triple DES	MD5/SHA
PROV_DSS	DSS	none	DSS	MD5/SHA
PROV_DSS_DH	DH	DSS	CYLINK_MEK	MD5/SHA
PROV_DH_SCHANNEL	DH	DSS	DES/Triple DES	MD5/SHA
PROV_FORTEZZA	KEA	DSS	Skipjack	SHA
PROV_MS_EXCHANGE	RSA	RSA	CAST	MD5
PROV_SSL	RSA	RSA	Varies	Varies

2. CryptoAPI 的函数分类

Microsoft CryptoAPI 从保密性和验证两方面有 5 类函数描述，前 2 类为保密性服务函数，后 3 类为验证服务函数。

① base cryptography functions 基本的加密服务函数。这类函数是用 CSP 提供的函数直接编制的 API 函数，它主要完成数据加/解密、计算 Hash、产生密钥等操作，具体包括下面函数组：

service provider functions 基本的服务提供函数；

key generation and exchange functions 密钥生成与交换函数（用于生成公/私钥对和会话密钥、导入/导出密钥、销毁密钥、生成随机数等）；

cryptencode object/cryptdecode object functions 对象加/解密函数；

data encryption/decryption functions 数据加/解密函数；

hash and digital signature functions Hash 算法与数据签名函数；

② certificate and certificate store functions 签名证书存储函数。通常情况下，时间长了会增加计算机上的签名证书数量，用户有必要管理证书。certificate store functions 让用户存储、检索、删除、列出和验证证书，但并不生成证书（生成证书是 CA 的任务）和请求证书。certificate store functions 提供证书信息和证书附加信息的功能。具体包括下面函数组：

certificate store functions 证书存储函数；

general maintenance functions 证书维护函数；

certificate functions 证书函数；

certificate revocation list functions 证书恢复列表函数；

certificate trust list functions 证书信任列表函数；

extended property functions 属性扩展函数；

③ certificate verification functions 证书验证函数。具体包括下面函数组：

functions using CTLs 使用 CTLs（certificate revocation lists，证书恢复列表）函数；

certificate chain verification functions 证书列表验证函数；

④ message functions 消息传递函数。具体包括两组功能函数：

low-level message functions 低级消息传递函数；

simplified message functions 简化的消息传递函数；

⑤ auxiliary functions 辅助函数。具体包括下面函数组：

data management functions 数据管理函数；

data conversion functions 数据转换函数；

enhaned key usage functions 密钥使用函数；

key identifier functions 密钥标识函数；

certificate store provider callback functions 证书存储提供模块的回调函数；

OID support functions：微软的对象标识技术的支持函数，提供对 SDCOM（security DCOM+）的支持；

remote object retrieval functions 远程对象恢复函数。

下面通过一段 C 语言程序说明上述函数的常规用法。

例 2.10　使用 CryptoAPI 的函数 CryptAcquireContext 获得一个密钥容器 CSP 句柄。

```
if(CryptAcquireContext(&hCryptProv, NULL,NULL, PROV_RSA_FULL, 0))
    {printf("一个 CSP 句柄已被获得. \n");}
```

```
        else
            {if(CryptAcquireContext(&hCryptProv, NULL, NULL, PROV_RSA_FULL,
                    CRYPT_NEWKEYSET))  //创建新的密钥容器
                {printf("密钥容器生成.\n");}}//创建密钥容器成功，并得到CSP句柄
        else
            {HandleError("不能生成新的密钥容器.\n");}}//出错处理
```

正常情况下，在调用相关函数进行数据加密前，需要取得当前机器缺省的密钥容器，如果当前机器未曾设置过缺省的密钥容器，机器创建缺省的密钥容器并返回句柄。MSDN 相关章节中有大量的 CryptoAPI 函数使用的程序实例可供参考。

2.5　本章知识点小结

1. 密码学理论基础

（1）信息论基础知识

信息熵是对系统状态"无序"与"不确定"的度量，表征了信源整体的统计特征,可以用来度量信息的增益。

（2）数论基础知识

作为密码技术的基础学科，数论基础知识从数学角度研究信息加密的相关算法。整除、素数、公因数、公倍数、同余和欧拉函数的定义、定理和算法在密码学算法中有重要应用。

（3）计算复杂性基础知识

算法的复杂性表征了算法在实际执行时所需计算能力方面的信息，它依赖于时间复杂性 $T(n)$ 和空间复杂性 $S(n)$ 的度量。根据算法复杂性工具分类度量，NPC 是 NP 类中困难程度最大的一类问题，现在的密码算法的安全性都是基于 NPC 问题的，如果从算法的角度能解决 NPC 问题，那么密码算法就容易被破解。

2. 密码系统与加密标准

（1）密码系统的基本概念

密码系统是某种加密算法（密码）在密钥控制下实现的从明文到密文的映射，目的是接收数据作为输入，产生密文作为输出，以便隐藏数据的原始意义，使信息在传输过程中即使被窃取或截获，窃取者也不能了解信息的内容，从而保证信息传输的安全。密码系统由明文、密文、密码算法和密钥 4 个部分组成，应该具备机密性、完整性、认证性 3 个基本特性。

（2）信息加密方式

加密系统对信息加密方式一般分为对称加密和非对称加密，非对称加密也称公钥加密，具有良好的保密性和完整性。数字签名是公钥加密的一种应用，在加密系统管理中实现身份认证。网络信息加密可分为链路加密和端点加密，链路加密的安全漏洞和资源开销大影响了它的发展。目前，应用较为广泛的是端点加密。

（3）信息加密标准

无论对存储数据的加密还是传输数据的加密，采用先进的加密标准可以提高数据的安全性。

3. 信息加密算法

较为流行的对称加密算法有 DES 加密算法及其扩展算法，非对称加密算法有 RSA 加密算法、

Diffie-Hellman 算法、ElGamal 加密算法、椭圆曲线加密算法。加密算法的安全性主要是基于复杂数学问题的难解性假设。DES 加密算法通过多次迭代实现信息的混乱和扩散，增强安全性。RSA 加密算法基于大整数素因数分解的困难性。Diffie-Hellman 算法和 ElGamal 加密算法则基于计算离散对数的难题。椭圆曲线加密算法是基于椭圆曲线上的离散对数问题。

4. 信息加密产品简介

（1）PGP 加密软件简介

PGP 是常用的邮件或文档加密软件，PGP 通过公钥加密和对称加密算法相结合，实现数字签名和密钥交换。PGP 源代码是开放的。

（2）CryptoAPI 加密软件简介

CryptoAPI 是微软开发的一系列 API 标准加密接口功能函数，为在应用程序中开发专门的加密系统提供密钥生成、管理和数字签名和验证等服务，可以直接调用函数实施数据加解密方案，使用数字签名证书进行身份验证。

习　题

1. 什么是熵？什么是信息熵？

2. 设 a=46 480，b=39 423，计算(a,b)。

3. 计算最小公倍数[120,150,210,35]。

4. 求 $\varphi(30)$。

5. 什么是算法？一个算法通过哪几个变量度量？

6. 请描述信息加密的基本概念，信息加密系统由哪几部分组成？

7. 简述加密系统必须具备的安全规则。

8. 在网络信息加密中常用的方式是什么？简述它们的工作原理。

9. 描述 DES 加密标准和算法。

10. 运用 RSA 算法对以下数据进行加密/解密操作：p=7，q=11，e=13，m=7。

11. 在 Diffie-Hellman 密钥交换算法中，给定素数 q=11，素数 q 的本原根 r=2。给定 X_A=6，X_B=8，试分别计算 Y_A、Y_B、K_A、K_B。

12. 已知 p=11，g=2，m=5，k=9，x=3，利用 ElGamal 算法，计算密文 C=(c_1,c_2)。

13. 下载一个 PGP 软件，安装使用后描述出该软件的具体功能。

14. 选 CryptoAPI 分类中一个 API 函数，编写一段程序来描述它的具体用法。

第3章
身份认证与访问控制

身份认证和访问控制是实现网络安全的重要技术。在安全的网络通信中，通信双方必须通过某种形式来判明和确认双方的真实身份，确认身份后要根据身份设置对系统资源的访问权限，以实现不同身份用户的访问控制。通过身份认证，防止网络用户与服务器以及服务器与服务器之间的欺骗和抵赖，而通过访问控制，可以限制对关键资源的访问权限，防止非法用户的不合法操作和合法用户的不慎操作而造成的破坏。身份认证的目的是保证信息资源被合法用户访问，而访问控制的目的是保证被认证的合法用户根据权限访问信息资源。

3.1 身份认证技术概述

身份认证（Identity Authentication）就是通过对身份标识的鉴别服务来确认身份及其合法性，鉴别服务的目的在于保证身份信息的可靠性，就是要保证信息接收方接收的消息确实是从它声明的来源发出的。根据身份认证的身份标识的不同形式和鉴别技术，身份认证的方法大体上可分为基于信息秘密的身份认证、基于信任物体的身份认证和基于生物特征的身份认证。这些方法可以具体应用于各种复杂的身份认证过程。

3.1.1 身份认证的基本概念

1. 身份标识与鉴别

身份认证过程中，通信的一方或双方用户必须提供他是谁的证明。例如，某个雇员，某个董事，某个管理人员，某个机构或者某个软件过程等要提供唯一的标识证明自己。身份标识就是能够证明用户身份的用户独有的特征标志，此特征标志要求具有唯一性，如身份证、户口簿、护照、公章、驾照、健康卡，还有网络上使用的网络身份证等。身份标识可能只是单因素的一条特征信息如口令、密码、用户的指纹、视网膜及声音、笔记、签名等；也可能是证明用户身份唯一性的多因素的一组特征信息，如 ID、口令、PIN（个人识别码）、网络地址及其他信息组成用户所声称的身份标识，这些特征信息也称为身份信息或认证信息。其中，用户名和身份标识号码 ID（英文 Identity 的缩写）是应用最多的因素。

ID 也称为序列号或账号，是身份标识特征信息中相对唯一的编码，相当于是一种"身份证编号"，如身份证号、学号、手机号、产品注册号等。在某一具体的事物中，ID 号一般是不变的，它的编码按设计规则来确定，这个规则根据具体的使用者主观设定，如"员工工号"、"身份证号码"采用区间编码规则，每区间表示一个层次和含义（见表 3.1）；"产品的型号"采用助记编码：TVC29 指 29 英寸彩色电视机。身份认证过程中可以使用防伪标识、条形码或 IC 芯片来记录 ID。

表 3.1　员工 ID 的区间码组成

区间 1	区间 2	区间 3
NL00	010	0649
服务部门	北京地区	顺序号

鉴别是对通信的对方验证其合法性从而确定是否是自己信任的通信对象的过程，通常分为身份鉴别和报文鉴别。身份鉴别也称为实体鉴别，用于开放系统（如：网络系统）的两个实体建立连接或数据传输阶段对对方实体的合法性、真实性进行确认，防止非法用户或通过伪造和欺骗身份等手段冒充合法用户访问系统资源。这里的实体可以是用户或系统进程，如 PPP 连接过程中对用户的身份鉴别，目的是证实用户身份与其声称的身份是否相符。报文鉴别在确保数据发自真正的源点的同时，还要对访问请求、报文内容、报文序列、时间等识别，鉴别报文的真伪，防止收到的报文被篡改、假冒和伪造，从而保证报文在通信中的完整性。

2. 身份认证的过程

身份认证的过程就是指网络用户在进入系统或访问受限系统资源时，系统对用户身份的鉴别过程，是实现安全通信和访问的重要步骤。比如在访问一个网络系统时，用户首先需要输入自己的身份标识，在服务器验证后判定用户合法性，如果合法就可以访问网络上对用户授权的资源了。对于单点登录系统，用户只需要一次认证操作就可以访问多种服务。

身份认证过程中涉及 4 个部分，也是身份认证系统的组成部分。

① 用户组件：指拥有能提供用来证明他们身份的证据的个体，也是认证系统中需要认证的客户端。

② 输入组件：指用户和认证系统产生和读入身份标识的接口，一般是计算机键盘、读卡器、视频采集仪器和其他相似的设备。

③ 传输组件：身份认证的传输部分，负责在输入组件和能验证用户真实身份的组件之间传递数据。

④ 验证组件：存储着用户身份信息并以此与企图进入系统的用户提供的身份标识进行比较，来确定用户身份的合法性，也是认证系统中完成身份鉴别的服务器。

身份认证过程可以分为单向认证过程和双向认证过程。如果通信的双方只需要一方被另一方鉴别身份，这样的认证过程就是一种单向认证。通信的双方需要互相认证鉴别对方的身份，这样的认证过程是双向认证过程。单向认证过程最常见也是最简单的形式就是单向口令认证（见图 3.1）：服务器为每一个合法用户建立一个用户名或用户 ID，并设置相应的口令；当用户登录服务器系统时，用户使用通过客户端和服务器双方协商的共享密钥 K_{cs} 加密由用户名和口令组成的认证信息，服务器收到后通过共享密钥 K_{cs} 解密获得用户的认证信息，通过与服务器建立的合法用户信息逐一鉴别，即与系统内已有的合法授权用户的用户名和口令对进行核对，如匹配，则该用户的身份得到了认证，用户便可以被授权或使用授权的资源。

身份认证实现过程中，被鉴别的认证信息要实现加密，往往需要可信第三方（Trusted Third Party）提供密钥管理和分发服务，因此，身份认证的实现过程不仅仅应该涉及认证客户端用户组件、输入组件、传输组件和认证服务器验证组件，还应涉及第三方认证机构。

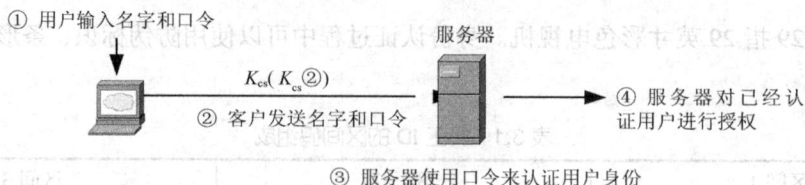

图 3.1　单向口令认证过程

3.1.2　基于信息秘密的身份认证

基于信息秘密的身份认证是根据双方共同所知道的秘密信息来证明用户的身份（what you know），并通过对秘密信息鉴别验证身份。例如，基于口令、密钥、IP 地址、MAC 地址等身份因素的身份认证，主要包括网络身份证认证、静态口令、动态口令身份认证等。

1.　网络身份证

网络身份证（VIEID），全称虚拟身份电子标识（Virtual identity electronic identification）用于在网络通信中识别通信各方的身份及表明身份或某种资格，在互联网络信息世界中标识用户身份。VIEID 是互联网身份认证的工具之一，也是未来互联网基础设施的基本构成之一。

2.　静态口令

口令又称身份识别码或通信短语,通过输入口令进行认证的方法便称为基于口令的认证方法。静态口令是指用户自己设定或改变口令，口令在一定时期内是不变的。认证过程中，以用户名和口令为身份标识，只要输入正确的口令，计算机就认为操作者是合法用户，这就是常用的用户名/口令认证方式，是一种单一因素的认证。实际上，由于许多用户为了防止忘记口令，经常采用诸如生日、电话号码等容易被猜测的字符串作为口令，或者把口令抄在纸上放在一个自认为安全的地方，这样很容易造成口令泄露。即使口令不被泄露，由于口令是静态的数据，在验证过程中需要在计算机内存中存储和网络传输，也可能会被木马程序或网络监听工具截获。因此，静态口令方法从安全性上讲是不安全的身份认证。

3.　一次性口令认证

一次性口令认证也称为动态口令的认证，是一种按时间和使用次数来设置口令，每个口令只使用一次，口令不断变化的认证方法。口令的变动来源于产生口令的因素，包括固定因素和变动因素，固定因素是固定不变的，如代表用户身份的用户名或 ID；变动因素是不断变化的，如时间因素等。口令一般是长度为 5～8 的字符串，由数字、字母、特殊字符、控制字符等组成，根据专门的算法生成一个不可预测的随机组合序列。认证过程中可以在客户端和服务器之间采用基于时间或事件特征的保持认证信息的同步运算，也可以通过挑战/响应方式获得动态口令的异步运算。

动态口令认证的优点：

① 无须定期修改口令，方便管理；

② 一次一口令，有效防止黑客一次性口令窃取就获得永久访问权；

③ 由于口令使用后即被废弃，可以有效防止身份认证中的重放攻击。

动态口令认证的缺点：

① 客户端和服务器的时间或次数若不能保持良好同步，可能发生合法用户无法登录；

② 口令是一长串较长的数字组合，一旦输错就得重新操作。

动态口令认证尽管有现实的缺点，但可以有效保证身份认证的安全性。目前，动态口令认证方法已被广泛运用在网银、网游、电信运营商、电子政务、企业等应用领域，如短信口令认证。

短信口令认证是以手机短信形式请求包含 6 位随机数的动态口令，身份认证系统以短信形式发送随机的 6 位口令到客户的手机上，如图 3.2 所示。客户在登录或者交易认证时候输入此动态口令，由于手机与客户绑定比较紧密，短信口令生成与使用场景是物理隔绝的，因此口令在通路上被截取而能使用的概率降至最低，从而确保系统身份认证的安全性。由于短信网关技术非常成熟，大大降低短信口令系统上马的复杂度和风险，短信口令业务后期客服成本低，稳定的系统在提升安全的同时也营造良好的口碑效应，这也是目前银行业大量采纳这项技术的重要原因。

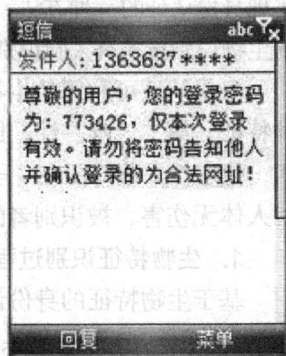

图 3.2　短信口令认证中的口令

3.1.3　基于信任物体的身份认证

根据你所拥有的东西来证明你的身份（what you have），如通过信用卡、钥匙牌、智能卡、口令牌实现的认证。

1. 智能卡（IC 卡）

一种内置集成电路的芯片，芯片中存有与用户身份相关的数据，智能卡由专门的厂商通过专门的设备生产，是不可复制的硬件。智能卡由合法用户随身携带，登录时必须将智能卡插入专用的读卡器读取其中的信息，以验证用户的身份。

智能卡认证是通过智能卡硬件不可复制来保证用户身份不会被仿冒。然而由于每次从智能卡中读取的数据是静态的，通过内存扫描或网络监听等技术还是很容易截取到用户的身份验证信息，因此还是存在安全隐患。

2. 动态口令牌

动态口令牌是客户手持用来生成动态口令的终端，如图 3.3 所示。它内置电源、口令生成芯片和显示屏，口令生成芯片运行专门的算法，主流的算法是基于时间同步的，每 60 秒变换一次动态口令并显示在显示屏上，口令一次有效，它产生 6 位动态数字进行一次一密的方式认证，认证服务器采用相同的算法计算当前的有效口令。动态口令牌认证是基于信任物和动态口令技术的双因素认证方法，由于它使用起来非常便捷，被用来保护登录安全，广泛应用在 VPN、网上银行、电子政务、电子商务等领域。

图 3.3　动态口令牌

3. USB Key

USB Key 是一种 USB 接口的随身可携带的硬件设备，外表像 U 盘，它内置单片机或智能卡芯片，每个 USB Key 都有个人识别号码（personal identification number，PIN），也可以存储用户的密钥或数字证书，并且和动态口令牌一样利用 USB Key 内置的动态口令算法实现对用户身份的认证。基于 USB Key 的身份认证属于多因素认证，安全易用。目前广泛运用在电子政务、网上银行等认证系统中。

3.1.4　基于生物特征的身份认证

生物特征是指唯一的可以测量或可自动识别和验证的生理特征或行为方式。身体特征包括指纹、掌型、视网膜、虹膜、人体气味、脸型、手的血管、DNA 等；行为特征包括签名、语音、行走步态等。基于生物特征的身份认证是指通过可测量的身体特征和行为特征经过"生物识别技术"

实现身份认证的一种方法。直接根据独一无二的身体特征来证明你的身份（what you are），现在常用的生物识别技术有人脸识别、虹膜识别、手形识别、指纹识别、掌纹识别、签名识别、声音识别等。

身份认证可利用的生物特征需要满足以下几个条件。第一，普遍性，即必须每个人都具备这种特征。第二，唯一性，即任何两个人的特征是不一样的。第三，可测量性，即特征可测量。第四，稳定性，即特征在一段时间内不改变。当然，在应用过程中，还要考虑识别精度、识别速度、对人体无伤害、被识别者的接受性等因素。

1. 生物特征识别过程

基于生物特征的身份认证过程也是生物特征识别过程，具体可以分为下列工作内容。

① 采样：生物识别系统捕捉到生物特征的样品，并对采样的数据进行初步的处理，将初步处理的样品保存起来。

② 提取特征信息：设备提取采样中唯一的生物特征信息，并转化成需要的数字格式。

③ 特征入库：认证以前要提前将特征信息连同其他用户身份信息如 ID 或 PIN 等存储到特征数据库。

④ 特征识别：生物特征识别有两种识别方法：验证和辨识，验证采用完整的样品比对；而辨识即将读取到的用户的生物特征信息，与特征数据库中的数据进行比较，计算出它们的相似程度，看是否匹配来识别用户身份。

基于生物特征的身份认证过程如图 3.4 所示。

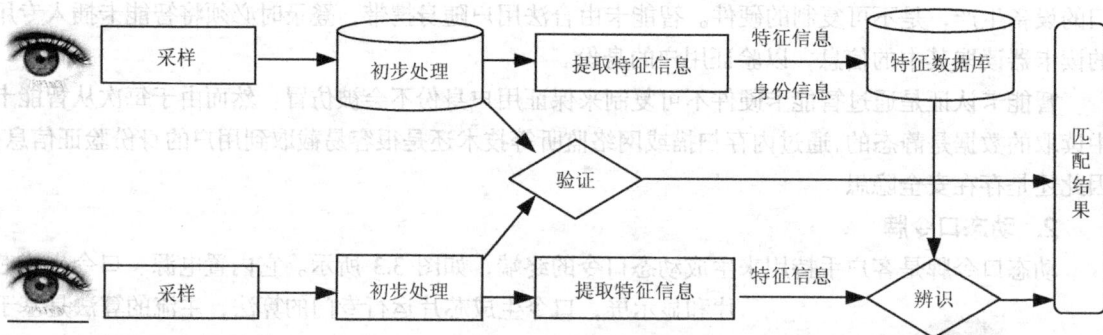

图 3.4　生物特征识别过程

2. 指纹身份认证

指纹是一种由手指皮肤表层的隆起脊线和低洼细沟所构成的纹理，而指纹影像看起来就像一种由许多图形线条依照某种特殊排列方式所组合而成的影像。一个人的指纹是唯一的，即使是双胞胎的指纹也不相同。

人的指纹有两类特征：全局特征和局部特征。全局特征是指那些用人眼直接就可以观察到的特征，包括纹形、模式区、核心点、三角点、纹数等。局部特征是指指纹上节点的特征，这些具有某种特征的节点称为细节特征或特征点。要区分任意两枚指纹仅依靠全局特征是不够的，还需要通过局部特征的位置、数目、类型和方向才能唯一地确定。

指纹纹路并不是连续的，而是经常出现中断、分叉或打折，这些断点、分叉点和转折点就称为"细节特征点"，包括纹线的起点、终点、分叉点、汇合点、纹线构成的小眼和桥等。一般在自动指纹识别技术中只使用两种细节特征：纹线端点和分叉点，纹线端点指的是纹线突然结束的位置，而纹线分叉点则是纹线突然一分为二的位置。大量统计结果和实际应用证明，这两类特征点在指纹中出现的机会最多、最稳定，而且比较容易获取。更重要的是，使用这两类特征点足以描述指纹的唯一性。

指纹识别技术是通过取像设备读取指纹图像，然后用计算机识别软件分析指纹的全局特征和指纹的局部特征，从指纹中抽取特征值，非常可靠地通过特征匹配来确认一个人的身份。指纹识别的优点在于技术相对成熟、图像提取设备小巧、成本较低。其缺点表现在：指纹识别是物理接触式的，具有侵犯性；指纹易磨损，手指太干或太湿都不易提取图像。

指纹的特征识别步骤如下。

（1）图像采集

通过采集设备读取到人体指纹图像。采集图像的主要方法是利用光学设备、晶体传感器或超声波来进行。光学取像设备是根据光的全反射原理来设计的。晶体传感器设备是根据人体部位与传感器之间距离不同而产生的电容不同来取像。超声波设备也是采用光波来取像，但由于超声波波长较短，抗干扰能力较强，所以成像的质量非常好。

（2）图像预处理

预处理就是对采集的数据进行初步的处理，去除噪声，把它变成一幅清晰的点线图，以便于提取正确的指纹特征。预处理的好坏直接影响着后期特征识别的效果。

（3）细节特征的提取

特征的提取是对预处理的结果进行搜索，提取细节特征并最终形成特征数据。一般情况下提取指纹的纹线端点和分支细节特征，提取出各种特征值和坐标位置；在有的系统中，还将细节特征与中心点之间的纹线数一同提取并记录下来（见图 3.5）。

（4）特征信息入库

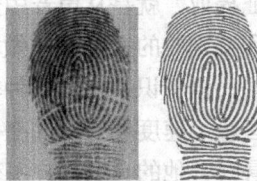

图 3.5　指纹细节特征

指纹特征入库是指将各种提取出来的特征信息存入识别系统的指纹数据库中。当用户需要进行识别验证身份时，需要从数据库中调取已存的指纹特征信息进行匹配。在数据库中用户的指纹，特征信息要与用户姓名或其标识 ID 联系起来。

（5）匹配及识别

指纹匹配首先是把一个现场采集到的用户指纹进行校准，然后基于细节特征进行向量计算，其结果再与指纹数据库中已经登记的用户的指纹细节特征信息进行相似性判断，来辨识其标识的身份的合法性；如果鉴别身份成功，根据用户权限进行访问。

3. 虹膜身份认证

虹膜身份认证是利用虹膜终身不变性和差异性的特点来识别身份的。虹膜是一种在眼睛中瞳孔内的织物状的各色环状物，每个虹膜都包含一个独一无二的基于水晶体、细丝、斑点、凹点、皱纹、条纹等特征的结构。虹膜在眼睛的内部，用外科手术很难改变其结构；由于瞳孔随光线的强弱变化，想用伪造的虹膜代替活的虹膜是不可能的。目前，世界上还没有发现虹膜特征重复的案例，就是同一个人的左右眼虹膜也有很大区别。除了白内障等原因外，即使是接受了角膜移植手术，虹膜也不会改变。虹膜识别技术与相应的算法结合后，可以达到十分优异的准确度，即使全人类的虹膜信息都录入到一个数据库中，因相似而误判的可能性也相当小。

和指纹识别相比，虹膜识别技术采用非接触式取像方式，对接触面污染较小，同时具有可靠性高、不易仿照等优点；操作更简便，检验的精确度也更高。虹膜识别过程符合生物特征识别过程。统计表明，到目前为止，虹膜识别的错误率是各种生物特征识别中最低的，并且具有很强的实用性，在巨大的生物识别产品市场，虹膜识别特别具有优势地位。

4. 视网膜身份认证

人体的血管纹路也是具有独特性的，人的视网膜上面血管的图样可以利用光学方法透过人眼晶体来测定。用于生物识别的血管分布在神经视网膜周围，即视网膜四层细胞的最远处。如果视网膜不被损伤，从三岁起就会终身不变。同虹膜识别技术一样，视网膜扫描可以提供最可靠、最值得信赖的生物识别，但技术运用起来的难度较大。视网膜识别技术要求激光照射眼球的背面以获得视网膜特征。

视网膜身份认证的优点是：①耐久性：视网膜是一种极其固定的生物特征，因为它是"隐藏"的，故而不易磨损，老化或是为疾病影响；②非接触性的：视网膜是不可见的，故而不会被伪造。缺点是视网膜技术未经过任何测试，可能会损坏使用者的健康，这需要进一步的研究；对于消费者，视网膜技术没有吸引力，很难进一步降低它的成本。

5. 语音身份认证

语音身份认证是根据语音波形（声纹）中反映说话人生理和行为特征的语音参数，自动识别说话人身份的技术。声纹是指借助一定的仪器描绘出来的人说话声音的图像，即人的声音的频谱图。任何两个人的声纹频谱图都有差异，语音身份认证就是通过对所记录的语音与被鉴人声纹的比较进行身份认证。

语音识别的主要步骤是：首先对鉴别对象的声音进行采样，即输入语音信号，然后对采样数据进行滤波等处理，并通过数字化处理做成声音模板加以存储，再进行特征提取和模式匹配；特征提取，就是从声音中选取唯一表现说话人身份的有效且稳定可靠的特征；模式匹配就是对训练和鉴别时的特征模式做相似性匹配。

语音识别作为一种非接触式的识别系统，用户可以很自然地接受，但声音变化的范围太大，音量、速度和音质的变化会影响到采集的结果，这样直接影响比对的结果。例如，当被鉴别者感冒时，他的真实用户身份很可能被否定。另外，声音识别系统还很容易被录制的声音欺骗，这样降低了语音识别系统的安全可靠性。

目前，通过电话就可进行身份认证，语音身份认证几乎可以应用到人们日常生活的各个角落，如在银行、证券系统中。鉴于口令的安全性不高，可用声纹识别技术对电话银行、远程证券交易等业务中的用户身份进行确认。如机密场所的门禁系统中，通过声纹对用户身份进行识别。

基于生物特征的身份认证方法相比其他认证方法有下列优点。

① 非易失：生物特征基本不存在丢失、遗忘或被盗的问题。

② 难伪造：用于身份认证的生物特征很难被伪造。

③ 方便性：生物特征随身"携带"，随时随地可用。

另外，在设计实用的生物特征认证系统时，还有以下几方面需要考虑。

① 效能，即认证的速度以及结果的可靠度。

② 接受度，即民众是否愿意接受并使用此系统。

③ 闪避容易度，即是否容易用其他手段来愚弄或欺骗这套系统。

3.2 安全的身份认证

3.2.1 身份认证的安全性

身份认证本来是增强网络安全的有效机制，但在网络环境中，身份认证也面临诸多安全性问题需要通过安全的认证方式加以解决。

1. 身份认证面临的威胁

认证中身份标识以数据形式存在，因此，身份信息包括 ID、口令、提取出的特征信息等就会有泄露、被窃取的危险。如果身份信息的泄露或认证环节中身份信息被窃取就可能造成身份被伪造和冒充，非法用户以合法身份实现认证，破坏身份认证的保密性；如果不能直接解密身份信息，黑客还可以通过认证报文实施重放攻击破坏认证非否认性；而在有双因素或多因素认证中，身份信息的丢失则直接影响到身份认证的完整性。

身份认证面临的主要威胁可以概括为以下几方面。

① 欺骗标识：通过盗取或欺骗获得用户的信任凭证，或尝试用一个假的身份标识试探对系统的访问权，一旦成功，攻击者可以像一个合法用户一样来提升特权或滥用授权。

② 篡改数据：非经授权对认证信息进行修改。

③ 拒绝承认：用户拒绝承认以自己的身份执行过特定操作或数据传输。

④ 信息泄露：私有数据的暴露。可被监听到在网络上传送的明文信息都可能造成信息泄露。一旦敏感信息泄露，将非常有助于攻击者进行攻击。

⑤ 重放攻击：攻击者利用网络监听或者其他方式盗取认证凭据，利用目的主机已接收过的认证报文，不断恶意地或欺诈性地重复发给认证服务器，一方面干扰服务器的正常运行，使系统不能给合法用户提供正常服务；另一方面冒充合法身份欺骗服务器从而获得正确的响应和访问。

2. 身份认证的安全措施

对于身份认证所面临的安全威胁，可通过下列安全措施加以解决。

（1）身份信息加密以防止信息泄露和篡改数据

需要在认证信息的传输和存储时采用加密技术以保证认证中的数据在传送或存储过程中未被泄露和篡改。传输中的认证信息加密可以采用对称密钥加密体制，也可以采用非对称密钥加密体制；往往需要一个可信赖的第三方，通常称为密钥分发中心（Key Distribution Center，KDC），实现通信的密钥管理、分发或协商。其实，认证信息传输加密和其他信息加密过程一样没有其特殊性，其实现目的也相同。例如，RADIUS（remote authentication dial in user service）远程用户拨号认证系统中认证信息包括用户名、口令等，其中用户口令经过 MD5 加密后合同其他信息经用户和 RADIUS 服务器协商的共享密钥加密传输到 RADIUS 服务器，RADIUS 服务器解密对用户名和口令散列值的合法性进行检验，必要时可以提出一个随机数加密传输到用户，要求进一步对用户认证，用户认证信息和随机数合为认证信息加密传输到 RADIUS 服务器完成进一步认证；两次认证结果如果合法，给用户返回 Access-Accept 数据包，允许用户进行下一步工作，否则返回 Access-Reject 数据包，拒绝用户访问。

同时，要实现对服务器数据库中的身份信息加密存储，以防止黑客入侵获得身份信息假冒合法用户非法访问。但是，无论是对称加密或非对称加密关键是密钥的安全，如果密钥被非法掌握或泄露，身份信息就可能暴露。最好的保存身份信息的方式是连系统自己都不可能还原明文的方式来保存，也就是常用的利用哈希算法的单向性来保证明文的信息以不可还原方式进行存储，可以使用更安全的 SHA-256 等成熟算法，更好地保证黑客难于从服务器数据库中破解获取身份信息明文。

（2）采用安全的认证方式抵御重放攻击

面对身份认证过程中的重放攻击，从攻击方式上理解，加密可以有效防止信息泄露、篡改和假冒，但是却防止不了重放攻击。为了抵御重放攻击，现在的身份认证一般采用挑战/应答认证模式，另一种采用时间戳方式。

① 挑战/应答认证模式。用户首先打包身份信息（如 ID），然后向服务器发出一个身份验证请求，服务器接到请求后验证合法性并生成一个随机数作为"挑战"传输给客户端，客户端将收到的随机数和固定身份信息结合进行单项散列运算（如 MD5），结果组成认证信息作为"响应"传送到服务器，同时，服务器使用用户身份信息和随机数经过同样的单项散列运算，其结果与"响应"进行比对来鉴别客户端用户的合法性，如图 3.6 所示。

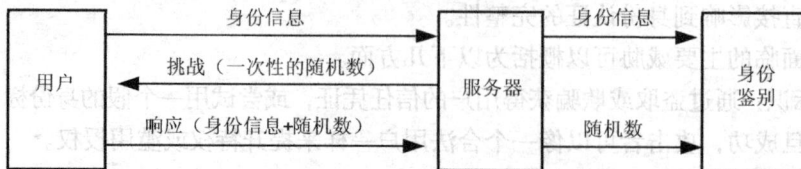

图 3.6　挑战/应答的认证过程

要注意的是挑战值的熵值必须大，也就是说变化量要很大，一般采用不重复使用的大的随机数作为挑战，一次一数；若挑战值变化量不大，攻击者只需截获足够的挑战关系，又可以进行重放攻击了。

② 数字时间戳方式。数字时间戳（digital time-stamp，DTS）是用来值来分析之间的证明电子数据的收发时间内容的有效性。身份认证用户将认证信息发送到专门提供数字时间戳服务的权威机构（如认证机构），该机构对信息加上时间后，加密并发送给原身份认证用户，用户解密出加上时间内容的认证信息后，在身份认证报文中附加发送的时间戳；认证服务器接收时只有报文时间戳与本地时间足够接近时（时间窗的限制值内），才认为是一个合法的新报文，否则认为是重放攻击报文。

需要考虑的问题：第一是通信各方的时钟维持同步，由于某一方的时钟机制故障可能导致临时失去同步将增加攻击机会；第二是任何基于时间戳的认证必须考虑有效时间范围的设定：一方面应足够大以包容网络时延，另一方面应足够小以最大限度地减小遭受攻击的机会。

（3）数字签名有效抵制欺骗标识和拒绝承认

数字签名采用公钥加密技术，可以鉴别报文内容和认证双方的身份，应用数字签名的身份鉴别有效防止冒用别人名义发起认证和发出（收到）身份信息后拒绝承认。要实现这两个方面的安全，数字签名过程中需第三方可信权威机构（如 KDC）负责密钥管理和分发。数字签名的认证过程如下（见图 3.7）。

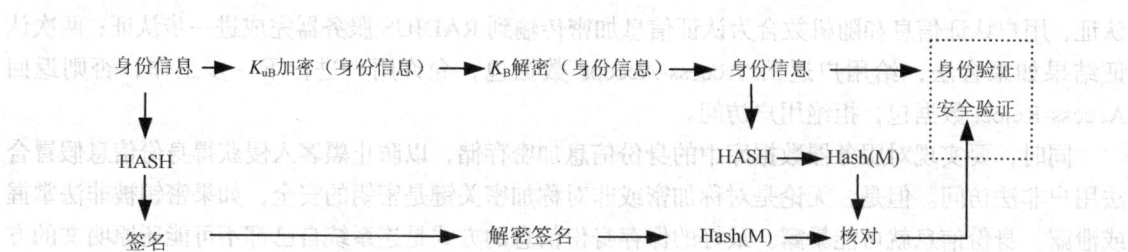

图 3.7　数字签名的认证过程

① 认证方 A 从 KDC 获得验证方 B 的公钥 K_{uB}，然后对 A 的身份信息 M 进行 Hash 运算获得 Hash(M)，并用 A 的私钥 K_A 对 Hash(M)加密形成 $K_A\{Hash(M)\}$。

② 认证方 A 用 B 的公钥对 M 加密形成 $K_{uB}(M)$，连同 $K_A\{Hash(M)\}$ 一起发送给验证方 B。

③ B 收到 $K_{uB}(M)$ 密文后用私钥 K_B 解密出 M，用 M 验证 A 的身份。

④ B 收到 $K_A\{Hash(M)\}$ 后用从 KDC 获得的 A 的公钥 K_{uA} 和验证算法解密出 Hash(M)；再用

收到的 M 运算 Hash(M)；两个 Hash(M)值核对，核对的结果从而证明：

A 身份信息 M 在传输中没有被别人冒用，刚才验证的身份信息 M 就是 A 的；

A 不能否认验证确认的身份信息和以此身份信息登录后的操作和审计结果。

无论是单向认证过程和双向认证过程，都可以借用数字签名技术，从而更好地解决身份的否认及冒充的认证问题。

（4）加强身份信息管理，防止私有信息泄露

可能通过网络欺骗或恶意探测造成私有身份信息泄露，因此，可以通过下面措施尽量防止这一安全威胁。

① 管理好个人的身份标识，轻易不要被欺骗泄露或告知他人的，尤其是基于信任物体的身份标识硬件，借用或丢失会造成身份冒用。若身份认证是通过第三方认证中心的公钥数字证书和私钥的关系来识别是否是原始合法用户，那么完全丢失个人身份信息的危害是明显的。

② 提高口令、PIN 等身份标识设置的复杂度，提高身份标识的猜测难度，有效地防止身份探测。

③ 增加身份认证因素，采用双因素或多因素的认证方式可以更好克服由于身份信息泄露造成的安全威胁。

上述提到的多因素认证、数字时间戳认证、信息加密的身份认证、挑战/响应认证等都是安全的认证方式，可以相互结合有针对性的全面克服身份认证过程面临的安全威胁，有效保障身份认证的非否认性、保密性、正确性和完整性。总之，对于身份认证面临的威胁，选择安全的认证方式是非常必要的。

3.2.2   口令认证的安全方案

相比较而言，口令认证这种认证方法虽然简单，但也存在严重的安全问题，口令和密码安全系数较低，容易被遗忘或被窃取，身份可能会被冒充。更严重的是用户往往选择简单、容易被猜测的口令，如与用户名相同的口令、生日、单词等，这个问题往往成为安全系统最薄弱的环节。目前，口令认证的安全性问题包括口令泄露、口令截获、口令猜测攻击等，因此，要保证口令认证的安全需要实现口令存储、设置、传输和使用上的安全。

1. 口令认证的威胁

口令安全问题形成的对口令认证的威胁包括口令攻击和窃取，主要有以下几种。

① 网络数据流窃听：由于认证信息要通过网络传递，并且很多认证系统的口令是未经加密的明文，攻击者很容易通过窃听网络数据，分辨出某种特定系统的认证数据，并提取出用户名和口令。

② 认证信息截取/重放：有些系统会将认证信息进行简单加密后进行传输，如果攻击者无法用网络数据流窃听方式推算出口令，将使用截取/重放方式，再进行分辨和提取。重放过程会形成重放攻击，破坏认证的正确性。

③ 字典攻击：大多数用户习惯使用有意义的单词或数字作为口令，如名字、生日；某些攻击者会使用字典中的单词来尝试用户的口令。另外，口令一般是经过加密后存放在口令文件中，如果口令文件被窃取，那么就可以进行离线的字典式攻击，这也是黑客最常用的手段之一。所以大多数系统都建议用户在口令中加入特殊字符，以增加口令的安全性。

④ 穷举尝试：也叫暴力破解，这是一种属于字典攻击的特殊攻击方式，它使用字符串的全集作为字典，然后穷举尝试进行猜测。如果用户的口令较短，则很容易被穷举出来，因而很多系统都建议用户使用较长的口令，最好采用数字、字符混合的方式并加入特殊字符。

⑤ 窥探口令：攻击者利用与被攻击系统接近的机会，安装监视器或亲自窥探合法用户输入口令的过程，以得到口令。常用的方式之一是利用按键记录软件，它是一种间谍软件，以木马方式值入到用户的计算机后，可以偷偷地记录下用户的每次按键动作，并按预定的计划把收集到的信息通过电子邮件等方式发送出去。

⑥ 骗取口令：攻击者冒充合法用户发送邮件或打电话给管理人员，以骗取用户口令。这属于社会工程学（Social Engineering）威胁，是一种通过对受害者心理弱点、本能反应、好奇心、信任、贪婪等心理陷阱进行的诸如欺骗、伤害等从而取得自身利益的危害手段，近年来已呈迅速上升甚至滥用的趋势。

⑦ 垃圾搜索：攻击者通过搜索被攻击者的废弃物，得到与被攻击系统有关的信息。

2. 口令安全性管理

（1）口令的安全存储

口令如何存储对于口令的安全性有着很大的影响。一般的口令有两种方法来存储：一是直接明文存储口令，二是哈希散列存储口令。

直接明文存储口令是指将所有用户的用户名和口令都直接存储于数据库中，没有经过任何算法或加密过程。这种存储方法风险很大，任何人只要得到了存储口令的数据库，就可以得到全体用户的用户名及口令，冒充用户身份。比如，攻击者可以设法得到一个低优先级的账号和口令，进入系统后得到存储口令的文件，因为是明文存取，就可以得到全体成员的口令，包括管理员administrator 的口令。这样，攻击者就可以冒充管理员身份进入系统，进行非法操作。

哈希散列函数的目的是为文件、报文或其他分组数据产生"指纹"。在口令的安全存储中，可以使用散列函数 $H(x)$ 对于口令文件中每一个用户口令计算散列值并对应于用户名存储起来；当用户登录时，用户输入口令 x，系统使用散列函数计算 $H(x)$，然后与口令文件中的相对应的散列值进行比较，成功则允许用户访问，否则拒绝其登录。在口令文件中存储的是口令的散列值而不是口令的明文，黑客即使得到口令的存储文件，想要通过散列值得到用户的原始口令也是不可能的，这就相对增加了安全性。

（2）口令的安全设置

大多数机构通常都有自己的口令设置策略。常用的口令设置策略包括：

① 所有活动账号都必须有口令保护；

② 口令输入时不应将口令的明文显示出来，应该采取掩盖措施，如输入的字符用"*"取代；

③ 口令不能以明文形式保存在任何电子介质中；

④ 可以在 PGP 或强度相当的加密措施的保护下将口令存放在电子文件中；

⑤ 口令最好能够同时含有字母和非字母字符；

⑥ 口令不能在工作组中共享，以保证可以通过用户名追查到具体责任人；

⑦ 口令不能和用户名或登录名相同；

⑧ 口令使用期限和过期失效必须由系统强制执行；

⑨ 口令长度最好能多于 8 个字符；

⑩ 口令最好不要相同，用户应该在不同的系统中使用不同的口令；

⑪ 当怀疑口令被攻破或泄漏就必须予以更改；

⑫ 用户连续输错 3 次口令后账号将被锁定，只有系统管理员可以解锁；

⑬ 如果可能，应控制登录尝试的频率；

⑭ 在生成账号时，系统管理员应该分配给合法用户一个唯一的口令，用户在第一次登录时应

更改口令；

⑮ 在 UNIX 系统中，口令不应存放在/etc/passwd 文件中，而只应存放在只有 root 用户和系统自身有权访问的 shadow 文件中；

⑯ 在 UNIX 系统中，如果 root 账号的口令被攻破或泄漏，所有的口令都必须修改；必须定期用监控工具检查口令的强度和长度是否合格；

⑰ 过期的口令在没有更改的情况下最多只能使用 3 次，之后应该禁用，只有管理员或维护人员才能恢复；

⑱ 所有系统用户的口令最好是难以猜测的，避免使用生日、名字的字符；用户获取口令时必须用适当的方式证明自己的身份；

⑲ 如果可能用户在空闲状态达 30 分钟后应该自动退出；

⑳ 用户成功登录时，应显示上次成功或失败登录的日期和时间。

（3）口令的加密传输

口令认证的缺点是其安全性仅仅基于用户口令的保密性，而攻击者可能在信道上搭线窃听或进行网络窥探，口令的明文传输使得攻击者只要能在口令传输过程中获得用户口令，系统就会被攻破。尤其在网络环境下，明文传输的缺陷使得这种身份认证方案变得极不安全。因此，将口令加密传输，可以在一定程度上防止口令的泄露，但口令的加密传输需要密钥管理和分发服务，可以借助于 KDC 这一基础服务的支持来实现。

（4）验证码

验证码是一串服务器随机产生的数字或符号，生成一幅图片，图片里加上一些干扰像素以防止扫描，在客户端由用户肉眼识别其中的验证码信息（见图 3.8）。用户每次登录和注册时，验证码根据时间周期随机生成，用户一定时间周期内必须依据图片手工输入验证码，提交服务器系统验证，验证成功后或验证码生存周期（一般是 30 秒）过后才能进行下一次登录和注册。实际上，通过使用验证码可以控制登录或注册时间和节奏，有效防止对某一个特定注册用户用特定程序自动进行口令的穷举尝试。

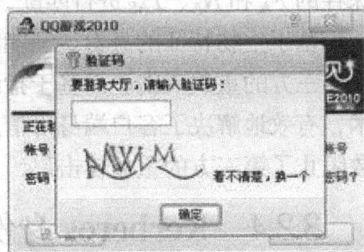

图 3.8　验证码输入过程

3.2.3　基于指纹的电子商务身份认证

在网络环境下的电子商务身份安全认证系统结构中，用户作为客户端如果要访问远程服务器所管理的信息资源，可以通过指纹身份认证，未通过身份认证的用户不能访问信息资源。这是一种基于指纹的电子商务身份认证，在一般的应用情况下，指纹图像或特征信息预先存入本地指纹数据库，在使用时，指纹机读入用户指纹信息，经处理后与预存指纹匹配，匹配的结果决定用户是否合法。而为了增强系统安全性，一要使得在客户端和服务器之间传输的所有数据包括指纹信息、用户的访问请求、服务器的反馈信息都经过加密；二要指纹图像和特征信息及相关的用户认证、注册信息都要在数据库中安全保存，此数据库只有本地进程能访问，以防用户信息泄露。

基于增强认证系统安全性的考虑，在电子商务身份认证过程中，通过客户端的指纹传感器获得用户的指纹信息要加密后传送到服务器，其主要过程如图 3.9 所示。

以单向认证过程为例，基于指纹的电子商务认证方案的基本步骤如下。

① 客户端 A 用自己身份标识的数字签名向认证服务器请求认证。使用数字签名技术能有效地阻止一个虚假服务器对用户 A 的欺骗性连接，因为只有合法的认证服务器才保存有用户的公钥

并能解密这个签名，鉴别出用户身份。

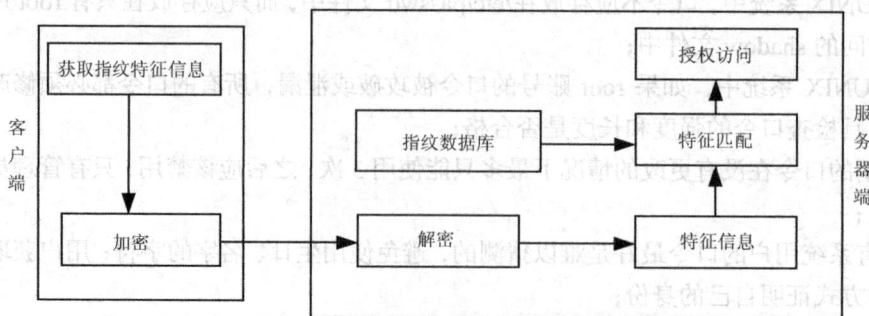

图 3.9　基于指纹的电子商务身份认证主要过程

② 认证服务器验证用户身份并产生时间戳 T_{AS} 和现时随机数据 N_A，并将自己的公钥 K_S 和 N_A 和 T_{AS} 构成 $\{K_S, N_A, T_{AS}\}$ 元组用用户 A 的公钥加密后返回给客户端的 A 用户。

③ 客户端 A 接收到认证服务器 $\{K_S, N_A, T_{AS}\}$，同时在客户端的指纹传感器读取用户的指纹图像，并计算获得指纹特征信息 F_A，然后把元组 $\{F_A, N_A, T_{AS}\}$ 用认证服务器的公钥 K_S 加密后发送给认证服务器。

④ 认证服务器将收到 $K_S\{F_A, N_A, T_{AS}\}$ 用自己的私钥进行解密，用 $\{F_A, N_A, T_{AS}\}$ 和认证服务器所保存的 F_A 和 N_A、T_{AS} 进行匹配，再次来验证用户身份的合法性。

基于生物特征的身份认证能解决类似于口令窥视和密钥等身份信息管理难的问题，但很难阻止第三方的重放攻击。而基于指纹的电子商务身份认证系统综合了指纹识别、数字签名和加密技术，有效地解决了客户端身份信息的存储和管理问题；同时，通过认证过程中使用时间戳和随机数阻止了第三方的重放攻击。

3.2.4　Kerberos 身份认证

Kerberos 是麻省理工学院为 Athena 项目开发的一个认证服务方案，目标是把认证、授权、审计的功能扩展到网络环境，解决在分布网络环境中用户访问网络资源时的安全问题。它工作在 Client/Server 模式下，以可信赖的第三方 KDC 使用 DES 对称密钥加密算法，实现集中的身份认证和密钥分配。

一个完整的 Kerberos 系统主要由以下几个部分组成。

① 用户（Client）：发起认证服务的一方。

② 服务器（Server）：最终鉴别客户认证信息的一方。

③ 认证服务器（authentication server，AS）：用来进行密钥分配和验证用户身份。

④ 票据分配服务器（ticket granting server，TGS）：发放身份证明票据（凭证）。

⑤ 票据（ticket-granting ticket，TGT）：为双方身份认证专门生成的凭证。

⑥ 密钥分配中心（key distribution center，KDC）：由认证服务器和票据分配服务器组成。

⑦ 鉴别码（authenticator）：用户生成的最终认证信息。

Kerberos 的基本认证过程如图 3.10 所示。

① Client 与 KDC、KDC 与 Server 在协议工作前已经协商了各自的共享密钥 K_C 和 K_S。

② Client 向 KDC 发送通过 K_C 加密的身份信息；KDC 中 AS 使用 K_C 解密后验证 Client 身份，并将验证后的身份信息交付 TGS 打包生成 TGT1，并用协议开始前 Client 与 KDC 之间的密钥 K_C

将 TGT1 加密回复给 Client。此时 Client 利用它与 KDC 之间的密钥 K_C 将加密后的 TGT1 解密，获得 TGT1。

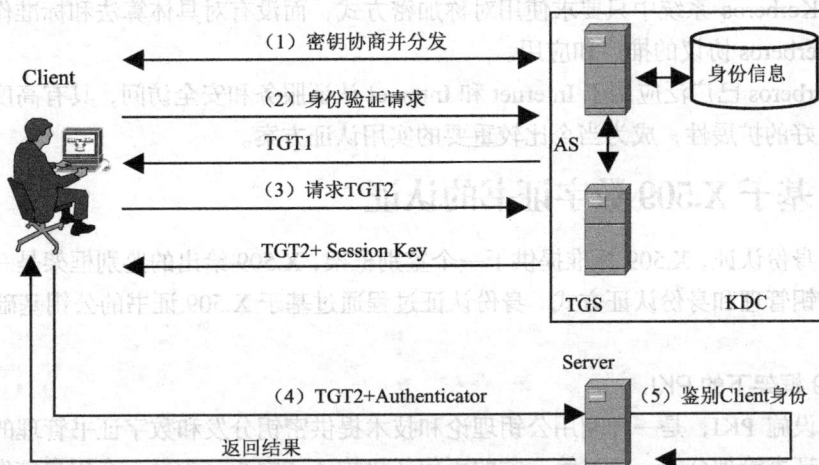

图 3.10　Kerberos 的基本认证过程

TGT1=Ticket{用户身份标识}

③ Client 将之前获得 TGT1 和要请求的服务器名发送给 KDC，KDC 中的 AS 将为 Client 和 Server 之间生成一个会话密钥（Session Key）用于 Server 对 Client 的身份鉴别。然后 KDC 将这个 Session Key 和用户标识、用户主机 IP 地址、服务器名、有效期、时间戳一起包装成一个票据 TGT2 发送给 Client；这个 TGT2 是要给 Server 的，票据所包含的身份信息最终用于 Server 对 Client 的身份鉴别，因此，不能让 Client 看到，所以 KDC 是用协议开始前 KDC 与 Server 之间的密钥 K_S 将 TGT2 加密后再发送给 Client。同时，KDC 用 Client 与它之间的密钥将 Session Key 加密随加密的 TGT2 一起返回给 Client。

TGT2=Ticket{Session Key，用户身份标识，用户主机 IP 地址，服务器名，有效期，时间戳}；

KDC 返还到 Client 的部分：K_C{Session Key} 和 K_S{TGT2}。

④ 接下来 Client 将刚才收到的 K_S{TGT2} 转发到 Server。同时，Client 将收到的 K_C{Session Key} 解密出 Session Key，然后将自己的用户身份标识和用户主机 IP 地址打包成鉴别码（认证信息）Authenticator 用 Session Key 加密也发送给 Server。

Authenticator =Session Key{用户身份标识，用户主机 IP}；

由于 Client 不知道密钥 K_S，所以它无法篡改 TGT2 中的信息。

⑤ Server 收到 K_S{TGT2} 后利用它与 KDC 之间的共享密钥 K_S 解密出 TGT2 来，从而获得 Session Key、用户身份标识、用户主机 IP 地址、服务器名、有效期、时间戳；然后再用 Session Key 将 Authenticator 解密从而获得用户身份标识、用户主机 IP，将其与之前 TGT2 解密出来 TGT2 包含的相关信息做比较从而验证 Client 的身份，返回给 Client 认证结果。

虽然 Kerberos 认证最终是在服务器完成验证，但认证的主要过程是用户和认证服务器之间进行并通过 KDC 的 AS 和 TGS 配合实现的。因此，Kerberos 认证具有如下优点。

① 减少了服务器对身份信息管理和存储的开销和黑客入侵后的安全风险。

② 支持双向认证，实现服务器对用户的身份认证，同样也可以实现用户方对服务器身份的反向的认证。

③ 认证过程整个过程可以说是一个典型的挑战/响应方式，还应用了数字时间戳和临时的会

话密钥 Session Key（每次会话更新一次会话密钥），这些技术在防止重放攻击方面起到有效的作用。

④ 如果 Kerberos 系统中只要求使用对称加密方式，而没有对具体算法和标准作限定，这种灵活性便于 Kerberos 协议的推广和应用。

目前，Kerberos 已广泛应用于 Internet 和 Intranet 认证服务和安全访问，具有高度的安全可靠性，也具有较好的扩展性，成为当今比较重要的实用认证方案。

3.2.5　基于 X.509 数字证书的认证

为了进行身份认证，X.509 标准提供了一个鉴别框架，X.509 给出的鉴别框架是一种基于公开密钥体制的密钥管理和身份认证方式。身份认证过程通过基于 X.509 证书的公钥基础设施 PKI 体系来完成。

1. X.509 框架下的 PKI

公钥基础设施 PKI，是一种利用公钥理论和技术提供密钥分发和数字证书管理的安全服务平台。它采用了证书管理公钥，通过第三方的可信任机构认证中心，为每一个用户签发一张 X.509 个人数字证书，数字证书中包含了用户的基本信息和公钥信息，同时还附有认证中心的签名信息（包括签名算法），拥有有效数字证书的用户只能看到与自己证书权限项对应的内容并执行相应的操作，如加密或数字签名等。

PKI 的组成如图 3.11 所示。

① RA（注册中心）：负责接收用户的用户注册和鉴别申请，审核用户的身份，并决定是否同意 CA 给申请者签发数字证书。

② CA（认证中心）：证书的签发机构，负责确认身份和创建数字证书以建立一个主体身份和一对公/私密钥间的联系。PKI 核心的实施者是 CA。

③ 证书发布库：证书的集中存放地，提供公众查询，通常证书库是关系数据库。

④ 密钥管理与备份系统：对用户的解密私钥进行管理和备份恢复，签名私钥不被管理。

⑤ 证书撤销处理系统：通过证书撤销列表（Certificate Revocation List，CRL）来实现证书在有效期之内作废或终止使用。

⑥ 应用接口系统：为各种各样的应用提供安全、一致、可信任的 PKI 接口。

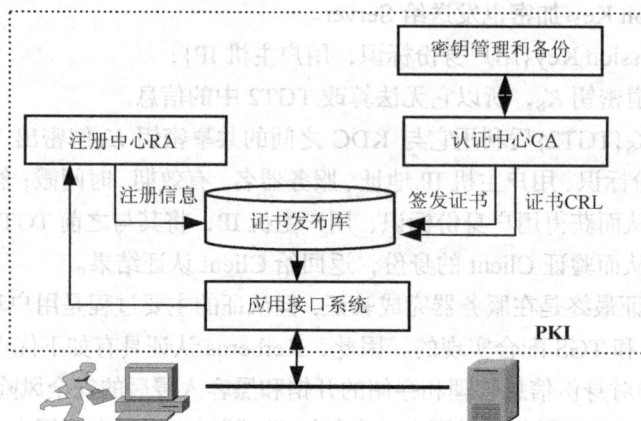

图 3.11　PKI 组成

2. X.509 数字证书

PKI 的最基本元素是数字证书，所有安全操作都主要是通过数字证书来实现。数字证书是一段包含用户身份信息、用户公钥信息以及身份验证机构数字签名的数据，它提供了一种在 Internet 上身份验证的方式，是用来标志和证明网络通信双方身份的数字信息文件。身份验证机构的数字签名可以确保证书信息的真实性和权威性，用户公钥信息可以保证数字信息传输的完整性和保密性，用户的数字签名可以保证数字信息的不可否认性。

最广泛接受的证书格式是 X.509 标准，使用最多的就是 X.509v3 标准。证书结构一般是通过抽象语法符号（abstract syntax notation one，ASN1）来描述和表示的。一个标准的 X.509 数字证书包含以下一些内容。

① 证书的版本号（version）：该证书使用的了 X.509 的哪种版本。

② 证书的序列号（serial number）：每个证书都有一个唯一的证书序列号。

③ 证书所使用的签名算法（algorithm+parameters）：指定证书使用的数字签名加密算法和 Hash 算法。

④ 证书的发行机构名称（issuer name）：证书颁发者标识名。

⑤ 证书的有效期（not before-not after）：证书有效时间段，它的计时范围为 1950—2049。

⑥ 证书所有人的名称（subject name）：证书拥有者主体识别名。

⑦ 证书所有人的公开密钥（algorithm+parameters+Key）：公钥加密算法、参数和公钥。

⑧ 证书签发者唯一身份标识符（issuer unique name）。

⑨ 证书拥有者唯一身份标识符（subject unique name）。

⑩ 证书发行者对证书的签名（encrypted）：证书颁发者私钥生成的签名和算法。

数字证书分为签名证书和加密证书：签名证书用于对用户认证信息数字签名使用，来解密签名和 Hash 运算；加密证书用于对发送给用户的数据进行加密使用，其中签名算法在发送方解密用户数字签名时使用。证书签发的流程如图 3.12 所示。

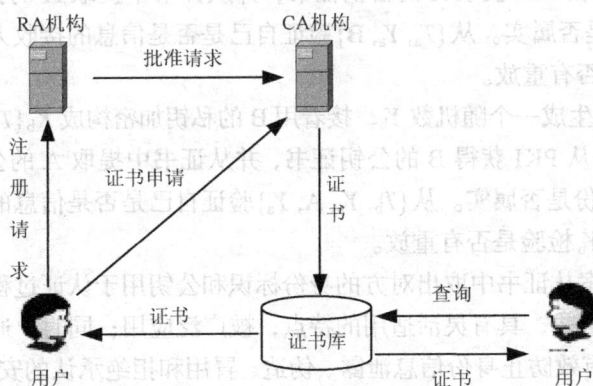

图 3.12　证书签发流程

签名证书的签发流程如下。

① 用户填写信息注册（或者由 RA 的业务操作员为用户注册）。

② 用户本地加密机生成签名证书的密钥对。

③ 用户填写的信息和签名证书的公钥传递给 RA。

④ RA 把用户信息和公钥传递给 CA。

⑤ CA 把用户信息和取到的公钥制作成证书。

⑥ CA 用自己的私钥给用户证书签名。

⑦ CA 把生成的用户证书传递给证书库。

⑧ 对方用户从证书库下载证书导入。

加密证书的签发流程如下。

① 用户把用户的签名传递到 RA。

② RA 把用户的签名传递到 CA，CA 解密出用户信息。

③ CA 生成用户密钥对并备份保存。

④ CA 把从签名中得到的用户信息和生成的公钥制作成证书。

⑤ CA 用自己的私钥给用户证书签名（加密）。

⑥ CA 调用用户签名证书的公钥给加密证书对应的私钥加密。

⑦ CA 把加密之后的加密证书和加密证书对应的私钥传递给证书库。

⑧ 用户从证书库取得加密之后的加密证书对应的私钥，用签名证书私钥解密出该私钥。对方用户获得加密证书后用 CA 公钥解密出证书导入。

通过使用数字证书，可以作为身份凭证，使双方了解对方身份；可以用来信息加密防止信息窃取和泄露；可以用来解密数字签名从而使发送方不能抵赖和杜绝假冒。

3. 认证过程

基于 X.509 证书的认证利用"数字证书"这一静态的电子文件来实施公钥认证。按照交互次数的不同可以分为单向认证和双向认证方案，如果加强进一步认证还有三层交互方案。下面以双向认证方案为例说明基于 X.509 的认证方式，其他方案以此借鉴；其中，A 和 B 为认证双方，其认证过程如下。

① A 发送信息：A 生成一个随机数 Y_a，可以用来防止假冒和伪造；接着用 A 的私钥加密构成 $K_a\{T_a, Y_a, B\}$（T_a 为时间戳）发送给 B。

② B 接收信息：先从 PKI 获取 A 的公钥证书，并从证书中提取 A 的公钥，通过解密 $K_a\{T_a, Y_a, B\}$，验证 A 的身份是否属实。从 $\{T_a, Y_a, B\}$ 验证自己是否是信息的接收人，验证时间戳是否接近当前时间，Y_a 检验是否有重放。

③ B 发送信息：B 生成一个随机数 Y_b，接着用 B 的私钥加密构成 $K_b\{T_b, Y_b, A, Y_a\}$ 发送给 A。

④ A 接收信息：先从 PKI 获得 B 的公钥证书，并从证书中提取 A 的公钥，通过解密 $K_b\{T_b, Y_b, A, Y_a\}$，验证 B 的身份是否属实。从 $\{T_b, Y_b, A, Y_a\}$ 验证自己是否是信息的接收人；验证时间戳 T_b 是否接近当前时间，Y_b 检验是否有重放。

基于 X.509 认证方案从证书中取出对方的身份标识和公钥用于认证过程，形成了典型的类似于数字身份证件的认证形式，具有灵活适用的特点，被广泛应用；同时，通过支持认证中的公钥加密和数字签名，从而有效防止身份信息泄露、伪造、冒用和拒绝承认的安全问题；在此基础上，借助于时间戳和随机数参与认证，更好地防止了重放攻击；再加上身份信息由可信的权威机构管理和备份等措施，很好地维护了身份信息，防止信息丢失。

3.3 访 问 控 制

在网络系统中，访问控制能够建立授权并限制和控制实体通过通信链路对主机系统资源（包括数据和应用）的访问。为了达到这种控制，每个想获得访问的实体都必须经过报文特征分析或身份认证，这样才能根据个体来制定访问权利。访问控制服务用于防止未授权用户非法使用系统资源，允许给合法用户授权使用系统资源。这种保护服务还可提供给多个实体组成的用户组。

3.3.1　访问控制的概念

访问控制是通过某种途径准许或限制访问能力及范围的一种手段，是针对越权使用资源的防御措施；通常用于系统控制用户对服务器、目录、文件等信息资源的访问。访问控制的目的是通过限制对关键资源的访问，防止非法用户的侵入或因为合法用户的不慎操作而造成的破坏，从而保证信息资源受控地、合法地使用。

访问控制依据身份认证的结果对用户控制访问，身份认证解决的是"你是谁，你是否真的是你所声称的身份"，而访问控制也叫授权控制，解决的是"你有什么样的权限，你能做什么"这个问题；因此，访问控制服务的功能包括建立授权和按授权控制访问；用户只能根据自己的权限大小和访问规则来访问系统资源，不得越权访问。

访问控制包括 3 个要素。

① 主体（subject）：发出访问指令、存取要求的主动方，通常可以是用户或用户的某个进程等。

② 客体（object）：被访问的对象，通常可以是被调用的程序、进程，要存取的数据、信息，要访问的文件、系统或各种网络设备、设施等资源。

③ 访问控制策略（Attribution）：一套规则，用以确定一个主体是否对客体拥有访问权力或控制关系的描述。

这样，访问控制的目的可概括为：限制主体对访问客体的访问权限，从而使计算机系统资源按照安全访问策略能在合法范围内使用。

按照访问控制策略所针对的资源不同，具有以下几种主要的访问控制策略。

① 网络管理员对可能出现的网络非法操作而采取安全保护所制定的访问策略。

② 网络管理员控制用户对目录、文件、设备的操作所建立的访问策略。

③ 网络管理员在系统一级对文件、目录等指定访问属性所建立的访问策略。

④ 网络系统在服务器控制台上执行一系列操作的访问策略。

⑤ 网络管理员应能够对网络流量实施监控和过滤的控制策略。

3.3.2　访问控制关系描述

访问控制策略体现了访问的授权关系即访问控制关系，主要通过以下四种方法：访问控制矩阵、访问能力表、访问控制表和授权关系表设计描述授权关系，从而根据设计描述建立访问授权。

1. 访问控制矩阵

从数学角度看，访问控制可以很自然的表示成一个矩阵的形式：列表示客体（各种资源），行表示主体（通常为用户），行和列的交叉点表示某个主体对某个客体的访问权限（比如读、写、执行、修改、删除等）。表 3.2 所示为一个访问控制矩阵的例子。在这个例子中，Jack、Mary、Lily 是 3 个主体，客体有四个文件（file）和两个账户（account）。从该访问控制矩阵可以看出，Jack 是 file1、file3 的拥有者（own），而且能够对其进行读（r）、写操作（w），但是 Jack 对 file2、file4 就没有访问权。需要注意的是，拥有者的确切含义会因不同的系统而拥有不同的含义，通常一个文件的拥有（own）权限表示可以授予（authorize）或者撤销（revoke）其他用户对该文件的访问控制权限，比如 Jack 拥有 file1 的 own 权限，他就可以授予 Mary 读或者 Lily 读、写的权限，也可以撤销给予他们的权限。

表 3.2　一个访问控制矩阵的例子

关　　系	file1	file2	file3	fle4	account1	account2
Jack	own r w		own r w		inquiry credit	
Mary	r	own r w	w	r	inquiry debit	inquiry credit
Lily	r w	r		own r w		inquiry debit

对账户的访问权限展示了访问可以被应用程序的抽象操作所控制。查询（inquiry）操作与读操作类似，它只检索数据而并不改动数据。借（debit）操作和贷（credit）操作与写操作类似，要对原始数据进行改动，借是读出账户的信息，改动后写回，而贷则直接改写数据。实现这两种操作的是具有对账户数据的读、写权限的应用程序，而用户并不允许直接对数据进行读写，他们只能通过已经实现借、贷操作的应用程序来间接操作数据。

2. 访问能力表

前面的访问控制矩阵虽然直观，但是，可以发现并不是每个主体和客体之间都存在着权限关系，相反，实际的系统中虽然可能有很多的主体和客体，但主体和客体之间的关系可能并不多，这样的话就存在着很多的空白项。为了减轻系统开销与浪费，可以从主体（行）出发，表达矩阵某一行的信息，这就是访问能力表（capability）；也可以从客体（列）出发，表达矩阵某一列的信息，这便成了访问控制表（access control list）。

能力（capability）是受一定机制保护的客体标志，标记了客体以及主体（访问者）对客体的访问权限。只有当一个主体对某个客体拥有访问能力的时候，它才能访问这个客体。图 3.13 所示为用访问能力表表示表 3.2 中的例子。

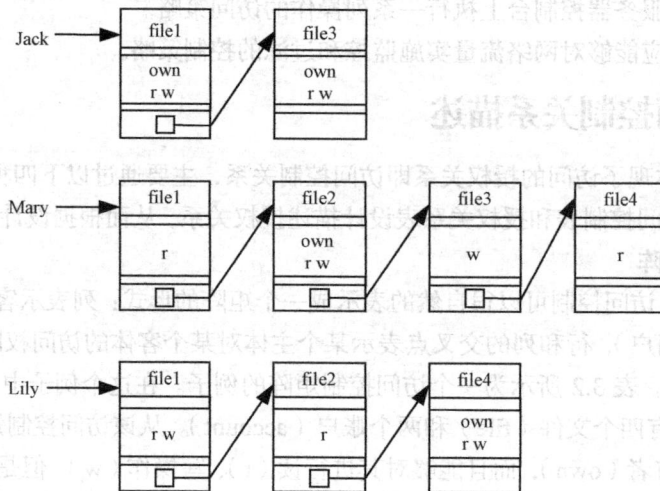

图 3.13　访问能力表的例子

可以看出在访问能力表中，由于它着眼于某一主体的访问权限，以主体为出发点描述控制信息，因此很容易获得一个主体所授权可以访问的客体及其权限，但如果要求获得对某一特定客体有特定权限的所有主体就比较困难。在 20 世纪 70 年代，很多基于访问能力表的计算机系统被开发出来，但在商业上并不成功。在一个安全系统中，正是客体本身需要得到可靠的保护，访问控制服务也应该能够控制可访问某一客体的主体集合，能够授予或取消主体的访问权限，于是出现了以客体为出发点的实现方式——访问控制表，现代的操作系统都大体上采用基于访问控制表的方法。

3. 访问控制表

访问控制表（access control list，ACL）是目前采用最多的一种实现方式。它可以对某一特定资源指定任意一个用户的访问权限，还可以将有相同权限的用户分组，并授予组的访问权。图 3.14 所示为表 3.2 的例子中文件的访问控制表。

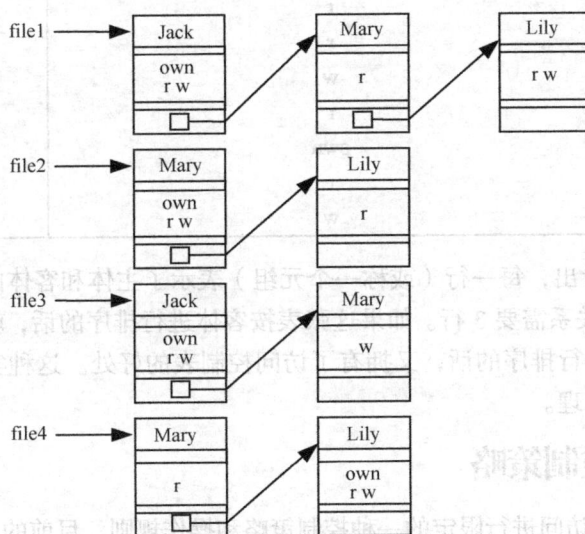

图 3.14　访问控制表 ACL 的例子

ACL 的优点在于它的表述直观、易于理解，而且比较容易查出对某一特定资源拥有访问权限的所有用户，有效地实施授权管理。在一些实际应用中，还对 ACL 作了扩展，从而进一步控制用户的合法访问时间，是否需要审计等。

尽管 ACL 灵活方便，但将它应用到网络规模较大、需要复杂的企业的内部网络时，就暴露了一些问题。①ACL 需要对每个资源指定可以访问的用户或组以及相应的权限。当网络中资源很多时，需要在 ACL 中设定大量的表项。而且，当用户的职位、职责发生变化时，为反映这些变化，管理员需要对用户对所有资源的访问权限进行修改。另外，在许多组织中，服务器一般是彼此独立的，各自设置自己的 ACL，为了实现整个组织范围内的一致的控制政策，需要各管理部门的密切合作。所有这些，使得访问控制的授权管理变得费力而烦琐，且容易出错。②单纯使用 ACL，不易实现最小权限原则及复杂的安全政策。

4. 授权关系表

基于 ACL 和基于访问能力表的方法都有自身的不足与优势，下面介绍另一种方法——授权关系表（authorization relations）。先看一个例子，如表 3.3 所示。

表 3.3　授权关系表

主　　体	访问权限	客　　体
Jack	own	file1
Jack	r	file1
Jack	w	file1
Jack	own	file3
Jack	r	file3
Jack	w	file3
Mary	r	file1
Mary	own	file2
Mary	r	file2
Mary	w	file2
Mary	w	file3
Mary	r	file4
Lily	r	file1
Lily	w	file1
Lily	r	file2
Lily	own	file4
Lily	r	file4
Lily	w	file4

从表 3.3 中可以看出，每一行（或称一个元组）表示了主体和客体的一个权限关系，因此 Jack 访问 file1 的权限关系需要 3 行。如果这张表按客体进行排序的话，就可以拥有访问能力表的优势，如果按主体进行排序的话，又拥有了访问控制表的好处。这种实现方式也特别适合采用关系数据库来存储管理。

3.3.3　访问控制策略

访问控制策略是对访问进行限定的一种控制策略和操作规则。目前的主流访问控制策略有自主访问控制（DAC）、强制访问控制（MAC）和基于角色的访问控制（RBAC）。

1. 自主访问控制

自主访问控制（discretionary access control，DAC）是目前计算机系统中实现最多的访问控制策略。DAC 是在确认主体身份及所属组的基础上，根据访问者的身份和授权来决定访问模式，用户的访问请求将被检查，若存在对此访问的授权，则允许访问，否则拒绝访问。所谓自主，是指具有授予某种访问权力的主体（用户）能够自己决定是否将访问控制权限的某个子集授予其他的主体或从其他主体那里收回他所授予的访问权限。其基本思想是：允许某个主体显式地指定其他主体对该主体所拥有的信息资源是否可以访问以及可执行的访问类型。DAC 将访问规则存储在访问控制矩阵中，通过访问控制矩阵可以很清楚地了解 DAC。该矩阵的行表示主体，列表示客体，矩阵的每个元素表示某个主体对某个客体的访问授权。用户对任一客体的访问请求都要检查这个访问控制矩阵。如果矩阵中用户和客体的交叉点上记录有这个访问类型，那么访问就被允许，否则就被拒绝。

DAC 的优点是其自主性为用户提供了极大的灵活性，从而使之适合于许多系统和应用。但也正由于这种自主性，在 DAC 中，信息总是可以从一个实体流向另一个实体，即使对于高度机密的信息也是如此，因此，如果自主访问控制不加以控制就会产生严重的安全隐患。例如，用户 A

可以将其对客体 O 的访问权限传递给用户 B，从而使不具备对 O 访问权限的 B 也可以访问 O，这样的结果是易于产生安全漏洞，因此，自主访问控制的安全级别较低。另外，由于同一用户对不同的客体有不同的存取权限，不同的用户对同一客体有不同的存取权限，用户、权限、客体间的授权管理复杂。

例如，图 3.15 中说明 Linux 系统采用了 DAC 访问控制机制，高优先级主体就可将客体的访问权限授予其他主体。

```
/bin/ls
[root@acl tmp]# chown root ls
[root@acl tmp]# ls -l
-rw-r--r--      1 nobody  nobody     770    Oct 18 15:16 4011.tmp
-rw-------      1 root    users      48     Oct 28 11:41 ls
srwxrwxrwx      1 root    root       0      Aug 29 09:04 mysql.sock
drwxrwxr-x      2 duan    uan        4096   Oct 23 23:41 ssl
[root@acl tmp]# chmod  o+rw  ls
[root@acl tmp]# ls -l
-rw-r--r--      1 nobody  nobody     770    Oct 18 15:16 4011.tmp
-rw----rw-      1 root    users      48     Oct 28 11:41 ls
srwxrwxrwx      1 root    root       0      Aug 29 09:04 mysql.sock
drwxrwxr-x      2 duan    duan       4096   Oct 23 23:41 ssl
[root@acl tmp]#
```

图 3.15　linux 的 DAC 机制

随着网络的迅速发展扩大，对访问控制服务的质量也提出了更高的要求，用传统的自主型访问控制 DAC 已很难满足。首先，DAC 将赋予或取消访问权限的一部分权利留给用户个人，管理员难以确定哪些用户对那些资源有访问权限，不利于实现统一的全局访问控制。其次，在许多组织中，用户对他所能访问的资源并不具有所有权，组织本身才是系统中资源的真正所有者。而且，各组织一般希望访问控制与授权机制的实现结果能与组织内部的规章制度相一致，并且由管理部门统一实施访问控制，不允许用户自主地处理。显然 DAC 已不能适应这些需求。

2. 强制访问控制

强制访问控制（mandatory access control，MAC）依据主体和客体的安全级别来决定主体是否有对客体的访问权。主要特征是对所有主体及其所控制的进程、文件、段、设备等客体实施强制访问控制。MAC 的安全级别常用的为 4 级：绝密级、秘密级、机密级和无级别级，其中绝密级>秘密级>机密级>无级别级。系统中的主体（用户，进程）和客体（文件，数据）都分配安全标签，以标识安全等级。

最典型的 MAC 策略是基于 Bell and LaPadula 提出的 BLP 模型。在 BLP 模型中，所有的主体和客体都有一个安全标签，它只能由安全管理员赋值，普通用户不能改变。这个安全标签就是安全级，客体的安全级表现了客体中所含信息的敏感程度，而主体的安全级别则反映了主体对敏感信息的可信程度。在一般情况下，安全级是线性有序的。用 λ 标志主体或客体的安全标签，当主体访问客体时，需满足如下两条规则：

① 简单安全属性：如果主体 s 能够读客体 o，则 $\lambda(s) \geq \lambda(o)$；

② 保密安全属性：如果主体 $\lambda(s)$ 能够写客体 o，则 $\lambda(s) \leq \lambda(o)$。

也就是说，BLP 模型中，主体按照"向下读，向上写"的原则访问客体，即只有当主体的密级不小于客体的密级，并且主体的范围包含客体的范围时，主体才能读取客体中的数据；只有当主体的密级不大于客体的密级，并且主体的范围包括客体的范围时，主体才能向客体中写数据。BLP 模型保证了客体的高度安全性，它的最大优点是：它使得系统中的信息流程为单向不可逆的，保证了信息流总是低安全级别的实体流向高安全级别的实体。

SELinux（Security Enhanced Linux）就是 MAC 强制访问控制系统的一个实现，通过 MAC 机制 SELinux 明确指明某个进程可以访问哪些资源如文件、网络端口等，这可以使 Linux 增强系统抵御 0-Day 攻击（利用尚未公开的漏洞实现的攻击行为）的能力。例如，Apache 被发现一个漏洞，这个漏洞使得远程用户可以访问系统中的敏感文件，如/etc/passwd 来查到系统记录的合法用户认证信息，而目前没有修复该安全漏洞的 Apache 更新补丁。SELinux 启用后，MAC 机制设定 /etc/passwd 不具有 Apache 的访问标签，所以 Apache 对于/etc/passwd 的访问肯定会被 SELinux 阻止。这体现了 SELinux 中 MAC 访问控制的威力，MAC 成为了安全操作系统首选的访问控制机制。

实际应用中，MAC 能有效地阻止特洛伊木马。特洛伊木马是一个隐藏在执行某些合法功能的程序中的代码，它利用运行此程序的主体的权限违反安全策略，通过伪装成有用的程序在进程中泄漏信息。一个特洛伊木马能够以两种方式泄露信息：直接与非直接泄露。前者，特洛伊木马可以使信息的安全标示不正确并泄露给非授权用户；后者，特洛伊木马通过以下方式非直接地泄露信息：在返回给一个主体的合法信息中，可能表面上某些提问需要问答，而实际上用户回答的内容被传送给特洛伊木马。阻止特洛伊木马的策略是基于非循环信息流，所以在一个级别上读信息的主体一定不能在另一个违反非循环规则的安全级别上写。同样，在一个安全级别上写信息的主体也一定不能在另一个违反非循环规则的安全级别上读。由于 MAC 策略是通过梯度安全标签实现信息的单向流通，从而很好地局限了特洛伊木马泄露信息，也因此而避免了在自主访问控制中的敏感信息泄露的情况。

但是，MAC 的缺点是限制了高安全级别用户向非敏感客体写数据的合理要求，而且由高安全级别的主体拥有的数据永远不能被低安全级别的主体访问，降低了系统的可用性。BLP 模型的"向上写"的策略使得低安全级别的主体篡改敏感数据成为可能，破坏了系统的数据完整性。另外，强制访问控制 MAC 由于过于偏重保密性，对其他方面如系统连续工作能力、授权的可管理性等考虑不足，造成实现工作量太大，管理不便，灵活性差。

3. 基于角色的访问控制

基于角色的访问控制（role based access control，RBAC）是通过对角色的访问所进行的控制。角色（role）是一定数量的权限的集合，指完成一项任务必须访问的资源及相应操作权限的集合。角色作为一个用户与权限的代理层，表示为权限和用户的关系，所有的授权应该给予角色而不是直接给用户或用户组。RBAC 使权限与角色相关联，用户通过成为适当角色的成员而得到其角色的权限，授权管理简单清楚，极大地简化了访问控制机制。

RBAC 根据用户在组织内所处的角色进行访问授权与控制，它的基本思想是：传统的访问控制直接将访问主体和客体相联系，而 RBAC 在中间加入了角色，授权给用户的访问权限，通常由用户在一个组织中担当的角色来确定。通过角色沟通主体与客体，真正决定访问权限的是用户对应的角色。实际应用中，一个主体可对应多个角色；一个角色可对应多个主体；一个角色可拥有多个权限；一种权限可被分配给许多个角色；一个角色也可以有专属于自己的权限。

RBAC 包括 3 个功能。

① 根据任务需要定义具体不同的角色。

② 给一个用户组（group，权限分配的单位与载体）指定一个角色。

③ 为不同角色分配资源和操作权限。

例如，数据录入操作员，他们要做的工作是添加和维护客户记录。他们必须能够访问并修改 Customers 表里的数据，还应该能够往表里添加新记录。但他们中没有权利从表里删除任意一条记录。鉴于这样的访问控制策略，首先为每一个操作员创建一个用户账号，并把这些用户账号添加到一个新的角色 DataEntry 中。接下来，要用下面的 SQL 命令授予角色或其中用户策略制定权限，通过角色建立主客体间的访问控制关系实现 RBAC 访问控制。

① 必须能够访问并修改 Customers 表里的数据，还应该能够往表里添加新记录。

GRANT SELECT, INSERT, UPDATE ON Customers TO DataEntry

② 没有权利从表里删除任意一条记录。

REVOKE DELETE ON Customers FROM　DataEntry

3.4　本章知识点小结

1．身份认证技术概述

（1）身份标识与鉴别

身份认证是指用户必须提供他是谁的证明，认证的目的就是要确认用户身份。身份标识则是指能够证明用户身份的用户独有生物特征或行为特征，或他所能提供的用于识别自己身份的信息，此特征要求具有唯一性。身份鉴别是对网络中的主体进行验证的过程，证实用户身份与其声称的身份是否相符。

（2）身份认证的过程

身份认证的过程分为单向认证和双向认证；认证过程涉及认证的用户客户端和完成身份鉴别的服务器以及输入组件和传输组件。认证过程中需要第三方机构如 KDC 实现加密过程的密钥管理和分配。

（3）身份认证方法

根据身份认证的身份标识的不同形式和鉴别技术，身份认证的方法大体上可分为基于信息秘密的身份认证、基于信任物体的身份认证和基于生物特征的身份认证。基于生物特征的身份认证都有一个特征识别和鉴别的过程，包括基于语音识别的生物行为特征的认证方法。

2．安全的身份认证

（1）身份认证的安全性

身份认证过程面临欺骗标识、篡改数据、拒绝承认、信息泄露、重放攻击的安全威胁，可以通过采用安全的身份认证方式和加强身份信息管理来有效的防止这些安全威胁，这些方式包括基于 PKI 的身份信息传输和加密存储、挑战/响应认证方式和时间戳方式、配套的数字签名认证方式和身份信息加强管理。

（2）口令认证的安全

口令在网络中传输时是很容易被窃取或攻击的，这是口令认证的明显缺点。比较常见的攻击和窃取方式主要有：网络数据流窃听、认证信息截取/重放、字典攻击、穷举尝试、窥探口令、骗取口令和垃圾搜索。因此，在设计、部署和使用用于身份认证的口令时要考虑设置的安全性，口令的传输和存储时要加密。

（3）基于指纹的电子商务身份认证

基于指纹的电子商务身份认证从增强认证系统安全性的考虑，在电子商务身份认证过程中，通过客户端的指纹传感器获得用户的指纹信息和随机数加密传输实现安全的身份认证。

（4）Kerberos 身份认证

Kerberos 认证以可信赖的第三方 KDC 为认证机构，基于使用对称密钥口令算法，实现集中的身份认证和密钥分配。通过典型的挑战/响应和时间戳等安全身份认证技术构成了一个复杂的认证过程，综合实现了安全的认证方案。

（5）基于 X.509 数字证书的认证

基于 X.509 数字证书的认证以 PKI 和公钥证书技术实现安全的认证方案。数字证书分为签名证书和加密证书，由 PKI 认证中心管理，并被利用来参与单向和双向认证过程，其认证特点推进了这一安全认证方案的推广和实施。

3. 访问控制

（1）访问控制概念

访问控制是通过某种途径准许或限制访问能力及范围的一种手段，是针对越权使用资源的防御措施；通常用于系统控制用户对服务器、目录、文件等网络资源的访问。访问控制的目的是通过限制对关键资源的访问，防止非法用户的侵入或因为合法用户的不慎操作而造成的破坏，从而保证网络资源受控地、合法地使用。

（2）访问控制关系描述

访问的授权关系即访问控制关系主要通过以下四种方法：访问控制矩阵、访问能力表、访问控制表和授权关系表设计描述，从而根据设计描述建立访问授权。

（3）访问控制机制

自主访问控制（DAC）是目前计算机系统中实现最多的访问控制机制。其基本思想是：允许某个主体指定其他主体对该主体所拥有的信息资源是否可以访问以及可执行的访问类型。强制访问控制（MAC）依据主体和客体的安全级别来决定主体是否有对客体的访问权。最典型的例子是由 Bell and LaPadula 提出的 BLP 模型。基于角色的访问控制（RBAC）使权限与角色相关联，由中间加入了角色授权给用户的访问权限，用户通过成为适当角色的成员而得到其角色的权限，可极大地简化访问控制机制。

习 题

1. 什么是身份认证？身份认证的目的是什么？
2. 身份认证有哪些种方法？请概括不同认证方法认证过程的异同。
3. 什么是动态口令认证？试描述其优点和缺点。
4. 以指纹认证为例简述生物特征识别的过程。
5. 身份认证面临哪些安全威胁？如何防范？
6. 数字签名认证方式的实质是什么？简单叙述它的认证过程。
7. 口令认证面临哪些安全威胁？口令安全性管理策略有哪些？
8. 描述基于指纹的电子商务身份认证的过程。
9. Kerberos 认证有哪些优点？
10. 试述 PKI 基本组成和作用。
11. 什么是数字证书？试述 X.509 证书包含的内容。
12. 试述数字证书的签发流程。
13. 通过对基于 X.509 数字证书的双向认证的理解，试述其单向认证过程。
14. 什么是访问控制？简述访问控制的实现原理。

15. 访问控制关系描述有哪些方式? 各有什么优缺点?
16. 试述自主访问控制和强制访问控制的区别。举例说明强制访问控制的特点。
17. 什么是基于角色的访问控制? 举例说明。
18. 试例举一个实际的访问控制关系的 ACL 描述。

15. 访问控制的实现包括哪些方式? 各有什么优缺点?
16. 防火墙主要包括哪几种?各自的优缺点是什么?
17. 什么是访问控制列表?标准的访问控制列表和扩展的访问控制列表有什么区别?

第 4 章
防火墙工作原理及应用

防火墙是建立在网络通信技术和信息安全技术之上应用最为广泛的一种网络安全技术,其作用类似于门卫,是网络安全的第一道防线,将涉及不同的信任级别(例如内部网、Internet 或者网络划分)的两个网络通信时执行访问控制策略。因此,防火墙技术的研究已经成为网络信息安全技术的主导研究方向。

本章将介绍防火墙的基本概念、工作原理、分类、技术、体系结构、局限性以及典型防火墙产品等。

4.1 防火墙概述

4.1.1 防火墙的概念

防火墙(firewall)这个术语来自建筑结构的安全技术。它指在楼宇里起分隔作用的墙,这道墙可以防止火灾发生的时候蔓延到别的房屋。在网络系统中,所谓"防火墙",是指一种将内部网和公众访问网(如 Internet)分开的方法,它实际上是一种隔离技术,起到内部网与 Internet 之间的一道防御屏障。防火墙是在两个网络通信时执行同种访问控制策略,它能允许你"同意"的人和数据进入你的网络,同时将你"不同意"的人和数据拒之门外,最大限度地阻止网络中的黑客来访问你的网络。换句话说,访问者必须首先穿越防火墙的安全防线,才能接触目标计算机,网络防火墙如图 4.1 所示。

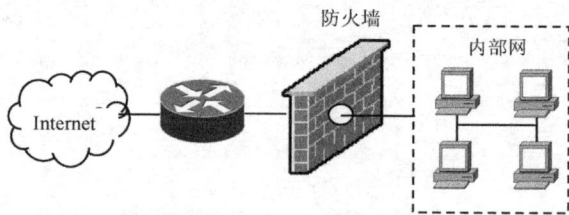

图 4.1 网络防火墙

4.1.2 防火墙的功能

防火墙好像大门上的锁,主要职能是保护内部网络的安全,由于其处于网络边界的特殊位置,因而被设计集成了非常多的安全防护功能和网络连接管理功能,主要包括以下几点。

1. 访问控制

防火墙设备最基本的功能是访问控制,其作用就是对经过防火墙的所有通信进行连通或阻断的安全控制,以实现连接到防火墙上的各个网段的边界安全性。

　　在没有防火墙时，局域网内部的每个节点都暴露给 Internet 上的其他主机，此时内部网的安全性要由每个节点的坚固程度来决定，且安全性等同于其中最薄弱的节点。使用防火墙后，防火墙会将内部网的安全性统一到它自身，网络安全性在防火墙系统上得到加固，而不是分布在内部网的所有节点上。防火墙把内部网与 Internet 隔离，仅让安全、核准了的信息进入，而阻止对内部网构成威胁的数据，它防止黑客更改、拷贝、毁坏重要信息，同时又不会妨碍人们对 Internet 的访问，如图 4.2 所示。

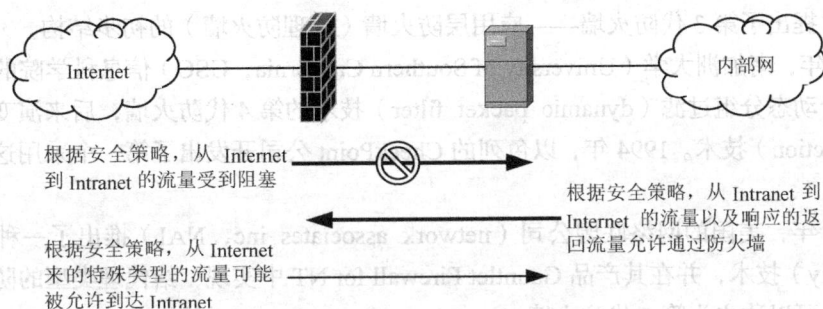

图 4.2　防火墙的工作过程

可以在以下几个方面实施访问控制。

① 根据网络地址、网络协议以及 TCP、UDP 端口进行过滤。

② 简单的内容过滤，如电子邮件附件的文件类型等。

③ 将 IP 与 MAC 地址绑定以防止盗用 IP 的现象发生。

④ 对上网时间段进行控制，不同时段执行不同的安全策略。

⑤ 对 VPN 通信的安全控制，可以有效的对用户进行带宽流量控制。

2．防止外部攻击

通过防火墙的内置的入侵检测与防范机制来防止黑客攻击。例如，通过检查 TCP 连接中的序号来保护网络免受同步洪泛（SYN flooding attack）、拒绝服务、端口扫描等。随着黑客攻击手段的不断变化，防火墙软件通过动态升级，以适应新的变化。

3．可以进行网络地址转换

防火墙拥有灵活的地址转换（network address transfer，NAT）能力。通过网络地址转换，能有效地隐藏内部网络的拓扑结构等信息。同时内部网用户共享使用这些转换地址，使用保留的内部 IP 地址就可以正常访问公网，有效地解决了全局 IP 地址不足的问题。

4．提供日志与报警

防火墙具有实时在线监视内外网络间 TCP 连接的各种状态以及 UDP 协议包能力，用户可以随时掌握网络中发生的各种情况。通过日志可以记录上网通信时间、源地址、目的地址、源端口、目的端口、字节数等，利用这些日志记录可以进行安全性分析。例如，防火墙中有一条策略允许外部用户读取 FTP 服务器上的文件，可以从日志记录信息中获得哪些文件被读取了。

5．对用户身份认证

防火墙对特定用户的身份进行校验，判断是否合法。可以根据用户认证的情况动态地调整安全策略，实现用户对网络的授权访问，其不仅支持用户管理和认证接口，同时也支持用户进行外部身份认证。

4.1.3　防火墙的历史

1986 年美国 Digital 公司在 Internet 上安装了全球第一台商用防火墙系统后，提出了防火墙的概念。防火墙技术从此开始了飞速的发展。目前，已有国内外众多厂商推出了防火墙产品。表 4.1 所示为防火墙技术的发展历史。

① 最早的防火墙技术几乎与路由器同时出现，采用了分组过滤（packet filter）技术。

② 1989 年，贝尔实验室的 Dave.Presotto 和 Howard.Trickey 推出了第 2 代防火墙，即电路级防火墙，同时提出了第 3 代防火墙——应用层防火墙（代理防火墙）的初步结构。

③ 1992 年，南加洲大学（University of Southern California，USC）信息科学院的 Bob.Braden 开发出了基于动态分组过滤（dynamic packet filter）技术的第 4 代防火墙，后来演变为状态监视（stateful inspection）技术。1994 年，以色列的 CheckPoint 公司开发出了第一个采用这种技术的商业化的产品。

④ 1998 年，美国的网络联盟公司（network associates inc，NAI）推出了一种自适应代理（adaptive proxy）技术，并在其产品 Gauntlet Firewall for NT 中实现，给代理类型的防火墙赋予了全新的意义，可以称之为第 5 代防火墙。

⑤ 统一威胁管理（unified threat management，UTM）是在防火墙基础上发展起来的，具备防火墙、IPS、防病毒、防垃圾邮件等综合功能的设备，UTM 代替防火墙的趋势不可避免。在国际上，Juniper 公司、飞塔公司高性能的 UTM 占据了一定的市场份额。国内的华三通信（H3C）、启明星辰的高性能 UTM 则一直领跑国内市场。

表 4.1　防火墙技术的发展历史

防火墙的换代	年　　代	采用的技术
第 1 代	1986	分组过滤
第 2、3 代	1989	代理服务
第 4 代	1992	动态分组过滤（状态监控）
第 5 代	1998	自适应代理服务

4.1.4　防火墙的原理

防火墙的主要目的是为了隔离外部网（extranet）和内部网（intranet），以保护网络的安全，一个有效的防火墙应该能够确保所有从 Internet 流入或流向 Internet 的信息都经过防火墙，其可以工作在 TCP/IP 参考模型的大多数层面上。因此，从 TCP/IP 参考模型的网络结构来看，防火墙是建立在不同分层结构上的、具有一定安全级别和执行效率的安全通信技术，其实现原理，如图 4.3 所示。

按照网络分层结构的实现思想，若防火墙所采用的通信协议栈其层次越低，所能检测到的通信资源越少，其安全级别也就越低，但其执行效率却较好。反之，如果防火墙所采用的通信协议栈其层次越高，所能检测到的通信资源越多，其安全级别也就越高，但其执行效率却较差。

依据网络的分层体系结构，在不同的分层结构上实现的防火墙不同，所采用的实现方法和安全性能也就不尽相同，如表 4.2 所示。

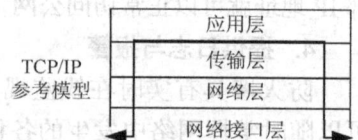

图 4.3　网络体系结构的防火墙实现原理

表 4.2　防火墙与 TCP/IP 模型

TCP/IP 参考模型	防火墙技术
应用层	应用级网关
传输层	状态分组过滤
网络层	分组过滤
网络接口层	无

防火墙能为管理人员提供对下列问题的答案。

① 什么人在使用网络?

② 他们什么时间,使用了什么网络资源?

③ 他们连接了什么站点?

④ 他们在网上做什么?

⑤ 谁要上网,但是没有成功?

4.1.5　防火墙的分类

从实现技术方式的不同,防火墙可分为"分组过滤型"防火墙和"应用代理型"防火墙两大体系。前者以以色列的 Checkpoint 防火墙和美国 Cisco 公司的 PIX 防火墙为代表,后者以 NAI 公司的 Gauntlet 防火墙为代表。表 4.3 所示为防火墙两大体系性能的比较。

表 4.3　防火墙两大体系性能的比较

	分组过滤防火墙	应用代理防火墙
优点	工作在 IP 和 TCP 层,所以处理包的速度快,效率高	不允许数据包直接通过防火墙,避免了数据驱动式攻击的发生,安全性好
	提供透明的服务,用户不用改变客户端程序	能生成各项记录,能灵活、完全地控制进出的流量和内容;能过滤数据内容
缺点	定义复杂,容易出现因配置不当带来的问题	对于每项服务代理可能要求不同的服务器
	允许数据包直接通过,容易造成数据驱动式攻击的潜在危险	速度较慢
	不能彻底防止地址欺骗	对用户不透明,用户需要改变客户端程序
	包中只有来自哪台机器的信息不包含来自哪个用户的信息,不支持用户认证	不能保证免受所有协议弱点的限制
	不提供日志功能	不能改进底层协议的安全性

从应用对象的不同,防火墙可分为企业级防火墙与个人防火墙。

从实现形态上的不同,防火墙分为软件防火墙、硬件防火墙和芯片级放火墙。

(1)软件防火墙

防火墙运行于特定的计算机上,一般来说这台计算机就是整个网络的网关,俗称"个人防火墙"。软件防火墙需要用户预先安装在一些公共的操作系统上,如 MS Windows 或 UNIX 等,并做好相应的配置才能使用。此类防火墙最出名的 Checkpoint 防火墙。使用这类防火墙,需要网络管理人员对所工作的操作系统平台比较熟悉。

(2)硬件防火墙

所谓硬件防火墙,是针对芯片级而言的,它们之间的最大差别在于是否基于专用的硬件平台。

目前，市场上大多数防火墙都是基于 PC 架构的，与普通的家用 PC 没什么差别，由 PC 硬件、通用操作系统和防火墙软件组成。这些 PC 架构的计算机运行经过最小化安全处理后的操作系统，最常用的有 Linux、FreeBSD、Solaris 系统。特点是开发成本低、性能实用、稳定性和扩展性较好，价格也低廉。由于此类防火墙依赖操作系统内核，因此会受到操作系统本身安全性影响，处理速度也慢。

（3）芯片级防火墙

芯片级防火墙基于特别优化设计的硬件体系结构，使用专用的操作系统。专有的 ASIC 芯片，促使此类防火墙在稳定性和传输性能方面有着得天独厚的优势，速度快，处理能力强，性能高。这类防火墙比较出名的厂商有 NetScreen、FortiNet、Cisco 等。由于使用专用操作系统，容易配置和管理，本身漏洞也比较少，但是扩展能力有限，价格也较高。

4.1.6　防火墙的组成及位置

防火墙既可以由一台路由器、一台 PC 或者一台主机构成，也可以是由多台主机构成的体系。一般将防火墙放置在网络的边界，该网络边界是一个本地网络的整个边界，本地网络通过输入点和输出点与其他网络相连，这些连接点都应该装有防火墙。有时在网络边界内部也应该部署防火墙，以便为特定主机提供额外的、特殊的保护，防火墙放置的位置如图 4.4 所示。

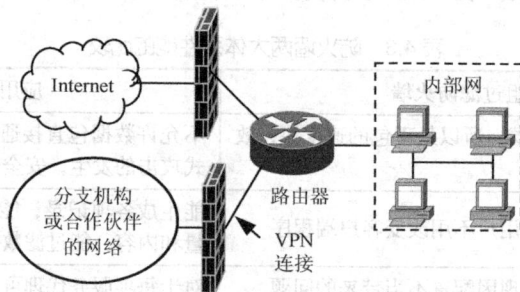

图 4.4　防火墙放置的位置

4.1.7　防火墙的局限性

就安全的范畴而言，防火墙不能解决所有的问题，尤其存在以下几个方面缺陷。

① 防火墙不能防范不经过防火墙的攻击。例如，从内部网不受限制的向外拨号，就可以形成与 Internet 的直接连接，从而绕过防火墙，这样就为从后门攻击留下了隐患。

② 防火墙不能防止来自内部的攻击。防火墙不能防止来自内部变节者或不经心的用户带来的威胁；也不能解决进入防火墙的数据带来的所有安全问题，如果用户在本地运行一个包含一段恶意代码的程序，可能会导致敏感信息泄露或遭到破坏。

③ 防火墙只能按照对其配置的规则进行有效的工作，一个过于随意的规则可能会减弱防火墙的功效。

④ 防火墙不能防止感染了病毒的软件或文件的传输。这只能在每台主机上装反病毒软件。

⑤ 防火墙不能修复脆弱的管理措施或者设计有问题的安全策略。

⑥ 防火墙可以阻断攻击，但不能消灭攻击源。互联网上病毒、木马、恶意试探等等造成的攻击行为络绎不绝。设置得当的防火墙能够阻挡它们，但是无法清除攻击源。即使防火墙进行了良

好的设置，使得攻击无法穿透防火墙，但各种攻击仍然会源源不断地向防火墙发出尝试。

⑦ 防火墙不能抵抗最新的未设置策略的攻击漏洞。防火墙的各种策略，是在该攻击方式经过专家分析后给出其特征进而设置的。如果世界上新发现某个主机漏洞的黑客把第一个攻击对象选中了您的网络，那么防火墙也没有办法帮助您。

⑧ 防火墙的并发连接数限制容易导致拥塞或者溢出。由于要判断、处理流经防火墙的每一个 IP 分组，因此防火墙在某些流量大、并发请求多的情况下，很容易导致拥塞，成为整个网络的瓶颈。而当防火墙溢出的时候，整个防线就如同虚设，原本被禁止的连接也能从容通过了。

⑨ 防火墙对服务器合法开放的端口的攻击大多无法阻止。某些情况下，攻击者利用服务器提供的服务进行缺陷攻击。例如，利用开放了 3389 端口取得没打过 SP 补丁的 WIN2k 的超级权限、利用 ASP 程序进行脚本攻击等。由于其行为在防火墙一级看来是"合理"和"合法"的，因此就被简单地放行了。

⑩ 防火墙本身也会出现问题和受到攻击。防火墙也是一个操作系统，也有着其硬件系统和软件，因此也有着漏洞和 BUG，所以其本身也可能受到攻击和出现软/硬件方面的故障。

4.1.8　防火墙的发展趋势

随着新型网络技术的出现，防火墙技术呈现以下新的发展趋势。

① 目前防火墙存在的安全性、效率和功能方面的矛盾。设计防火墙，往往是安全性高效率低，要想效率高就需以牺牲安全为代价的。未来的防火墙要求进一步提高安全性和效率，那么使用专用芯片负责访问控制功能，设计新的防火墙的技术架构是未来发展方向。

② 采用数据加密技术的，使安全地合法访问。

③ 混合使用分组过滤技术、代理服务技术和其他的一些新技术。

④ 新的 IP 协议 IPv6 的应用将对防火墙的建立与运行产生深刻的影响。

⑤ 分布式防火墙。

现在的防火墙设置在网络边界，处于内、外网络之间，一般称为"边界防火墙"，并假设内部网络中所有主机都是可信任的，所有外部网络主机都是不可信任的。随着人们对网络安全防护要求的提高，边界防火墙明显达不到要求，因为给网络带来安全威胁的不仅是从外部网络发起，更多的是来自内部网络攻击。但边界防火墙无法对内部网络实现有效保护，因此提出了分布式防火墙概念，并产生了分布式防火墙（distributed firewall）技术。分布式防火墙技术可以很好地解决边界防火墙的不足，把防火墙的安全防护系统延伸到网络中的各台主机。从广义上讲，分布式防火墙是一种新的防火墙体系结构，它负责对网络边界、各子网和网络内部节点之间的安全防护。分布式防火墙是一个完整的系统体系，而非单一的产品，其主要包括网络防火墙（network firewall）、主机防火墙（host firewall）、中心管理（center management）等部分。

4.2　防火墙技术

防火墙技术，最初是针对 Internet 网络不安全因素所采取的一种保护措施。也就是说，防火墙就是用来分割外部不安全因素影响的内部网络屏障，其目的就是防止外部网络用户未经授权的访问。在防火墙中采用的技术主要有以下几个方面。

4.2.1 分组过滤技术

分组过滤（packet filter）是所有防火墙中最核心的功能，进行分组过滤的标准是根据安全策略制定的。分组过滤型防火墙工作在 TCP/IP 网络参考模型的网络层和传输层。

1. 分组过滤原理

分组过滤通常安装在路由器上，并且大多数商用路由器都提供了分组过滤的功能。分组过滤是一种安全筛选机制，它控制哪些 IP 分组可以进出网络而哪些 IP 分组应被网络所拒绝。通常情况下靠网络管理员在防火墙设备的 ACL 中设定。按照防火墙预先设定的过滤规则，对每一个通过的 IP 分组头部进行检查，根据数据包的源地址、目的地址、TCP/UDP 源端口号、TCP/UDP 目的端口号及各种标志位等因素来确定是否允许数据包通过，其核心是安全策略，即过滤规则的设计。分组过滤原理如图 4.5 所示。

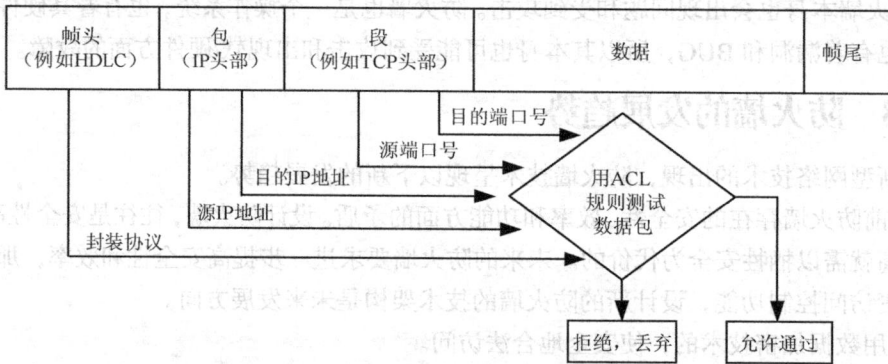

图 4.5 ACL 对 IP 分组的过滤

2. 分组过滤器的操作

在互联网上，所有往来的信息都被分割成许许多多一定长度的数据包（IP 分组），数据包分为两部分内容，即报头和数据。数据是包含上层协议的信息，其中有用户查看或使用的信息，如 Web 页面或者 E-mail 信息。而报头信息中有封装协议、IP 源地址、IP 目标地址、ICMP 消息类型、TCP、UDP 目标端口、TCP 报头中的 ACK 位等。当这些包被送上 Internet 时，路由器会读取该包的 IP 目标地址，并选择一条物理上的线路发送出去，数据包可能以不同的路线抵达目的地，当所有的包抵达后会在目的地重新组装还原。

在 ACL 中定义了各种规则来表明是否同意或拒绝数据包的通过。分组过滤防火墙检查数据流中每个数据包的报头信息，并与过滤规则进行匹配，如果规则允许此数据包通过，该数据包就会按照路由表中的信息被转发。如果规则拒绝该数据包通过，那么该数据包就会被丢弃。如果没有一条规则能匹配，防火墙就会使用默认规则。一般情况下，默认规则要求防火墙丢弃该包。分组过滤的核心是安全策略，即分组过滤算法的设计，图 4.6 所示为 ACL 处理数据包的过程。

3. 分组过滤技术的特点

① 因为 CPU 用来处理分组过滤的时间相对很少，且这种防护措施对用户透明，合法用户在进出网络时，根本感觉不到它的存在，使用起来很方便。

② 因为分组过滤技术不保留前后连接信息，所以很容易实现允许或禁止访问。

③ 因为分组过滤技术是在 TCP/IP 层实现的，所以分组过滤的一个很大的弱点是不能在应用层级别上进行过滤，所以防护方式比较单一。

RealPlay er 在 64 Kbps 代理 80 端口使得的……那么在基于代理服务器应用层的 Web 服务器的端口……

（2）第二代动态分组过滤类型防火墙

动态分组过滤（dynamic packet filter）也叫状态分组检查（stateful packet inspection，SPI）或者有状态分组检查，这类防火墙以高级的方式检查数据包报头的信息了，能够跟踪分组的状态，除了像静态分组过滤那样检查数据包报头的源和目的 IP 地址……技术，动态分组火墙可以跟踪分组的状态……并且根据数据流……进行动态地……

5．分组过滤技术的应用

包过滤中采用的过滤技术不仅仅需要通过检查数据包……控制数据包的流向，它还可以根据 IP 地址或……它还可以阻挡……也可以根据协议、端口及 IP 地址进行控制，带有规则的过滤规则集，可以阻止外部网络的主机对内部网络的……扫描，还可以阻止……IP 欺诈。

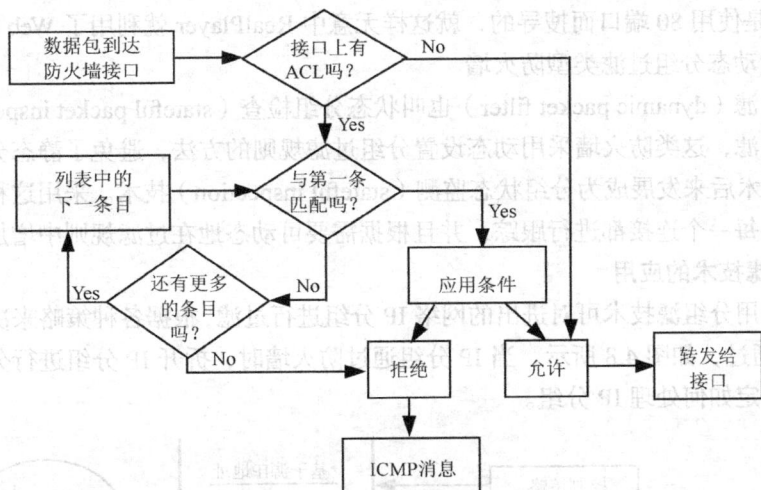

图 4.6　ACL 处理数据包的过程

4. 分组过滤技术发展阶段

在整个防火墙技术的发展过程中，分组过滤技术出现了两个不同发展阶段，称为 "第一代静态分组过滤" 和 "第二代动态分组过滤"。

（1）第一代静态分组过滤类型防火墙

静态分组过滤也叫无状态分组过滤或者无检查分组过滤。防火墙在检查数据包报头时，不关心服务器和客户机之间的连接状态，只是根据定义好的过滤规则集来检查所有进出防火墙的数据包报头信息来允许或者拒绝数据包，如图 4.7 所示。

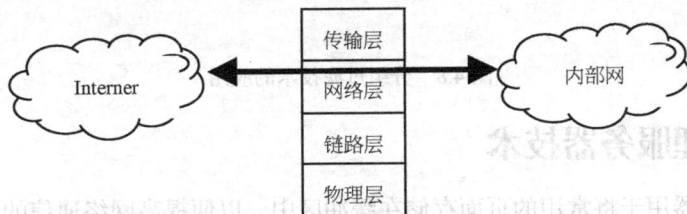

图 4.7　静态分组过滤防火墙的执行

静态分组过滤防火墙有以下几点好处。

① 速度快、效率高，对流量的管理较出色。

② 由于所有的通信必须通过防火墙，所以绕过是困难的。

③ 对用户和应用是透明的，所以不必对用户进行特殊的培训和在每台主机上安装特定的软件。

静态分组过滤防火墙的缺点如下。

① 允许外部网络直接连接到内部网络主机。

② 只要数据包符合 ACL 规则都可以通过，因此它不能区分包的 "好" 与 "坏"；它不能识别 IP 欺诈。当外部主机伪装内部主机的 IP 地址时，防火墙能够阻止这种类型的 IP 欺骗，但是当外部主机伪装成可信任的外部主机的 IP 地址时，防火墙却不能阻止它们。

③ 不支持用户身份认证，不提供日志功能。

④ 虽然可以过滤端口，但是不能过滤服务，因为对于一些比较新的多媒体应用在会话开始之前端口号是未知的。比如，Web 服务器默认端口为 80，而计算机上又安装了 RealPlayer，那么它会搜寻可以允许连接到 RealAudio 服务器的端口，而不管这个端口是否被其他协议所使用，

RealPlayer 正好是使用 80 端口而搜寻的，就这样无意中 RealPlayer 就利用了 Web 服务器的端口。

（2）第二代动态分组过滤类型防火墙

动态分组过滤（dynamic packet filter）也叫状态分组检查（stateful packet inspection，SPI）或者有状态分组过滤，这类防火墙采用动态设置分组过滤规则的方法，避免了静态分组过滤所具有的问题。这种技术后来发展成为分组状态监测（stateful inspection）技术。采用这种技术的防火墙对通过其建立的每一个连接都进行跟踪，并且根据需要可动态地在过滤规则中增加或更新条目。

5．分组过滤技术的应用

防火墙中采用分组滤技术可对进出的网络 IP 分组进行过滤，根据各种策略来决定是否允许或拒绝 IP 分组的通过，如图 4.8 所示。当 IP 分组通过防火墙时，拆开 IP 分组进行分析，查找相应的控制策略，决定如何处理 IP 分组。

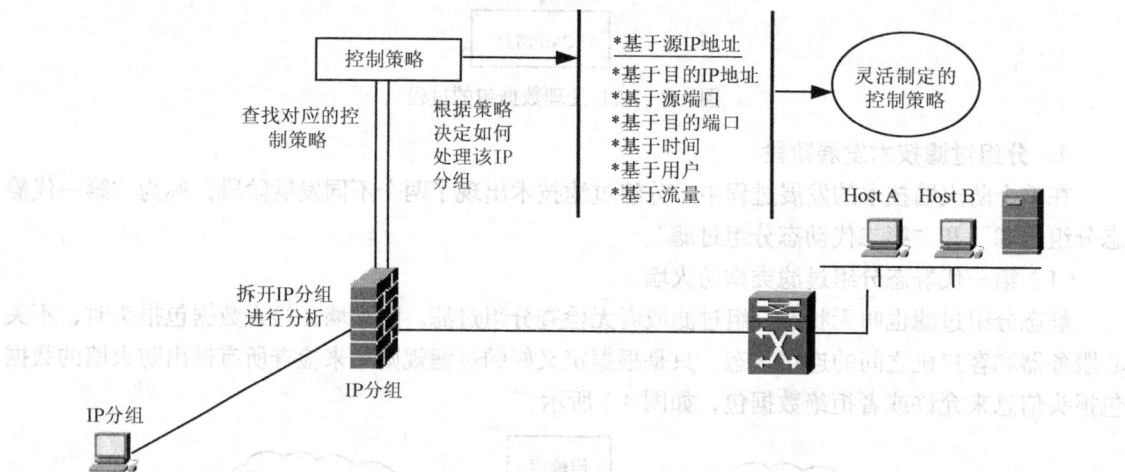

图 4.8　分组过滤技术的应用

4.2.2　代理服务器技术

早先代理服务器用于将常用的页面存储在缓冲区中，以便提高网络通信的速度。后来代理服务器逐渐发展为能够提供强大安全功能的一种技术。代理能在应用层实现防火墙功能，针对每一个特定应用都有一个程序，通过代理可以实现比分组过滤更严格的安全策略。

1．代理服务器原理

代理服务器（proxy server）防火墙是基于软件的。运行在内部用户和外部主机之间，并且在它们之间转发数据，它像真的墙一样挡在内部网和 Internet 之间。从外面来的访问者只能看到代理服务器但看不见任何内部资源；而内部客户根本感觉不到代理服务器的存在，他们可以自由访问外部站点。代理可以提供极好的访问控制、登录能力以及地址转换功能，对进出防火墙的信息进行记录，便于管理员监视和管理系统。

例 4.1　主机 A 试图访问 www.sohu.com，信息通过代理服务器到达网关。下面是主机 A 发出连接请求的工作过程，如图 4.9 所示。

① 主机 A 发出访问 Web 站点的请求。

② 请求到达代理服务器，代理服务器检查防火墙规则集，检查数据包报头信息和数据。

③ 如果不允许该请求发出，代理服务器拒绝该请求，发送 ICMP 消息给源主机。

④ 如果允许该请求发出，代理服务器修改源 IP 地址，创建数据包。

⑤ 代理服务器将数据包发给目的计算机，数据包显示源 IP 地址来自代理服务器。

⑥ 返回的数据包又被发送到代理服务器。服务器再次根据防火墙规则集检查数据包报头信息和数据。

⑦ 如果不允许该数据包进入内部网，代理服务器丢弃该数据包，发送 ICMP 消息。

⑧ 如果允许该数据包进入内部网，代理服务器将它发给最先发出请求的计算机。

⑨ 数据包到达主机 A，此时数据包显示来自外部主机而不是代理服务器。

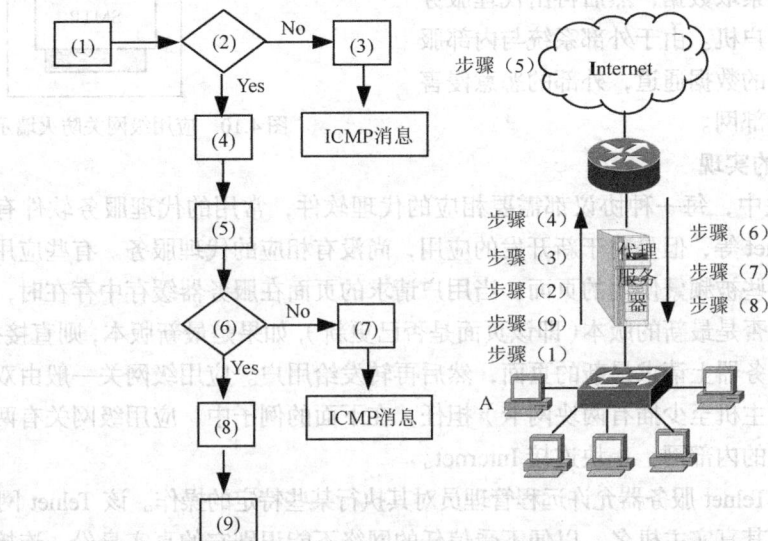

图 4.9　主机 A 发出连接请求通过代理服务器防火墙的工作过程

2. 代理服务器和分组过滤的比较

① 代理服务器对整个 IP 包的数据进行扫描，因此它比分组过滤提供更详细的日志文件。

② 如果数据包和分组过滤规则匹配，就允许数据包通过防火墙，而代理服务器要用新的源 IP 地址重建数据包，这样对外隐藏了内部用户。

③ 使用代理服务器，意味着在 Internet 上必须有一个服务器，且内部主机不能直接与外部主机相连。带有恶意攻击的外部数据包也就不能到达内部主机。

④ 对网络通信而言，如果分组过滤器由于某种原因不能工作，可能出现的结果是所有的数据包都能到达内部网；而如果代理服务器由于某种原因不能工作，整个网络通信将被终止。

在实际应用中，构筑防火墙的真正解决方案很少采用单一的技术，通常是多种解决不同问题的技术的有机结合。一些协议（如 Telnet、SMTP）能更有效地处理分组过滤，而另一些协议（如 FTP、WWW、Gopher）能有效地处理代理。因此，大多数防火墙将数据分组过滤和代理服务器结合起来使用。

4.2.3　应用级网关技术

应用级网关（application gateway）型防火墙主要工作在 OSI 参考模型的最高层，即应用层。其特点是完全"隔离"了网络的通信，通过对每一种应用服务编制专门的代理程序，实现监视和控制应用层通信流的作用。

1. 应用网关工作原理

应用网关接受内、外部网络的通信数据包，并根据自己的安全策略进行过滤，不符合安全协议的信息被拒绝或丢弃。通过自身（网关）复制传递数据，防止在内部网主机与 Internet 主机间直接建立联系。它能够理解应用层上的协议，能够做复杂一些的访问控制，并做精细的注册和审核。应用级网关防火墙如图 4.10 所示。

2. 应用网关工作过程

当客户机需要使用服务器上的数据时，首先将数据请求发给代理服务器，代理服务器再根据这一请求向服务器索取数据，然后再由代理服务器将数据传输给客户机。由于外部系统与内部服务器之间没有直接的数据通道，外部的恶意侵害也就很难伤害到内部网。

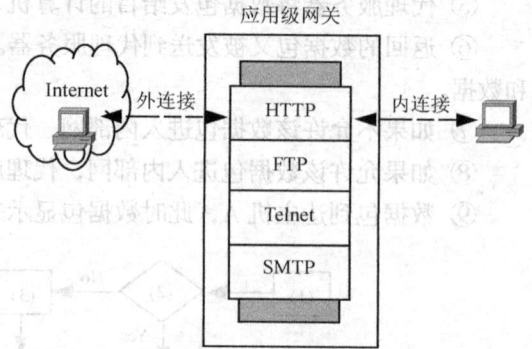

图 4.10 应用级网关防火墙示意图

3. 应用网关的实现

在应用级网关中，每一种协议都需要相应的代理软件，常用的代理服务软件有如 HTTP、SMTP、FTP、Telnet 等，但是对于新开发的应用，尚没有相应的代理服务。有些应用级网关还存储 Internet 上的那些被频繁使用的页面。当用户请求的页面在服务器缓存中存在时，服务器将检查所缓存的页面是否是最新的版本（即该页面是否已更新），如果是最新版本，则直接提交给用户；否则，到真正的服务器上请求最新的页面，然后再转发给用户。应用级网关一般由双宿主主机或者多宿主主机（在主机至少插有两块网卡）担任。在下面的例子中，应用级网关有两块网卡，一块用于连接受保护的内部网，一块连接 Internet。

例 4.2 一个 Telnet 服务器允许远程管理员对其执行某些特定的操作。该 Telnet 网关对 Internet 可见，但是隐藏了其真实主机名，以便不受信任的网络不能识别它的真实身份，连接它的过程如图 4.11 所示。

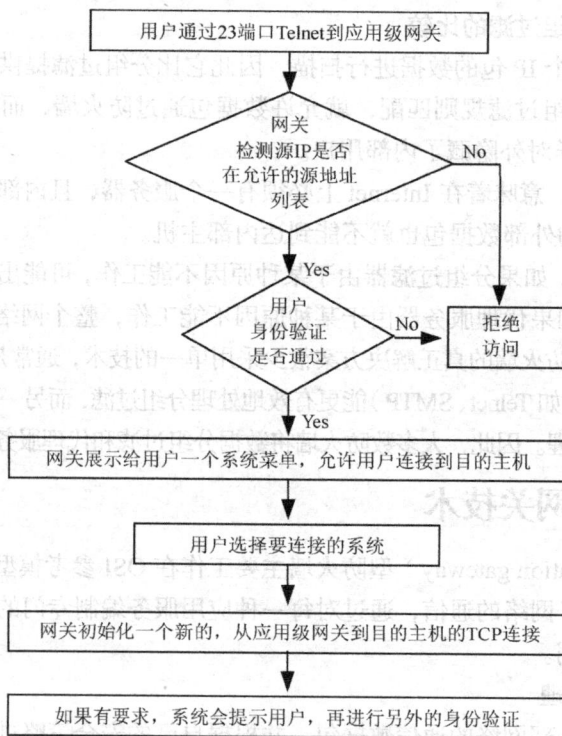

图 4.11 远程连接应用级网关过程示意图

4. 应用网关的优缺点

优点：能够有效地实现防火墙内外计算机系统的隔离，安全性好，还可用于实施较强的数据流监控、过滤、记录、报告等功能。

缺点：实现麻烦，对于那些为了使用代理服务器而修改自己应用的终端用户来说，这种选择缺乏透明度。另外，由于代理服务器必须采用操作系统服务来执行代理过程，所以它通常是建立在操作系统之上的，由此带来的问题是增加了开销、降低了性能，而且由于通用操作系统是众所周知的，所以该操作系统容易被攻击的漏洞也是公开的。

5. 自适应代理防火墙

虽然应用代理防火墙具有很好的安全性，但速度不尽如人意。自适应代理（adaptive proxy）防火墙，是近几年才得到广泛应用的一种新型防火墙类型，它结合了代理服务器防火墙的安全性和分组过滤防火墙的高速度等优点。组成这种类型防火墙的基本要素有两个：自适应代理服务器（adaptive proxy server）与动态分组过滤器。在自适应代理防火墙中，初始的安全检查仍在应用层中进行，保证实现传统防火墙的最大安全性；而一旦可信任身份得到认证，建立了安全通道，随后的数据包就可重新定向到网络层。这使得它在毫不损失安全性的基础上将代理服务器防火墙的性能提高 10 倍以上。

4.2.4 电路级网关技术

电路级网关也被称为线路级网关，它工作在会话层。它在两个主机首次建立 TCP 连接时创建一个电子屏障。

1. 电路级网关工作原理

电路级网关通过在 TCP 三次握手建立连接的过程中，监视两主机建立连接时的握手信息，检查双方的 SYN、ASK 和序列号是否合乎逻辑，来判断该请求的会话是否合法。一旦网关认为会话是合法的，就为双方建立连接，并维护一张合法会话连接表，当会话信息与表中的条目匹配时才允许数据通过，会话结束后，表中的条目就被删除。

2. 电路级网关工作过程

电路级网关依靠特定的逻辑来判断是否允许数据包通过，但其不允许内、外网的计算机直接建立连接，也就是不允许 TCP 端到端的连接，通常需要建立两个连接。其中一个连接是网关到内部主机，另一个是网关到外部主机。一旦两个连接被建立，网关只简单地进行数据中转，即它只在内部连接和外部连接之间来回拷贝字节，并将源 IP 地址转换为自己的地址，使得外界认为是网关和目的地址在进行连接。电路级网关防火墙如图 4.12 所示。由于电路级网关在会话建立连接后不对所传输的内容作进一步的分析，因此安全性稍低。

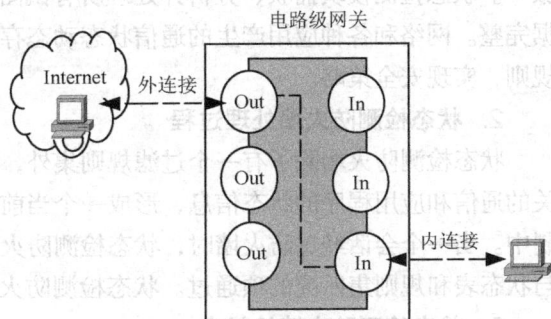

图 4.12 电路级网关防火墙示意图

例 4.3 主机 A 试图访问 www.sohu.com，它要通过一个电路级网关。下面是主机 A 发出连接请求的工作过程。

① 主机发出访问 Web 站点的请求。

② 该主机上的客户端应用程序将请求发送到电路级网关的内部接口。

③ 如果需要身份验证，网关会提示用户进行身份验证。

④ 如果用户的身份验证通过，网关将目的 URL 与防火墙规则集进行比较，该规则集包括允许或者禁止的 URL 列表。

⑤ 如果规则集不允许进行连接，网关将拒绝访问站点的请求，并发送 ICMP 消息给源主机。

⑥ 如果规则集允许进行连接，网关向目的 URL 发出 DNS 请求，接着将自己的 IP 地址作为源 IP 地址，与目的 IP 地址建立一个连接。

⑦ 网关接收到 Web 站点的应答后，讲转发该应答给最先发出请求的计算机。

3. 电路级网关的优缺点

优点：提供网络地址转换（network address translator，NAT），在使用内部网络地址机制时为网络管理员实现安全提供了很大的灵活性；基于和分组过滤防火墙一样的规则，具有分过滤防火墙提供的所有优点。

缺点：不能很好地区分好包与坏包、易受 IP 欺骗类的攻击；需要修改应用程序和执行程序；要求终端用户通过身份认证。

4.2.5　状态检测技术

状态检测防火墙是在有状态分组过滤防火墙基础上发展起来的一种新的防火墙技术，是分组过滤器和应用级网关的一种折中方案。它既具有分组过滤防火墙的速度和灵活，也有应用网关防火墙的安全优点。这种防火墙技术是对分组过滤和应用网关功能的一种平衡。

1. 状态检测防火墙工作原理

状态检测技术首先由 CheckPoint 公司提出并实现。状态检测防火墙利用一个检测模块从网络层捕获数据包，并抽取与应用层状态有关的信息，并以此作为决定对该连接是接受还是拒绝依据。检测模块维护一个动态的状态信息表，当数据到达防火墙的接口时，防火墙判断数据包是不是一个已经存在的连接，如果是就对数据包进行特征检测，并依据策略是否允许通过，如果允许就转发到目的端口并记录日志，否则就丢弃。这种技术在提供了高度安全的解决方案的同时，也克服了分组过滤防火墙和应用代理服务器的局限性，不要求每个被访问的应用都有代理，因此具有较好的适应性和可扩展性。状态检测模块通过理解并学习各种协议和应用，来支持各种最新的应用服务。状态检测模块捕获、分析并处理所有试图通过防火墙的数据包，保证网络的高度安全和数据完整。网络和各种应用产生的通信状态动态存储或更新到动态状态表中，并结合已预定义好的规则，实现安全策略。

2. 状态检测防火墙处理过程

状态检测防火墙除了有一个过滤规则集外，还要对通过它的每一个连接都进行跟踪，获取相关的通信和应用程序的状态信息，形成一个当前连接的状态列表，并把这个表用于后续的访问控制中。当一个会话经过防火墙时，状态检测防火墙把数据包与状态表、规则集进行对比，只允许与状态表和规则集匹配的项通过。状态检测防火墙的处理过程如图 4.13 所示。

3. 状态检测防火墙的优点

（1）安全性好

状态检测防火墙工作在数据链路层和网络层之间，可以确保了截取和检查所有通过网络的原始数据包。首先根据安全策略从数据包中提取有用信息，并保存在内存中。然后将相关信息组合起来，进行一些逻辑或数学运算，并执行相应的操作，如允许数据包通过、拒绝数据包、认证连接、加密数据等。状态检测防火墙虽然工作在协议栈较低层，但它检测所有应用层的数据包，从中提取有用信息，如 IP 地址、端口号、数据内容等，这样安全性得到很大提高。

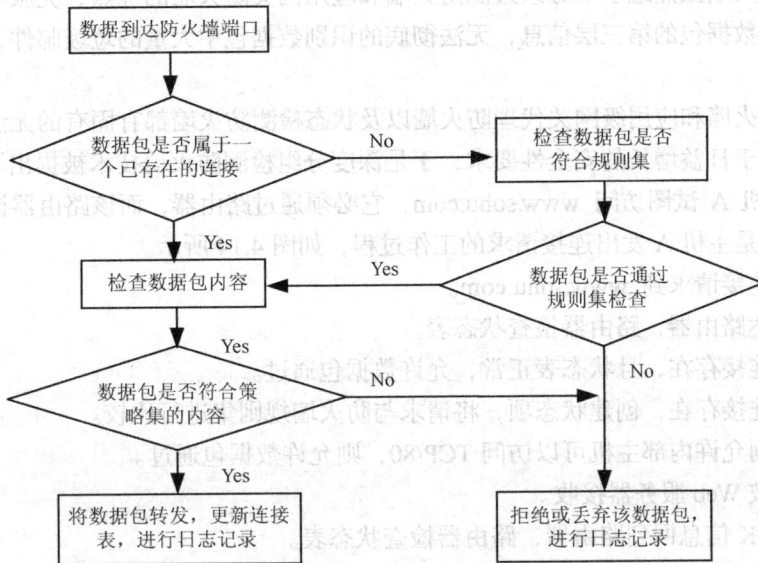

图 4.13　状态检测防火墙处理流程

（2）性能高效

状态检测防火墙工作在协议栈的较低层，通过防火墙的所有的数据包都在低层处理，而不需要协议栈的上层处理任何数据包，这样减少了高层协议头的开销，执行效率提高很多。另外，在这种防火墙中一旦一个连接建立起来，就不用再对这个连接做更多工作，系统可以去处理别的连接，执行效率明显提高。例如，一个用户已通过了身份验证，并试图打开另一个浏览器，状态检测防火墙会自动为其建立会话的权限，不会提示再输入密码。

（3）扩展性好

对于应用层网关防火墙，每一个应用对应一个服务程序，所能提供有限的服务，而且当增加一个新的服务时，必须为新的服务开发相应的服务程序，这样系统的可扩展性降低。状态检测防火墙不区分每个具体的应用，只是根据从数据包中提取出的信息、对应的安全策略及过滤规则处理数据包。当有一个新的应用时，它能动态产生新的应用的新的规则，而不用重写写代码，所以具有很好的伸缩性和扩展性。

（4）方便配置且应用范围广

状态检测防火墙不仅支持基于 TCP 的应用，而且支持基于无连接协议的应用，如 RPC、基于 UDP 的应用（DNS、WAIS、Archie 等）等。对于无连接的协议，连接请求和应答没有区别，分组过滤防火墙和应用级网关对这类应用要么不支持，要么开放一个大范围的 UDP 端口，这样暴露了内部网，降低了安全性。

状态检测防火墙可以实现了基于 UDP 应用的安全，通过在 UDP 通信之上保持一个虚拟连接来实现。防火墙保存通过网关的每一个连接的状态信息，允许穿过防火墙的 UDP 请求包被记录。当 UDP 包在相反方向上通过时，依据连接状态表确定该 UDP 包是否被授权的，若已被授权，则通过，否则拒绝。如果在指定的一段时间内响应数据包没有到达，连接超时，则该连接被阻塞，这样所有的攻击都被阻塞。状态检测防火墙就可以控制无效连接的连接时间，避免大量的无效连接占用过多的网络资源，可以很好的降低 DOS 和 DDOS 攻击的风险。

4. 状态检测防火墙的缺点

状态检测防火墙虽然继承了分组过滤防火墙和应用网关防火墙的优点，克服了它们的缺点，但它仍只是检测数据包的第三层信息，无法彻底的识别数据包中大量的垃圾邮件、广告以及木马程序等。

分组过滤防火墙和应用级网关代理防火墙以及状态检测防火墙都有固有的无法克服的缺陷，不能满足用户对于日益增长的安全性要求，于是深度分组检测防火墙技术被提出了。

例 4.4 主机 A 试图访问 www.sohu.com，它必须通过路由器，而该路由器被配置成状态检测防火墙。下面是主机 A 发出连接请求的工作过程，如图 4.14 所示。

① A 发出连接请求到 www.sohu.com。

② 请求到达路由器，路由器检查状态表。

③ 如果有连接存在，且状态表正常，允许数据包通过。

④ 如果无连接存在，创建状态项，将请求与防火墙规则集进行比较。

⑤ 如果规则允许内部主机可以访问 TCP/80，则允许数据包通过。

⑥ 数据包被 Web 服务器接收。

⑦ SYN/ACK 信息回到路由器，路由器检查状态表。

⑧ 状态表正确，允许数据包通过，数据包到达最先发出请求的计算机 A。

⑨ 如果规则不允许内部主机访问 TCP/80。则禁止数据包通过，路由器发送 ICMP 消息给主机 A。

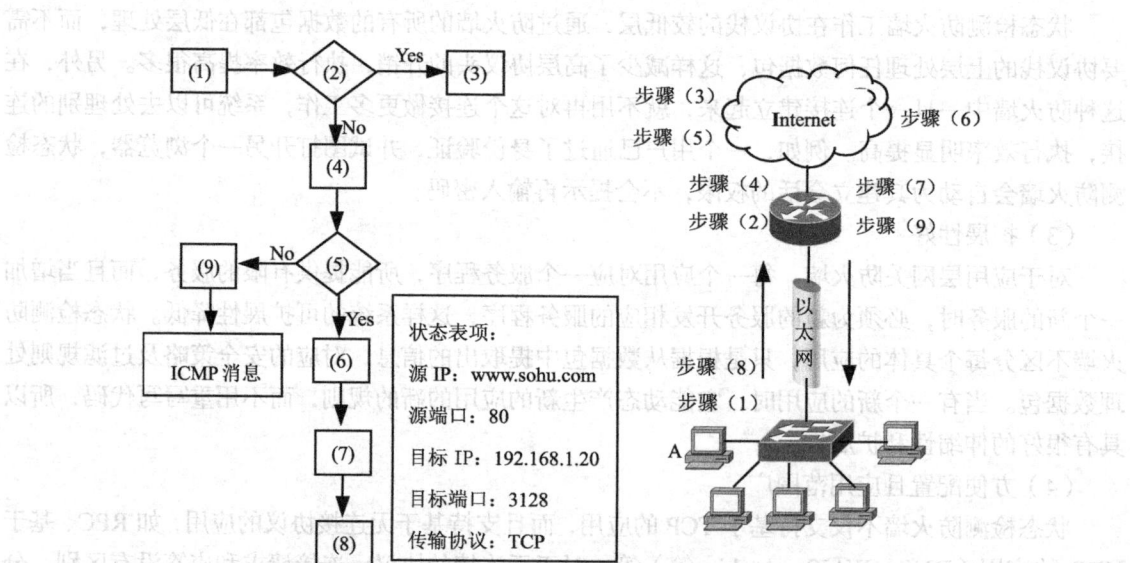

图 4.14 主机 A 发出连接请求通过状态检测防火墙的工作过程

4.2.6 网络地址转换技术

网络地址转换（NAT）技术是 Internet 网络应用中一项非常实用的技术，也就是说一种将一个 IP 地址域映射到另一个 IP 地址域的技术，从而为终端主机提供透明路由。NAT 常用于私有地址域与公用地址域的转换以解决 IP 地址匮乏问题。在防火墙上实现 NAT 后，可以隐藏受保护网络的内部拓扑结构，在一定程度上提高网络的安全性。它可以在边界路由器、分组过滤防火墙以及代理服务防火墙上实现。

例 4.5　NAT 网关对地址的转换过程。

内部网使用虚拟地址空间为 192.168.1.0-192.168.1.255，对外拥有注册真实 IP 地址为 101.211.23.0-101.211.23.255，内部主机 HostC、HostD 的地址分别设为 192.168.1.21 和 192.168.1.25，另一外部网主机 HostA 的地址为 202.102.93.54，网络拓扑结构如图 4.15 所示。

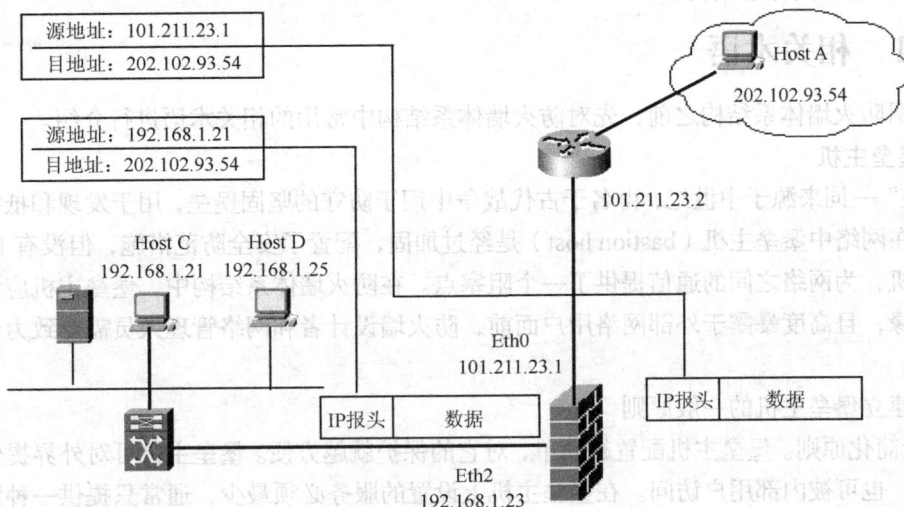

图 4.15　NAT 地址转换

当内部主机 HostC 与外部主机 HostA 建立联系时，由于网关对外将其映射为一注册的真实地址 101.211.23.1，所以它的 IP 头中的地址在网关出被转换成这一地址，会产生如图 4.16 和图 4.17 所示的 IP 数据包。

图 4.16　Host C 发出的数据包

图 4.17　经过网关被转换后的数据包

4.3　防火墙体系结构

防火墙主要目的是对网络进行保护，以防止其他网络影响。设置防火墙、选择合适类型的防火墙并配置它，是用好防火墙的三大关键任务。如何设置它，应该将它放到什么位置是本节要讨论的问题。在网络设计时要考虑网络安全问题，所以网络拓扑结构应该有网络安全拓扑内容。关注网络安全拓扑设计对阻止网络攻击大有帮助，并且能够使不同设备的安全特性得到最有效地使用。

目前，最常见的防火墙体系结构有以下4种。

① 分组过滤路由器体系结构。

② 双宿主主机体系结构。

③ 堡垒主机过滤体系结构。

④ 被屏蔽子网体系结构。

4.3.1 相关术语

在介绍防火墙体系结构之前，先对防火墙体系结构中常用的相关术语进行介绍。

1. 堡垒主机

"堡垒"一词来源于中世纪，得名于古代战争中用于防守的坚固堡垒，用于发现和抵御攻击者的进攻。在网络中堡垒主机（bastion host）是经过加固，配置了安全防范措施，但没有IP转发功能的计算机，为网络之间的通信提供了一个阻塞点。在防火墙体系结构中，堡垒主机应该位于内部网的边缘，且高度暴露于外部网络用户面前，防火墙设计者和网络管理人员需要致力于堡垒主机的安全。

（1）建立堡垒主机的一般原则

① 最简化原则。堡垒主机配置越简单，对它的保护就越方便。堡垒主机可对外界提供一些必要的服务，也可被内部用户访问。在堡垒主机上设置的服务必须最少，通常只提供一种服务，因为提供的服务越多，导致的安全隐患的可能性也就越大。如果堡垒主机提供代理服务，应知道将要为哪些应用提供代理，同时监测为之提供代理服务的应用所采用的TCP或者UDP端口。一般堡垒主机提供的服务有匿名FTP服务、WWW服务、DNS服务和SMTP服务。

② 预防原则。尽管用户已对堡垒主机进行了加固，但仍有可能被入侵者破坏，因此用户要做最坏情况的充分准备，设计好的对策，才能有备无患。

（2）堡垒主机配置原则

① 禁用不需要的服务。

② 限制端口。

③ 禁用账户。

④ 及时地安装所需要的补丁。

⑤ 大部分能够用于操纵该台主机的工具和配置程序都要从该主机中删除;开启主机的日志记录，以便捕获任何危害它的企图。

⑥ 进行备份。

⑦ 堡垒主机和内部网要使用不同的认证系统，以防止攻击者攻破堡垒主机后获得访问防火墙和内部网的权限。

（3）堡垒主机的种类

堡垒主机目前一般有3种类型：无路由双宿主堡垒主机、牺牲堡垒主机和内部堡垒主机。

① 无路由双宿主主机。无路由双宿主主机有多个网络接口，但这些接口间没有信息流，这种主机本身就可以作为一个防火墙，也可以作为一个更复杂的防火墙的一部分。无路由双宿主主机的大部分配置类似于其他堡垒主机，但是用户必须确保它没有路由选择。如果某台无路由双宿主主机充当一个防火墙，则必须小心运行于堡垒主机的例行程序。

② 牺牲品主机。对于某些用户可能想用一些无论使用代理服务还是分组过滤都难以保障安全的网络服务或者一些对其安全性没有把握的服务这种情况，使用牺牲主机就是非常有用的，有时

也称替罪羊主机。牺牲主机是一种上面没有任何需要保护信息的主机，同时它又不与任何入侵者想要利用的主机相连。用户只有在使用某种特殊服务时才需要用到它。牺牲主机除了可让用户随意登录外，其配置基本上与其他堡垒主机一样。出于安全性的考虑，牺牲主机不可随意满足用户的要求，其主要特点是它易于被管理，即使被侵袭也无碍内部网的安全。

③ 内部堡垒主机。在大多数配置中，堡垒主机可与某些内部主机有特殊的交互。例如，堡垒主机可传送电子邮件给内部主机的邮件服务器、传送 Usenet 新闻给新闻服务器、与内部域名服务器协同工作等。

（4）堡垒主机的选择

① 堡垒主机的操作系统。应选择熟悉的系统作为堡垒主机的操作系统。

② 堡垒主机的运行速度。作为堡垒主机的计算机并不要求有很高的速度，因为在堡垒主机上所提供的服务运行量本身并不大。

③ 堡垒主机的物理位置。堡垒主机的物理位置要安全，因为入侵者如果与堡垒主机由物理接触，入侵者就有很多用户无法控制的方法来攻破堡垒主机。

2. 非军事区

在现代网络安全设计中用到的最关键的思想之一是按照功能或者部门将网络分割成网段。不同的网段对安全有着不同的需要，这样就可以根据安全的需要对网段内的设备采取不同的保护策略。

为了配置和管理方便，通常将内部网中需要向外部提供服务的服务器设置在单独的网段，这个网段被称为非军事区（demilitarized zone，DMZ），也被称为停火区或周边网络。DMZ 是防火墙的重要概念，在实际应用中经常用到。DMZ 位于内部网之外，使用与内部网不同的网络号连接到防火墙，并对外提供公共服务。DMZ 通过隔离内外网络，并为内、外网之间的通信起到缓冲作用。

创建 DMZ 的方法有很多，怎样创建它依赖于网络的安全需要，也依赖于对它的预算约束。创建 DMZ 的常用方法如下。

（1）使用一个三脚防火墙

使用一个有三个接口的防火墙（三宿主防火墙）创建隔离区，如图 4.18 所示，每个隔离区成为这个防火墙接口的一员。防火墙提供区之间的隔离，也提供了 DMZ 的安全。

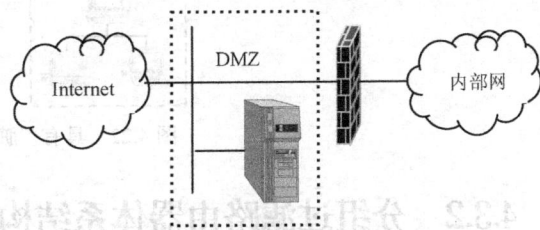

（2）将 DMZ 置于防火墙之外，公网和防火墙之间

需要通过防火墙的流量首先通过 DMZ。缺点是 DMZ 暴露在公共面一侧，因此不推荐使用这种配置，如图 4.19 所示。

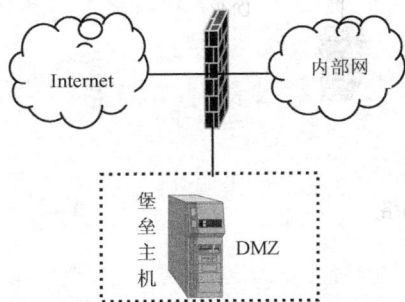

图 4.18　DMZ 在三脚防火墙中　　　　图 4.19　DMZ 置于防火墙之外，公网和防火墙之间

（3）将 DMZ 置于防火墙之外，但不在公网和防火墙之间的通道上

DMZ 位于边缘路由器的一个接口，没有与防火墙直接相连，如图 4.20 所示，从 DMZ 到防火墙形成一个隔离层。在这种配置中路由器能够用于拒绝所有从 DMZ 子网到防火墙所在的子网的访问，当位于 DMZ 子网的主机受到危害，并且攻击者开始使用这个主机对网络发动进一步攻击时，增加的隔离层能够帮助延缓对防火墙的攻击进度。

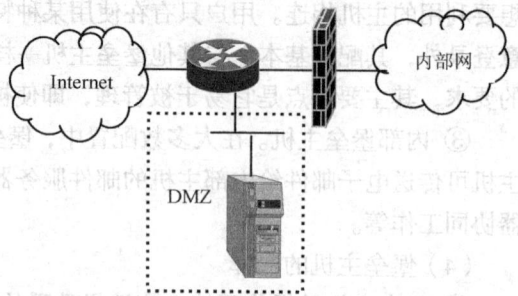

图 4.20　DMZ 置于防火墙之外，但不在公网和防火墙之间的通道上

（4）两个防火墙，一个 DMZ

DMZ 由两个防火墙来保护如图 4.21 所示。防火墙①监控 DMZ 到 Internet 之间的通信，防火墙②监控 DMZ 到内部网之间的通信。防火墙②相当于一个备份设备，可以作为故障切换防火墙，当防火墙①工作失败时，它可以立即工作。

由于防火墙①使得 DMZ 获得相当多的安全，但它的缺点是需要从 Internet 访问到内部网时，所有流量必须通过 DMZ，所有从内部网到 Internet 的访问流量也都要经过 DMZ，当一个 DMZ 设备被攻陷后，攻击者会阻截或者攻击这个流量。解决的办法是在两个防火墙之间的设备上使用 VLAN。它的另一个缺点是需要使用两个防火墙，增加了设备的成本。

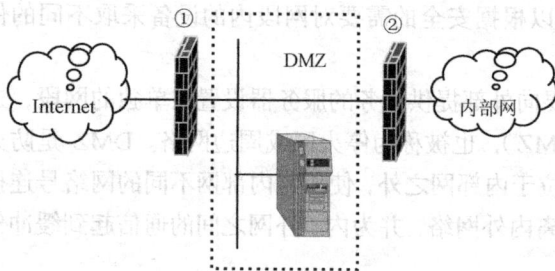

图 4.21　DMZ 在层叠的防火墙之间

（5）"脏" DMZ

用一个边界路由器在不安全的 Internet 与准安全的 DMZ 之间建立一个分界线，即产生一个"脏" DMZ，如图 4.22 所示。在这里边界路由器是担当第一道防线的普通路由器，内置的 ACL 用来实现由网络安全策略所定义的分组过滤规则，以便可以对堡垒主机提供一个部分受保护的环境。专用的防火墙提供第二道防线，更好地保护内部网资源。

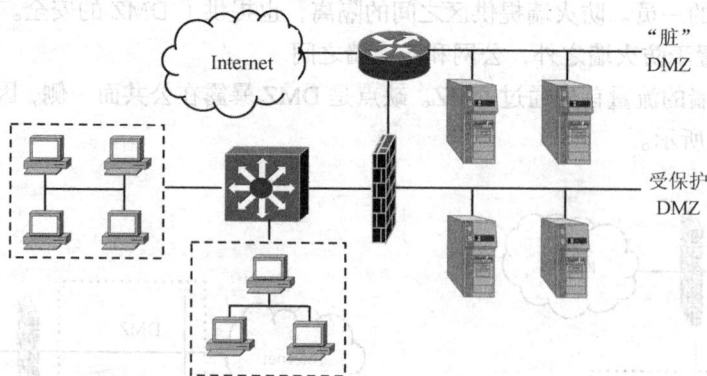

图 4.22　具有"脏" DMZ 的网络

4.3.2　分组过滤路由器体系结构

分组过滤路由器（packet filtering router）又称屏蔽路由器（screening router）或筛选路由器，

是最简单、最常见的防火墙。

1. 分组过滤路由器体系结构的工作模式

分组过滤路由器通过在 Internet 和内部网之间放置一个路由器，作为内、外连接的唯一通道，要求所有的数据包都必须在此通过检查。在路由器上安装分组过滤软件，实现分组过滤功能。分组过滤路由器可以由厂家专门生产的路由器实现，也可以用主机来实现。图 4.23 显示了它的拓扑结构，虽然它并不昂贵，但仍能提供重要的保护。

图 4.23 分组过滤路由器防火墙

2. 分组过滤路由器体系结构的优缺点

分组过滤路由器体系结构最大优点是架构简单且硬件成本较低，由于路由器提供非常有限的服务，所以保护路由器比主机较易实现。但是使用一个屏蔽路由器作为网络安全解决方案的存在以下明显的不足。

① 分组过滤路由器仅依靠分组过滤规则过滤数据包，一旦有任何错误的配置，将会导致不期望的流量通过或者拒绝一些可接受的流量。

② 只有一个单独的设备保护网络，如果一个黑客损害到这个路由器，他将能访问到内部网中的任何资源。

③ 分组过滤路由器不能隐藏内部网的配置，任何能访问屏蔽路由器的人都能轻松地看到内部网的布局和结构。

④ 分组过滤路由器没有较好的监视和日志功能，没有报警功能，缺乏用户级身份认证，如果一个安全侵犯事件发生，对于这种潜在的威胁它不能通知网络管理员。

尽管对功能设计复杂的路由器通过配置 ACL 可以实现防火墙的一些功能，但是由于路由器是被设计用来转发数据包的，路由器的基本功能是路由与分组交换，而不是全特性防火墙，所以路由器提供对入侵行为实时告警和广泛的数据包检查的能力还是比较缺乏的。专用防火墙比路由器价格高，但是它能给网络提供更高的安全性和可扩展性。

4.3.3 双宿主主机体系结构

双宿主主机体系结构（dual homed host）又称双重宿主主机体系结构，是围绕双宿主的堡垒主机构筑的，其双宿主主机至少有两个网络接口。

1. 双宿主主机体系结构的工作模式

用一台装有两块网卡的堡垒主机做防火墙，两块网卡各自与内部网和 Internet 相连，内、外部网之间的通信必须经过堡垒主机，如图 4.24 所示。堡垒主机上运行防火墙软件，可以充当与这些接口相连的网络之间的路由器，能够从一个网络到另外一个网络转发 IP 数据包。但是，在这种体系结构中必须禁用路由选择功能。因此 IP 数据包并不是从一个网络（如 Internet）直接转发到另一个网络（如内部网络）。外部网络能与双宿主主机通信，内部网络也只能与双宿主主机通信。外部网络与内部网络不能直接通信，它们之间的通信必须经过双宿主主机的过滤和控制。

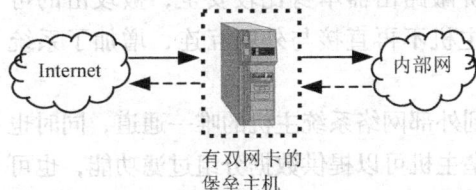

图 4.24 双宿主主机体系结构

2. 双宿主主机体系结构的优缺点

（1）优点

① 网络结构简单，由于内、外网络之间没有直接的数据通信，网络较为安全。

② 双宿主主机体系结构相对于分组过滤路由器来说，堡垒主机的系统软件可用于维护系统日志、硬件拷贝日志或远程管理日志。这对于日后的检查很有用。但这不能帮助网络管理者确认内部网中哪些主机可能已被黑客入侵。

③ 采用应用层代理机制，可以方便形成应用层的数据与信息过滤。

④ 由于存在内部用户账号，可以保证对外资源进行有效控制。

（2）缺点

① 双宿主主机体系结构的一个致命弱点是，一旦入侵者侵入堡垒主机并使其只具有路由功能，导致内部网络处于不安全的状态。

② 用户访问外部资源较为复杂，用户需要先登录到堡垒主机才能访问外部资源。

4.3.4 堡垒主机过滤体系结构

堡垒主机过滤（screened host）体系结构也称作屏蔽主机体系结构或者筛选主机体系结构，由一个单独屏蔽路由器和内部网络上的堡垒主机共同构筑防火墙，主要通过数据分组过滤技术实现内、外网的隔离和对内部网络的保护。

1. 堡垒主机过滤体系结的工作模式

不同于双宿主主机体系结构防火墙，堡垒主机过滤体系结构防火墙（screened host firewall）则使用一个路由器把内部网和外部网隔离，其有两道防线，一道是屏蔽路由器，另一道是堡垒主机，如图 4.25 所示。

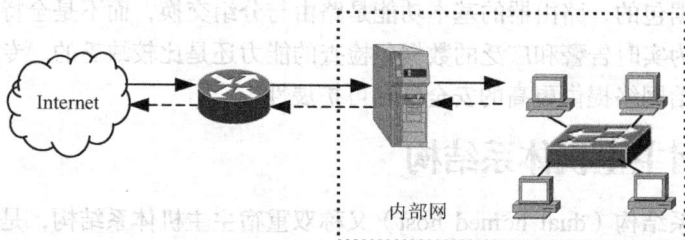

图 4.25　堡垒主机过滤体系结构

屏蔽路由器位于网络的最边缘，负责与外网进行连接，并参与外网的的路由计算，仅提供路由和数据分组过滤功能，不提供任何服务，因此屏蔽路由器本身比较安全，被攻击的可能性小。由于堡垒主机前面有屏蔽路由器，使得堡垒主机不再直接与外网互连，增加了系统的安全性。

堡垒主机安置在内部网络中，是内部网络系统连接到外部网络系统主机的唯一通道，同时也是外部用户访问内部网络资源必须经过的主机设备。堡垒主机可以提供数据分组过滤功能，也可以不提供数据分组过滤功能，而提供应用代理功能。内部用户只能通过应用层代理来访问外部网络，堡垒主机就成为外部用户唯一可以访问内部的主机。

通过这两道防线，既实现了网络层安全，又实现了应用层安全。

2. 堡垒主机过滤体系结的优缺点

与双宿主主机体系结构相比，堡垒主机过滤体系结构有以下优缺点。

（1）优点

① 具有更高的安全性。由于堡垒主机的前面是屏蔽路由器，屏蔽路由器执行分组过滤功能，堡垒主机相比双宿主主机受到更多的保护，存在漏洞的可能性小。同时，堡垒主机通过提供的分组过滤功能可以限制外部用户只能访问内部特定的主机上的特定的服务，或者只能访问堡垒主机上的特定的服务。

② 内网络用户访问外部网络较为方便、灵活。屏蔽路由器和堡垒主机都不允许内部用户直接访问外部网络，内部用户可以利用堡垒主机提供的代理服务访问外部网络。如果屏蔽路由器和堡垒主机都允许内部用户直接访问外部网络，可以直接访问外部资源。

③ 由于屏蔽路由器和堡垒主机同时存在，使得堡垒主机可以从一些安全事务中解脱出来，以更高的效率提供数据分组过滤和应用代理服务。

（2）缺点

① 外部用户在被允许情况下可以访问内部网络资源，存在一定的安全隐患。

② 路由器和堡垒主机的过滤规则较为复杂，容易配置出错。

③ 一旦入侵者侵入堡垒主机，将导致内部网络处于不安全的状态。

4.3.5 被屏蔽子网体系结构

被屏蔽子网（screened subnet）体系结构也称为子网过滤体系结构或者筛选子网体系结构，是在堡垒主机过滤体系结构的基础上再加一个路由器，两个屏蔽路由器分别放在子网的两端，形成一个被称为周边网络或非军事区（DMZ）的子网，即在内部网络和外部网络之间建立一个被隔离的子网，如图 4.26 所示。

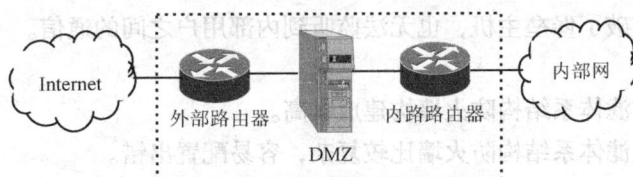

图 4.26 最简单的被屏蔽子网体系结构

被屏蔽子网体系结构提出源于双宿主体系结构和堡垒主机过滤体系结构都存在着一个安全缺陷，一旦入侵者侵入堡垒主机，将导致内部网络处于不安全的状态。屏蔽子网过滤体系结构的最简单形式，是两个屏蔽路由器，每一个连接到周边网络。被屏蔽子网体系防火墙，主要由 4 个部分组成，分别为周边网络、外部路由器、内部路由器和堡垒主机。

1. 周边网络

周边网络位于安全、可信的内部网络与不安全、不可信的外部网络之间的一个被屏蔽子网。周边网络与内部网络、周边网络与外部网络之间的都是通过屏蔽路由器实现逻辑隔离。外部用户必须穿越外、内道两道屏蔽路由器才能访问内部网络资源。为了侵入这种类型的网络，黑客必须先攻破外部路由器，即使他设法侵入堡垒主机，仍然必须通过内部路由器，才能进入内部网。一般情况下，外部用户仅能访问周边网络中的资源。由于堡垒主机不直接与内部网的主机交互，内部用户间通信的 IP 分组不会通过内部屏蔽路由器传至被周边网络，即使黑客侵入堡垒主机，他也只能监听到从 Internet 和一些内部主机到堡垒主机的通信以及返回的通信，而监听不到内部网络主机之间的通信。因此，周边网络为内部网增加了安全级别。

2. 堡垒主机

在被屏蔽子网中堡垒主机作为唯一的可访问点，该点作为应用级网关代理，可以向外部提供 WWW、FTP 等服务。同时，堡垒主机也向内部用户提供 DNS、FTP 代理、WWW 代理等服务。

3. 内部路由器

内部路由器也称作阻塞路由器、扼流路由器，主要作用是隔离周边网络和内部网络，是屏蔽子网体系结构中的第二道防线，用来保护内部网使之免受来自 Internet 和周边网络的侵犯，并承担防火墙数据分组过滤的任务。在其上设置了针对内部用户的访问过滤规则，对内部用户访问周边网络和外部网络进行了限制，允许从内部网到 Internet 的有选择的出站服务。为了减少堡垒主机受侵袭的数量，要限制堡垒主机给内部网提供的服务。

4. 外部路由器

外部路由器也称作访问路由器，主要作用是保护周边网络和内部网使之免受来自 Internet 的侵犯，是屏蔽子网体系结构中的第一道防线。外部路由器基本上对周边网络送出的数据包不进行过滤，几乎允许任何通信从周边网络出站，因为周边网络送出的数据包都来自堡垒主机或内部路由器过滤后的内部数据包；但通过设置的过滤规则，要阻止从 Internet 上任何伪造源地址进来的数据包，这样的数据包自称来自内部的网络，但实际上是来自 Internet。

相比于双宿主主机体系结构和堡垒主机过滤体系结构，被屏蔽子网过滤体系结构具有以下优缺点。

（1）优点

① 由内、外两个路由器组成的两道隔离屏障，入侵者难以攻破。

② 外部用户访问服务资源时，不必进入内部网络，提高了内部网的安全性。

③ 堡垒主机由外部路由器和其自身的安全机制来共同保护，用户只能访问它提供的服务。

④ 即使入侵者攻破了堡垒主机，也无法监听到内部用户之间的通信。

（2）缺点

① 被屏蔽子网过滤体系结构防火墙构建成本高。

② 被屏蔽子网过滤体系结构防火墙比较复杂，容易配置出错。

4.3.6 组合体系结构

建造防火墙时，一般很少采用单一的技术，通常采用解决不同问题的多种技术的组合。这种组合主要取决于网管中心向用户提供什么样的服务，以及网管中心能接受什么等级风险；也取决于经费、投资的大小或技术人员的技术水平等因素。

1. 多堡垒主机

理想情况下，堡垒主机应该只提供一种服务，因为如果提供的服务越多，由于系统上安装服务而导致安全隐患的可能性也就越大。这就意味着，如果你在网络边界上拥有一个防火墙程序、一台 Web 服务器、一台 SMTP 服务器、一台 DNS 服务器、一台 FTP 服务器和一台 Telnet 服务器，那么你就需要配置六台独立的堡垒主机。使用图 4.27 所示的多堡垒主机可以改善网络安全性能、引入冗余度以及隔离数据和服务器。

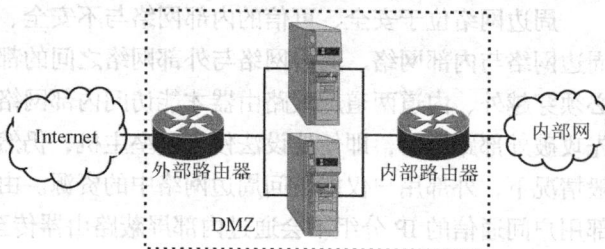

图 4.27　有两个堡垒主机的子网过滤体系结构

2. 合并内部路由器与外部路由器

使用一个路由器充当内部和外部路由器，在每个接口上设置入站和出站的过滤规则。图 4.28
所示的体系结构其优点是节约了路由器的开支，但
主要的缺点是黑客只要攻破该路由器就可以进入你
的网络。

3. 合并堡垒主机与外部路由器

使用一个配有双网卡的主机，既做堡垒主机又
充当外部路由器。在这种体系结构中，堡垒主机没
有外部路由器的保护，直接暴露给了 Internet，安全
性不好。这种方案的唯一保护是堡垒主机自己提供
的分组过滤功能。当你的网络只有一个到 Internet
的拨号 PPP 连接，并且堡垒主机上运行 PPP 数据包，
你也可以选择这种设置方法。堡垒主机充当外部路由器如图 4.29 所示。

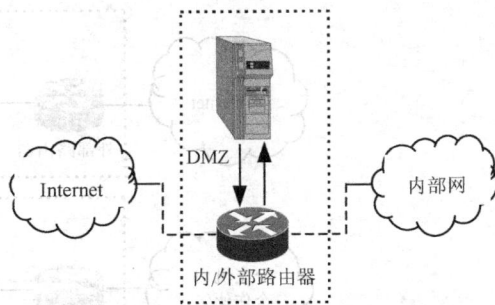

图 4.28　单个路由器的子网过滤体系结构

4. 合并堡垒主机与内部路由器

使用一个配有双网卡的主机，即做堡垒主机又充当内部路由器。堡垒主机与内部网通信，以
便转发从外部网获得的信息。堡垒主机充当内部路由器如图 4.30 所示。

图 4.29　堡垒主机充当外部路由器

图 4.30　堡垒主机充当内部路由器

5. 使用多台外部路由器

如果你的网络既要连接到 Internet 还要并行地连接到分支机构或者合作伙伴的网络，就可以
放置多台外部路由器，它们的工作方式与单台路由器相同。当有两台外部路由器时，黑客攻入任
一个路由器的机会增加了一倍。多台外部路由器的子网过滤体系结构如图 4.31 所示。

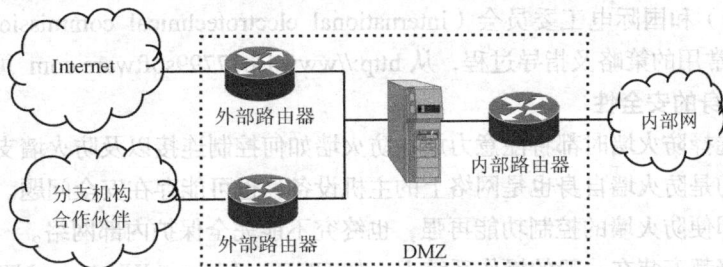

图 4.31　多台外部路由器的子网过滤体系结构

6. 使用多个周边网络

如果你的网络与分支机构和合作伙伴之间的网络有任务紧急的应用连接，需要并发处理，就
可以使用多个 DMZ，以确保高可靠性和高安全性。这种结构的优点是：提供了网络的冗余度，在
数据传输中将不同的网络隔离开，增加了数据的保密性。其缺点是，存在多个路由器，它们都是

进入内部网的通道，如果没有仔细监控和管理这些路由器，就会给入侵者提供更多的机会。有两个 DMZ 的子网过滤体系结构如图 4.32 所示。

图 4.32　有两个 DMZ 的子网过滤体系结构

4.4　防火墙选型与产品简介

防火墙技术发展到现在，其竞争的焦点主要是在以下四个方面：防火墙的管理、防火墙的功能、防火墙的性能、防火墙的抗攻击能力，因此这四个方面也成为考察防火墙时比较重要的指标。其中管理是网络安全的关键，功能是防火墙应用的基础，性能是提高网络传输效率的条件，抗攻击能力是网络安全的保证。

4.4.1　防火墙的安全策略

一个有效的防火墙依赖于一个明确的、清楚的、全面的安全策略。在设计安全系统时，首先应该考虑的是安全策略而不是防火墙。不是先购买防火墙，然后围绕防火墙开发安全策略，而应该先明确自己需要保护什么，并以此开发一个能够全面保护的策略，然后将防火墙作为策略的一部分进行实施。安全策略建立了全方位的防御体系来保护机构的信息资源。所有可能受到网络攻击的地方都必须以同样的安全级别加以保护。国际标准化组织（international standardization organization，ISO）和国际电工委员会（international electrotechnical commission，IEC）颁布的 ISO17799 是一套常用的策略及指导过程，从 http://www.iso17799software.com 可以获得。

1. 防火墙自身的安全性

大多数人在选择防火墙时都将注意力放在防火墙如何控制连接以及防火墙支持多少种服务，但往往忽略一点的是防火墙自身也是网络上的主机设备，也可能存在安全问题。防火墙如果不能确保自身安全，即便防火墙的控制功能再强，也终究不能完全保护内部网络。

大部分防火墙都安装在一般的操作系统上，如 UNIX、Linux、Windows NT 系统等。在防火墙主机上运行的软件除了防火墙软件外，所有的程序、系统核心，也大多来源于操作系统本身的原有程序。当防火墙上所执行的软件出现安全漏洞时，防火墙本身也将受到威胁。此时，任何的防火墙保护机制都可能失效，因为当一个黑客取得了防火墙上的控制权以后，黑客几乎可为所欲为地修改防火墙上的存取规则，进而侵入更多的系统。因此，防火墙自身仍应有相当高的安全保护。

2. 考虑企业的特殊需求

企业安全政策中往往有些特殊需求，这些需求不是每一个防火墙都会提供的，这方面常常成为选择防火墙的考虑因素之一，常见的需求有以下几点。

（1）IP 地址转换

进行 IP 地址转换有两个好处：其一是隐藏内部网络真正的 IP 地址，这可以使黑客无法直接攻击内部网络；另一个好处是可以让内部使用保留的 IP 地址，这对许多 IP 地址不足的企业是有益的。

（2）双重 DNS

当内部网络使用没有注册的 IP 地址，或是防火墙进行 IP 地址转换时，DNS 也必须经过转换。原因是同样的一个主机在内部的 IP 地址与给予外界的 IP 地址将会不同，有的防火墙会提供双重 DNS，有的则必须在不同主机上各安装一个 DNS。

（3）虚拟企业网络

VPN 可以对防火墙与防火墙或防火墙与移动的客户之间所有网络传输的内容加密，建立一个虚拟通道，让两者感觉是在同一个网络上，可以安全且不受拘束地互相存取。这对总公司与分公司之间或公司与外出的员工之间，需要直接联系，又不愿花费大量金钱另外申请专线或用长途电话拨号连接时，将会非常有用。

（4）扫毒功能

大部分防火墙都可以与防病毒防火墙搭配实现扫毒功能，有的防火墙则可以直接集成扫毒功能，差别只是扫毒工作是由防火墙完成，或是由另一台专用的计算机完成。

（5）特殊控制需求

有时候企业会有特别的控制需求，如规定特定使用者才能发送 E-mail，限制同时上网人数，限制使用时间等。

3. 安全策略的创建

安全策略的创建往往需要一个团队的协同工作，以保证所制定的策略是全面的、切合实际的、能够有效实施的、性能优良的。该团队应该包含那些来自企业不同部门不同专业的人们，IT 小组成员、系统和计算机管理员，都应出现在团队当中。从不同部门来的有责任心、有代表性的人之间应该保持联系和协商渠道的通畅。

在制定安全策略时，首先要对企业需求进行分析。哪些服务是企业需要的，这些需求在多大程度上能满足安全上的需要？多少员工依赖于 Internet 访问，E-mail 的使用和内部网的有效性如何？有和 Web 进行连接的需求吗？客户是否要通过 Internet 来进行商业活动的访问？其次，安全策略应包括在出版的安全指南中，告诉员工他们应有的责任，公司规定的网络访问、服务访问、本地和远地的用户认证、拨入和拨出、磁盘和数据加密、病毒防护措施，以及员工培训等。当员工领取系统账号或者 ID 卡前应该阅读并签署协议。

安装一个防火墙最困难的部分不是处理硬件和软件，而是如何向周围的人解释你想施加的那些限制，应明确以下几点。

① 安全性和复杂性成反比，在安全策略的实施过程中，采取的实施方法应该尽可能简单。因为实施过程越复杂，被误解和误操作的几率就越大。

② 安全性和可用性成反比，在目前可用的系统中永远不会存在"绝对的安全"，因此在实施安全策略时应掌握尺度，不要以牺牲系统资源为代价，一味地追求所谓的绝对安全。

③ 对网络威胁要详加分析，如真实的威胁、可能的威胁和假想的威胁，还有已知与未知的威

胁。不但要对已知威胁详加分析，还要对某些潜在的、未知的威胁加以检测、判断与认识。

④ 安全策略并不是一成不变的。当公司在硬件环境配置上做出重大变化，或者防火墙出现安全漏洞而被重新配置时，安全策略也要随之改变。任何在防火墙上发生的变化，都要反映在安全策略上。

⑤ 安全是投资，不是消费，安全投资需要得到企业或组织领导的大力支持。对计算机和网络进行安全投资，迎接不断增长的商务需求与风险的挑战，是在不对企业发生损害的情况下满足商务需求的重要措施。

⑥ 安全策略要靠防火墙的规则集来实现，要明确防火墙保护的是什么，防止的是什么，并将要求细节化，使之全部转化成防火墙规则集。

下面以某企业网为例来说明安全策略的重要性。该企业内部网的核心交换机是一个带路由模块的三层交换机，出口通过路由器和ISP连接。内部网划分为5个VLAN，VLAN 1、VLAN 2和VLAN 3分配给不同的部门使用，不同的VLAN之间根据部门级别设置访问权限；VLAN 4分配给交换机出口地址和路由器使用；VLAN 5是一个DMZ，分配给公共服务器使用。

在没有加入防火墙之前，各个VLAN中的PC能够通过交换机和路由器不受限制地访问Internet。加入防火墙后，给防火墙分配一个VLAN 4中的空闲IP地址，并把网关指向路由器；将DMZ接入到防火墙的一个端口，并把网关指向路由器。这样，防火墙就把整个网络分为3个区域：内部网、DMZ和外部网，三者之间的通信受到防火墙安全规则的限制。该企业网络环境如图4.33所示。

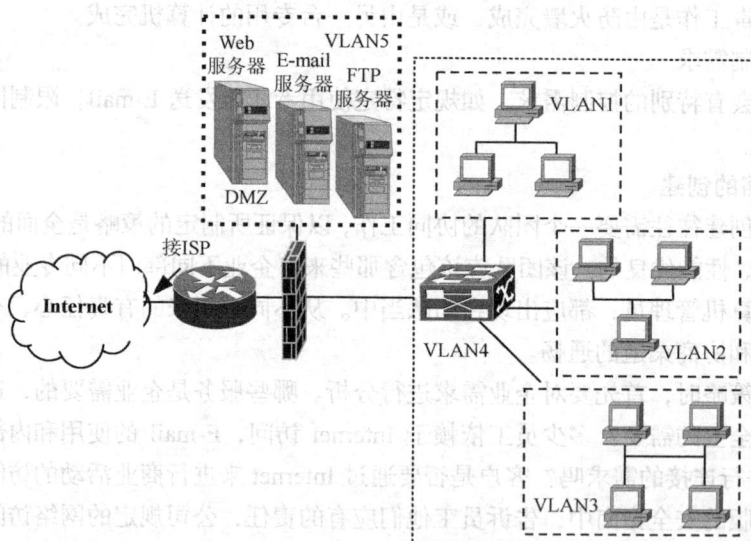

图4.33 一个企业网络

防火墙投入运行后，实施了一套较为严格的安全规则，使得局域网中肆虐横行的蠕虫病毒不见了，企业网站遭受拒绝服务攻击的次数也大大减少了，同时也使得公司员工无法使用QQ聊天软件，于是没过多久就有个别员工自己拨号上网，导致感染了特洛依木马和蠕虫等病毒，并立刻在公司内部局域网中传播开来，造成内部网大面积瘫痪。

防火墙作为一种保护网络安全的设备，必须部署在受保护网络的边界处，只有这样防火墙才能控制所有出入网络的数据通信，达到将入侵者拒之门外的目的。如果被保护网络的边界不是唯一的，有多个出入口，那么只部署一台防火墙是不够的。在本例中，防火墙投入使用后，没有禁止员工私自拨号上网，使得部分 PC 通过电话线和 Internet 相连，导致网络边界不是唯一的，入侵者就可以通过攻击这些 PC，然后进一步攻击内部网，从而成功地避开了防火墙。

4.4.2 防火墙的选型原则

市场上防火墙的售价极为悬殊，从数万元到数十万元，甚至到百万元不等，各种防火墙的技术性能指标相差甚远，如何在众多的防火墙产品中选择符合用户需要的产品，这成为人们普遍关心的一个问题。

首先，应该明确选择防火墙目的是什么？哪些数据需要保护？想要如何操作这个系统？其次，想要达到什么安全等级的的监测和控制。应根据网络用户的实际需要，建立相应的风险级别。第三，要考虑费用问题。安全性越高，实现越复杂，费用也相应的越高，费用与安全性的折中是不可避免。应在现有经济条件下尽可能科学地配置各种防御措施，使防火墙充分发挥作用。

（1）防火墙的管理难易度

若防火墙的管理过于困难，则可能会造成配置上的错误，反而不能达到其功能。

（2）能弥补其他操作系统之不足

一个好的防火墙必须是建立在操作系统之前而不是在操作系统之上，所以操作系统有的漏洞可能并不会影响到一个好的防火墙系统所提供的安全性。由于硬件平台的普及以及执行效率的因素，大部分企业均会把对外提供各种服务的服务器分散到许多操作平台上，在用户无法保证所有主机安全的情况下，选择防火墙作为整体安全的保护者，这正说明了操作系统提供了 B 级或是 C 级的安全并不一定会直接对整体安全造成影响，因为一个好的防火墙必须能弥补操作系统的不足。

（3）能给用户提供不同平台的选择

由于防火墙并非完全由硬件构成，所以软件（操作系统）所提供的功能以及执行效率一定会影响到整体的表现，而用户的操作意愿及熟悉程度也是必须考虑的重点。因此，一个好的防火墙不但本身要有良好的执行效率，也应该提供多平台的执行方式供用户选择，毕竟使用者才是完全的控制者。也就是说，用户应该选择一套符合现有环境需求的软件，而非为了软件的限制而改变现有环境。

（4）能否向使用者提供完善的售后服务

由于有新的产品出现，就有人会研究新的破解方法，所以一个好的防火墙提供者必须有一个庞大的组织作为用户的安全后盾，也应该以众多的用户所建立的口碑为防火墙作见证。

1. 小型办公和家用网络

小型办公、家庭办公和家用网络（small office home office，SOHO），要管理的用户和机器比较少，而且只需要访问极少量的 Internet 服务，如电子邮件、Web 以及有时需要的流媒体。在这种情形下，简单的数据分组过滤防火墙就足够了。现在大部分 SOHO 路由器都有以下几种功能：防火墙、VPN、地址映射、端口映射、DHCP 服务、自动拨号、支持虚拟服务器、支持动态 DNS 等功能。华为 Quidway R1600、清华同方 TFB-104R +、Linksys、Netgear、D-Link、3Com 等公司出品的宽带路由器；WatchGuard 的 Firebox SOHO、Symantec 的 Norton Personal Firewall、NetScreen 以及 SonicWall SOHO 等也完全适用于这种环境；Cisco 和 Check Point 也提供小型办公室版本的 PIX 和 FireWall-1，不过价格要贵一点。

2. 中小型企业网络

中小型企业以及远程办公环境需要提供 Web 服务、电子邮件、流媒体以及文件传输和终端访问。防火墙较多考虑高容量、高速度、低延迟、高可靠性以及防火墙本身的健壮性，并且开始支持双机热备份。东软 NetEye、WatchGuard Firebox 和 SonicWall 等产品都适合这种场合。

3. 大型网络

大型企业、校园网和服务提供商，在复杂的大型环境，拥有诸多用户并提供诸多复杂服务。有些服务看似简单但实际上需要防火墙开放多个端口服务，譬如 VoIP 和 NetMeeting，这两种服务都需要为 25 种以上的不同服务开放端口。因此，在复杂的大型环境中，应该使用支持集中式防火墙管理和配置功能的防火墙，如 Cisco PIX、Checkpoint FireWall-1、NetScreen 等。

4.4.3　典型防火墙产品介绍

1. Checkpoint FireWall-1

Check Point 软件技术有限公司成立于 1993 年，国际总部在以色列的莱莫干（Ramant-gan）市，美国总部位于加利福尼亚州红木城（Redwood）。该公司是 Internet 安全领域的全球领先企业。Check Point 已经成为防火墙软件的代名词，它推出并持有专利的状态监测技术是网络安全性技术的事实标准。状态监测可提供准确而高效的业务量监测，并可对应用层的信息进行检查，从而提供最高水平的安全性。由于状态监测无须单独的代理来保证每一项服务的提供，所以客户能够获得更高的性能、可伸缩性和业务能力。

Check Point 的成名部分原因归功于它的安全性开放式平台（open platform for security，OPSEC）。OPSEC 联盟成立于 1997 年，Check Point 当时的想法是，向用户提供完整的、能够在多厂商之间进行紧密集成的网络安全解决方案。世界上许多著名的大公司，如 IBM、HP、CISCO、3COM、BAY Networks 等，都已成为 OPSEC 的成员。今天，它已经有了超过 300 个合作伙伴。OPSEC 联盟分为两大部分：一部分提供集成的应用程序，它由许多 IT 厂商组成，这些厂商提供了被 Check Point OPSEC 认可的、并且与 OPSEC 构架兼容的产品；另一部分提供基于 Check Point 平台的安全服务，这部分厂商向用户提供基于 Check Point 解决方案的硬盒子产品（appliance）以及互联网设备和服务器。

FireWall-1 是 Check Point 网络安全性产品线中最重要的产品，也是业界领先的企业级安全性套件。它集成了访问控制、用户认证、NAT、VPN、内容安全性、审计和报告等特性。OPSEC 框架为 FireWall-1 和许多第三方安全应用提供了集成能力和企业级管理能力。FireWall-1 的基本模块如下。

① 状态检测模块（inspection module）：提供访问控制、客户机认证、会话认证、NAT 和审计功能；

② 防火墙模块（firewall module）：包含一个状态检测模块，另外提供用户认证、内容安全和多防火墙同步功能；

③ 管理模块（management module）：对一个或多个安全策略执行点（安装了 FireWall-1 的某个模块，如状态检测模块、防火墙模块或路由器安全管理模块等的系统）提供集中的、图形化的安全管理功能，一个管理模块可以控制多达 50 个单独的 FireWall-1。

2. Cisco PIX Firewall

1984 年成立于斯坦福大学的思科系统公司，Cisco 公司（Cisco systems inc.）是全球领先的互联网设备供应商。在 1995 年以前，思科主要致力于网络基础设备如路由器、交换机以及远程拨号的解决方案，思科几乎就是路由器的代名词。1995 年思科兼并了一个利用状态检测为计算机网络提供安全保障的生产即插即用的硬件设备厂商 NTI（network translations inc.）。6 年后，PIX 成为防火墙市场的领导者。

保密互连交换（private internet exchange，PIX）的作用是防止外部网非授权用户访问内部网。多数 PIX 都可以有选择地保护一个或多个 DMZ。内部网、外部网和 DMZ 之间的连接由 PIX Firewall 控制。所有 PIX 都至少有两个接口，默认状态下，它们被称为外部接口和内部接口，许多 PIX Firewall 都能提供八个接口，以便生成一个或多个 DMZ。DMZ 的安全性高于外部接口，但低于内部接口。PIX 拥有多种安全等级，安全等级的数值从 0 到 100，较低的优先级说明接口受到的保护较少。外部接口的安全等级总为 0，内部接口的安全等级总为 100，DMZ 接口的安全等级从 1 到 99。

PIX 保护网络的方法如图 4.34 所示。在这种体系结构中，PIX 将形成受保护网络和不受保护网络之间的边界，受保护网络和不受保护网络之间的所有流量都通过 PIX 实现安全性。PIX 也可以用在内部网中，以便隔离或保护某组内部计算系统和用户。

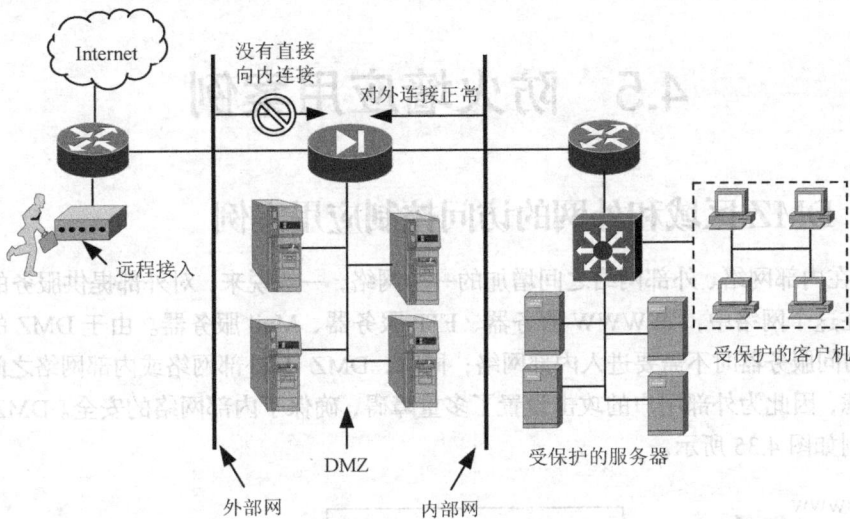

图 4.34　PIX 防火墙的使用

为了确保数据到达目的顺序的正确性，TCP 采用简单的递加算法来增加序列号。从 20 世纪 80 年代中期以来，会话劫持和 IP 欺诈技术就已经为众人所知了。这种攻击正是利用了 TCP 的弱点，黑客只要截获一个数据包就可以很容易猜出连接中的下一个号码，进而伪造数据包，进行 IP 欺诈。PIX 在进行地址转换时，利用随机算法，为每个 TCP 会话产生序列号，从而阻止了 IP 地址欺骗这类攻击，提高了安全性。

PIX 在处理 UDP 数据传输时，也采用类似的方式。尽管 UDP 没有像 TCP 那样的序列号，但是它包含源和目的 IP 地址以及源和目的端口号，PIX 利用这些状态信息创建状态表。如果状态信息与状态表匹配，就放行数据包。

PIX 的核心是基于自适应安全算法（adaptive security algorithm，ASA）的一种保护机制，它将内部主机的地址映射为外部地址，拒绝未经允许的包入境，实现了动态、静态地址映射，从而有效地屏蔽了内部网络拓扑结构。通过管道技术，出境访问列表，有效地控制内、外部各资源的访问。

ASA 是一种状态安全方法。每个向内传输的包都将按照自适应安全算法和内存中的连接状态信息进行检查。ASA 一直处于操作状态，监控返回的包，目的是保证这些包的有效性。ASA 遵守以下规则。

① 如果没有连接和状态，任何包都不能穿越 PIX；

② 如果没有 ACL 的特殊定义，向外连接或状态都是允许的；

③ 如果没有特殊定义，向内连接或状态是不允许的；

④ 如果没有特殊定义，所有 ICMP 包都将被拒绝。

违反上述规则的所有企图都将失败，而且将把相应信息发送至系统日志。

3. 东软 NetEye

于 1991 年在东北大学创立的东软集团是中国领先的软件与解决方案提供商。东软 NetEye 防火墙基于专门的硬件平台，使用专有的 ASIC 芯片和专有的操作系统，基于状态分组过滤的"流过滤"体系结构。围绕流过滤平台，东软构建了网络安全响应小组、应用升级包开发小组、网络安全实验室，不仅带给用户高性能的应用层保护，还包括新应用的及时支持，特殊应用的定制开发，安全攻击事件的及时响应等。

4.5 防火墙应用案例

4.5.1 DMZ 区域和外网的访问控制应用案例

DMZ 是在内部网络、外部网络之间增加的一个网络，一般说来，对外部提供服务的各种服务器都可以放在这个网络中，如 WWW 服务器、FTP 服务器、Mail 服务器。由于 DMZ 的存在，使得外部用户访问服务器时不需要进入内部网络；同时，DMZ 与外部网络或内部网络之间都存在着数据分组过滤，因此为外部用户的攻击设置了多重障碍，确保了内部网络的安全。DMZ 与外部网络的访问控制如图 4.35 所示。

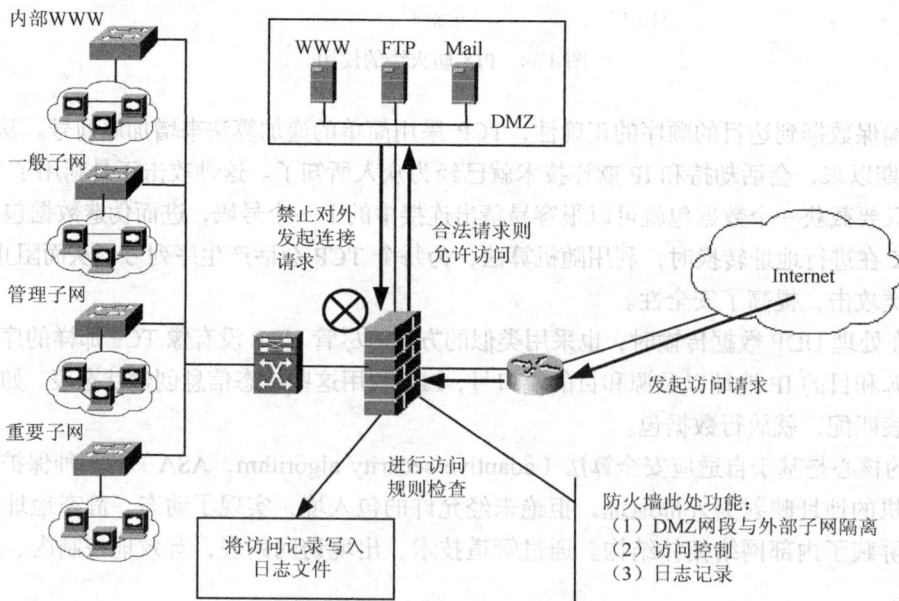

图 4.35 DMZ 与外部网络的访问控制

图 4.35 所示的网络结构图是由外部网络、DMZ 区域和内部工作网络 3 个部分组成的。其中

企业内部网，又由一般子网、管理子网、重要子网等构成。对外提供 WWW、FTP、SMTP 服务的服务器置于 DMZ 区域。

从图 4.35 看出，由 DMZ 区域发起的对外部访问请求，依据防火墙的访问策略被禁止访问；由外部网络（Internet）用户发起对 WWW、FTP 和 SMTP 的请求，在通过防火墙时，进行访问规则检查，允许合法请求访问，并将访问记录写进日志文件。防火墙在此处的功能主要是实现 DMZ 子网与外部网的逻辑隔离、实现访问控制、日志记录等功能。

4.5.2　某企业防火墙部署应用案例

1．需求描述

某企业准备对其原有的网络系统进行安全保护。该公司拥有的部门包括计划部、生产部、市场部、采购部、财务部和人事部。请为其设计一个具体的网络安全解决方案来满足企业的如下需求。

① 市场销售人员分散在各地，并在一些城市设有市场分部。

② 销售人员与客户签订的订单，先传到本地市场分部，然后由分部传到市场部和财务部。

③ 财务部对订货订单进行确认，将确认的发货通知发给市场部，市场部组织货源，并通知财务部。

④ 计划部研究市场部、财务部提供的有关报表，进行分析，提出调整计划，报请总经理批准，然后向生产部、市场部和采购部门下达计划。

⑤ 除经理室的 PC 可以访问各部门的资源外，其他部门之间不可完全互相访问。

⑥ 该公司需要对外提供 Web、邮件以及 FTP 的服务。

⑦ 为了保证内外网的安全，公司需要对进出的数据包进行过滤，并对企业内部人员的上网行为进行控制。

2．解决方案

防火墙系统方案如图 4.36 所示。

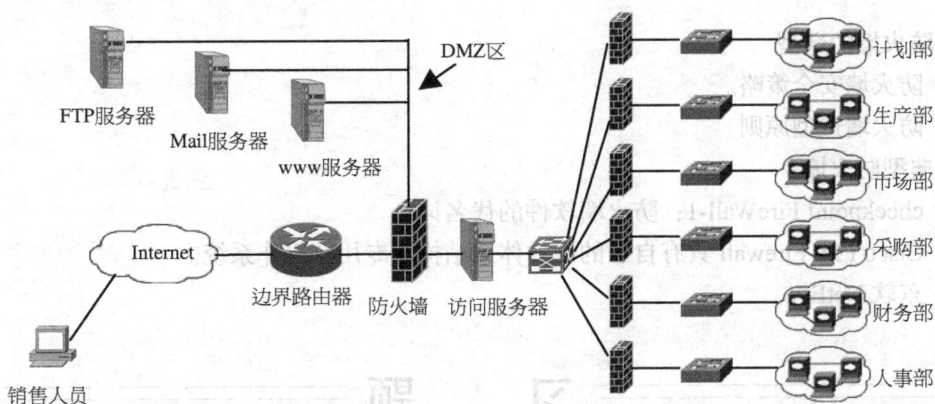

图 4.36　防火墙系统案例方案

该系统将网络划分成外部网络、DMZ 区域和内部业务网三个部分。将 WWW 服务器、FTP 服务器和 Mail 服务器放在防火墙内，一方面保护了 DMZ 区域，另一方面有利于企业 WWW 服务器、FTP 服务器和 Mail 服务器上提供对外服务的程序进行管理和维护。外部用户访问它，必须通过防火墙，可以防止大量的非法入侵。如果外部用户访问内部网络资源，还须经过访问服务器的过滤，进一步加强了内部网络的安全。利用访问服务器设置的安全策略，可对企业内部人员的上网（Internet）行为进行控制。由于各部门之间只有部分数据可以进行相互访问，在每个部门之前增加了防火墙，通过其设定的访问控制策略，保证了相互之间只能有限访问。

4.6　本章知识点小结

通过使用防火墙简化了内部网的安全管理。

1. 防火墙采用不同的技术

① 分组过滤防火墙：所有防火墙设备中最核心的功能。

② 代理服务防火墙：针对特定的网络应用服务协议过滤。

2. 防火墙采用不同的实现方法

① 软件防火墙：防火墙软件运行于特定的计算机上。

② 软硬一体化防火墙：由 PC 硬件加通用操作系统加防火墙软件组成。

③ 芯片级防火墙：采用经过优化设计的硬件体系结构和专用的操作系统。

3. 防火墙产品应用于不同对象

① 企业级防火墙：要满足网络吞吐量、丢包率、延迟、连接数等技术指标。

② 个人防火墙：安装在 PC 系统里的一段"代码墙"。

4. 防火墙体系结构

① 相关术语：DMZ、堡垒主机。

② 分组过滤路由器：在路由器上安装分组过滤功能的最简单的防火墙。

③ 双宿主主机体系结构：用一台装有两块网卡的堡垒主机做防火墙。

④ 堡垒主机过滤体系结构：分组过滤路由器连接外部网，堡垒主机安装在内部网。

⑤ 被屏蔽子网体系结构：在内外部网之间建立 DMZ，分组过滤路由器将 DMZ、内、外部网分开。

5. 防火墙的选型

（1）防火墙安全策略。

（2）防火墙选型原则。

6. 典型防火墙

（1）checkpoint FireWall-1：防火墙软件的代名词。

（2）Cisco PIX Firewall 具有自己的硬件体系结构和专用的操作系统。

（3）东软 NetEye。

习　　题

1. 防火墙的作用是什么？应该将防火墙放在什么位置？

2. 什么是 ACL？ACL 一般放在哪里？请描述 ACL 的工作过程。

3. 分组过滤防火墙的工作原理是什么？

4. 代理服务器防火墙的工作原理是什么？电路级网关和应用级网关的区别是什么？

5. 何为自适应代理防火墙？防火墙的高级功能有些什么？

6. 为什么要设立 DMZ？什么设备要放置在 DMZ 中？

7. 堡垒主机有几种类型？在配置时要注意哪些问题？

8. 分组过滤路由器的优缺点是什么？

9. 路由器和防火墙有什么区别？

10. 双宿主主机体系结构致命的弱点是什么？

11. 在堡垒主机过滤体系结构中路由器的角色是什么？

12. 被屏蔽子网体系结构通过建立一个什么样的网络将内部网和外部网分开？

13. 组合体系结构有些什么形式？

14. 防火墙有什么局限性？防火墙的安全策略考虑哪些内容？

15. Check Point FireWall-1 可以提供什么基本模块？它成功的部分原因是什么？

16. Cisco PIX Firewall 的特点是什么？它是如何处理 TCP 和 UDP 包的？

第5章
攻击技术分析

在经济利益的驱使下，窃取信息、设置木马、传播病毒、攻击网络等各种安全事件呈逐年上升趋势，攻击技术层出不穷，严重影响了信息技术的健康发展，造成了巨大的经济损失和安全威胁。本章旨在通过对攻击技术的分析介绍，帮助读者掌握信息安全的基本知识，了解各种攻击方法和步骤，掌握基本的攻防技术，树立良好的安全防范意识。

对于攻击者而言，攻击技术是一项系统工程，其主要工作流程是：收集情报，远程攻击，远程登录，取得普通用户权限，取得超级用户权限，留下后门，清除日志等。攻击技术的主要内容包括网络信息采集、漏洞扫描、端口扫描、木马攻击及各种基于网络的攻击技术。攻击者首先侦察目标系统，获取受害者信息，如分析网络拓扑结构、服务类型、目标主机的系统信息、端口开放程度等；然后针对获得的目标信息，试探已知的配置漏洞、协议漏洞和程序漏洞，力图发现目标网络中存在的突破口；最终攻击者通过编制攻击脚本实施攻击。

按照攻击目的，可将攻击分为破坏型和入侵型两种类型。破坏型攻击以破坏目标为目的，但攻击者不能随意控制目标的系统资源。拒绝服务攻击以消耗网络资源、阻碍正常网络通信为目的，属于典型的破坏型攻击。入侵型攻击以控制目标为目的，比破坏型攻击威胁更大，常见的攻击类型多为入侵型攻击。针对服务器程序漏洞实施缓冲区溢出攻击来提高用户权限属于入侵型攻击。本章将详述攻击技术所采用的信息采集命令，网络侦察技术的基本原理和方法，分析拒绝服务攻击、漏洞攻击、木马攻击、蠕虫技术等的机理和特点。

5.1　网络信息采集

入侵者一般首先通过网络扫描技术进行网络信息采集，获取网络拓扑结构，发现网络漏洞，探查主机基本情况和端口开放程度，为实施攻击提供必要的信息。网络信息采集有多种途径，既可以使用诸如 ping、whois 等网络测试命令实现，也可以通过漏洞扫描、端口扫描和网络窃听工具实现。

5.1.1　常用信息采集命令

1. ping 命令

ping（packet internet groper）命令用于确定本地主机是否能与远程主机交换数据包，通过向目标主机发送 ICMP 回应请求来测试目标的可达性。使用 ping 命令能够查看网络中有哪些主机接入 Internet；测试目标主机的计算机名和 IP 地址；计算到达目标网络所经过的路由数；获得该网段的网络拓扑信息。

出于安全考虑，有些目标主机禁止了对 ping 命令的响应，所以，不成功的 ping 探测并不能确定目标主机就一定不可达。由于可以自定义发送数据包的大小，并且可以进行连续高速的发送，ping 命令也可以作为拒绝服务攻击的工具，著名的 Yahoo 网站就曾经被黑客利用数百台接入Internet 的高速主机，连续发送大量 ping 数据包，最终导致网站服务器瘫痪。Windows、Linux、UNIX 等操作系统都提供了 ping 命令，可以通过在命令行下输入 ping 或在 Linux、UNIX 中使用man ping 来获得该命令的帮助信息。Windows 上运行的 ping 命令在缺省设置下发送 4 个 ICMP 回送请求，每个请求 32 字节，如果网络正常，应该得到 4 个回送应答。

例 5.1 ping 局域网内主机名为 abc 的目标主机（#号后为作者添加的注释）。

```
C:\>ping abc #输入命令和主机名
pinging abc [192.168.1.123] with 32 bytes of data: #向主机 192.168.1.123 发送 32 字节数据包
Reply from 192.168.1.123: bytes=32 time<10ms TTL=128 #接收到 32 字节、用时小于 10 ms
Reply from 192.168.1.123: bytes=32 time<10ms TTL=128 #同上
Reply from 192.168.1.123: bytes=32 time<10ms TTL=128 #同上
Reply from 192.168.1.123: bytes=32 time<10ms TTL=128 #同上
ping statistics for 192.168.1.123:                    #有关该 IP 地址的 ping 测试统计信息
Packets: Sent = 4, Received = 4, Lost = 0 (0% loss),  #发送 4 个包、接收 4 个包、丢失 0 个包
Approximate round trip times in milli-seconds:        #近似往返时间 ms
Minimum = 0ms, Maximum = 0ms, Average = 0ms #用时最短 0ms，最长 0ms，平均 0ms
```

ping 命令以毫秒（ms）为单位显示从发送请求到返回应答之间的时间，ping 命令还显示生存时间 TTL（time to live）值。例 5.1 中 ping 命令向主机 abc 发送了 4 个 32 字节的数据包，接收到4 个应答，返回主机 abc 的 IP 地址为 192.168.1.123，没有丢失数据包，所用时间均小于 10ms，返回 TTL 值为 128。

此外，通过返回的 TTL 值还可以推算出数据包通过了多少个路由器，由于数据包每通过一个路由器其 TTL 值减 1，故路由器数等于本地 TTL 初值减去返回 TTL 值。本地 TTL 初值必定为 2的整数次幂，且大于或等于返回 TTL 值，所以，TTL 初值应是一个与返回 TTL 值最接近的 2 的整数次幂。例如，返回 TTL 值为 119，可以推算出 TTL 初值为 128，源地址到目标地址要通过128−119 = 9 个路由器。

2. host 命令

host 命令是 Linux、UNIX 系统提供的有关 Internet 域名查询的命令，可以从域中的域名服务器（domain name server，DNS）获得所在域内主机的相关资料，实现主机名到 IP 地址的映射，得知域中邮件服务器的信息。在 host 命令的查询结果中，来自域名服务器的信息包含多种记录类型，如表 5.1 所示。查询结果使用了标准的 DNS SRV（service）记录格式，从 RFC2052 可以获得有关DNS SRV 的详细资料。下面通过一个实例演示对 bu.edu 的 host 查询。

表 5.1 域名系统资源记录类型

类 型	全 称	内 容
A	address record	32 位的 IP 地址
CNAME	canonical name record	别名所对应的规范名字
HINFO	host information record	CPU 和操作系统名字
MINFO	mail information record	信箱或邮件清单的信息

续表

类 型	全 称	内 容
MX	mail exchange record	域中邮件交换机的主机名和 16 位的优先级，每一个邮件交换机都有一个优先级别，优先级数字最小的作为主邮件交换机，其他的作为备用邮件交换机
NS	name server record	域的授权服务器名
PTR	pointer record	域名，类似一个符号链接
SOA	start of authority	SOA 记录是每一个配置区域的第一条记录，指明 DNS 服务器相关的配置
TXT	text record	未解释的 ASCII 文本字符串

例 5.2 对 bu.edu 的 host 查询。

```
host -l -v -t any bu.edu          #列出域 bu.edu 中相关主机的信息
```

其部分查询结果如下：

```
Found 1 addresses for BU.EDU          #在域名服务器 BU.EDU 上发现一个主机地址
Found 1 addresses for RS0.INTERNIC.NET   #同上
Found 1 addresses for SOFTWARE.BU.EDU    #同上
Found 5 addresses for RS.INTERNIC.NET    #同上
Found 1 addresses for NSEGC.BU.EDU       #同上
Trying 128.197.27.7   #测试 IP 地址 128.197.27.7 获得域名服务器基本参数配制信息
bu.edu 86400 IN SOA BU.EDU HOSTMASTER.BU.EDU
```
#SOA 类型记录，定义了 DNS 授权区域的起始点。（数据文件为哪个区域创建，该区域就是
#当前的起始点。）这句话意思是：下面列出以 bu.edu 为起始点的有关域名服务器配置参数的
#信息，相关的数据文件记录在 BU.EDU 主机上，负责维护域名服务器的管理员的邮件地址为
#HOSTMASTER@BU.EDU。下面几行数据定义了主辅服务器间的区间传送参数
```
961112121 ; serial (version)
```
#序列号。辅 DNS 服务器根据序列号来判断是否应该进行传输，以更新数据库信息
```
900;refresh period          #刷新周期。辅服务器检查主服务器是否同步的间隔时间，单位：秒
900;retry refresh this often#循环周期。辅服务器在区间传送失败后，等待再次传送的时间间隔
604800;expiration period
```
#终止时间。如果不能保证辅服务器与主服务器同步，最长可以使用辅服务器数据的时间
#到期仍不能进行传送，辅服务器将丢弃对应的数据
```
86400;minimum TTL
```
#TTL 时间。规定 DNS 服务器对数据缓存的时间长度，TTL 到期，DNS 服务器必须丢弃缓
#存数据并从授权的 DNS 服务器中重新获取新的数据，以确保域数据在整个网络上的一致性
```
bu.edu 86400 IN NS SOFTWARE.BU.EDU #NS 类型的记录，标识了在域中的授权服务器名
```
#指定域 bu.edu 中的一个 DNS 服务器为 SOFTWARE.BU.EDU, TTL 为 86400
```
bu.edu 86400 IN NS RS.INTERNIC.NET       #同上
bu.edu 86400 IN NS NSEGC.BU.EDU          #同上
bu.edu 86400 IN A 128.197.27.7
```
#A 类型记录，给出域名 bu.edu 的 IP 地址为 128.197.27.7, TTL 为 86400
```
bu.edu 86400 IN HINFO SUN-SPARCSTATION-10/41 UNIX
```
#HINFO 类型记录，给出域名 bu.edu 使用的设备 SUN-SPARCSTATION-10/41
#及运行的操作系统 UNIX。TTL 为 86400
```
PPP-77-25.bu.edu 86400 IN A 128.197.7.237          #以下内容全部解释同上
```

```
PPP-77-25.bu.edu 86400 IN HINFO PPP-HOST PPP-SW
PPP-77-26.bu.edu 86400 IN A 128.197.7.238
PPP-77-26.bu.edu 86400 IN HINFO PPP-HOST PPP-SW
ODIE.bu.edu 86400 IN A 128.197.10.52
ODIE.bu.edu 86400 IN HINFO DEC-ALPHA-3000/300LX OSF1
STRAUSS.bu.edu 86400 IN HINFO PC-PENTIUM DOS/WINDOWS
BURULLUS.bu.edu 86400 IN HINFO SUN-3/50 UNIX (Ouch)
GEORGETOWN.bu.edu 86400 IN HINFO MACINTOSH MAC-OS
…
PSY81-PC150.bu.edu 86400 IN HINFO PC WINDOWS-95
BUPHYC.bu.edu 86400 IN HINFO VAX-4000/300 OpenVMS
```

从这个例子可以看到，通过 host 命令，可以获得有关域名服务器的基本配置信息，收集到域中存在哪些服务器，DNS 服务器的 IP 地址，服务器所使用的设备、设备上运行的操作系统等信息，如一台 SUN 主机运行的是 UNIX 操作系统，一台 DEC Alpha 主机运行的是 OSF1 操作系统，以及运行 Dos/Windows 的一台 PC-PENTIUM 主机，运行 MAC-OS 的一台 MACINTOSH 主机等。

3. traceroute 命令

traceroute 命令用于路由跟踪，判断从本地主机到目标主机经过哪些路由器、跳计数、响应时间等。网络工作者使用 traceroute 可以推测出网络物理布局，判断出响应较慢的节点和数据包在路由过程中的跳数。攻击者可以通过 traceroute 判断目标网络拓扑结构。traceroute 程序跟踪的路径是源主机到目的主机的一条路径，但是，不能保证或认为数据包总是遵循这个路径。使用 traceroute 命令，通常会从所产生的应答中得到城市、地址和常见通信公司的名字。traceroute 是一个运行得比较慢的命令，如果指定的目标地址比较远，测试每个路由器大约需要 15s。

traceroute 命令在 Windows 操作系统中写为 tracert。traceroute 利用的是 IP 报文的数据包头信息中 TTL 位的设置及 ICMP 消息报文。traceroute 每次送出 3 个 40 字节的数据包到目的主机，包括源地址、目的地址和包发出的时间标签。第一次，traceroute 送出 TTL 为 1 的 IP 数据包，当路径上的第一个路由器收到这个数据包时，它将 TTL 减 1。此时，TTL 变为 0，所以该路由器会将此数据包丢掉，并送回一个 TTL 到期的 ICMP 消息，消息中包括发 IP 包的源地址、IP 包的所有内容及路由器的 IP 地址，traceroute 收到这个消息后，便知道这个路由器存在于这个路径上，以及路由器的 IP 地址。接着 traceroute 再送出 TTL 是 2 的数据包，同样，数据包在到达第二个路由器时，TTL 减为 0，第二个路由器也送回一个 TTL 到期的 ICMP 消息，同样包含了第二个路由的 IP 地址。如此反复，traceroute 每次将送出的数据包的 TTL 加 1 来发现另一个路由器。这个重复的动作一直持续到某个数据包抵达目的地。由于 traceroute 在送出的 UDP 数据包中使用一个一般应用程序都不会用的目标端口号，所以当此 UDP 数据包到达目的地后，目的主机会送回一个目标端口不可达的消息，而不再是 TTL 到期的 ICMP 消息，当 traceroute 收到这个消息时，便可确定数据包已经到达目的主机了。

traceroute 提取发送 TTL 到期的 ICMP 消息的设备的 IP 地址并作域名解析，输出所经过的路由设备的域名及 IP 地址、相同 TTL 值的三个包每次来回所花时间等信息。traceroute 有一个固定的时间等待响应消息。当某设备不能在给定的时间内发出 TTL 到期消息的响应时，它将以*号表示。

例 5.3　通过 tracert 命令获息网络拓扑结构。

```
C:\>tracert www.yahoo.com                       #使用 traceroute 命令跟踪 yahoo 站点
Tracing route to www.yahoo.com [204.71.200.75]  #跟踪 yahoo 站点，获得 IP 为 204.71.200.75
over a maximum of 30 hops:                       #最大限定 30 跳
```

```
1  161 ms  150 ms  160 ms  202.99.38.67
```
#第一个路由器的 IP 为 202.99.38.67，三次测试得到的响应时间分别为 161 ms、150 ms、160 ms。
```
2  151 ms  160 ms  160 ms  202.99.38.65         #以下解释同上
3  151 ms  160 ms  150 ms  202.97.16.170
4  151 ms  150 ms  150 ms  202.97.17.90
5  151 ms  150 ms  150 ms  202.97.10.5
6  151 ms  150 ms  150 ms  202.97.9.9
7  761 ms  761 ms  752 ms  border7-serial3-0-0.Sacramento.cw.net [204.70.122.69]
```
#路由器 204.70.122.69 及该节点的域名信息 border7-serial3-0-0.Sacramento.cw.net,
#可以看出该节点位于美国加州首府萨克拉曼多
```
8  751 ms  751 ms  *       core2-fddi-0.Sacramento.cw.net [204.70.164.49]  #以下解释同上
9  762 ms  771 ms  751 ms  border8-fddi-0.Sacramento.cw.net [204.70.164.67]
10 721 ms  *       741 ms  globalcenter.Sacramento.cw.net [204.70.123.6]
11 *       761 ms  751 ms  pos4-2-155M.cr2.SNV.globalcenter.net [206.132.150.237]
12 771 ms  *       771 ms  pos1-0-2488M.hr8.SNV.globalcenter.net [206.132.254.41]
13 731 ms  741 ms  751 ms  bas1r-ge3-0-hr8.snv.yahoo.com [208.178.103.62]
14 781 ms  771 ms  781 ms  www10.yahoo.com [204.71.200.75]
Trace complete.    #跟踪结束
```

例 5.4 在 IPv6 地址方式下通过 tracert 命令获息网络拓扑结构。

```
C:\ >tracert www.yahoo.com                       #使用 traceroute 命令跟踪 yahoo 站点
通过最多 30 个跃点跟踪                            #最大限定 30 跳
到 ds-tw-fp3.wg1.b.yahoo.com [2406:2000:ac:8::c:9102] 的路由:
```
#跟踪 yahoo 站点，获得 IP 为 2406:2000:ac:8::c:9102
```
 1    1 ms      1 ms      2 ms  v6.cernet.net [2001:250:c01:7011::1]
```
#经过教育网网络节点，IP 为 2001:250:c01:7011::1；域名：v6.cernet.net
#三次测试得到的响应时间分别为 1 ms、1 ms、2 ms。
```
 2    1 ms      1 ms      1 ms  v6.cernet.net [2001:250:c01:6777::1]
 3    1 ms      1 ms      1 ms  v6.cernet.net [2001:250:c01:1000::1:1]
 4    3 ms      5 ms      5 ms  v6.cernet.net [2001:250:c01:1001::1]
 5    7 ms      7 ms      7 ms  cernet2.net [2001:da8:a0:f013::1]
 6    8 ms      8 ms      8 ms  cernet2.net [2001:da8:a0:1::1]
 7    7 ms      7 ms      7 ms  2001:da8:1:501::1
 8   15 ms     13 ms     13 ms  2001:252:0:1::101
 9   45 ms      *        46 ms  2001:252:0:101::2
10   49 ms     51 ms     48 ms  yahoo2-10G.hkix.net [2001:7fa:0:1::ca28:a1b8]
```
#经过香港互联网交换中心 HKIX（Hong Kong Internet eXchange），
#IP 地址：[2001:7fa:0:1::ca28:a1b8]；域名：yahoo2-10G.hkix.net
```
11   52 ms     52 ms     49 ms  xe-0-0-0.msr2.hki.yahoo.com [2406:2000:f019:1::1]
12   49 ms     48 ms     48 ms  2406:2000:ac:fc01::1
13   48 ms     50 ms     48 ms  r2.ycpi.vip.hki.yahoo.net [2406:2000:ac:8::c:9102]
跟踪完成。
```

如例 5.4 中所示，通过 traceroute 指令，可以判断在本地主机与 yahoo 站点的链路路径上经过的路由节点数，以及这些节点的 IP 地址、响应时间、域名信息等，并且通过所获得的域名信息中可以粗略判断一些节点所在的地理位置。

4. nbtstat 命令

nbtstat（NBT statistics，NBT 统计信息，其中 NBT 为 NetBIOS over TCP/IP）命令是 Windows 命令，用于查看当前基于网络基本输入输出系统 NetBIOS（network basic input output system）的 TCP/IP 连接状态，通过该工具可以获得远程或本地机器的组名和机器名。

例 5.5 列出本地主机 NetBIOS 里缓存的本地主机连接过的计算机的 IP 地址。

```
C:\>nbtstat -c
本地连接 2:
Node IpAddress: [192.168.1.108] Scope Id: [ ]    #本地节点的IP地址为192.168.1.108,
#Scope ID为空。其中 Scope ID 是字符串类型的组名，用以标识可以相互通信的计算机集合
        NetBIOS Remote Cache Name Table          #NetBIOS 缓冲区中的名字列表
Name        Type        host Address             Life [sec]
---------------------------------------------------------
HYX         <00> UNIQUE 192.168.1.56             355
ZJX         <00> UNIQUE 192.168.1.44             242
```

其中，名字（Name）字段显示了 NetBIOS 名称，可以为主机名、用户名、域名等实体，本例中为主机名；类型（Type）字段标识了该实体的服务类型：尖括号内为两位十六进制数字，称为 NetBIOS 后缀，之后的字符串为名称类型：UNIQUE 表示该名称只有一个 IP 地址与之相对应，此外还有 GROUP（表示名称唯一，但可能具有多个 IP 地址）、MULTIHOMED（表示名称是唯一的，但同一台计算机上具有多个网络接口）等类型。NetBIOS 后缀和名称类型可以有多种组合，结合名字字段共同标识实体的服务类型。例如，HYX <00> UNIQUE 组合表示主机 HYX 为工作站。主机地址则显示了该主机的 IP 地址，从本例可以看到，本地主机 192.168.1.108 连接过主机 HYX 及 ZJX，其 IP 地址分别为 192.168.1.56 和 192.168.1.44。生存期以秒为单位记录了该信息在缓冲区中的生存时间，即该记录将在多少秒之后被清除。有关 NetBIOS 的详细资料可从 RFC 1001 和 RFC 1002 获得。

5. net 命令

Windows 提供了许多有关网络查询的命令，并且大多以 net 开头。其中，用于检验和核查计算机之间 NetBIOS 连接的 net view 和 net use 两个命令可以被攻击者用来查看局域网内部情况和局域网内部的漏洞。有关 net 命令的帮助信息可以在命令行下输入 net help <command> 来获得。

任何局域网内的主机都可以发送 net view 命令，而不需要提供用户名或口令。命令格式为：net view [参数]。如果不使用参数，将列出局域网内所有在线主机。当指定参数为\\<计算机名>时，可以查看指定的计算机上的共享资源。

net use 命令用于建立或取消与特定共享点映像驱动器的连接，如果需要，必须提供用户名或口令。命令格式为：net use <本地盘符> <目标计算机共享点>。例如，输入 net use F:\\Bob 就是将本地映像驱动器 F:连接到\\Bob 共享点上。此后，直接访问 F:就可以访问\\Bob 共享点。右键单击"我的电脑"，选择映射网络驱动器，可以实现同样的功能，但其共享点列表更新较慢，而选择 net 命令方式，攻击者可以获得更为迅速、直接、可靠的共享点列表信息。

例 5.6 命令 net 的使用。

首先使用 net view 命令查看局域网中主机的情况。

```
C:\ >net view
服务器名称        注释   #下面列出本地主机所在域中的所有可访问主机
-----------------------------------------
\\CAI
\\DIZ
\\DYJ
\\HXB                  MASTER
\\TYG
\\WANGXA
```

```
\\WY
\\ZWH
命令成功完成。
```

Net view 列出局域网内的所有在线主机。接着可以使用 net view 命令查看特定主机的共享信息，如查看主机 WY 的共享信息。

```
C:\ >net view \\wy
在 \\wy 的共享资源
共享名    类型    用途    注释
------------------------------------------------------------
print    Print          HP LaserJet 6L
wy       Disk
命令成功完成。
```

可以看到主机 WY 上有一个共享打印机 HP LaserJet 6L 和一个共享文件夹 wy。通过 net use 命令，可建立与特定共享点的映像驱动器的连接，此处将主机 wy 上的共享文件夹 WY 设置为本地映像驱动器 r:如下：

```
C:\>net use r: \\wy\wy
命令成功完成。
```

在建立映像驱动器之后，就可登录映像驱动器，并查看共享信息。

```
C:\>r:
R:\>dir                              #查看共享点的资源
驱动器 R 中的卷没有标签。
卷的序列号是 D4CE-2115
R:\ 的目录
2004-12-07  15:27       <DIR>          .
2004-12-07  15:27       <DIR>          ..
2004-12-07  15:29                   40 helloworld.txt
#该共享点有一个共享文件 helloworld.txt，大小为 40 字节，创建时间为 2004-12-07  15:29
1 File(s)          40 bytes           #该共享点有一个文件，用去 40 字节
2 Dir(s)       13,237,248 bytes free  #该共享点有 13M 空间可使用
```

如果想删除该映像驱动器，可使用如下命令：

```
C:\>net use R: /d         #删除本地共享点 R:
R: 已经删除。
```

使用 net view 和 net use 命令，攻击者可以发现局域网内存在的共享信息。在需要用户名和口令时，攻击者可以采用网络监听、字典攻击等方法实现登录。如果有某台主机配置不当，可以被攻击者用来上载木马、下载机要文件。

6. finger 命令

finger 命令用来查询用户的信息，通常会显示系统中某个用户的用户名、主目录、闲滞时间、登录时间、登录 shell 等信息。如果要查询远程主机上的用户信息，需要采用[用户名@主机名]的格式，执行该命令的前提是要查询的网络主机需要运行 finger 守护进程。Linux 中 finger 命令格式为

finger [选项] [使用者] [用户@主机]

例 5.7 使用 finger 命令查询用户信息。

```
[root@localhost root]finger -s        #使用 finger 命令显示用户信息

Login  Name    Tty      Idle    Login Time    Office    Office Phone
root   Root    tty1             Nov 18 16:12
```
#用户名为 root、实际名字为 root、终端名称为：tty1、无停滞时间信息、
#登录时间为 11 月 18 日 16 点 12 分、没有该用户的部门和部门电话信息
```
[root@localhost root]#finger -l           #以多行形式显示用户信息
Login:root                Name:root       #用户名为 root、实际名字为 root
Directory: /root          Shell: /bin/bash #该用户使用的文件目录为/root，shell 为/bin/bash
On since Thu Nov 18 16:12 (CST) on tty1   #登录时间和终端名称，同上
New mail received Thu Nov 18 05:48 2004 (CST)    #收到一封新的来信及其时间
    Unread since Mon Nov 10 04:18 2003 (CST)     #未读信件时间
No Plan.                                  #无执行计划
```

7. whois 命令

whois 命令是一种 Internet 的目录服务命令，它提供了在 Internet 上的一台主机或某个域所有者的信息，包括管理员姓名、通信地址、电话号码、Email 信息、Primary 和 Secondary 域名服务器信息等。这些信息由 Internet 网络信息中心（Internet network information center，InterNIC）提供。InterNIC 负责域名注册、IP 地址注册和 Internet 信息发布。

攻击者通过了解目标网络的相关信息，可以猜测目标主机的用户名和口令，尽量缩小蛮力攻击时使用的字典的大小，减少攻击时间。

以 Linux 操作系统为例，whois 命令格式如下：

whois [OPTION] query [@server[:port]]

8. nslookup 命令

nslookup 是 Windows 提供的 DNS 排错工具。在 Internet 中存在许多免费的 nslookup 服务器，它们提供域名到 IP 地址的映射服务和 IP 地址到域名的映射等有关网络信息的服务。通过 nslookup 攻击者可以在 whois 命令的基础上获得更多目标网络的信息。例如，攻击者可以伪装成辅 DNS 服务器向主 DNS 服务器获得有用数据，如获得主 DNS 服务器上将域名解析到所有主机名和 IP 地址的映射数据、DNS 服务器上相关公司的网络和子网情况及主机在网络中用途等重要信息。当然，管理员可以禁止 DNS 服务器进行区域传送。

nslookup 是一个交互式的管理平台，在此平台上可以使用问号（？）来获得有关 nslookup 下的所有命令信息。使用 ls 命令可以获得 DNS 服务器上的相关信息。

例 5.8　使用 nslookup 查询网络信息。

```
c:\>nslookup
Default Server: corp.lab.org          #默认的 DNS 服务器为 corp.lab.org
Address: 192.168.1.99                 #服务器 IP 为：192.168.1.99
>ls -d lab.org                        #列出域 lab.org 上的所有记录
[[192.168.1.99]]                      #服务器 IP 为：192.168.1.99
lab.org  SOA corp.lab.org admin.
#SOA 型记录，以 lab.org 为起始点的数据信息记录在 corp.lab.org 上，
#负责维护域名服务器的管理员的邮件地址为 admin@lab.org
lab.org  A    192.168.1.99
#A 类型记录，给出域名 lab.org 的 IP 地址为 128.197.27.7
lab.org  NS  corp.lab.org
```

#NS 类型的记录，指定域 lab.org 中的 DNS 服务器为 corp.lab.org
…

类似前面介绍的 host 命令，通过 nslookup 也可以获得有关域名服务器及域内相关主机的 IP 地址、域名等设备信息。

5.1.2　漏洞扫描

漏洞是指系统硬件、操作系统、软件、网络协议、数据库等在设计上和实现上出现的可以被攻击者利用的错误、缺陷和疏漏，漏洞扫描程序是用来检测远程或本地主机安全漏洞的工具。根据扫描对象的不同，漏洞扫描又可分为网络扫描、操作系统扫描、WWW 服务扫描、数据库扫描、无线网络扫描等。

网络漏洞扫描是指通过网络远程检测目标网络设备和主机系统中存在的安全问题，发现和分析可以被攻击者利用的漏洞。漏洞大多与特定的操作系统和服务软件有关，所以漏洞扫描通常要确定目标所使用的操作系统类型和版本，确定是否存在可能的服务器守护进程，为下一步采用基于特征匹配的技术匹配漏洞数据库列表、发现目标漏洞提供依据。

1. 堆栈指纹扫描

由于不同操作系统在网络协议上存在差异，可以通过总结操作系统之间的这种差异，编写测试脚本，向目标系统的端口发送各种特殊的数据包，并根据系统对数据包回应的差别来判定目标系统及相关服务，这种利用 TCP/IP 识别不同操作系统和服务种类的技术称为堆栈指纹扫描技术。

堆栈指纹扫描技术所利用的协议内容有：ICMP 对错误信息报文的响应；IPv4 包首部服务类型值 TOS；TCP/IP 中包含的字段选项；TCP/IP 对 SYN Flood 攻击的抵抗设置；TCP 初始窗口大小等。

ICMP 回送请求或回送应答报文中，前 8 位为类型字段，定义了报文的格式及含义，如类型字段为 0 时，表示 ICMP 报文类型为回送应答；类型字段为 3 时，表示 ICMP 报文类型为目标地不可达。对于目标地不可达的报告，通过 ICMP 报文第 9～15 位的代码字段，可进一步确定不可达的类型，如 0 表示网络不可达；1 表示主机不可达；3 表示端口不可达。据此可以判定 ICMP 应答报文的应答类型。

IPv4 中含有 8 位的服务类型字段，亦称为 TOS 字段，它规定了数据包的处理方式。在此字段可标定数据包的优先级别（0～7 级），可指示对数据包的传输需求，包括低时延需求、高吞吐量需求、高可靠性需求等。

TCP 报文中 6 位控制字段指定了报文的目的、内容和类型，分别为 URG、ACK、PSH、RST、SYN、FIN。对于不同类型的报文，针对不同的情况，TCP 制定了不同的响应规则。有关 TCP 的详细内容可参阅 RFC793 文档。

2. 常用堆栈指纹扫描技术

不同系统在处理 TCP/IP 时存在微小差异，这些差异是系统本身所固有的，是系统管理员无法更改的。通过记录这些 TCP/IP 应用的细微差别，并针对各种系统构建堆栈指纹列表，可识别目标主机，获得服务器或主机的基本信息。用来探测目标主机所使用的堆栈指纹技术主要有以下几种。

（1）ICMP 错误消息抑制机制

在公共请求文档 RFC1812 关于 IPv4 路由的规定中，第 4.3.2.8 节对 ICMP 的错误类型信息（目标不可达、重定向、超时、参数错误等）的发送频率作了限制，但不同操作系统对这种限制的策略不同。例如，Linux 内核限制发送目标不可到达信息次数为每 4 秒 80 次，如果超过这个限制则会延迟 1/4 秒。攻击者可以向某个随机的高端 UDP 端口发送成批的数据包，并计算接收到的目标不可达数据包的数量，来判断操作系统类别。因为要发送大量的数据包并等待它们返回，这种探测操作系统的方法需要时间较长，并且对网络性能会造成一定的影响。

（2）ICMP 错误消息引用机制

对于端口不可达信息，几乎所有操作系统都使用了规范的 ICMP 错误信息格式，即回送一个 IP 请求头加 8 字节长度的包，但 Solaris 和 Linux 返回的数据包大于这个长度。据此可猜测目标主机是否使用 Linux 或 Solaris 操作系统。

（3）ICMP 错误消息回文完整性

当返回端口不可达数据包时，某些操作系统在初始化处理过程中会弄乱返回数据包的包头，这样接收到的数据包中会出现不正常的数据。例如，AIX 和 BSDi 返回的 IP 包中总长度域会被设置为 20 字节；又如，BSDi、FreeBSD、OpenBSD、ULTRIX、VAX 等操作系统会修改请求头中的 IP 的 ID 值；另外，由于 TTL 值的改变导致校验和需要修改时，AIX、FreeBSD 等操作系统将返回不正确的校验和或设置校验和为 0。

（4）FIN 探查

FIN 探查不遵循完整的三次握手连接，而是直接向目标端口发送一个带有 FIN 标记的 TCP 数据包。根据有关 TCP 的 RFC793 中的图 6：TCP 连接状态图和 3.9 节事件处理中的有关规定：当处于关闭、监听、请求同步状态时，如果接收到 FIN 数据包，则丢弃该包并返回原状态。但 MS Windows、BSDi、HP-UX、MVS、IRIX 等操作系统并不遵守这个规定，而会使用 RESET 响应这个 FIN 数据包。据此，可粗略推断目标主机使用的操作系统类别。

（5）TCP ISN 采样

TCP 初始序列号（initial sequence number，ISN）采样是利用 TCP 中初始序列号长度与特定的操作系统相匹配的方法。较早的 UNIX 版本在处理 TCP 时，初始序列号长度为 64KB；Solaris、IRIX、FreeBSD、DigitalUnix、Cray 等操作系统，则使用随机增长的长度；Windows 操作系统的序列号长度使用依赖时间的模型，使 ISN 在每个时间周期递增一个小的固定数值；有一些设备则使用固定的常数，如 3Com 的集线器使用常数 0x803H，Apple LaserWriter 打印机使用常数 0xc7001。有经验的攻击者甚至可以通过有关序列号的函数计算，来进一步识别操作系统类别。

（6）TCP 初始窗口

为提高数据传输效率，TCP 使用滑动窗口为两台主机间传送缓冲数据。每台主机支持两个滑动窗口，一个用于接收数据，另一个用于发送数据。窗口尺寸表示计算机可以缓冲的数据量大小。通过在初始化三次握手后检查返回的 TCP 包窗口大小和改变大小的规律，可识别某些操作系统的类型。例如，AIX 操作系统的窗口大小为 0x3F25H，这个大小是唯一的；Linux 默认的窗口大小为 0x7D78；Linux、FreeBSD 和 Solaris 在一个完整的会话过程中保持相同的窗口大小，而 Windows 操作系统在一个会话过程中经常改变窗口大小。

（7）TCP 选项

由于并不是所有的操作系统都支持 TCP 包中的所有选项，所以，可以设计 TCP 包内容和类型，探测目标操作系统类别，即向目标主机发送带有可选项标记的数据包，如果操作系统支持这些选项，会在返回包中也设置这些标记。例如，TCP 选项中的选择性应答（selective acknowledgment，SACK）选项，通常被 Windows 和 Linux 使用，但 FreeBSD 和 Solaris 不使用 SACK。（SACK 选项使得服务器只重新传输出错的数据包，而不是重新传输出错后的所有数据包，以减少不必要的重传，参见 RFC2018）。使用 TCP 选项方法，可以一次在数据包中设置多个可选项，增加探测的准确度，节约探测时间。

（8）MSS 选项

根据 RFC793 有关 TCP 头格式的资料（第 3.1 节），最大数据段大小（maximum segment size，MSS）规定了发送方可以接收的最大的 TCP 分片。但不同的操作系统的 MSS 值略有不同，绝大多数系统使用 1460 大小的 MSS，NOVELL 使用的是 1368 大小的 MSS，而部分 FreeBSD 的版本使用 512 大小的 MSS。

（9）IP 协议包头不可分片位

IP 协议包头内有一段 3 位的标志位，其中第一个控制位指定数据包是否被分片。根据RFC1191，当使用最大传输单元路径（maximum transmission unit，MTU）发现技术查询（path MTU，PMTU），以确定传输路径上的最小 MTU 时，所有 TCP 数据包必须设置不可分片（don't fragment，DF）位，但 FreeBSD 5.0-CURRENT 版本存在缺陷，在 SYN-ACK 包中没有设置 DF 位，攻击者可以通过连接服务器并截获网络通信数据判别是否是 FreeBSD 5.0-CURRENT 系统。

（10）服务类型 TOS

IP 包头有 8 位服务类型字段，用来规定数据包的处理方式，其中包括 3 位的优先域（precedence field），用来指定 IP 数据包的 8 个优先级别；4 位的服务类型域（type of service），用来描述网络在路由 IP 数据包时如何平衡吞吐率、延时、可靠性和代价；MBZ（must be zero）域。根据 RFC1349有关 IP 的 TOS 字段的设置规定，MBZ 域未被使用，必须为 0。当一个 MBZ 为 1 的 ICMP 请求数据包到达目标主机时，FreeBSD 4.1.1 送回的应答数据包中 MBZ 为 1，而 Windows 2000 Pro 送回的应答数据包中 MBZ 为 0。

总之，要使用堆栈指纹扫描技术精确判断目标主机的相关信息，就得研究关于协议、操作系统和硬件设备的文献资料，获得足够的堆栈指纹列表信息，建立堆栈指纹列表。

5.1.3　端口扫描

计算机的端口是输入/输出设备和 CPU 之间进行数据传输的通道。通过端口扫描，可以发现打开或正在监听的端口，一个打开的端口就是一个潜在的入侵通道。每一台计算机都有 65 536 个端口可供使用，然而，要对目标网络中所有主机的全部端口进行扫描，以确定有哪些主机上的哪些端口提供哪类型的服务，是一件相当费时的工作。在这些可供使用的端口中，前 1024 个端口被作为系统保留端口，并向外界提供众所周知的服务，所以这些端口被攻击者视为重点检查对象，以减少扫描范围，缩短扫描时间。检查端口通常采用如下一些技术。

1. TCP 端口扫描

向目标主机的指定端口建立一个 TCP 全连接过程，即完成三次握手过程，从而确定目标端口是否已激活或正在监听。这是一种最基本的，也是最简单的扫描方式。但通常也会留下日志，容易被发现。

2. TCP SYN 扫描

向目标端口发送一个 SYN 数据包，如果应答是 RST，说明端口是关闭的；如果应答中包含SYN 和 ACK，说明目标端口处于监听状态。使用 SYN 扫描并不完成三次握手过程，真正实现正常的 TCP 全连接，所以这种技术通常被称为半连接扫描。由于很少有站点会记录这种连接，所以SYN 扫描也被称为半公开或秘密扫描。

3. TCP FIN 扫描

如上一节中介绍的 FIN 探查，对于一些操作系统，当 FIN 数据包到达一个关闭的端口时，会返回一个 RST 数据包；当端口开放时，这种数据包被忽略，不作任何应答，从而可以判断端口状态。防火墙和包过滤器会监视 SYN 数据包，而使用 FIN 数据包有时能够穿过防火墙和包过滤器，所以，这种方法较 SYN 扫描更为隐蔽。

4. NULL 扫描

发送一个没有任何标志的 TCP 包到目标端口，称为 NULL 扫描。根据 RFC 793 中的连接状态图和规定，如果目标端口是关闭状态，应该返回一个 RST 数据包。

5. Xmas tree 扫描（圣诞树扫描）

向目标端口发送一个标记为 FIN、URG 和 PUSH 的数据包，根据 RFC793，如果目端口是关闭状态，那么应该返回一个 RST 数据包。

6. UDP 扫描

按照 UDP 协议，当 UDP 数据包到达目标端口时，无论该端口是否开放，目标主机都不作任何应答，即打开的端口不会回送确认数据包、关闭的端口不会回送错误数据包。然而，当数据包到达一个关闭的端口时，大部分主机会返回一个 ICMP_PORT_UNREACH 的错误信息数据包，据此可以判定该端口是关闭的，除此之外的其他端口是打开的。

可以看到，利用 TCP/IP 对非正常连接的数据包的不同响应，可以判断目标主机上被试探的端口的开放状态，从而确定目标主机上是否存在相关服务。

5.1.4　网络窃听

网络窃听是指截获和复制系统、服务器、路由器或防火墙等网络设备中所有的网络通信信息。网络窃听可以用于安全监控，但同样也可以被攻击者用来截获网络信息。用于网络窃听的嗅探器可以被安装在网络的任何地方，并且很难被发现，所以，非法网络窃听严重地危害着网络的安全。

以太网通信采用广播机制，任何网卡都可以访问同一网段上传输的所有数据。在正常情况下，网卡只响应两种数据包：与自己硬件地址相匹配的数据包和发向所有机器的广播数据包。数据的收发是由网卡来完成的，网卡接收到传输来的数据，并根据网卡驱动程序设置的接收模式，判断是否应接收该数据包。若符合条件就接收，并产生中断信号通知 CPU，若不符合条件就丢弃。网卡一般有 4 种接收方式。广播方式：网卡接收网络中的广播数据。组播方式：网卡接收组播数据。直接方式：网卡接收目的地址是自己 MAC 地址的数据。混杂模式：这种模式使网卡能够接收一切通过它的数据，而不管该数据是否是传给它的。因此，通过将网卡设置成混杂模式，就可以探听并记录下同一网段上所有的数据包。攻击者会从众多的数据包中提取他们感兴趣的特定信息，如登录名、口令等。

网络窃听软件甚至可以远程安装于主要的网络结点上，使攻击者有可能获得更为广泛和丰富的信息。例如，远程登录、拨号连接、虚拟连接等所产生的数据包，通常要经过上百个网关，若能够在其中一个主要的网关上安装嗅探器，就可能获得众多的用户名和口令。显然，账号和密码的泄漏，直接危及着用户的安全。

无线网络通信相对于有线网络通信有更多的漏洞，由于无线网络固有的特点和无线网络技术本身的不成熟，如加密机制不完善、缺乏数据保护和安全认证机制，使得对于无线网络的探测更为简单。现有的工具，如 Network Associates 公司的 Sniffer Wireless、Airsnort、WEPCrack 等都可以用来实现对无线网络的网络监控和窃听。

目前流行的网络窃听工具不仅能够获得网络数据，而且能够解释数据、重新建立被窃听主机的原始会话，甚至尝试对加密数据进行解密和解释。

5.1.5　典型信息采集工具

目前有很多工具可以直接用来进行信息采集，大多采用了前面介绍的堆栈指纹技术和端口扫描技术。这些工具一方面可用来发现网络中存在的安全隐患，为系统管理员提供网络安全预警信息，另一方面也可被攻击者利用，获得攻击所需的网络漏洞信息。

1. nmap 扫描器

nmap 是当前最流行的扫描器之一，能够在全网络范围内实现 ping 扫描、端口扫描和操作系统检测。nmap 使用了操作系统堆栈指纹技术，向目标主机发送一组特别设计的数据包，通过检测对不同数据包响应的微小差别，对照 nmap 提供的响应列表，识别目标主机的操作系统类别、端口开放程度等信息。

nmap 由于功能强大、不断升级和免费使用而十分流行。首先，nmap 具有非常灵活的 TCP/IP 堆栈指纹引擎，制作人 Fyodor 不断升级该引擎使其能够尽可能多的进行猜测。其次，nmap 可以准确地扫描主流操作系统，包括 Novell、UNIX、Linux、Windows 等，也可以扫描路由器和拨号设备，包括 Cisco、3COM、HP 等。第三，nmap 可以穿透位于网络边缘的安全设备，如 nmap 通过 FIN 扫描（参数-sF）、Xmas tree 扫描（参数-sX）、NULL 扫描（参数-sN）等隐秘的扫描技术来绕过防火墙。

2. Axcet NetRecon 扫描器

Axcet NetRecon 是最先为 Windows NT 设计的网络扫描产品之一。作为网络评估工具，Axcet NetRecon 能够发现、分析、报告网络的各种设备，检测它们存在的漏洞，包括 Finger、SMTP、DNS、FTP、HTTP、SOCKS 代理和低版本的 sendmail 服务漏洞。NetRecon 能够扫描多种操作系统，包括 UNIX、Linux、Windows、NetWare 等。NetRecon 能够使用多种 Windows NT/2000 支持的网络通信协议进行扫描，如 TCP/IP、IPX/SPX、NetBEUI 等。NetRecon 提供对服务器、防火墙、路由器、集线器、交换机、DNS 服务器、网络打印机、Web 服务器以及其他网络服务设备的测试。

NetRecon 通过模拟入侵或攻击行为，找出并报告网络弱点，提出建议和修正措施。使用漏洞列表作为侦查数据库，如果有 NetRecon 的授权，还可以从 Axent 的 Web 站点（www.axent.com）升级这个漏洞列表，并且通过 NetRecon 可以查看相关漏洞的描述。

3. ping Pro 扫描器

ping Pro 扫描器也是常用的扫描工具之一，它以图形方式实现了大多数命令行程序功能，如 ping、traceroute、lookup、whois、finger、scan 等，为网络扫描提供了方便。

ping Pro 可以侦查出网络上开启的端口，通过监测远程过程调用服务所使用的 TCP、UDP135 端口和网络会话所使用的 UDP137、138 和 139 端口来实现扫描，ping Pro 只能工作在其所在网段上。

4. ISS Internet Scanner 扫描器

ISS Internet Scanner 可以跨网段扫描远程主机，可以检查出内部网、防火墙、Web 服务器或某台主机所存在的漏洞和潜在的攻击威胁。ISS Ineternet Scanner 工作于 UNIX 和 Windows NT 平台，分为 3 个模块：内部网、防火墙和 Web 服务器，可以针对不同的扫描对象制订不同的扫描方案，从而更直接地发现重要设备中潜在的隐患。在不同的模块中，用户还可以进一步定义自己的扫描参数。

ISS Internet Scanner 扫描工具能够进行的扫描项目有 PHP3 缓冲区溢出漏洞，Teardrop 攻击（一种碎片攻击技术），检测诸如 Tcpdump 和 Sniffer Basic 跨网络的协议分析仪，检查 War FTP、

SNMP、RMON 等服务类型，以及 Whois 检测等。

5.2　拒绝服务攻击

拒绝服务（denial of service，DoS）攻击是常用的一种攻击方式，DoS 通过抢占目标主机系统资源使系统过载或崩溃，破坏和拒绝合法用户对网络、服务器等资源的访问，达到阻止合法用户使用系统的目的。DoS 攻击的目标大多是 Internet 公共设施，如路由器、WWW 服务器、FTP 服务器、邮件服务器、域名服务器等。DoS 对目标系统本身的破坏性并不是很大，但影响了正常的工作和生活秩序，间接损失严重，社会效应恶劣。

5.2.1　基本的拒绝服务攻击

DoS 攻击通常是利用传输协议的漏洞、系统存在的漏洞、服务的漏洞，对目标系统发起大规模的进攻，用超出目标处理能力的海量数据包消耗可用系统资源、带宽资源等，或造成程序缓冲区溢出错误，使其无法处理合法用户的正常请求，无法提供正常服务，最终使网络服务瘫痪，甚至引起系统死机。DoS 攻击有两种基本形式：目标资源匮乏型和网络带宽消耗型。

目标资源匮乏型攻击使受攻击系统的服务资源遭到破坏或耗尽，无法向外提供应有的服务。目标资源匮乏型攻击又可分为服务过载和消息流两种。服务过载指的是向目标主机的服务守护进程发送大量的服务，造成目标主机服务进程发生服务过载，拒绝向合法用户的正常使用要求提供应有的服务，如 Land 攻击、Smurf 攻击、SYN Flood 攻击、Telnet 攻击都是典型的服务过载 DoS 攻击。消息流指攻击者向目标主机发送大量的畸形数据包，如错乱的偏移位数据包分片、超大的数据包或者是单纯的资源消耗数据包，使得目标主机在重组数据包过程中发生错误，从而延缓目标主机的处理速度，阻止处理正常的事务，严重时可以造成目标主机死机，如 WinNuke 攻击、Fraggle 攻击就是典型的消息流 DoS 攻击。

网络带宽消耗型攻击的目标则是整个网络，即中断所有合法用户的访问，其中包括流入和流出两个方向的访问。攻击使目标网络中充斥着大量无用的、假的数据包而使正常的数据包得不到正常的处理，如 Smurf 攻击、循环攻击等。

拒绝服务攻击方法多种多样，原理不尽相同，攻击发生时可能伴有如下一些特点。

① 消耗系统或网络资源，使系统过载或崩溃。攻击发生时，受害者在短时间内遭到大量的访问请求，服务资源匮乏，正常用户则无法使用应有的网络资源，如无法访问 FTP 站点、WWW 站点，无法发送邮件，网络速度极其缓慢等。

② 难以辨别真假。一些拒绝服务攻击采用正常的服务请求连接方式，单纯的消耗服务资源，正常的连接请求被淹没在伪造的海量的数据包当中，又无法区分哪些数据包是正常数据包，哪些是攻击包；或者，攻击者伪装源 IP 地址，掩盖真正的攻击源，难以判断攻击来自何方。

③ 使用不应存在的非法数据包来达到拒绝服务攻击的目的。攻击者设计不应在网络中出现的TCP/IP 数据包，使系统失常，如系统崩溃、处理速度缓慢、停止响应等。分析 TCP/IP 数据包，可以发现特殊的包内容，如源地址和目标地址相同的 IP 包、错误的 IP 版本号、包含病态数据分段的 IP 包等。

④ 有大量的数据包来自相同的源。拒绝服务攻击常常借助同一网段的主机进行协同攻击，如 Smurf 攻击通过在网段中进行广播来实现网段中的所有主机的协同攻击。这种情况可以通

过对防火墙或路由器的设置，阻断攻击源。

5.2.2 分布式拒绝服务攻击

分布式拒绝服务（distributed denial of service，DDoS）攻击是一种基于 DoS 的特殊形式的拒绝服务攻击，是一种分布式的、协作的大规模攻击方式，较 DoS 具有更大的破坏性。DDoS 攻击的常用工具有 Trinoo、TFN、TFN 2K 和 Stacheldraht。

基本的 DoS 攻击采用一对一的方式，其攻击目标主要是 CPU 速度低、内存小或者网络带宽小等各项性能指标不高的目标主机或网络。随着计算机与网络技术的发展，计算机硬件的性能得到了长足的提高，出现了吉比特级别的网络，增加了计算机的处理能力，加强了被攻击目标对恶意攻击包的消化能力，从而也加大了 DoS 攻击的攻击难度。例如，攻击软件每秒钟可以发送 3 000 个攻击包，但目标主机与目标网络带宽每秒钟可以处理 10 000 个攻击包，这时，攻击就不会产生什么效果，于是 DDoS 手段就应运而生了。DDoS 通过控制分布在网络各处的数百台甚至数千台傀儡机（又称为"肉鸡"），发动它们同时向攻击目标进行拒绝服务攻击，协同实现攻击目的。DDoS 的规模更大、威力更强、成功率更高、效果更明显、追踪也更困难。

1. 分布式拒绝服务攻击的体系结构

DDoS 攻击按照不同主机在攻击时的角色可分为 4 部分：攻击者、主控端、代理端和受害者。分布式拒绝服务攻击体系结构如图 5.1 所示。

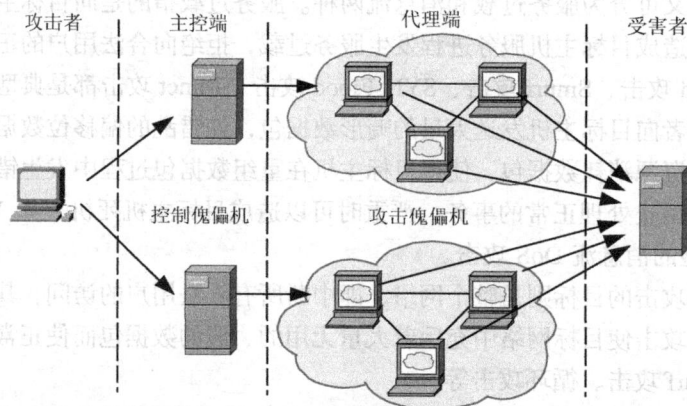

图 5.1 分布式拒绝服务攻击体系结构

攻击者先采用一些典型的入侵手段，如通过缓冲区溢出攻击提升用户权限设置后门、上载木马；通过发现有配置漏洞的 FTP 服务器或 TELNET 服务器上载后门程序；通过窥探网络信息，非法获得用户名和口令，获得目标主机权限；通过社交工程，冒充目标主机所有者向不知情的信息服务部门打电话、发邮件获得目标主机口令、密码，非法入侵目标主机等，以获得一定数据量和规模的主机的控制权，然后在这些主机上安装攻击软件。受控主机中的一小部分被上载了攻击时使用的控制程序，设置为主控端的控制傀儡机；更多的主机被上载了攻击程序，被设置为攻击傀儡机，建立庞大的代理端。或者攻击者通过提供免费的软件、图片等服务，并在其中暗藏攻击使用的程序，直接设置傀儡机。

主控端的控制傀儡机用于向攻击傀儡机发布攻击命令，但控制傀儡机本身不参与实际的攻击，实际的攻击由代理端的攻击傀儡机实现，受害主机接收到的是来自攻击傀儡机的数据包。攻击者在实施攻击之前，被设置在受控主机上的程序与正常的程序一样运行，并等待来自攻击者的命令。

通常这些程序还会利用各种手段隐藏自己，如在 Windows 2000 中，将攻击使用的程序设置为系统引导时加载的驱动程序（*.sys），并放置在%systemroot%\system32\drivers 目录中，用户在控制台通常看不到这样的进程；如在 Lunix 系统中，攻击者可以通过重新编译某个系统程序，使之在实现原有功能的同时能够为攻击提供服务，为减少被发现的可能，攻击者还可能修改该程序的创建时间、字节长度等文件信息，使其保持修改前的状态信息。通过种种手段使得傀儡机在攻击前没有任何异常现象。

DDoS 攻击的体系结构是导致这种攻击难以追查的重要原因之一。为了避免攻击源被发现，在攻击目标主机之后，一般会清理日志擦除痕迹。虽然删除全部日志可以消除证据，但是，日志丢失会引起管理员的注意，攻击者通常会只删掉有关自己的日志项目，从而长时间地利用傀儡机。事实上，在攻击傀儡机上清理日志是一项庞大的工程，即使有很好的日志清理工具，任务也十分艰巨。一旦某台攻击傀儡机的日志未能很好清除，就可以通过日志线索查到控制它的上一级主机。如果上一级主机就是攻击者的机器，那么，攻击者就会暴露身份。如果上一级主机是控制傀儡机，攻击者仍然是安全的。控制傀儡机的数目相对较少，一般一台控制傀儡机就可以控制几十台攻击傀儡机。所以通过攻击傀儡机、控制傀儡机再找到攻击者就十分困难。

此外，高速网络为 DDoS 攻击创造了极为有利的物理条件。在低速网络时代，攻击者占领攻击傀儡机总会优先考虑离目标网络距离近的机器，因为经过的路由器越少效果越好。而在高速网络环境下，攻击傀儡机的选择更加灵活，攻击傀儡机的位置可以分布在更大的范围之内。

2. 分布式拒绝服务攻击的步骤

要构建 DDoS 攻击体系，集合众多的傀儡机进行协同工作，与入侵单台主机相比 DDoS 攻击要复杂得多。进行 DDoS 攻击的基本步骤如下。

（1）搜集目标情况

DDoS 攻击的攻击目标主要是公共服务设施，如 Internet 上的某个站点，而一个大的网站可能有很多台主机及 IP 地址利用负载均衡技术提供网站服务。一台服务器的瘫痪不会影响网站对外提供正常服务，只有使站点所有服务器都无法正常工作，网站才会彻底瘫痪，实现拒绝服务攻击的目的。所以，首先必须确定有多少台主机支持站点。在实际应用中，标识网站的同一域名往往对应着多个 IP 地址，网站还可以使用四层或七层交换机做负载均衡，把对同一个 IP 地址的访问以特定的算法分配到多个主机上，这时，一个 IP 地址往往又代表着数台机器。对于 DDoS 攻击者而言，他面对的任务可能是让几十台主机的服务都不正常，所以，事先搜集情报对 DDoS 攻击者来说非常重要，这关系到使用多少台傀儡机才能达到拒绝服务攻击的目的。简而言之，在相同的条件下，如果目标站点有两台主机作服务，需要两台傀儡机才能达到攻击目的，当目标站点有 5 台主机，就可能需要 5 台以上的傀儡机进行攻击。

（2）占领傀儡机

这一阶段，攻击者要构建尽可能多的傀儡机。例如，攻击者占领和控制被攻击的目标，取得最高的管理权限，或者得到一个有权限完成 DDoS 攻击任务的账号，构建尽可能多的傀儡机。攻击者最感兴趣的是有下列情况的主机：链路状态好的主机、性能好的主机、安全管理水平差的主机。通过漏洞扫描、端口扫描和本章所介绍的各种入侵手段，攻击者随机地或者有针对性地尝试入侵，并占领傀儡机，然后，在傀儡机上留下后门、擦除脚印，上载 DDoS 攻击用的程序，以备时机成熟时利用它们协同工作，同时向受害目标发送恶意的攻击包。

（3）实施攻击

如图 5.1 所示，在实施攻击阶段，攻击者登录到作为控制台的控制傀儡机，向所有的攻击傀偏机发出攻击命令，埋伏在攻击傀儡机中的 DDoS 攻击程序就会响应控制台的命令，一起向受害主机以高速度发送大量的数据包，导致目标主机或站点无法响应正常的请求。攻击者在攻击的同时，还会利用一些手段来监视攻击的效果，并在需要时进行调整。例如，攻击者使用 ping 命令不断地测试目标主机，如果能够接收到回应，就再加大一些流量或是命令更多的傀儡机加入攻击。

5.2.3　拒绝服务攻击的防范技术

由于 Internet 上绝大多数网络都不限制源地址，并且伪造源地址也非常容易，因而很难溯源找到攻击控制端的位置，所以，完全阻止拒绝服务攻击是不可能的，但是适当的防范工作可以减少被攻击的机会，降低系统受到拒绝服务攻击的危害。常用的防范技术有以下几种。

1. 完善站点设计

站点设计越完善，其防范能力就越好。例如某公司有一个运行关键任务的 Web 站点，并且必须连接到 Internet，但是与外网之间只有一条连接，并且服务器运行在一台计算机上，这样的设计就不完善。理想情况下，站点不仅要有多条与 Internet 的连接，而且最好有不同地理区域的连接。站点的服务位置越分散，IP 地址越分散，攻击者寻找与定位所有计算机的难度就越大。

2. 限制带宽

当 DoS 攻击发生时，针对单个协议的攻击会损耗公司的全部带宽，以致拒绝合法用户的服务。例如，如果攻击者向端口 25 发送大量攻击数据包，攻击者会消耗掉所有带宽，导致试图连接端口 80 的用户也被拒绝服务。限制带宽就是限制基于协议的带宽。例如，端口 25 只能使用 25% 的带宽，端口 80 只能使用 50% 的带宽。

3. 及时安装补丁

当新的 DoS 攻击出现并攻击计算机时，厂商一般会很快确定问题并发布补丁。应及时关注并安装最新的补丁，以减少被 DoS 攻击的机会。

4. 运行尽可能少的服务

运行尽可能少的服务可以减少被攻击成功的机会，限制攻击者攻击站点的攻击类型，减少管理员的管理内容。

5. 封锁敌意 IP 地址

当一个公司知道自己受到攻击时，应该马上确定发起攻击的 IP 地址，并在其外部路由器上封锁此 IP 地址。同时，要与 ISP 合作，通知其封锁敌意数据包，以保持合法用户的通信。

6. 优化网络和路由结构

站点提供的服务最好有多条与 Internet 的连接和不同地理区域的布局，服务器 IP 地址越分散，攻击者定位目标的难度就越大，当攻击发生时，所有的通信可被重新路由，从而大大降低攻击产生的影响。

7. 安装入侵检测系统

通过安装入侵检测系统，尽可能快地探测到拒绝服务攻击，以减少被入侵和利用的可能。常用的入侵检测系统有：基于网络的入侵检测系统和基于主机的入侵检测系统两种类型。

8. 使用扫描工具

安全措施不到位的网络和主机很可能已经被攻克并用作了 DdoS 傀儡机，因此要扫描这些网络，查找 DDoS 傀儡机，并尽可能把攻击程序从傀儡机中关闭删除，而大多数商业的漏洞扫描程序和工具都能检测到系统是否被用作 DDoS 傀儡机。

5.3 漏 洞 攻 击

信息系统由硬件和软件组成。由于应用软件和操作系统的复杂性和多样性，使得软件设计者在设计阶段无法预料到程序运行时的各种系统状态，更无法精确地预测在不同系统状态下会发生什么结果，所以，在信息系统的软件中存在着不易被发现的安全漏洞；另外，现有网络技术本身存在着许多不安全性，如 TCP/IP 在设计初期并没有考虑安全性问题，其本身就有许多不完善之处。对于网络设计和管理人员而言，不合理的网络拓扑结构和不严谨的网络配置，都将不可避免地造成网络中的漏洞，所以，对于一个复杂系统而言，漏洞的存在是不可避免的。而黑客正是利用这些漏洞实施攻击和入侵的。

5.3.1 配置漏洞攻击

配置漏洞可分为系统配置漏洞和网络结构配置漏洞。系统配置漏洞多源于管理员的疏漏，如共享文件配置漏洞、服务器参数配置漏洞等。网络结构配置漏洞多与网络拓扑结构有关，例如，将重要的服务设备与一般用户设备设置与同一网段，为攻击者提供了更多的可乘之机，埋下了安全隐患。

1. 默认配置漏洞

操作系统和服务应用程序在安装时使用默认的设置，虽然方便了系统的安装过程，但默认参数实际上为攻击者留下了后门，如默认用户名和口令、默认端口和默认服务，通常都是首选的突破口和入侵点。默认的目录路径则为攻击者查找机要文件，放置后门程序提供了方便。

2. 共享文件配置漏洞

大部分操作系统都提供了文件共享机制，方便网络资源的共享。但是共享配置不当就会暴露重要文件，攻击者能够轻易的获得机密资料。

3. 匿名 FTP

匿名 FTP 网络服务允许任何网络用户通过 FTP 访问服务器系统上指定的资源，但不适当的FTP 配置，将会造成服务器系统非授权资源的泄漏。例如，一般的匿名 FTP 的权限都是只读权限，即不允许匿名用户在服务器上创建文件和目录。否则，攻击者可很容易的放置木马程序，设置系统后门，为进一步的攻击提供便捷。

4. wu-ftpd

作为 FTP 服务程序的 wu-ftpd（Washington university FTP server daemon）中存在的漏洞，可以使攻击者由系统的任何账号获得 root 权限。wu-ftpd 的配置文件 src/pathnames.h 中有一个名为_PATH_EXECPATH 的变量，这个变量应该被设置为不包含 shell 或命令解释器的目录，如/bin/ftp-exec，但在建立默认的系统配置时_PATH_EXECPATH 被设为/bin，这样在编译时，用户可以进入目录/bin，使得任何用户，只要不是匿名登录，就可在有漏洞的 FTP 上获得 root 权限。

5.3.2 协议漏洞攻击

协议是指计算机通信的共同语言，是通信双方约定好的彼此遵循的一定规则。Internet 上现有的大部分协议在设计之初并没有考虑安全因素，使得攻击者可以利用协议固有的漏洞对目标进行攻击。例如，IPv4 允许网络上的任何人可以向任何人发送报文，只要 IP 地址是公用的 IP 地址，就无法阻止别人向这台主机发送报文。TCP 在设计时，假设网络中的主机都遵守一定的规则。例如，当网络流量增加，网络拥塞时，TCP 会自动降低网络的发送流量，等网络的情况转好，再试着一点一点地增加网络流量，目的是尽量不给网络增加负担。但攻击者可以不遵守 TCP 的协议规定，蛮横地发送大量数据包，造成服务过载导致网络阻断。操作系统在设计处理 TCP/IP 时，并没有预计到要处理非法数据包，当这种不应存在的特殊数据包出现时，许多系统会发生处理速度缓慢、停止响应、系统崩溃等不正常现象。

1. TCP 序列号预计

TCP 序列号预计是网络安全领域中最有名的缺陷之一，早在 1985 年，Bob Morris 就首先提出应该对 TCP 潜在的安全性进行考虑。

RFC793 指出 TCP 初始序列号（initial sequence number，ISN）是由 tcp_init 函数产生的 32 位数据，并且每 4ms 加 1。对于一个需要授权用户才可以访问的服务器而言，当攻击者能够猜测出要攻击的系统用于下一次连接时使用的 ISN 时，在受害主机未能接到信任主机应答确认前，入侵者通过预计序列号来建立连接，冒充信任主机与服务器进行会话，向服务器发送任意数据，而服务器会认为这些数据是从它信任的主机发送而来的，从而实现攻击的目的。

首先，攻击者以真实的身份做几次尝试性的连接，在每次连接过程中把其中的 ISN 号记录下来，通过统计，对往返时间（round trip time，RTT）进行平均求值，以猜测下一次可能的 ISN。如果 ISN 的实现是每秒钟 ISN 增加 128000，每次连接增加 64000，那么紧接着下一次与服务器建立连接时服务器采用的 ISN 是 128000 乘以 RTT 的一半，再加上 64000。

假设主机 C 假冒服务器 A 信任的主机 B 向服务器发出连接请求，攻击过程如图 5.2 所示。

此类攻击具有如下一些特点。

① 攻击者能在短时间内向服务器某一开放的端口发起若干 TCP 连接请求，以分析服务器的 ISN 增长规律，猜测下一次连接 ISN 可能值。紧接着发起用于攻击的连接请求，若服务器在攻击者发起攻击的这段时间内没有建立其他的连接，那么其下一次连接建立的 ISN 被攻击者猜种的可能性就很高。

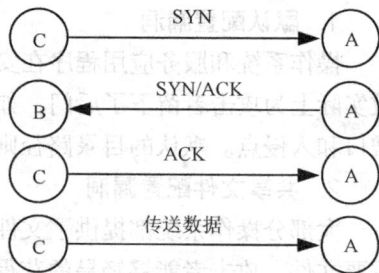

图 5.2　TCP 序列号预计攻击

② 在此类攻击过程中，被授权的客户机会因为收到从服务器发来的 SYN/ACK 而对该数据包做出响应（发送 RST 终止本次连接），攻击者可以通过使用一个已经离线的主机的 IP 地址，或者向其假冒的客户机发起拒绝服务攻击来阻止该客户机响应服务器发来的数据包。

③ 攻击者利用的是服务器上的一个应用层协议，该协议只依赖于客户机的 IP 地址认证和授权，而不是通过诸如密码或加密密钥等的高层认证机制。

④ 攻击者能够猜测或推断出从服务器发送给攻击者假冒的客户机的 TCP 数据，这些数据对于攻击者来说是看不到的。

2. SYN Flood 攻击

SYN Flood 攻击利用的是 TCP 的设计漏洞。正常的 TCP 连接要完成三次握手过程，建立可靠的连接。假设一个用户向服务器发送了 SYN 报文后突然死机或掉线，那么服务器在发出 SYN+ACK 应答报文后是无法收到客户端的 ACK 报文的，即第三次握手无法完成。在这种情况下服务器端会重试，再次发送 SYN+ACK 给客户端，并等待一段时间，判定无法建立连接后，丢弃这个未完成的连接。这段等待时间称为 SYN 中止时间（timeout），一般为 30s～2min。

一个用户的异常操作，导致服务器的一个线程等待 1min 并不会产生什么大的问题，但如果攻击者大量模拟这种情况，服务器端为了维护非常大的半连接列表就会消耗非常多的资源。当数以万计的半连接出现时，即使是简单的保存并遍历该列表也会消耗非常多的 CPU 时间和内存，而服务器端还要不断对这个列表中的 IP 进行 SYN+ACK 的重试。如果服务器的 TCP/IP 栈不够强大，往往导致堆栈溢出使系统崩溃，即使服务器端的系统足够强大，服务器端也将忙于处理攻击者伪造的 TCP 连接请求，而无暇理睬客户的正常访问，此时从正常客户的角度来看，服务器已经丧失了对正常访问的响应，这便是 SYN Flood 攻击的机理。

3. 循环攻击（UDP flood 攻击）

循环攻击利用的是 UDP 漏洞。UDP 端口 7 为回应端口（echo），当该端口接收到一个数据包时，会检查有效负载，再将有效负载数原封不动的回应给源地址。UDP 端口 19 为字符生成端口 Chargen（character generator），此端口接收到数据包时，以随机字符串作为应答。如果这些端口是打开的，假设运行了回应服务的主机为 E（echo 主机），运行了字符生成服务的主机为 C（chargen 主机），攻击者伪装成 E 主机 UDP 端口 7 向 C 主机 UDP 端口 19 发送数据包，于是主机 C 向 E 发送一个随机字符串，然后 E 将回应 C，C 再次生成随机字符串发送给 E。这个过程以很快的速度持续下去，会耗费相关主机的 CPU 时间，还会消耗大量的网络带宽，造成资源匮乏。

4. Land 攻击

Land 攻击的特征是 IP 协议中 IP 源地址和目的地址相同，且均为受害主机的 IP 地址。受害主机收到这样的连接请求时会向自己发送 SYN/ACK 数据包，结果导致受害主机向自己发回 ACK 数据包并创建一个空连接。每一个这样的连接都将保留直到超时丢弃，大量这样的数据包将使受害主机建立很多无效的连接，系统资源将被耗尽。不同的操作系统对 Land 攻击的反应不同，例如许多 UNIX 系统将崩溃，而 Windows NT 会变的极其缓慢。

5. Smurf 攻击

IP 规定主机号为全 1 的地址为该网段的广播地址，路由器会把这样的数据包广播给该网络上的所有主机。Smurf 攻击利用了广播数据包，可以将一个数据包"放大"为多个。攻击者伪装某源地址向一个网络广播地址发送一组 ICMP 回应请求数据包，这些数据包被转发到目标子网的所有主机上。由于 Smurf 攻击发出的是 ICMP 回应请求，因此所有接收到该广播包的主机将向被伪装的源地址发回 ICMP 回应应答。攻击者通过几百个数据包就可以产生成千上万的数据包，这样不仅可以造成目标主机的拒绝服务，而且还会使目标子网的网络本身也遭到 DoS 攻击。

6. WinNuke 攻击

操作系统在设计处理 TCP 数据包时，都严格遵循了 TCP 状态机，但遇到不符合状态机的数据包时，若不知所措，就可能造成死机。WinNuke 攻击首先发送一个设置了 URG 标志的 TCP 数据包，当操作系统接收到这样的数据包时，说明有紧急情况发生，并且，操作系统要求得到进一步的数据，以说明具体情况。此时，攻击者发送一个 RST 数据包，构造了 TCP 状态机中不会出现的数据包，若操作系统（如未打补丁的 Windows NT）不能正确处理，就会死机，使连接异常终止，服务中断。

7. Fraggle 攻击

Fraggle 攻击发送畸形 UDP 碎片，使得被攻击者在重组过程中发生未加预料的错误，导致系统崩溃。典型的 Fraggle 攻击使用的技术有碎片偏移位的错乱、强制发送超大数据包等。例如，一个长为 40 字节的数据在发送时被分为两段，包含第一段数据的数据包发送了数据 0～36 字节，包含第二段数据的数据包在正常情况下应该是 37～40 的 4 个字节，但攻击者构造并指定第二个数据包中包含第二段数据且为数据的 24～27 字节来迷惑操作系统，导致系统崩溃。

8. Ping to death 攻击

根据有关 IP 规定的 RFC791，占有 16 位的总长度控制字确定了 IP 包的总长度为 65 535 字节，其中包括 IP 数据包的包头长度。Ping to death 攻击发送超大尺寸的 ICMP 数据包，使得封装该 ICMP 数据包的 IP 数据包大于 65 535 字节，目标主机无法重新组装这种数据包分片，可能造成缓冲区溢出、系统崩溃。

5.3.3 程序漏洞攻击

由于编写程序的复杂性和程序运行环境的不可预见性，使得程序难免存在漏洞。程序漏洞攻击成为攻击者非法获得目标主机控制权的主要手段。

1. 缓冲区溢出攻击的原理

缓冲区溢出攻击是利用系统、服务、应用程序中存在的漏洞，通过恶意填写内存区域，使内存区域溢出，导致应用程序、服务甚至系统崩溃，无法提供应有的服务来实现攻击目的。不检测边界是造成缓冲区溢出的主要原因。以 UNIX 系统为例，其主要设计语言是 C 语言，而 C 语言缺乏边界检测，若不检查数组的越界访问，就会留下基于堆栈攻击的隐患。

UNIX 进程在内存中分为代码段、数据段和堆栈段。堆栈段用于为动态变量分配空间和临时保存函数调用的参数和返回地址。动态分配是 UNIX 程序采用的主要方法，但是，若动态变量从栈中分配空间时没有作边界检查，则可能发生缓冲区溢出，造成段越界。如图 5.3 所示，在 strcpy() 执行时，自 buffer 开始的 256 个字节被字符 A 覆盖，函数返回地址被覆盖为 0x41414141(0x41 为字符 A 的 ASCII 码)，当函数返回时，将发生一个段越界错误。

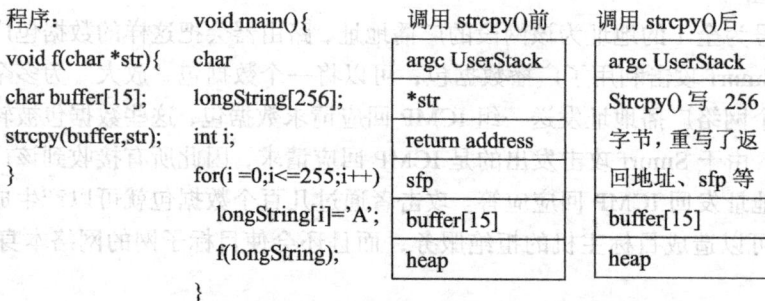

程序：	void main(){	调用 strcpy() 前	调用 strcpy() 后
void f(char *str){	char	argc UserStack	argc UserStack
char buffer[15];	longString[256];	*str	Strcpy() 写 256
strcpy(buffer,str);	int i;	return address	字节，重写了返
}	for(i =0;i<=255;i++)	sfp	回地址、sfp 等
	longString[i]='A';	buffer[15]	buffer[15]
	f(longString);	heap	heap
	}		

图 5.3　缓冲区溢出导致段越界错误

由上可知，若精心设计，就可操作函数返回地址，将返回地址覆盖为一个有效的可执行程序的起始地址，以达到入侵目的，甚至获得非法的超级用户权限，实现对目标主机的操纵。

现在的计算机采用数据执行保护技术（data execution protection，DEP），当数据出现在标记为不被执行的内存页中，CPU 将不予执行，从而有效防护溢出漏洞。另外，在 Visual Studio 2003 及以后微软公司的 VC++开发平台中，编译器都加入了缓冲区安全检查设置项，能优化代码顺序，防止因内存溢出而覆盖程序重要数据现象的发生，默认情况下该项是打开状态。

2. BIND 漏洞攻击

运行在 DNS 服务器上的 BIND（Berkeley Internet name domain）服务器软件是最易遭受攻击的软件之一。BIND 存在的脆弱性可以对系统造成根级的安全威胁，如 BIND 8.2 版本存在漏洞，攻击者伪装成 DNS 服务器，发送一个大的 NXT 记录（RFC2065 有关 DNS 的安全扩展中介绍了 NXT，域中不存在的名字被标定为 NXT 类型），并在记录中包含攻击代码，使运行着存在漏洞的 DNS 服务器引起缓冲区溢出，从而获得 root 权限。

3. Finger 漏洞攻击

Solaris 自带的 Finger 服务器存在如下一些漏洞：当攻击者在向 Finger 服务器提交以数字做用户名的询问请求时，如 finger 1234@abc.com，Finger 服务器会把日志文件 wtmp（一个用户每次登录和退出时间的记录文件）中所有的用户名返回给攻击者。当攻击者对服务器进行 finger 查询时，如果询问一个不存在的用户，服务器会返回一个带 "." 的回答，这可能造成攻击者用暴力法判断系统上存在的用户。

4. Sendmail 漏洞攻击

在旧版本的 sendmail 中，为解决反向编码的问题，数据库中包含一个 decode 入口，这个 UNIX 程序可以将一个以纯文本编码的二进制文件，转化为原有的二进制的形式和名字。反向编码完全尊重被编码的文件。例如，当一个名为 bar.uu 的文件声称其原始文件是/home/foo/.rhosts 时，则反编码程序将试图转化 bar.uu 文件为 foo 下的.rhosts 文件。一般情况下，sendmail 将 undecode 作为半特权用户后台程序运行，所以 Email 发出的编码文件不会覆盖任何系统文件。但是，如果目标程序是全局可写的，那么编码程序允许远程用户修改这些文件，使攻击者可以放置木马，留下后门，达到攻击目的。

5.4 木 马 攻 击

"特洛伊木马"源于希腊神话《木马屠城记》，相传在古希腊时期，特洛伊王子帕里斯劫走了斯巴达美丽的王后海伦和大量的财物。斯巴达国王带领希腊联军远征特洛伊，但久攻不下。奥德修斯献计：让士兵藏匿于巨大的木马中，同时命令大部队佯装撤退而将木马弃于特洛伊城下。特洛伊人发现敌人撤退，将"木马"作为战利品拖入城内，全城狂欢庆祝胜利。等到午夜时分，全城军民尽入梦乡，藏匿于木马中的将士开启城门，城外伏兵涌入，部队里应外合，彻底攻破了特洛伊城。后世称这只大木马为"特洛伊木马"。

计算机系统中也存在类似于"特洛伊木马"的程序，这些程序在用户无所察觉的情况下悄然运行，访问未授权资源，窃取用户信息，甚至破坏用户数据和系统。

5.4.1 基本概念

在计算机系统中，"特洛伊木马"简称"木马"，指系统中被植入的、人为设计的程序，目的包括通过网络远程控制其他用户的计算机系统，窃取信息资料，并可恶意致使计算机系统瘫痪。

木马程序通常伪装成合法程序的样子，或依附于其他具有传播能力的程序，或通过先入侵后植入等多种途径进驻目标机器，搜集目标机器中各种敏感信息，并通过网络与外界通信，发回所搜集到的信息；开启后门，接收植入者的指令，完成其他各种操作。

木马常被用作入侵网络系统的重要工具，感染了木马的计算机将面临数据丢失和机密泄露的危险。当一个系统服务器安全性较高时，入侵者通常首先攻破庞大的系统用户群中安全性相对较弱的普通电脑用户，然后借助所植入的木马获得有关系统的有效信息，最终达到侵入目标服务器系统的目的。另一方面，木马往往又被用作后门，植入被攻破的系统，方便入侵者再次访问。或者利用被入侵的系统，通过某种方式欺骗合法用户，暗中散发木马，以便进一步扩大入侵成果和入侵范围，为进行其他入侵活动提供可能。

依据不同的标准，对木马有不同的分类方法。

从木马技术发展的角度考虑，木马技术可分为四代：第一代木马主要表现为欺骗性，如UNIX 系统上的假 login 诱骗，在 Windows 上的 Netspy 等木马；第二代木马在隐藏、自启动和操纵服务器等技术上有了很大的发展，如冰河木马；第三代木马在隐藏、自启动和数据传输技术上有了根本性改变，如出现了通过 ICMP 传递数据的木马；第四代木马在进程隐藏方面做了较大的改动，采用了改写和替换系统文件的方法，修改操作系统内核，以达到更好地隐藏自身的目的。

从木马所实现的功能角度，木马可分为破坏型木马、密码发送型木马、远程访问型木马、键盘记录木马、DoS 攻击木马、代理木马、FTP 木马、程序杀手木马、反弹端口型木马等。破坏型木马以破坏用户文档和重要系统文件为目的，造成系统损坏和用户数据丢失，其功能简单，容易实现，破坏性强；密码发送型木马寻找敏感信息，并将找到的密码发送到指定的信箱；远程访问型木马，在受害主机上运行服务端程序，以实现远程控制；键盘记录木马记录受害者的键盘敲击，从这些按键中寻找密码等有用信息；DoS 攻击木马的危害不是体现在被感染计算机上，而是体现在攻击者可以利用它来攻击其他计算机，给网络造成很大的伤害和损失；代理木马是黑客在入侵时掩盖自己的足迹，防止别人发现的重要手段，通过给被控制的"肉鸡"种上代理木马，让其变成攻击者发动攻击的跳板；FTP 木马通过打开 21 端口，等待用户连接；程序杀手木马通过关闭防木马软件，以更好地发挥自己和其他木马的作用；反弹端口型木马定时监测控制端的存在，发现控制端上线，主动连结控制端打开的被动端口，利用防火墙"严进宽出"的安全漏洞建立连接。

5.4.2　木马的特点

典型的木马通常具有以下 4 个特点：有效性、隐蔽性、顽固性和易植入性。一个木马的危害大小和清除难易程度可以从这 4 个方面来加以评估。

1. 有效性

有效性是指木马能够与其控制端（入侵者）建立某种有效联系，从而能够充分控制目标机器，并窃取敏感信息。有效性是木马的一个最重要特点。

2. 隐蔽性

木马必须有能力长期潜伏于目标机器中而不被发现。一个隐蔽性差的木马很容易暴露自己，进而被查杀软件查出，甚至被用户手工检查出来，这样将使得木马变得毫无价值。因此，隐蔽性是木马的生命。

3. 顽固性

木马顽固性是指有效清除木马的难易程度。若一个木马在检查出来之后，仍然无法将其一次性有效清除，那么该木马就具有较强的顽固性。

4. 易植入性

任何木马必须首先能够进入目标机器，因此易植入性就成为木马有效性的先决条件。欺骗是自木马诞生起最常见的植入手段，因此各种好用的小功能软件就成为木马常用的栖息地。利用系统漏洞进行木马植入也是木马入侵的一类重要途径。目前木马技术与蠕虫技术的结合使得木马具有类似蠕虫的传播性，这也极大提高了木马的易植入性。

近年来，木马技术取得了较大的发展，已彻底摆脱了传统模式下植入方法原始、通信方式单

一、隐蔽性差等不足。借助一些新技术，木马不再依赖于对用户进行简单的欺骗，也可以不必修改系统注册表，不开新端口，不在磁盘上保留新文件，甚至可以没有独立的进程，这些新特点使对木马的查杀变得愈加困难；同时，木马的功能取得了大幅提升。

5.4.3　木马的基本原理

木马本质上是由网络客户/服务（Client/Server）程序的组合构成的。通常由一个攻击者控制的客户端程序和一个运行在被控计算机端的服务端程序组成。当攻击者利用木马进行网络入侵时，一般都需完成如下环节：首先向目标主机植入木马；然后木马程序启动运行，并且能够隐藏自己；攻击者建立服务器端（目标主机）和客户端之间的连接；通过远程控制等操作实现攻击。木马相关技术主要包括植入技术、自动加载运行技术、隐藏技术、连接技术和远程监控技术等。

1．植入技术

植入技术是指攻击者通过各种方式将木马的服务端程序上传到目标主机的过程。木马植入技术可以大致分为主动植入和被动植入两大类。

所谓主动植入，就是攻击者主动将木马程序植入到本地或者是远程主机上，这个行为过程完全由攻击者主动掌握，因此攻击者需要获取目标主机一定的权限，以完成木马程序的写入和执行。攻击者可以通过直接使用目标主机，本地完成木马植入，如公用主机、网吧主机等；亦可能通过系统漏洞获得主机权限，远程实现木马植入。

而被动植入，是指攻击者预先设置某种环境，然后被动等待目标系统用户某种可能的操作，只有这种操作执行，木马程序才有可能植入目标系统。通常被动植入主要采取欺骗手段，诱使用户运行木马程序，达到植入目的。例如，利用电子邮件发送伪装成合法程序的木马，利用网页浏览进行系统注册表的修改实现木马程序的植入，利用移动存储设备的植入等。

2．自动加载技术

自动加载技术实现木马程序的自动运行。植入目标主机的木马只有启动运行才能开启后门，向攻击者提供服务。其可能的方式有修改系统启动批处理文件；修改系统文件；修改系统注册表；添加系统服务；修改系统自动运行的程序等。

3．隐藏技术

为保证攻击者能长期侵入和控制目标主机，木马程序通常要隐藏自己，不出现在任务栏、任务管理器、服务管理器等系统信息表中。例如，木马程序以与系统进程或其他正常程序进程非常相似的进程名命名，使用户无法识别，欺骗用户。

4．连接技术

建立连接时，木马的服务端会在目标主机上打开一个默认的端口进行侦听，如果有客户机向服务器的这一端口提出连接请求，服务器上的木马服务器就会建立连接，启动一个守护进程来应答客户机的各种请求。

5．远程监控技术

木马连接建立后，客户端端口和服务器端口之间将会出现一条通道，客户端程序可由这条通道与服务器上的木马程序取得联系，并对其进行远程控制。木马的远程监控功能概括起来有以下几点。

（1）获取目标机器信息

木马的一个主要功能就是窃取被控端计算机的信息，然后再把这些信息通过网络连接传送到控制端。通过调用目标机器的系统 API 函数，获取目标机器的系统信息和文件信息，并进行解读分析，得到攻击者感兴趣的信息内容。

（2）记录用户事件

木马程序为了达到控制目标主机的目的，通常想知道目标主机用户目前在干什么，于是记录用户事件成了木马的又一主要功能。记录用户事件通常有两种方式：

其一是记录被控端计算机的键盘和鼠标事件，形成一个文本文件，然后把该文件发送到控制端，控制端用户通过查看文件的方式了解被控端用户打开了哪些程序，敲了哪些键；

其二是在被控端抓取当前屏幕，形成一个位图文件，然后把该文件发送到控制端显示，从而通过抓取得屏幕知道目标用户的操作行为。

（3）远程操作

木马程序的远程操作功能有远程关机、重启，鼠标与键盘的控制，远程的文件管理等。木马程序有时需要重新启动被控制端计算机，或者强制关闭远程计算机，在被控制计算机重新启动后，木马程序重新获得控制权。在木马程序中，木马使用者还可以通过网络控制被控端计算机的鼠标和键盘，也可以通过这种方式启动或停止被控端的应用程序。木马还可以对远程的文件进行管理，比如共享被控端的硬盘，使之可以进行任意的文件操作。

5.4.4　木马的防范技术

虽然木马程序隐蔽性强、种类多，攻击者也设法采用各种隐藏技术来增加被用户检测到的难度，但由于木马实质上是一个程序，必须运行后才能工作，所以会在计算机的文件系统、系统进程表、注册表、系统文件、日志等中留下蛛丝马迹，用户可以通过"查、堵、杀"等方法检测和清除木马。其具体防范技术方法主要包括检查木马程序名称、注册表、系统初始化文件和服务、系统进程和开放端口，安装防病毒软件，监视网络通信，堵住控制通路和杀掉可疑进程等。

以下是一些常用的防范木马程序的措施。

① 及时修补漏洞，安装补丁可以保持软件处于最新状态，同时也修复了最新发现的漏洞。通过漏洞修复，最大限度地降低了利用系统漏洞植入木马的可能性。

② 选用实时监控程序、各种反病毒软件，在运行下载的软件之前进行检查，防止可能发生的攻击；使用木马程序清除软件，删除系统中存在的感染程序；为系统安装防火墙，增加黑客攻击的难度。

③ 培养风险意识，不使用来历不明的软件。互联网中有大量的免费、共享软件供用户下载使用，很多个人网站为了增加访问量也提供一些趣味游戏供浏览者下载。而这些下载的软件很可能就是一个木马程序，对于这些来历不明的软件最好不要使用，即使通过了一般反病毒软件的检查也不要轻易运行。

④ 加强邮件监控管理，拒收垃圾邮件。不轻易打开陌生邮件，对带有附件的邮件，最好用查杀病毒或是木马软件进行查杀，然后再打开。

⑤ 即时发现，即时清除。在使用计算机的过程中，注意及时检查系统，发现异常情况时，如突然发现蓝屏后死机，鼠标左右键功能颠倒或者失灵，文件被莫名其妙地删除等，要立即查杀木马。

5.4.5　常见木马的查杀方法

本节通过几种常见木马的查杀技术介绍木马查杀的一般方法。

1. BO2000

查看注册表［HEKY_LOCAL_MACHINE\Software\Microsoft\Windows\CurrentVersion\RunServicse］中是否存在 Umgr32.exe 的键值。有则将其删除。重新启动计算机，并将\Windows\System 中的 Umgr32.exe 删除。

2. NetSpy（网络精灵）

国产木马，默认连接端口为 7306。实现了注册表编辑功能和浏览器监控功能，客户端可以不用 NetMonitor，而是通过 IE 或 Navigate 就能实现远程监控。其强大之处丝毫不逊色于冰河和 BO2000。服务端程序被执行后，会在 C:\Windows\system 目录下生成 netspy.exe 文件。同时在注册表［HKEY_LOCAL_MACHINE\software\microsoft\windows\CurrentVersion\Run］下建立键值 C:\windows\system\netspy.exe，用于在系统启动时自动加载运行。

清除方法：

① 进入 dos，在 C:\windows\system\目录下输入命令：del netspy.exe 后按回车键；

② 进入注册表 HKEY_LOCAL_MACHINE\Software\microsoft\windows\CurrentVersion\Run\，删除 Netspy.exe 和 Spynotify.exe 的键值即可安全清除 Netspy。

3. 冰河木马病毒

① 删除 C:\Winnt\system32 下的 Kernel32.exe 和 Sysexplr.exe 文件；

② 删除注册表中 HKEY_LOCAL_MACHINE\Software\Microsoft\Windows\CurrentVersion\Run 下的键值 WINDOWS\SYSTEM\Kernel32.exe；

③ 删除注册表中 HKEY_LOCAL_MACHINE\Software\Microsoft\Windows\CurrentVersion\Runservices 下的键值 WINDOWS\SYSTEM\Kernel32.exe；

④ 修改注册表 HKEY_CLASSES_ROOT\txtfile\shell\open\command 下的默认值，由被病毒感染后的 Sysexplr.exe %1 改为正常情况下的 notepad.exe %1；

⑤ 重新启动，在纯 dos 模式中删除冰河以及它的关联程序，默认是 C:\WINDOWS\SYSTEM\Kernel32.exe 和 sysexplr.exe。

5.5 蠕 虫 技 术

计算机网络系统的建立是为了使多台计算机能够共享数据资料和外部资源，然而这也给计算机蠕虫病毒带来了更为有利的生存和传播的环境。蠕虫侵入计算机网络，可以导致计算机网络效率急剧下降、系统资源遭到严重破坏，短时间内造成网络系统的瘫痪。因此，网络环境下蠕虫病毒防治成为计算机攻防领域的研究重点。

5.5.1 蠕虫技术的特点

蠕虫是一种通过网络传播的恶性病毒，它具有病毒的一些共性，如传播性、隐蔽性和破坏性等，同时蠕虫还具有自己特有的一些特征，如对网络造成拒绝服务，与黑客技术相结合等。

蠕虫具有如下一些行为特征。

① 自我繁殖。蠕虫在本质上已经演变为黑客入侵的自动化工具，当蠕虫被释放（release）后，从搜索漏洞，到利用搜索结果攻击系统，到复制副本，整个流程全由蠕虫自身主动完成。就自主性而言，这一点有别于通常的病毒。

② 利用漏洞主动进行攻击。任何计算机系统都存在漏洞，蠕虫利用系统漏洞获得被攻击计算机系统的相应权限，进而进行复制和传播。漏洞是各种各样的，有操作系统本身的问题，有应用服务程序的问题，有网络管理人员的配置问题。漏洞产生原因的复杂性导致了各种类型蠕虫的泛滥。

③ 传染方式复杂，传播速度快。蠕虫病毒的传染方式比较复杂，可以利用的传播途径包括文件、电子邮件、服务器、Web 脚本、U 盘、网络共享等。此外，由于蠕虫在网络中传播，其传播速度相当惊人，传播范围极其广泛，可以在短时间内蔓延至整个因特网。

④ 破坏性强。在扫描漏洞主机的过程中，蠕虫需要判断其他计算机是否存在，判断特定应用服务是否存在，判断漏洞是否存在等，这不可避免的会产生附加的网络数据流量。同时，蠕虫副本在不同机器之间传递，或者向随机目标发出的攻击数据都不可避免的会产生大量的网络数据流量。即使是不包含破坏系统正常工作的恶意代码的蠕虫，也会因为它产生了巨量的网络流量，导致整个网络瘫痪，造成经济损失。蠕虫入侵到计算机系统之后，会在被感染的计算机上产生自己的多个副本，每个副本启动搜索程序寻找新的攻击目标。大量的进程会耗费系统的资源，导致系统的性能下降。这对网络服务器的影响尤其明显。

⑤ 留下安全隐患。大部分蠕虫会搜集、扩散、暴露系统敏感信息，并在系统中留下后门，这些都会导致未来的安全隐患。

⑥ 难以全面清除。只要网络中有一台主机未能将蠕虫查杀干净，就可使整个网络重新全部被蠕虫病毒感染。所以，单机查杀不能彻底解决蠕虫病毒的清除。

5.5.2 蠕虫的基本原理

蠕虫病毒由主程序和引导程序两部分组成，主程序主要负责收集与当前计算机联网的其他计算机的信息，通过读取公共配置文件并检测当前的联网状态，尝试利用系统的缺陷在远程计算机上建立引导程序，引导程序负责把蠕虫病毒带入它所感染的每一台计算机中。

主程序的核心模块是传播模块，它实现了自动入侵功能，可分为扫描、攻击、复制 3 个基本步骤。蠕虫的扫描功能主要负责探测远程主机的漏洞，以寻找传播对象；攻击的目的是为了获得必要的目标主机权限，建立传输通道，为后续步骤做准备；在特定权限下，通过复制实现蠕虫引导程序的远程建立。然后收集被传染计算机上的信息，建立自身的多个副本，在同一台计算机上提高传染效率，判断并避免重复传染。

蠕虫程序常驻于一台或多台计算机中，并具有自动重新定位的能力。如果蠕虫程序检测到网络中的某台计算机未被占用，它就把自身的一个拷贝发送给那台计算机。每个蠕虫都能把自身的拷贝重新定位于另一台计算机中，并且能够识别出它自己所占用的计算机。

5.5.3 防范蠕虫的措施

蠕虫病毒对个人用户的攻击主要还是通过社会工程学，而不是利用系统漏洞，所以防范此类病毒需要注意以下几点。

① 安装杀毒软件。要使用具有实时监控功能的杀毒软件，启用杀毒软件的"邮件发送监控"和"邮件接收监控"功能，以提高对蠕虫病毒的防护能力。

② 及时升级病毒库。杀毒软件对病毒的查杀是以病毒的特征码为依据的，而病毒每天都层出不穷，尤其是在网络时代，蠕虫病毒的传播速度快、变种多，所以必须及时更新病毒库，以便能够查杀最新的病毒。

③ 提高防杀毒意识，不要轻易点击陌生的站点。在访问陌生网站之前，对 IE 浏览器进行设置，把安全级别由"中"改为"高"，将 ActiveX 插件和控件、Java 脚本等全部禁止，防止含有恶意代码的 ActiveX 或 Applet、JavaScript 的网页文件，减少被网页恶意代码感染的概率。

④ 不随意查看陌生邮件，尤其是带有附件的邮件。由于有的病毒邮件能够利用 IE 和 Outlook 的漏洞自动执行，所以计算机用户需要升级 IE 和 Outlook 程序，及常用的其他应用程序。

⑤ 提高安全防范意识，对于通过聊天软件发送的任何文件，都要经过好友确认后再运行，不要随意点击聊天软件发送的网络链接。

5.5.4　常见蠕虫的查杀方法

1. Sircam 蠕虫病毒

① 清空回收站，因为病毒将自身隐藏在回收站。

② 删除 Autoexec.bat 文件中的"@win ecycledsirc32.exe"。

③ 恢复注册表：

- 将 regedit.exe 改名为 regedit.com 因为该病毒关联 exe 文件；
- 打开注册表编辑器，查找主键 HKEY_CLASSES_ROOT\exefile\shell\open\command 将其键值改为"%1" %*；
- 删除主键 HKEY_LOCAL_MACHINE\Software\SirCam；
- 删除键值 HKEY_LOCAL_MACHINE\Software\Microsoft\Windows Current Version\Run Services\Driver32；
- 将 regedit.com 改回为 regedit.exe。

2. 圣诞节病毒

① 通过开始/程序，进入 MS-DOS 模式；

② 将 DOS 指令 regedit.exe 重新命名为 regedit.com；

③ 打开注册表编辑器，查找主键 HKEY_CLASSES_ROOT\exefile\shell\open\command 将其键值改为"%1" %*；

④ 删除键值 HKEY_LOCAL_MACHINE\Software\Microsoft\Windows\CurrentVersion\Run\Win32BaseServiceMOD；

⑤ 将 regedit.com 重新命名为 regedit.exe。

5.6　本章知识点小结

攻击技术是信息安全所面临的主要威胁，是信息安全工作者要应对的主要问题之一。了解攻击的技术路线，攻击的主要原理、手段、方法和途径，对于发现信息安全漏洞、采取安全应对措施、制定安全防护策略有重要的指导意义。

1. 网络信息采集

（1）常用的信息采集命令

常用的信息采集命令有 ping、host、traceroute、nbtstat、net、finger、nslookup 等，这些命令被网络安全工作者和攻击者所使用，用来获取目标网络基本信息。

（2）漏洞扫描

漏洞扫描是指通过检测目标网络设备和主机系统中存在的安全问题，发现和分析可以被攻击者利用的漏洞。堆栈指纹技术是利用不同操作系统在处理 TCP/IP 时存在的微小差异来查看网络中主机操作系统的主要手段。

（3）端口扫描

攻击者通过扫描众所周知的端口和常用的端口，发现目标网络开放的端口以及相应端口上提供的服务。常用的端口扫描技术有 TCP 端口扫描、TCP SYN 扫描、TCP FIN 扫描、NULL 扫描、Xmas tree 扫描、UDP 扫描等。

（4）网络窃听

以太网的工作机制使得通过将网卡设置成混杂模式，就可以探听并记录下同一网段上所有的数据包。网络窃听具有较好的隐蔽性和较大的危害性。无线网络通信有更多的漏洞。

（5）典型信息采集工具

本章列举了典型的信息采集工具：nmap 扫描器、Axcet NetRecon 扫描器、ping Pro 扫描器、ISS Internet Scanner 扫描器，介绍了这些工具的功能、特点和基本的用法。

2. 拒绝服务攻击

（1）基本的拒绝服务攻击

拒绝服务攻击使授权实体不能获得对网络资源的正常访问或访问操作被严重推迟。DoS 攻击有两种基本形式：目标资源匮乏型和网络带宽消耗型。

（2）分布式拒绝服务攻击

分布式拒绝服务攻击是一种分布式的、协作的大规模攻击方式。分布式拒绝服务攻击在攻击前要建立特有的体系结构，并采用各种方式隐藏攻击程序、清除攻击痕迹。分布式拒绝服务攻击通过搜集目标情况、占领傀儡机、实施攻击 3 个步骤实现攻击。

（3）拒绝服务攻击的防范技术

完全阻止拒绝服务攻击存在一定的难度，但适当的防范工作可以减少被攻击的机会，降低系统受到拒绝服务攻击的危害。

3. 漏洞攻击

（1）配置漏洞攻击

常见的配置漏洞攻击有默认配置漏洞、共享文件配置漏洞、匿名 FTP、wu-ftpd 配置漏洞等。

（2）协议漏洞攻击

常见的协议漏洞攻击有 TCP 序列号预计、SYN Flood 攻击、循环攻击（UDP Flood 攻击）、Land 攻击、Smurf 攻击、WinNuke 攻击、Fraggle 攻击、Ping to death 攻击等，这些攻击不遵守正常的协议规则，在操作系统和网路设备不能正确处理时达到攻击目的。

（3）程序漏洞攻击

对程序和服务实施缓冲区溢出攻击是攻击者获得目标控制权的主要手段，本小节介绍了缓冲区溢出攻击的攻击原理，列举个 BIND 漏洞攻击、Finger 漏洞攻击、Sendmail 漏洞攻击等攻击的基本原理。

4. 木马攻击

（1）基本概念

木马在用户无所察觉的情况下运行，访问未授权资源，窃取用户信息，破坏用户数据和系统。可按照木马技术的发展将木马技术分为四代；亦可从木马所实现的功能角度分为破坏型木马、密码发送型木马、远程访问型木马、键盘记录木马、DoS 攻击木马、代理木马、FTP 木马、程序杀手木马、反弹端口型木马等。

（2）木马的特点

典型的特洛伊木马通常具有有效性、隐蔽性、顽固性和易植入性 4 个特点。一个木马的危害大小和清除难易程度可以从这 4 个方面来加以评估。

（3）木马的基本原理

木马以客户/服务器方式进行攻击，所涉及的技术主要包括植入技术、自动加载运行技术、隐藏技术、连接技术和远程监控技术等。

（4）木马的防范技术

木马的防范技术主要包括：检查木马程序名称、注册表、系统初始化文件和服务、系统进程和开放端口，安装防病毒软件，监视网络通信，堵住控制通路和杀掉可疑进程等。

5. 蠕虫技术

（1）蠕虫技术的特点

蠕虫是一种通过网络传播的恶性病毒，它具有病毒的共性，也具有自身的特性。

（2）蠕虫的基本原理

蠕虫病毒由主程序和引导程序两部分组成。蠕虫的自动入侵可分为扫描、攻击、复制 3 个基本步骤。

（3）防范蠕虫的措施

防范蠕虫的主要措施有安装杀毒软件并及时升级病毒库，不轻易访问陌生站点，不随意查看陌生邮件等。

习　题

1. 网络信息采集的主要任务是什么？
2. 常用的信息采集命令有哪些？
3. 如何使用 net 命令将网络共享点\\HostA\DirB 映射为本地映像驱动器 k:？
4. 漏洞扫描分哪几种类型？
5. 什么叫堆栈指纹扫描技术？常见的堆栈指纹扫描技术有哪些？
6. 请给出下列服务程序常用的端口号：

　　ftp　http　telnet　finger　snmp　pop3　echo　chargen
7. 常见的端口扫描技术有哪些？
8. 如何实现网络窃听？
9. 如何使用 nmap 对目标主机进行 TCP SYN 秘密端口扫描？给出详细结果。
10. 拒绝服务攻击的基本形式有哪些？
11. 拒绝服务攻击的特点是什么？
12. 简述分布式拒绝服务攻击的体系结构。
13. 可能的配置漏洞有哪些？
14. 简述 SYN FLOOD 攻击的基本原理。
15. 循环攻击利用的是哪些端口，简述循环攻击的原理。

16. 什么叫缓冲区溢出攻击？
17. 简述木马的特点。
18. 木马相关的主要技术有哪些？
19. 简述蠕虫的特点。
20. 防范蠕虫的措施有哪些？

第6章
入侵检测系统

为了保护信息系统，人们已经提出了多种信息安全防御机制。传统的安全防御机制主要通过信息加密、身份认证、访问控制、安全路由、防火墙和虚拟专用网等安全措施来保护计算机系统及网络基础设施。然而，入侵者一旦利用脆弱程序或系统漏洞绕过这些安全措施，就可以获得未经授权的资源访问，从而导致系统的巨大损失或完全崩溃。为了全面保障整个信息系统的安全，不仅要采取安全防御措施，还应该采取积极主动的入侵检测与响应措施。入侵检测技术是近年发展起来的用于检测任何损害或企图损害系统保密性、完整性或可用性行为的一种新型安全防范技术，不同于传统的安全防御机制。通过对计算机网络或计算机系统中的关键点采集审计数据并对其进行分析，能够发现是否有违反安全策略的行为和被攻击的迹象，在网络系统受到危害之前拦击和响应入侵。入侵检测不仅可以检测来自外部的入侵行为，也可以监督内部用户的未授权活动，弥补了防火墙等传统防御技术的不足。作为网络安全的最后一道防线，已经成为完整的现代信息安全技术的一个重要组成部分。

6.1 入侵检测原理与分类

入侵是指系统发生了违反安全策略的事件，包括对系统资源的非法访问、恶意攻击、探测系统漏洞和攻击准备等对网络造成危害的各种行为。入侵检测作为一种积极主动的网络安全防御技术，通过监视系统的运行状态发现外部攻击、内部攻击和各种越权操作等威胁，并在网络与信息系统受到危害之前拦截和阻断危害行为。

6.1.1 入侵检测发展历史

1. 入侵检测的起源

入侵检测的核心思想起源于安全审计机制。审计不同于系统日志，审计是基于系统安全的角度来记录和分析事件，通过风险评估制定可靠的安全策略并提出有效的安全解决方案。James P. Anderson 早在 1980 年就指出，在计算机系统遭受攻击时，审计机制应当给安全管理人员提供足够的信息识别系统的异常行为；并将计算机系统的威胁划分为外部渗透、内部渗透和不法行为 3 种类型。利用安全审计监视入侵行为的思想为开展入侵检测研究创建了指导方法。

1983 年，斯坦福研究所（Stanford research institute，SRI）的 Dorothy E. Denning 和 Peter Neumann 采用审计数据统计分析方法建立系统用户的行为模式，当用户行为明显偏离系统所建立的行为模式时，将产生报警信号。采用基于规则匹配的专家系统机制来检测已知入侵行为，当入侵特征与检测规则匹配时，系统产生报警信号。研究成果称为入侵检测专家系统（intrusion detection expert system，IDES），IDES 是世界上第一个实用的入侵检测系统产品。1985 年，美国国防部所属的国家计算机安全中心正式颁布了信息安全标准，即可信计算机系统评估准则（TCSEC）。TCSEC 的颁布不仅推动了操作系统、数据库管理系统及应用软件在安全方面的发展，也对入侵检测系统等安全技术的发展起到了巨大的推动作用，是计算机信息安全发展史上的一个重要里程碑。1987 年 2 月，Dorothy E. Denning 和 Peter Neumann 在总结几年研究工作的基础上，正式发表了入侵检测模型著名论文（an intrusion detection model），首次提出了与具体系统和实现无关的通用入侵检测模型概念。入侵检测模型的核心思想就是异常用户模式不同于正常用户模式，因此，通过分析审计记录和网络数据能够识别违反系统安全策略的入侵行为，通用入侵检测模型为以后研发入侵检测系统（intrusion detection system，IDS）产品奠定了坚实的理论基础。

2. 入侵检测的发展

随着网络技术的不断成熟，Internet 在全球范围内以惊人的速度迅猛发展，各国政治、军事、经济、文化等领域越来越依赖于网络设施，蠕虫病毒感染和针对网络基础设施的攻击行为也在不断地增加。入侵行为对国家安全、经济和社会生活已经造成了极大的威胁，因此，信息安全引起了军方、企业和学术界的高度重视，促使人们投入更多的资金和精力研究 IDS。1988 年 5 月，加州大学戴维斯分校劳伦斯利弗莫尔（Lawrence Livermore）国家实验室承接了为美国空军基地开发新型 IDS Haystack 的科研课题，项目组成员为了使科研成果能够尽快商品化，于 1989 年创建了以科研课题名称 Haystack 命名的商业公司，并将公司开发的 IDS 产品称为 STALKER，意思是能够全方位围捕网络入侵活动。STALKER 系统的分析引擎采用状态转移方法描述已知入侵模式，入侵特征包括初始状态、针对入侵模式的状态转移函数和结束状态。入侵行为一旦与分析引擎所保存的入侵特征匹配，系统将根据预先定义的安全策略采取相应的响应措施。STALKER 系统是第一个采用误用检测技术的 IDS，也是第一款在安全市场上销售成功的商业化产品。

1990 年 5 月是入侵检测发展史上的另一个里程碑，加州大学戴维斯分校的 L. T. Heberlein 等研究人员首次利用网络分组数据作为安全审计数据源，通过监测网络流量来识别网络入侵行为。在提出基于网络入侵检测概念的基础上，建立了网络安全监视器（network security monitor，NSM）入侵检测原型系统。NSM 系统与以前 IDS 的最大区别就是用网络数据作为审计数据源，没有采用主机系统的审计记录，从而在不必进行审计记录格式变换的条件下实现了异构系统的入侵检测，从此开辟了基于主机和基于网络两个重要的入侵检测研究方向。1991 年 2 月，Haystack 公司与 L. T. Heberlein 等人共同展开了对分布式入侵检测系统（distributed intrusion detection system，DIDS）的研究。审计数据源分别来自网络数据和主机审计记录，首次将基于主机和基于网络两种入侵检测方法集成在一起。采用层次体系的检测系统结构，通过基于主机和基于网络两种入侵检测方法的优势互补，创建了混合型入侵检测系统原型。

3. 商用入侵检测系统

因特网安全系统公司在 1994 年 4 月创建的同时，发布了因特网安全漏洞扫描软件 Internet Scanner。1996 年 12 月又推出实时入侵检测产品 RealSecure，RealSecure 采用传感器（sensor）和管理控制台（workgroup manager）两级体系结构。传感器包括网络传感器（network sensor）、系统传感器（OS sensor）和服务传感器（server sensor），网络传感器负责对网络流量进行检测，系统传感器检测系统文件和系统日志，服务传感器则对服务器系统文件、系统日志和进出服务器的网络数据实施检测。传感器与管理控制台之间的通信采用 128bit RSA 进行加密和认证，具有详细的协议分析功能和出色的碎片重组能力，并且支持多种品牌防火墙和路由器的联动配置，一旦检测到非法入侵即可立即切断网络连接。

1997 年 5 月，两家美国著名的网络安全公司 McAfee Associates 和 Network General 合并组建了网络联盟有限公司（network associates inc，NAI）。随后 NAI 与 WheelGroup 公司合作，将 Network General 公司早期开发的著名网络分析软件 Sniffer 与 WheelGroup 公司开发的网络实时入侵检测系统 NetRanger 捆绑在一起，推出了 CyberCop 入侵防护系统（CyberCop intrusion protection）。CyberCop 入侵防护系统主要由网络扫描（CyberCop scanner）、网络监视（CyberCop monitor）、网络诱骗（CyberCop sting）和用户审计脚本语言（custom audit scripting language）四部分组成。网络扫描对系统与网络进行分析，发现其中的安全漏洞与安全策略问题。网络监视是整个入侵防护系统的核心部件，采用分布式技术监测系统与网络中的可疑事件。网络诱骗则在主机上营造一个虚拟网络环境，诱骗入侵者进行网络攻击，以便捕获新的攻击特征。用户审计脚本语言则容许用户自己编写攻击程序，通过对脚本攻击测试实现对未知攻击的防护。

在网络硬件设备技术处于国际领先地位的思科公司（Cisco）于 1998 年 2 月通过收购 Wheel Group 公司，也成功打入了入侵检测系统市场，将 Wheel Group 公司早期开发的网络实时入侵检测系统 NetRanger 更名为 Secure IDS。Secure IDS 与其他入侵检测系统产品类似，主要由传感器、管理控制台（director）和入侵检测系统模块（intrusion detection system module，IDSM）三大部分组成，传感器包括网络传感器和主机传感器两类，分别负责网络数据和主机审计数据的采集与分析。IDSM 是 Secure IDS 集成网络安全解决方案的最大特色，能够内置到 Cisco 各系列交换机设备，解决了网络 IDS 不适合交换环境的缺陷。

除商用 IDS 产品之外，还有许多优秀的非商用 IDS 软件，这些软件多数是网络安全科研课题的原型系统，并且许多软件公开了源代码。因此，这些自由软件特别适合学生、教师和从事入侵检测研究的科研人员学习与使用。事实上，非商用 IDS 软件在检测性能上并不比商用系统差很多。著名的非商用开放源代码 IDS 软件主要有 Martin Roesch 开发的 Snort、Purdue 大学开发的入侵检测自治代理（autonomous agents for intrusion detection，AAFID）、卡内基梅隆大学计算机应急响应协作中心开发的自动事件报告（automated incident reporting，AirCERT）、劳伦斯伯克利国家实验室 Vern Paxson 开发的 Bro、Yoann Vandoorselaere 开发的混合入侵检测系统（hybrid intrusion detection system，Prelude IDS）、Shmoo 研究组开发的 Osiris、Dominique Karg 开发的开放源码安全信息管理系统（open source security information management，OSSIM）、Samhain 开发的文件完整性检查与入侵检测系统（file integrity and intrusion detection system，SAMHAIN）等。

4. 入侵检测的标准化

入侵检测技术在近几年获得了前所未有的迅猛发展。然而入侵攻击技术在规模与方法上同样也发生了很大变化，在规模上采用了跨网络和分时段的大规模分布式技术，在技术方法上则采用了多种入侵技术并用、入侵主体隐蔽和攻击网络防护系统等技术手段。对于如此复杂与综合的入侵事件，单个 IDS 很难奏效，需要跨部门的多个 IDS 相互协作。为了实现不同 IDS 之间的资源共享和互操作问题，美国国防部高级研究计划署（defense advanced research projects agency，DARPA）资助的通用入侵检测框架（common intrusion detection framework，CIDF）和因特网工程任务组（Internet engineering task force，IETF）下属的入侵检测工作组（intrusion detection working group，IDGW）两个国际组织都从不同角度定义了 IDS 的标准。

（1）通用入侵检测框架标准（CIDF）

CIDF 在提出通用 IDS 体系结构的基础上，主要定义了 IDS 各个组件之间通过网络进行通信的机制；用来描述通信内容的通用入侵规范语言（common intrusion specification language，CISL）。

通用 IDS 体系结构由事件发生器（event generators）、事件分析器（event analyzers）、响应单元（response units）和事件数据库（event databases）4个独立组件构成，通用入侵检测系统体系结构如图 6.1 所示。组件之间交换的数据统称为通用入侵检测对象（general intrusion detection object，GIDO），通用入侵检测对象必须采用通用入侵规范语言描述。事件发生器负责采集审计数据，并完成审计数据的统一格式化工作。事件分析器是 IDS 的检测引擎，负责确定可疑事件的性质。响应单元一旦获得事件分析器的入侵报告，立即报警或采取相应的反击措施。事件数据库则用来存储来自各个组件的中间及最终事件的 GIDO，用于指导事件的采集、分析和反应过程。

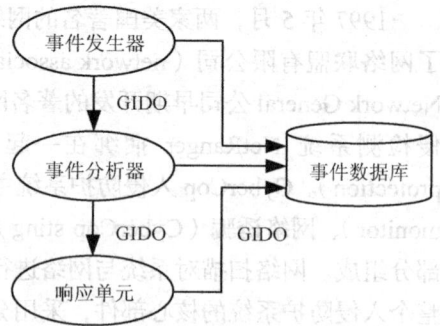

图 6.1 通用入侵检测系统体系结构

CIDF 通信机制主要解决组件之间的定位、认证和认证后的安全有效通信。CIDF 采用中介代理服务（matchmaking service）方式保证各组件之间的安全连接，中介代理专门负责为 CIDF 组件提供鉴别与认证等安全查询服务。中介代理服务解决方案具有良好的可扩展性，一个中介代理可以为单个客户端服务，也可以同时为多个客户端服务。CIDF 采用 GIDO 层、消息层和协商传输层（negotiated transport）三层协议层次实现组件之间的安全可靠通信，CIDF 的三层协议信息交换如图 6.2 所示。

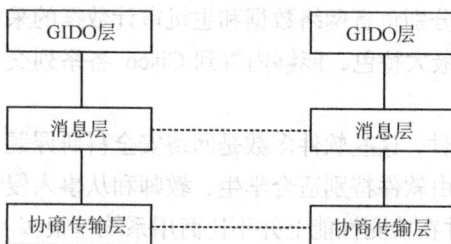

图 6.2 CIDF 三层协议信息交换机制

GIDO 是组件之间信息交换的标准结构，GIDO 层为不同入侵检测系统之间实现异构数据交换奠定了基础，GIDO 的结构与编码在 CISL 语言规范中有详细的定义。GIDO 层不包含任何传输控制信息，只包含需要传输的信息内容。消息层通过定义消息长度、序列号、时间戳、目的地址、选择项、加密签名等字段实现了组件间的安全有效通信，消息层传输的内容就是 GIDO 层的数据，消息层仅向 GIDO 层提供服务，只负责将消息从源端安全可靠地传送到目的端，并不清楚所传输的内容。此外，消息层还实现了通信与操作系统、编程语言、数据格式以及是否拥塞无关的目的。应用程序利用消息格式定义中的选择项，可以实现路由跟踪、数据加密、认证和签名等安全机制。协商传输层是通信双方通过协商使用的传输协议选项，CIDF 默认的传输协议是 UDP，也可以通过协商使用可靠 UDP、TCP 或其他传输协议。

通用入侵规范语言 CISL 是采用 CIDF 设计入侵检测系统的基础，因为 CISL 语言保证了通信双方的相互理解。与入侵检测系统相关的各种事件、入侵和响应都必须采用 CISL 语言描述，因此，CISL 语言具有描述广泛性、唯一性、精确性、扩展性、简洁性等特点。

（2）入侵检测工作组标准（IDGW）

IDGW 定义了交换信息的数据格式和传输这些信息的通信协议，主要包括入侵检测消息交换格式（intrusion detection message exchange format，IDMEF）和入侵检测交换协议（intrusion detection exchange protocol，IDXP）。

IDMEF 的目的是定义数据格式和传感器、响应系统和控制台共享信息的数据交换过程，采用面向对象的方法描述入侵检测系统输出信息的数据模型，数据模型使用扩展标志语言（extensible markup language，XML）实现。入侵检测系统可以使用 IDMEF 标准数据格式对可疑事件发出警报，提高商业产品、开放源码系统和研究系统之间的互操作性，用户可以根据这些系统的优缺点综合配置入侵检测系统参数，以便获得最佳的检测性能。IDMEF 更适用于传感器和控制台之间的数据通信场景。

IDXP 是一个用于入侵检测实体之间交换数据的应用层协议，支持面向连接协议之上的双方认证、完整性和保密性，不仅能够实现 IDMEF 消息交换，也支持无结构文本和二进制数据的交换，解决了入侵检测实体之间的安全可靠通信。IDXP 是建立在块扩展交换协议（blocks extensible exchange protocol，BEEP）基础之上的入侵检测交换协议，BEEP 是基于面向连接和异步交互的通用应用协议框架，因此，消息交换的认证、完整性和保密性等安全属性都由 BEEP 框架提供。采用 IDXP 交换数据的入侵检测实体称为对等体，在 BEEP 会话上进行通信的对等体可以使用一个或多个 BEEP 信道传输数据，使用多个 BEEP 信道有利于对传输数据进行分类和优先权设置。对等体在 BEEP 信道上开始 IDXP 交换数据之前，首先要通过 BEEP 会话建立安全连接，然后 IDXP 对等体开始以客户机与服务器模式实现 IDMEF 消息交换，消息交换结束后关闭整个 BEEP 会话。与 CIDF 采用中介代理服务保证组件之间的安全连接不同，IDXP 采用 BEEP 安全模式实现了端对端的安全连接。因此，IDXP 并不需要通过中介代理服务建立安全信任关系。

6.1.2 入侵检测原理与系统结构

入侵检测技术从本质上可以归结为安全审计数据的分析与处理过程，通过监视系统的活动状态，发现任何损害或企图损害系统保密性、完整性和可用性的非法行为，并根据事先设定的安全策略激活对应的响应措施。入侵检测之所以能够发现非授权或恶意的系统与网络行为，重要的前提是非法行为与合法行为是可以区分的，也就是说，可以通过提取行为的模式特征来分析判断该行为的性质。因此，入侵检测技术的核心问题就是如何获取描述行为特征的数据；如何利用特征数据精确地判断行为的性质；如何按照预定策略实施响应。因此，IDS 至少应包括数据采集、入侵检测分析引擎和响应处理 3 部分功能模块。IDS 的基本工作原理和系统结构如图 6.3 所示。

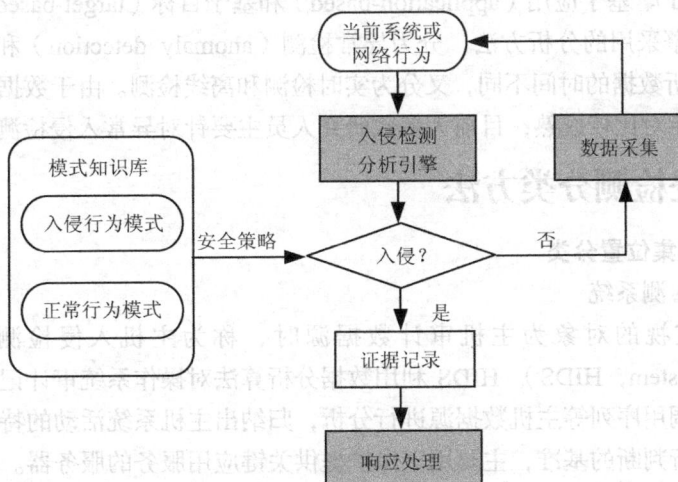

图 6.3　入侵检测系统基本工作原理

数据采集负责采集反映受保护系统运行状态的原始数据，为入侵分析提供安全审计数据。所采集的数据源可以是操作系统审计记录、系统日志、应用日志和主机系统调用跟踪，也可以是网络数据或来自其他安全系统的日志信息。数据采集模块在获得原始审计数据之后，还需要对原始审计数据进行预处理，如审计日志精简、格式化、网络数据协议解析和连接记录属性精简等预处理工作，然后将能够反映系统或网络行为事件的数据提交给入侵检测分析引擎。由于入侵检测是基于审计数据分析来判断事件的性质，因此，数据源的可靠性、数据质量、数据数量和数据预处理的效率都会直接影响 IDS 的检测性能，所以数据采集是整个 IDS 的基础工作。

入侵检测分析引擎也称为入侵检测模型，是 IDS 的核心模块，负责对采集模块提交的数据进行分析。通过从审计数据中抽取出当前系统或网络行为模式，与模式知识库中的入侵和正常行为模式比较，按照预先配置的安全策略执行实际的入侵或异常行为检测，然后将检测结果传递给响应模块进行处理。因此，IDS 对入侵和可疑行为的鉴别能力直接取决于分析引擎的检测精度。入侵检测分析引擎目前采用的分析技术主要有模式匹配（pattern matching）、专家系统、状态转移（state transition）、着色 Petri 网（colored Petri nets）、语言和应用程序接口（language and API）、Denning 模型、量化分析（quantitative analysis）、统计分析、聚类分析（clustering analysis）、基于规则检测（rule-based detection）、神经网络（neural networks）等各种不同分析方法。在近期 IDS 研究中，研究人员又提出了免疫系统（immune system）、遗传算法（genetic algorithm）、基于 Agent 的检测（agent-based detection）、基于内核检测（kernel-based detection）、隐含马尔科夫模型（Hidden Markov model）、支持向量机模型（support vector machine）和数据挖掘模型（data mining）等新型入侵检测分析方法。

响应处理模块根据预先设定的策略记录入侵过程、采集入侵证据、追踪入侵源、执行入侵报警、恢复受损系统或以自动或用户设置的方式阻断攻击过程。响应处理模块同时也向数据采集模块、检测分析引擎和模式知识库提交反馈信息。例如，要求数据采集模块提供更详细的审计数据或采集其他类型的审计数据源；优化检测分析引擎的检测规则或检测阈值；更新模式知识库中的正常或入侵行为模式等。

事实上，IDS 正是根据数据采集的位置、入侵检测分析引擎采用的分析方法、分析数据的时间和响应处理的方式进行分类的。根据数据采集的位置，IDS 分为基于主机（host-based）、基于网络（network-based）、基于应用（application-based）和基于目标（target-based）等不同类型。依据入侵检测分析引擎采用的分析方法，分为异常检测（anomaly detection）和误用检测（misuse detection）。按照分析数据的时间不同，又分为实时检测和离线检测。由于数据采集、响应处理和误用检测在技术上相对比较成熟，目前大多数研究人员主要针对异常入侵检测模型展开研究。

6.1.3　入侵检测分类方法

1. 根据数据采集位置分类

（1）主机入侵检测系统

当入侵检测监视的对象为主机审计数据源时，称为主机入侵检测系统（host-based intrusion detection system，HIDS）。HIDS 利用数据分析算法对操作系统审计记录、系统日志、应用程序日志或系统调用序列等主机数据源进行分析，归纳出主机系统活动的特征或模式，作为对正常和异常行为进行判断的基准，主要用于保护提供关键应用服务的服务器。相对于网络入侵检测系统而言，HIDS 具有下列优点。

① 检测精度高。系统审计和日志详细记录了用户登录、退出、账号更改、文件访问、权限修改、设备访问和可执行文件建立的过程，由于监控的对象明确与集中，能够更准确地识别用户和系统行为变化。一般而言，针对性强的检测机制必定具有高的检测精度。此外，HIDS 针对用户和系统活动进行检测，更适用于检测内部用户攻击或越权行为。

② 不受加密和交换设备影响。HIDS 只关注主机本身发生的事件，并不关心主机之外的网络事件，所以检测性能不受数据加密、隧道和交换设备影响。网络入侵检测系统利用网络监听采集网络中传输的数据流，通过网络协议解析还原成传输层或应用层的网络连接记录，然后根据连接记录属性特征识别网络异常行为。但是当数据采用加密传输或使用加密技术进行攻击时，由于没有密钥解密，自然不能获得协议类型、IP 地址和服务类型等基本属性。此外，网络传感器只采集所在网段的数据，不能采集位于不同网段的数据。使用交换设备划分多个网段后，将减小网络入侵检测系统监测的范围。网络传感器造价十分昂贵，安装多台网络传感器将大大增加系统的部署成本。

③ 不受网络流量影响。由于网络传感器解析网络数据需要耗费许多计算资源，当网络流量过高时，网络传感器不能及时采集就会丢失数据，在高速网络环境下数据处理和分析能力显著下降是网络入侵检测系统的致命缺陷，因此，随着网络流量的增加，攻击检测率将迅速下降，而且网络流量与检测率之间的矛盾随着吉比特网和 10 吉比特网的日益普及显得更加突出。HIDS 并不采集网络数据，不会因为网络流量增加而丢失对系统行为的监视，故其检测性能与网络流量无关。

但 HIDS 也存在许多缺点，HIDS 安装在需要保护的主机上，必然会占用主机系统资源，额外负载将降低应用系统的效率。此外，HIDS 完全依赖操作系统固有的审计机制，所以必须与操作系统紧密集成，导致平台的可移植性差。而且，本身的健壮性也受到主机操作系统安全性的限制。HIDS 只能检测针对本机的攻击，而不能检测基于网络协议的攻击。

（2）网络入侵检测系统

当入侵检测监视的对象为网络关键路径上的网络数据时，称为网络入侵检测系统（network-based intrusion detection system，NIDS）。局域网通常采用的都是基于广播机制的以太网协议，以太网协议能够使主机接收同一网段内的所有广播数据。以太网络适配器有正常和混杂两种工作模式，正常模式只接收本机地址和广播地址的数据，混杂模式则接收本网段内的所有数据。NIDS 正是利用了网络适配器的混杂工作模式来实时采集通过网络的所有数据，通过网络协议解析与模式匹配实现入侵行为检测，主要用于发现试图危害网络基础设施的行为。相对于 HIDS 而言，NIDS 具有下列优点。

① 检测与响应速度快。NIDS 能够在成功入侵之前发现攻击和可疑意图，在攻击目标遭受破坏之前即可执行快速响应中止攻击过程。而 HIDS 只有当系统日志记录入侵行为之后才能开始检测，此时，关键应用服务有可能已经遭到破坏。

② 入侵监视范围大。由于每个网络传感器能够采集共享网段内的所有数据，一个网络传感器就可以保护一个网段。因此，只在网络关键路径上安装网络传感器，就可以监视整个网络通信。

③ 入侵取证可靠。NIDS 通过捕获网络流量收集入侵证据，攻击者无法转移证据。对 HIDS 而言，如果攻击者破坏了审计记录和系统日志，就很难获得可靠的入侵证据。

④ 能够检测协议漏洞攻击。许多攻击程序是基于网络协议漏洞编写的，诸如同步洪流（SYN flood）、Smurf 攻击、泪滴攻击（teardrop）等只有通过查看首部或有效载荷才能识别。

NIDS 同样也存在一些缺点，网络传感器只监视网段内的通信，所以在交换以太网环境中监测范围受到限制。在高速网络流量环境下检测精度下降；不能检测加密数据、隧道数据和加密数据攻击；网络传感器向控制台回传数据量大等。

（3）基于应用入侵检测

如果以应用程序日志作为入侵检测的数据源，一般就称为基于应用的入侵检测系统。事实上，基于应用的 IDS 是 HIDS 的一个特例。尽管应用日志的可信度不及操作系统提供的审计记录和系统日志，但应用日志提供了系统层次之外的应用与用户层次信息。由于监控的内容与对象视野集中，更有利于准确检测应用程序和用户的非法行为。例如，数据库管理系统日志和 WWW 服务器日志都是基于应用 IDS 常用的数据源。基于应用 IDS 的特点与 HIDS 相似，目前在电子商务中得到广泛关注。

（4）文件完整性检测系统

文件完整性检测系统（file integrity checker）也称为基于目标的入侵检测系统，可以看做是 HIDS 的另一个特例。基本方法是使用单向杂凑函数 Hash 计算保护文件的消息摘要（message digest），并将文件的消息摘要存储在安全区域。Hash 函数有一个独特的特点，即使输入到 Hash 函数的文件发生微小变化，其输出的文件消息摘要也会产生很大变化，两个不同的文件不可能具有相同的消息摘要。因此，只要保护文件被修改，文件完整性检测系统就可以检测出来。典型的 Hash 函数有 MD4、MD5 和 SHA 等，Tripwire 是当前开放源代码软件中的最常用文件完整性检测系统。由于文件完整性检测系统完全依赖消息摘要数据库，一旦消息摘要数据库被恶意攻击者修改，关键文件将失去保护作用。因此，文件的消息摘要必须存放在安全区域。

HIDS、NIDS、基于应用的 IDS 和文件完整性检测系统各有优势与不足，它们在各自所擅长的检测领域具有互补性。目前有许多 IDS 采用了混合入侵检测数据源，有效地提高了 IDS 的检测能力。

2. 根据检测分析方法分类

（1）异常检测

异常检测（anomaly detection）根据用户行为或资源使用的正常模式来判定当前活动是否偏离了正常或期望的活动规律，如果发现用户或系统状态偏离了正常行为模式（normal behavior profile），就表示有攻击或企图攻击行为发生，系统将产生入侵警戒信号。异常检测的核心问题是正常使用模式的建立以及如何利用该模式对当前的系统或用户行为进行比较，以便判断出与正常模式的偏离程度。由于任何不符合历史活动规律的行为都被认为是入侵行为，所以能够发现未知的攻击模式，其主要缺陷是误报率（false positives）较高。因正常模式库是通过统计大量历史活动建立的，不可能绝对精确的覆盖用户和系统的所有正常使用模式。当正常使用模式发生变化时，异常检测系统就会将正常使用模式错误地判断成入侵行为，产生错误地报警信号。

（2）误用检测

误用检测（misuse detection）根据事先定义好的入侵模式，通过判断入侵模式是否出现来实现入侵监测。误用检测依据特征库进行判断，因此，误用检测系统具有很高的检出率（detection rate）和很低的误报率，但检测全部入侵行为的能力取决于特征库的及时更新程度。误用检测的主要缺陷是只能检测已知的攻击模式，当出现针对新漏洞的攻击手段或针对旧漏洞的新攻击手段时，需要由人工或者机器学习系统得出新攻击的特征模式，添加到误用模式库中，才能使系统具备检测新攻击手段的能力。

尽管研究人员提出和实现了多种入侵检测分析方法和原型系统，由于误用检测根据已知攻击特征和系统漏洞来实现入侵检测，所以大多数商业产品采用了技术上成熟的基于特征模式匹配的误用检测。异常检测需要首先使用审计数据源建立程序、用户或系统资源的正常行为模式，然后通过计算实际目标行为模式与正常行为模式之间的偏差值识别事件的行为性质。由于异常检测在正常行为模式构建和异常分析方法等方面在技术上还不够成熟，并没有真正转化成商业产品。主要原因就是异常检测用于决策事件行为性质的偏差阈值（deviation threshold）还不能满足实际应用的需求，导致异常检测具有较低的检测精度。检测精度反映了 IDS 对各种异常行为的识别能力，包括检测率和误报率两个方面。检测率是指检测模型准确地检测各种异常行为的百分比，误报率是指检测模型错误地将正常行为判别成异常行为的百分比。异常检测是根据异常行为和正常行为之间的偏差阈值来判别目标事件的行为性质，因此，异常检测的检测精度与异常和正常行为之间的偏差阈值成正比，两种行为之间的偏差阈值越大，异常检测的检测精度就越高。由于异常检测和误用检测在识别已知攻击与未知攻击方面具有互补性，误用检测用于识别已知攻击，异常检测用于识别未知攻击，将两者混合在一起能够获得更好的检测能力。

3. 根据检测时间分类

（1）实时检测

实时检测是指 IDS 能够实时分析审计数据，在入侵行为造成危害之前及时发现和拦截入侵事件。入侵检测速度的快慢取决于数据采集、数据分析算法、攻击特征提取、模式比较等多个因素，相对于异常检测和主机入侵检测而言，采用误用检测分析方法的 NIDS 较容易实现实时检测。因为异常检测通常需要更复杂的当前活动模式构建、数据分析和模式比较算法，而主机入侵检测则需要等待系统日志记录完整的入侵证据。

事实上，实时检测主要依赖于攻击特征提取的难易程度。例如，对 NIDS 而言，可以根据从捕获的数据中提取攻击特征所需要的时间长短，将提取攻击特征的难易程度划分成不同等级。从网络数据首部信息中可以直接获取攻击特征的属性作为第一级，如服务类型、控制标记、目的 IP 地址、传输字节数等。将网络连接过程中能够捕获攻击特征的属性作为第二级，如 SYN 标记对方无应答、三次握手后没有关断等各种非正常连接类型。将只有在网络连接结束后才能获取攻击特征的属性归类到第三级，诸如连接持续时间、源传送字节数、目的传送字节数与重传率等网络连接记录基本属性。许多攻击行为在时间序列上具有很强的关联性，特别是探测攻击 Portscan、Ping-sweep 和拒绝服务攻击等表现的更加突出。因此，只有通过在给定时间窗内计算诸如目标服务相同 SYN 标记错误百分比、目标主机相同目标服务不同百分比等时间统计属性，才有可能揭示出时间关联性强的攻击特征，可以将时间统计属性归类到第四级。由此可以看出，实时检测受到不同攻击特征捕获延时的限制。对于第一级和第二级属性能够揭示出的攻击行为，攻击特征捕获延时短，可以采用实时检测。由于第三级和第四级属性需要耗费大量的计算资源，攻击特征捕获延时长，很难采用实时检测获得准确的检测结论。

（2）离线检测

离线检测是指入侵检测系统先将采集的审计数据暂时保存起来，然后采用批处理分析方式定时发给入侵检测分析引擎。显然，离线检测不能及时防范和响应攻击事件。但在获取攻击特征需要消耗大量计算资源的条件下，采用离线检测可以降低系统负担。此外，在捕获攻击特征需要较长时间或高速网络环境下，为了获得高的检测精度，也不得不使用离线检测。

实时检测和离线检测各有优势与劣势，实时检测能够及时防范和响应攻击事件，但检测精度不及离线检测。因此，可以采用实时检测先对事件进行初步分析，实时检测出具有明显攻击特征的入侵行为。然后再使用离线检测对事件进行详细分析，查出那些具有隐含攻击特征的入侵行为。

6.1.4　入侵检测主要性能指标

1. 检测率和误报率

IDS 的任务就是检测与阻击入侵行为，检测率和误报率综合反映了系统识别入侵的能力，因此，检测率和误报率是 IDS 最重要的性能指标。特别对于异常检测来说，异常和正常是相对而言的。为了判别某一事件是否属于异常，必须首先建立判别标准，即通常所讲的检测阈值。如果检测阈值设置的较高，就可能将正常事件判断成异常事件，在提高检测率的同时也提高了误报率。

如果检测阈值设置的较低，就可能将异常事件识别成正常事件，降低误报率的同时也降低了检测率。因此，检测率和误报率相互影响成矛盾关系。降低误报率能够减轻安全人员的分析负担，但增加了入侵风险。所以，在比较不同 IDS 的检测能力时，必须在相同误报率的条件下比较检测率，有较高检测率的系统为优，反之亦同。

目前国际上广泛采用接收机操作特性（receiver operating characteristic，ROC）曲线方法来评估 IDS 的检测率和误报率，ROC 曲线分析方法最早源于第二次世界大战时期的信号检测，随后扩展应用到语音识别、医疗风险预测和入侵检测领域。在入侵检测评估中使用 ROC 曲线，能够客观反映出检测率和误报率之间的制约关系。采用 ROC 曲线刻画检测率和误报率之间的关系如图 6.4 所示。

由图 6.4 给出的 ROC 曲线可以看出，IDS 的检测率和误报率性能指标越好，其对应的 ROC 曲线就越靠近坐标系的左上角。一般而言，多数被评估的 IDS 都具有良好的检测性能，并且具有相近的检测率和误报率。当采用 ROC 曲线分析不同 IDS 的检测能力时，对应的 ROC 曲线有可能集中分布在左上角互相缠绕在一起，很难彼此区分。为了克服 ROC 曲线这一缺点，A. Martin 等人对 ROC 曲线进行了改进，提出了检测误差权衡（detection error tradeoff，DET）曲线评估方法。将 ROC 曲线中的检测率改为漏报率，不再采用原来的均匀坐标刻度，而采用漏报率和误报率正态分布标准差对应的概率作为坐标刻度值，结果使 ROC 曲线更趋近于直线。因此，采用 DET 曲线评估多个检测性能相近的 IDS 时，由于对应的 DET 曲线非常接近直线，比 ROC 曲线更容易区分检测性能相近的 IDS。例如，图 6.5 所示为 3 个不同 IDS 的 ROC 曲线，图 6.6 所示为对应 IDS 的 DET 曲线。通过对比图 6.5 和图 6.6 可以明显地看出，DET 曲线将互相缠绕的曲线变换成接近直线的曲线，更容易区分不同 IDS 的检测率和误报率。

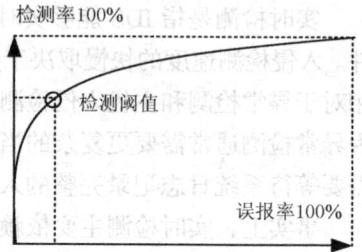

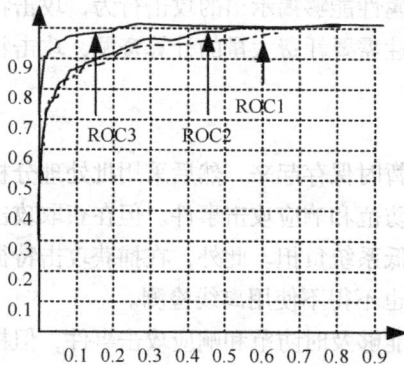

图 6.4 检测率和误报率之间的关系

图 6.5 3 个不同系统的 ROC 曲线　　　　图 6.6 3 个不同系统的 DET 曲线

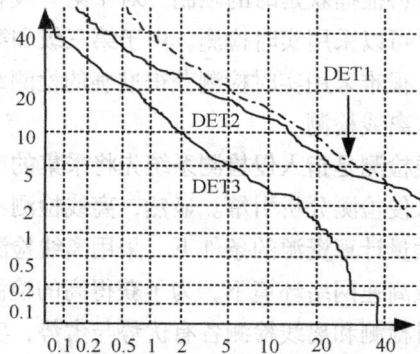

2. 系统资源占用率

系统资源占用率也是评价 IDS 性能的重要技术指标，如果 IDS 需要过多的系统开销，必然会导致应用系统工作效率下降。HIDS 的开销主要消耗在审计记录格式化和入侵分析上，因此，精简审计记录和提高入侵分析算法是降低 HIDS 资源占用率的关键。NIDS 的开销主要消耗在网络数据协议解析与特征匹配上，特别在高速网络环境下，系统资源占用率将显著增大。系统资源占用率与 IDS 的检测率和误报率常常是相互矛盾的，降低系统资源占用率需要用检测率和误报率作为代价。因此，应当根据应用环境，权衡系统资源占用率和检测精度的利弊。随着计算机价格的下降，采用独立主机运行 IDS，是解决系统资源占用率与检测精度之间冲突的有效方法。

3. 系统扩展性

系统扩展性指问题规模在时间与空间两方面扩展后，IDS 在新环境下仍然具有良好的检测性能。许多攻击事件是由多个独立事件按时间顺序组合而成的，单个孤立事件并没有表现出异常行为，只有将多个独立事件在时间上关联起来，才能识别出攻击行为。如果组成攻击行为的多个独立事件在时间上依次发生很快，相对比较容易发现。但是当多个独立事件在时间上依次发生的间隔很长，IDS 必须长期保存每个独立事件的状态，才可能通过事件关联检测出这种攻击行为。因此，只有将攻击事件作为时间的函数，IDS 在时间上才具有良好的可扩展性。

多数 NIDS 采用多个网络传感器和一个中心控制台（console）的客户服务器体系结构，当网络传感器监视的主机数量和网络传感器本身数量扩大后，网络传感器的监测能力和中心控制台的综合计算能力是否仍然能够满足规模扩展的要求。如果监测的规模扩大后，在不过多增加系统开销的基础上，IDS 仍然能够准确地检测各种攻击行为，则表明具有良好的空间可扩展性。

4. 最大数据处理能力

NIDS 最大数据处理能力包括最大网络流量、最大采集分组数、最大网络连接数、最大事件数等。

（1）最大网络流量

最大网络流量是指 NIDS 的网络传感器单位时间内能够处理的最大数据流量，一般用每秒兆比特（Mbit/s）表示最大网络流量。如果应用环境的网络流量超过网络传感器可接收的最大网络流量，就有可能产生数据丢失现象，从而会降低 IDS 的检测精度。

（2）最大采集分组数

最大采集分组数是指 NIDS 的网络传感器单位时间内能够采集的最大网络分组数，用每秒分组数（pps）表示最大采集分组数。最大网络流量等于最大采集分组数乘以网络分组的平均大小，因此，最大网络流量与最大采集分组数是两个不同的概念。在最大采集分组数相同的条件下，网络分组的平均值越小，最大网络流量就越小。所以，小分组处理能力才真正反映了 IDS 的数据处理能力。

（3）最大网络连接数

最大网络连接数是指 NIDS 单位时间内能够监控的最大网络连接数，最大网络连接数反映了IDS 分组重组与连接跟踪的能力。数据重组与连接跟踪是网络协议解析和应用层入侵分析的基础，因此，最大网络连接数反映了 IDS 在网络连接记录层次和应用层检测入侵的能力。

（4）最大事件数

最大事件数是指 NIDS 单位时间内能够处理的最大报警事件数，最大事件数反映了入侵检测分析引擎处理攻击事件和事件日志记录的能力。NIDS 发现攻击或可疑事件后，将产生报警信号，同时将攻击或可疑事件记录到后台的安全事件日志中，以便安全人员进行进一步分析。

6.1.5　入侵检测系统部署

尽管 IDS 已经成为现代网络安全体系中不可缺少的一个环节，但在理论研究和实际工程应用中仍然存在许多问题有待解决，特别是检测率、误报率、系统资源占用率以及在高速网络流量条件下的数据处理能力还达不到令人满意的程度。因此，在给定网络规模、网络拓扑结构、保护目标和安全等级的前提下，合理部署（deployment）是提高 IDS 投资回报的关键。

1. 主机入侵检测系统部署

HIDS 的功能就是通过监测主机审计数据源或对主机的网络访问发现外部入侵和内部用户越

权操作等异常行为，采取积极主动的响应措施防止各种恶意行为的破坏，最大限度地保障主机系统的正常运行。尽管不同产品所提供的检测功能、采用的系统结构、主机系统需求和支持的操作系统不完全相同，但大多数 HIDS 都采用了主机分析引擎和中心控制台的客户服务器分布式体系结构。主机分析引擎根据用户定义的安全策略监测主机的操作，一旦发现入侵行为立即通过数据加密传输向中心控制台报警。中心控制台是主机入侵检测系统的管理中心，通常由多个管理组件构成。主要用于控制本地或远程的多个分析引擎；提供报警显示、报警管理、安全策略配置、系统漏洞检查和入侵事件记录等管理功能，中心控制台管理软件对主机系统需求一般高于分析引擎。

相对 NIDS 部署而言，HIDS 部署相对简单。合理部署考虑的因素主要是被保护主机的台数，当中心控制台管理控制的分析引擎数量过大时，有可能在中心控制台产生数据通信瓶颈，从而降低了对大规模网络的监控能力。目前大多数中心控制台都容许设置成多级管理方式，以便适应不同网络规模的需求。小规模和大规模 HIDS 典型部署分别如图 6.7 和图 6.8 所示。

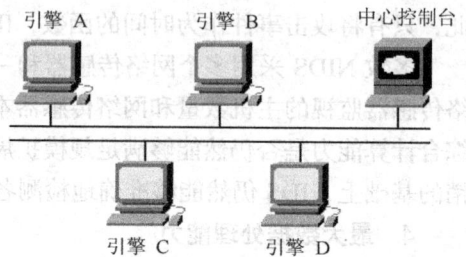

图 6.7　小规模主机入侵检测系统典型部署

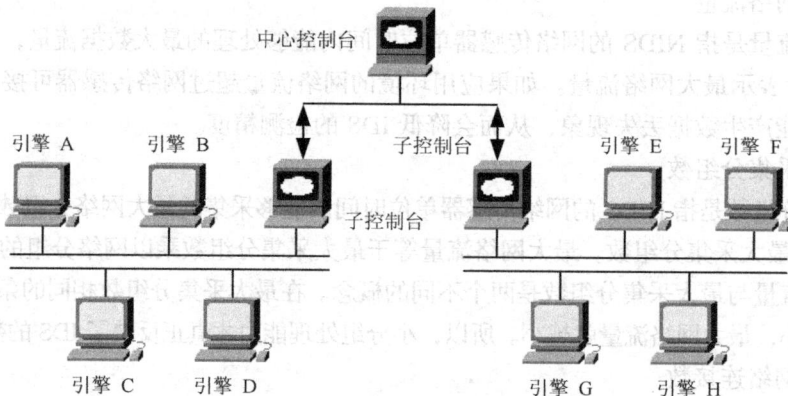

图 6.8　大规模主机入侵检测系统典型部署

2. 网络入侵检测系统部署

NIDS 利用网络传感器在网络关键路径侦听网络数据流，通过攻击特征匹配、连接记录跟踪、应用协议分析等技术手段监测威胁网络资源的各种入侵行为。NIDS 的体系结构类似于 HIDS，由多个网络传感器和中心控制台组成。网络传感器主要负责数据采集、特征匹配、协议解析、事件生成和入侵报警等关键任务，中心控制台则主要负责入侵事件记录、事件查询、报警显示与管理、事件协作分析和以多种方式实施入侵响应。为了提高实时检测能力并保证自身的安全性，多数网络传感器采用专用硬件和专用嵌入式操作系统，并提供两个以上标准以太网接口，分别用于监控和通信。最大网络流量在 1000Mbit/s 以上的网络传感器还采用了多处理器并行计算技术。

事实上，NIDS 的部署就是网络传感器的部署，只有将网络传感器接入到网络关键路径处，才能真正发挥保护系统与网络资源的目的。由于实际应用环境的网络规模、拓扑结构、保护目标和安全等级不相同，对网络关键路径的认识也存在差异，所以网络传感器的部署相对比较灵活。多数人认同网络边界是重点保护的位置，诸如 Internet 与内部网、内部网与外部网、非军事区或内部网关键网段。

（1）集线器共享网络部署

早期网络多使用集线器（hub）作为共享网络的连接设备，虽然网络拓扑为星型结构，但集线器内部将所有端口都连接到一个网段，共享传输介质以广播方式传输数据。由于在共享网络环境下，网络传感器能监听到整个冲突域内的网络流量，因此，只需要将网络传感器的监听端口接到集线器端口即可实现整个冲突域的监控，典型集线器共享网络部署如图 6.9 所示。

（2）交换机交换网络部署

交换网络将节点分为端点和中间节点，端点就是用户接口点，中间节点则是交换机本身。交换机为端点提供存储转发功能，使多对端点之间能够沿着指定的路径同时传输数据，而不会发生数据冲突，提高了网络吞吐量，减小了网络延时。交换机是交换网络的连接设备，表面上与集线器相似，但内部结构和网络性能完全不同。交

图 6.9　集线器共享网络部署

换机上的端口并没有直接连接到内部网段，而是通过端口交换阵列连接到背板上多个网段，每个端口都是一个独立的网段，不同网段之间通过内部网桥实现互联，便于网络管理软件对端口进行设置。

但交换网络却给网络传感器部署带来很多麻烦，网络传感器都是基于网络适配器混杂工作模式来实时采集网络数据，所以不能直接将网络传感器的监听端口接入交换机用户端口，否则，网络传感器将捕获不到任何数据。常用的解决方法是在交换机的出入口上接入一台集线器，将交换网络转换成共享网络环境，但这种方法只适应于对网络速度要求不高的场合，交换网络转换成共享网络部署如图 6.10 所示。

如果交换机支持供调试使用的镜像端口（mirror port）功能，可以通过端口配置将要监听的端口数据全部映射到镜像端口，将网络传感器监听端口接到镜像端口即可实现所有端口的监听。交换网络镜像端口部署如图 6.11 所示，虽然采用镜像端口不改变网络结构，但仍然会影响交换机的性能。这里需要特别说明，不同公司对镜像端口的命名不一致，例如，Cisco 公司称为交换端口分析器（switched port analyzer，SPAN），3COM 公司则称为分析器端口（analyzer port）。

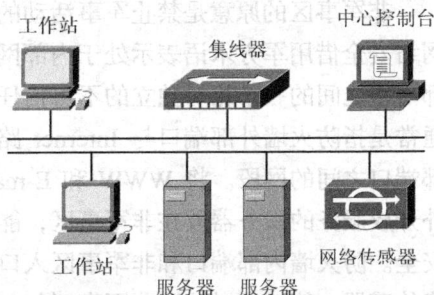

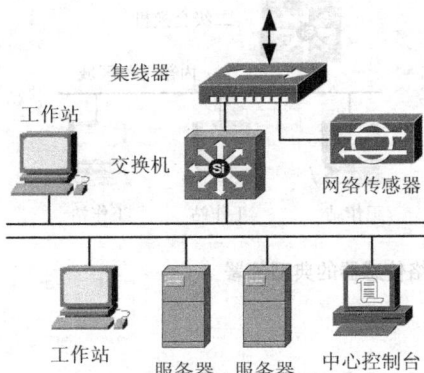

图 6.10　交换网络转换成共享网络部署

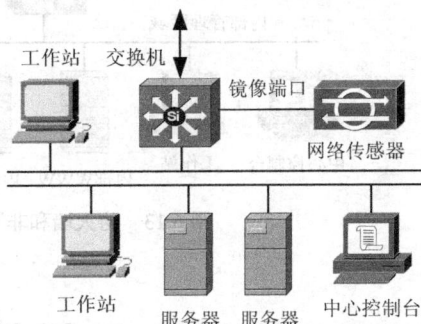

图 6.11　交换网络镜像端口部署

如果交换机不具备镜像端口功能，或者希望接入网络传感器不影响网络性能，也可以考虑使用测试接入端口（test access port，TAP）专用网络设备。网络 TAP 为网络监视设施监测全双工快速以太网提供了永久接入端口，网络 TAP 可应用于诸如路由器、防火墙或交换机等任意网络设备之间。TAP 并不改变网络数据的内容和结构，只是将输入端口的网络流量分流到 3 个快速以太网

端口，其中一个端口连接输出设备，另外两个分析端口供网络监视设施使用。交换网络 TAP 部署如图 6.12 所示。

（3）防火墙和非军事区部署

非军事区的原意是禁止军事活动的区域，网络安全借用军方术语表示处于内部网络与外部网络之间的一个相对独立的不可信任区域，通常是指防火墙外部端口与 Internet 路由器内部端口之间的网段。将 WWW 和 E-mail 等对

图 6.12　交换网络 TAP 部署

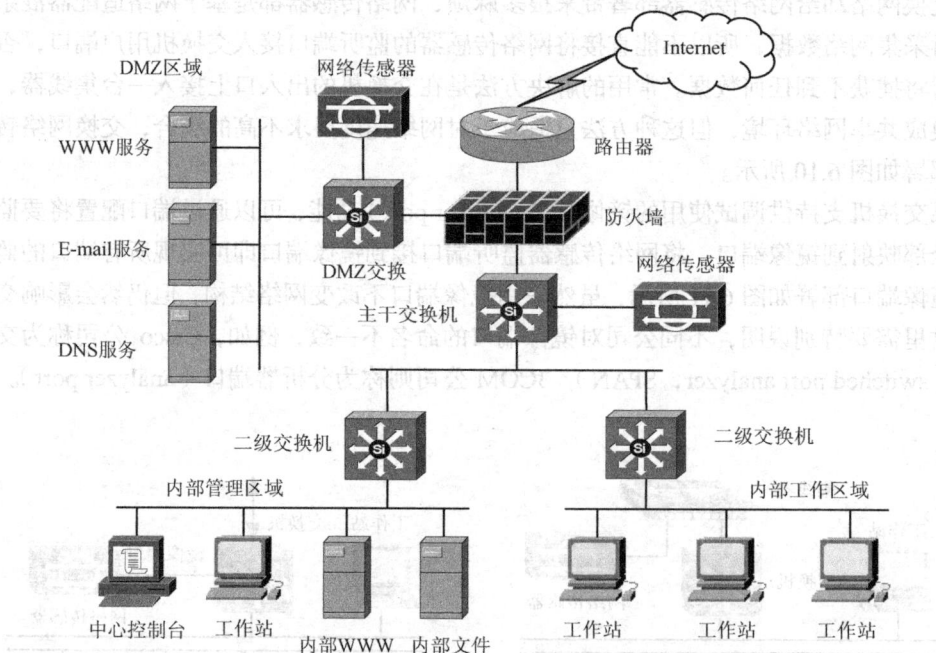

外开放服务的服务器放在非军事区，能够在对外提供优质服务的同时，最大限度地保护内部网络安全。防火墙内部端口和非军事区入口是来自 Internet 攻击的唯一路径，在非军事区入口部署网络传感器，能够实时监测非军事区与 Internet 和内部网之间的所有网络流量，不仅保护了对外提供的服务，同时也保护了防火墙本身。因为防火墙是外部攻击的首选目标，在防火墙内部端口部署网络传感器，则可以实时监测 Internet 与内部网之间的所有网络流量，发现可能存在的各种外部和内部入侵行为。防火墙和非军事区网络传感器的典型部署如图 6.13 所示。

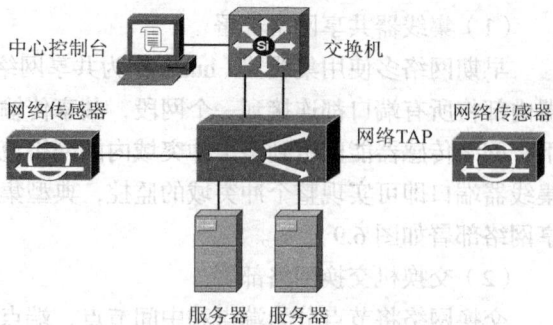

图 6.13　防火墙和非军事区网络传感器的典型部署

6.2　入侵检测审计数据源

IDS 是典型的审计数据驱动分析系统，IDS 之所以能够检测入侵行为，是因为审计数据记录了入侵行为证据。因此，入侵检测的技术基础就是利用审计数据来区分合法与非法行为。只有从大量审计数据中获取能够识别行为模式的特征，才有可能利用模式特征准确发现入侵证据。入侵

检测的检测精度在很大程度上依赖于数据源的可靠性、正确性和完整性，审计数据源的质量直接影响着入侵检测的性能。

6.2.1 审计数据源

1. 操作系统审计记录

某审计事件的所有数据集合就称为该事件的审计记录（audit record），审计记录的内容与审计事件与操作系统密切相关，因此，操作系统和审计事件不同，对应的审计记录内容也不相同。操作系统审计记录是由操作系统内部专用的审计系统生成的，由一个或多个审计文件组成。每个审计文件由多条审计记录组成，每条审计记录都记载了一次独立的系统事件。其主要功能就是记录、检测和审核系统中与安全相关的活动，由于对涉及系统安全操作进行了完整的记录，因此，能够为追查违反系统安全策略的事件提供可靠的依据和支持。

（1）操作系统审计记录特点

相对于其他审计数据源，操作系统审计记录具有下列一些特点。

① 数据源可靠性高。审计系统是安全操作系统的重要组成部分，安全操作系统为审计系统和审计记录提供了安全保护措施。只有系统管理员才有权对审计系统进行配置与管理，包括特权用户在内的其他用户无权访问与审计系统相关的数据，从而提高了审计记录数据源的可靠性。

② 审计事件划分粒度小。审计系统从操作系统低层获取事件信息，没有经过高层抽象，具有较小的事件粒度，因而为个体事件的追踪奠定了基础。例如，系统管理员可以设定对特定资源访问的具体用户行为进行审计，能够对用户的具体行为进行监督。此外，较小的事件粒度也使篡改和伪造审计记录更加困难。

③ 审计记录具有连续性与完备性。只有系统管理员才有权决定审计系统的启动与停止，审计系统的连续工作保证了审计记录的连续性。此外，审计系统对审计记录的存储有严格的管理，不会丢失任何设定的审计记录，保证了审计记录的完备性。

④ 不同操作系统审计记录数据格式不兼容。针对某个操作系统审计记录，建立的入侵检测模型不能直接应用于其他操作系统审计记录，降低了检测模型的可移植性和可扩展性。由于针对不同操作系统设计的入侵检测系统之间不能相互理解，为多个入侵检测系统相互协作带来了难题。

⑤ 数据格式不适应机器学习。审计记录的数据格式主要用于系统管理员阅读和分析，操作系统开发商并没有从满足入侵检测建模的需求设计审计记录数据格式。但入侵检测系统需要使用机器学习算法训练检测模型，因此，在训练检测模型之前，不得不进行大量审计记录预处理工作。

⑥ 审计记录数量庞大。由于审计记录具有较小的事件粒度，而且审计事件数量众多，导致审计记录数量十分庞大。必须对原始审计记录进行精简，过滤掉审计记录中与入侵检测无关的冗余信息。否则，将占用过多的存储和计算资源。

尽管操作系统审计记录存在一些缺陷，但由于数据源可信度高、事件细节清晰以及具有连续性与完备性等优点，绝大多数主机入侵检测系统仍然将审计记录作为首选数据源。

（2）Solaris 操作系统审计记录简介

Solaris 操作系统审计机制由基础安全模块（basic security module，BSM）审计子系统提供，可对内核系统调用事件、Solaris 应用程序事件和第三方用户程序事件进行安全审计。BSM 采用分层结构化方式组织审计记录文件，审计记录文件也称为审计跟踪（audit trail），BSM 审计记录文件结构如图 6.14 所示。审计记录文件由一个或多个审计文件组成，审计记录按时间先后顺序保存在审计文件中，其中第一条审计记录专用于记录与当前审计文件相邻的前一个审计文件，最后一条审计记录则用于记录与当前审计文件相邻的后一个审计文件，审计记录又分为若干个审计标记（audit token），审计标记用来描述审计事件的属性。审计文件以二进制格式保存在/etc/security/audit目录下，可以使用praudit命令将其转换成可读形式。

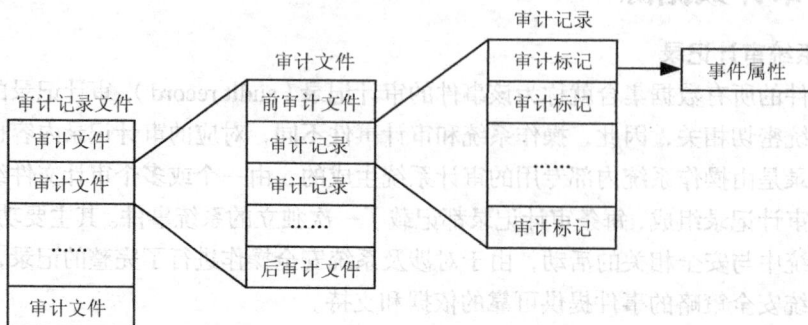

图 6.14 BSM 审计记录文件结构

每条审计记录都记录了审计事件以及与事件相关的详细信息，审计记录以头标记（header token）开始，标识审计记录在审计文件中的起点。头标记之后的审计标记类型取决于系统管理员设定的审计策略，常见的审计标记有变量标记（argument token）、主体标记（subject token）、数据标记（data token）、返回标记（return token）、组标记（group token）、结束标记（trailer token）等。不同审计标记详细描述了事件属性的不同方面，结束标记用来标识一条审计记录到此结束。

（3）Windows 操作系统审计记录简介

微软操作系统 Windows Server/Advance Server、Windows XP Professional 等具有相似的安全审计机制，主要由操作系统内部的安全参考监视器（security reference monitor，SRM）、本地安全认证（local security authority，LSA）、安全账户管理（security account management，SAM）和事件记录器（event logger，EL）共同完成。Windows 将事件日志分为安全事件日志（security log）、操作系统事件日志（system log）和应用事件日志（application log）3 大类。安全事件日志用于记录用户登录、系统资源使用等与系统安全相关的事件，实际上就是通常所说的审计记录，只有系统管理员才有权查看和管理安全事件日志。操作系统事件日志和应用事件日志则分别记录操作系统组件和应用程序产生的事件，操作系统事件日志和应用事件日志与安全事件日志不同，对所有用户开放。

Windows 将审计事件分为策略更改、登录事件、账户登录事件、账户管理、对象访问、进程跟踪、目录服务访问、特权使用和系统事件九大类，每个大类又包括多个事件子类。例如，策略更改包括分配用户权限、删除用户权限、创建信任关系、删除信任关系、更改审计策略等事件类型；系统事件包括 Windows 启动、Windows 关机、本地安全加载身份验证程序包、本地安全注册信任登录进程和清除安全日志等事件。

Windows 操作系统审计结构如图 6.15 所示。本地安全认证提供了许多安全审计服务，包括产生令牌、执行本地安全管理、提供登录认证服务、控制安全审计策略和安全参考监视器产生的审查记录信息。审计系统是否启用以及审计的具体内容由审计策略决定，审计策略由本地安全认证管理，并可以提交给安全参考监视器。安全账户管理主要负责维护所有组和用户的安全账户数据库，提供用户登录认证，并为用户赋予唯一的主体安全标识符（subject identification，SID）。安全参考监视器在本地安全认证的支持下，根据访问令牌和客体的自主访问控制列表（discretionary access control list，DACL）对访问进行仲裁，通过检查客体的系统控制访问列表（system access control list，SACL）决定访问活动是否在审计范围内。客体的自主访问控制列表指明了哪些主体有权访问该客体，而客体的系统控制访问列表则记录了主体的哪些访问活动需要审计。

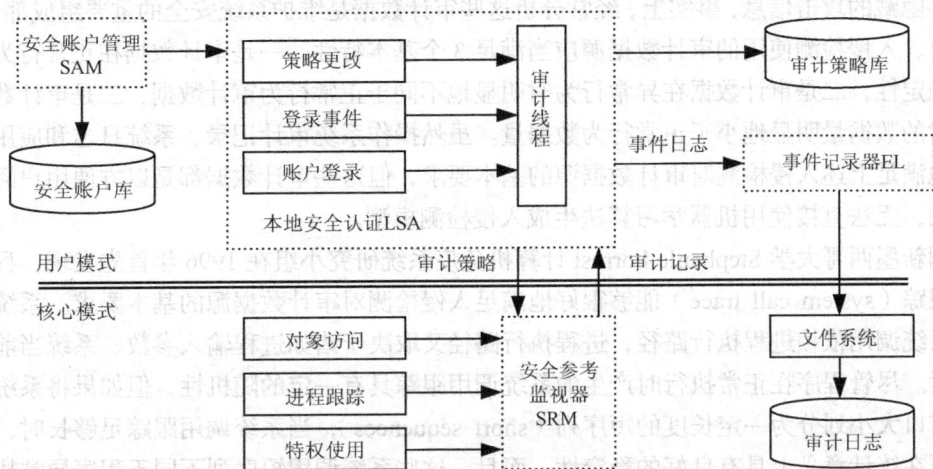

图 6.15 Windows 操作系统审计结构

事件日志由事件记录组成，每个事件记录又分为记录头、事件描述和附加数据 3 个功能区。记录头包括日期（date）、时间（time）、主体标识（subject id）、计算机名称（computer name）、事件标号（event id）、事件来源（event source）、事件等级（event type）和事件类别（event category）。事件描述的内容取决于审计事件，通常是事件产生的原因和建议的解决方法，附加数据是可选择的功能区，具体内容取决于产生事件的主体。

2. 系统日志和应用日志

系统日志和应用日志不同于操作系统审计记录，审计记录是由操作系统内核或专门的审计系统产生的，用于记录系统中与安全活动相关的事件。而系统日志和应用日志则是由操作系统之外的应用软件生成的，用于记录各种系统和应用事件流水活动。因此，系统日志和应用日志本身的安全性不能与操作系统审计记录相提并论。但对于入侵检测来说，系统日志和应用日志提供了审计记录数据源之外的附加信息，基于多个独立数据源从不同的角度对同一个事件定性具有更高的可靠性，多种日志数据源的融合有助于提高入侵检测的检测能力。系统日志和应用日志相对于审计记录具有如下不足。

① 系统日志和应用日志容易遭受恶意破坏和篡改。系统日志和应用日志由应用程序生成，通常以纯文本格式存放在系统没有安全保护的目录中，数据源的正确性和可靠性没有保障。

② 系统日志和应用日志不受系统管理员控制。系统日志和应用日志的生成都是操作系统内核之外应用程序的固有行为，其内容和生成条件在应用程序设计时就已经确定，系统管理员不能制定灵活的日志策略，只能对日志存储进行简单管理。所有审计系统都为系统管理员提供了审计管理接口，容许系统管理员根据需要确定审计策略。

③ 应用日志可信级别低于审计记录和系统日志。审计记录和系统日志都是从系统层次上收集的审计数据，而应用日志则在应用程序和用户级别上采集数据。一般而言，从系统内部收集的入侵检测数据具有更高的可信度。

④ 应用日志可能存在垃圾数据。Windows 和 Linux 操作系统都容许用户不加限制地为自己的应用程序生成应用日志，有可能产生大量的垃圾数据。特别是在日志文件存储空间有限的条件下，垃圾日志数据有可能覆盖以前记录的有用日志信息。

3. 系统调用跟踪

从主机入侵检测的角度来看，监测操作系统审计记录、系统日志和应用日志数据源确实能够发现许多隐藏的攻击信息，事实上，经常分析这些审计数据是维护系统安全的重要组成部分之一。一般而言，入侵检测使用的审计数据源应当满足 3 个基本特性，一是审计数据在正常行为时具有良好的稳定性，二是审计数据在异常行为时明显地不同于正常行为审计数据，三是审计数据在异常行为时的数据量明显地小于正常行为数据量。虽然操作系统审计记录、系统日志和应用日志能够较好地满足上述入侵检测对审计数据源的基本要求，但这些审计数据都是以方便用户阅读的格式保存的，无法直接使用机器学习算法生成入侵检测模型。

美国新墨西哥大学 Stephanie Forrest 计算机免疫系统研究小组在 1996 年首先发现，程序的系统调用跟踪（system call trace）能够很好地满足入侵检测对审计数据源的基本要求。系统调用跟踪中的系统调用依赖进程执行路径，进程执行路径又取决于诸如进程输入参数、系统当前状态等多个因素。尽管程序在正常执行时产生的系统调用跟踪具有一定的随机性，但如果将系统调用跟踪按照窗口大小划分为一定长度的短序列（short sequences），当系统调用跟踪足够长时，系统调用短序列在统计意义上具有良好的稳定性。而且，这些系统调用短序列不同于程序异常执行和其他程序执行时所产生的系统调用短序列。

特别是以超级用户权限（root）执行的特权程序（privileged program）通常是攻击的重点目标，利用特权程序的编程错误和设计漏洞，对计算机系统实施攻击对系统具有更大的破坏力。因此，通过监测特权程序运行时对应的系统调用跟踪数据，就能够有效地检测针对主机的攻击行为和监管特权程序的活动。系统调用跟踪作为主机入侵检测数据源同操作系统审计记录、系统日志和应用日志相比，具有下列明显的优势。

① 易于构建高精度异常检测模型。由于特权程序在正常工作模式下的系统调用跟踪具有良好的稳定性，所以针对某个特权程序在正常工作模式下的系统调用跟踪数据训练异常检测模型，必然能够有效地提高异常检测模型的检测精度，一般来说，针对性强的检测模型不仅检测精度高，而且训练时间短。

② 易于将入侵检测与操作系统捆绑。操作系统安全是网络安全、数据库安全和应用软件安全的公共基础，因此，没有操作系统安全，也谈不上计算机系统和网络的安全。系统调用是应用进程和操作系统内核之间的唯一功能接口，基于系统调用跟踪构建的入侵检测模型更容易与操作系统紧密结合，为构建安全操作系统奠定了基础。

③ 易于构建实时检测模型。由于系统调用跟踪数据能够以近实时方式采集，与其他主机入侵检测数据源相比，数据量也相对较小。无论是异常检测模型，还是误用检测模型，其模式库的规模相对较小，有助于构建小规模的实时检测模型。

④ 数据格式适合机器学习要求。系统调用跟踪数据是一串连续的系统调用编号，采用简单的窗口扫描和统计方法对数据进行预处理，即可将系统调用跟踪转换成各种机器学习算法所要求的输入格式，提高了检测模型的学习速率。

4. 网络审计数据

操作系统审计记录、系统日志、应用日志和系统调用跟踪都是典型的主机审计数据源，网络审计数据源则是指通过网络监听方式从网络关键路径或其他网络设施获取的供入侵分析使用的数据来源，网络数据是当前商用网络入侵检测系统使用的最主要审计数据源。在采用以太网协议的局域网中，网络适配器的混杂工作模式能够监听同一网段内的所有广播数据，为网络入侵检测系统实时采集网络数据奠定了基础。

6.2.2　审计数据源质量分析

入侵检测的实质就是利用审计数据观测用户、程序或网络等主体的行为，审计数据反映主体行为的规律性越强，对主体行为性质的决策就越准确。事实上，入侵检测模型就是从审计数据中抽象出来的对主体规律行为的描述或表达。因此，通过度量审计数据的规律性能够了解审计数据源的质量，用高质量审计数据源构造的检测模型必然具有高的检测精度。信息理论中常用的信息熵、条件熵、相对熵和相对条件熵概念从不同角度反映了数据集的规律性，为审计数据源的质量分析奠定了理论基础。

信息熵（information entropy）是通信理论中的一个重要概念，其物理意义就是对传输数据的类别进行编码所需要的二进制位数。如传输数据的类别少，编码所需要的二进制位数就少，对应的信息熵就小。传输数据的类别越少，数据的规律性也就越强。因此，信息熵能够用于度量数据的规律性。

假设 X 是一个数据记录集合，x 是 X 中的任意一个数据记录，C_x 是数据集 X 的所有已知类别集合，每个数据记录 x 都属于一个类别，即 $x \in C_x$。假设 $P(x)$ 是 x 在 X 中的概率分布，则数据集 X 的信息熵 $E(X)$ 定义为

$$E(X) = \sum_{x \in C_x} P(x) \times \log_2 \frac{1}{P(x)} \tag{6.1}$$

事实上，无论是异常检测，还是误用检测，都是典型的数据分类问题，只是异常检测属于两值分类，而误用检测属于多值分类。因此，审计数据集的信息熵越小，表明审计数据记录的类别就越少，入侵检测模型也就更容易对审计数据记录进行分类。

假设 Y 是与数据集合 X 具有相同数据结构的数据集合，y 是 Y 中的任意一个数据记录，C_y 是数据集 Y 的所有已知类别集合，$y \in C_y$。$P(x, y)$ 是 x 与 y 的联合概率，$P(x/y)$ 是 x 在给定 y 时的条件概率，则 X 在给定 Y 时的条件熵（conditional entropy）$E(X/Y)$ 定义为

$$E(X / Y) = \sum_{x \in C_x, y \in C_y} P(x, y) \times \log_2 \frac{1}{P(x / y)} \tag{6.2}$$

网络安全事件常常在时间序列上具有很强的依赖性，而条件熵恰好反映了数据集 X 对数据集 Y 的依赖程度，所以，通过计算审计数据集的条件熵能够知道安全事件在时间序列上的依赖规律。例如，假设 $X=\{(e_1, e_2, \cdots, e_i, \cdots, e_n)\}$ 是安全事件 $e_i(1 \leq i \geq n)$ 序列的集合，$Y=\{(e_1, e_2, \cdots, e_i, \cdots, e_k)\}$ 是由 X 的子序列构成的集合，其中 $k<n$。X 的条件熵 $E(X/Y)$ 反映了用 X 的前 k 个安全事件 $(e_1, e_2, \cdots, e_i, \cdots, e_k)$ 预测第 n 个事件 e_n 的概率大小，X 的条件熵越小，安全事件在时间序列上的依赖性就越强，用已知事件预测未知事件的准确性也就越高。

机器学习算法可以将训练数据集映射成一个能够正确区分正常和异常记录的检测模型。由于训练数据集不可能提供反映主体行为的所有事例，所以归纳出的异常检测模型不能保证绝对的正确性。异常检测模型必须在测试数据集上进行预测精度的评估，如果预测精度能够满足 IDS 的要求，异常检测模型才能用于对实际目标数据集中的数据记录进行分类。因此，检测模型的评估精度与泛化精度是两个完全不同的概念。异常检测模型的检测精度与训练数据集和测试数据集、目标数据集之间的相似度密切相关，数据集之间的相似度越高，检测模型的检测精度也就越高。使用相对熵（relative entropy）能够度量两个数据集之间的相似性，为评估检测模型的检测精度奠定了理论基础。假设训练数据集和测试数据集分别用 X、Y 表示，$P(x)$、$Q(x)$ 分别是 x 在 X 和 Y 中的

概率分布，则 X 和 Y 之间的相对熵 $RE(X/Y)$ 定义为

$$RE(X/Y) = \sum_{x \in C_x} P(x) \times \log_2 \frac{P(x)}{Q(x)} \tag{6.3}$$

X 和 Y 之间的相对熵越小，两个数据集之间的相似性就越高。如果数据集之间的相对熵为零，表明两个数据集具有完全相同的概率分布，检测模型将表现出最好的检测性能。当使用条件熵度量 X 在时间上对 Y 的依赖程度时，类似于相对熵，可以利用相对条件熵（relative conditional entropy）度量事件序列数据集之间的相似性，相对条件熵 $RCE(X/Y)$ 定义为

$$RCE(X/Y) = \sum_{x \in C_x, y \in C_y} P(x,y) \times \log_2 \frac{P(x,y)}{Q(x/y)} \tag{6.4}$$

6.2.3 常用审计数据源采集工具

网络数据采集是指从数据链路层截获数据并按照网络协议解释数据首部各字段含义的过程，是实现网络入侵检测、网络监听和网络协议分析的基础工作，由于网络数据采集可用于正反两个方面，网络数据采集工具也称为网络监视器、网络嗅探器（network sniffer）或协议解码器。

1. 伯克利分组过滤器 BPF

卡内基梅隆大学（Carnegie Mellon University，CMU）和斯坦福大学（Stanford University）的研究人员早在 20 世纪 80 年代就针对 UNIX 操作系统开发出分组过滤器软件（CMU Stanford packet filter，CSPF），CSPF 是最早发布的从应用层获取数据链路层数据的实用软件。由于采用基于内存堆栈的分组过滤机制，其处理速度受到内存存取周期时间的限制。20 世纪 90 年代美国劳伦斯伯克利国家实验室的 Steven McCanne 和 Van Jacobson 对 CSPF 进行了重大改进，提出了著名的 UNIX 内核分组采集与过滤机制（berkeley packet filter，BPF）。BPF 主要对 CSPF 的系统结构进行了两方面的改进，一是采用基于寄存器的分组过滤机制，寄存器过滤机制能够充分利用精简指令系统计算机（reduced instruction system computer，RISC）寄存器高速存取的优势；二是采用非共享缓存模型扩展了存储地址空间，提高了分组采集的性能。实验证明，在相同网络流量和硬件配置条件下，BPF 的性能比 CSPF 高出 150 倍以上。

BPF 主要由网络分接器（network tap）和分组过滤器（packet filter）组成，网络分接器负责从链路层网络设备驱动程序截获数据帧并传递给监听程序，分组过滤器根据事先定义的过滤规则决定是否将数据传递给应用程序。目前大多数网络监听程序都需要 BPF 作为底层驱动，BPF 已经成为 BSD、FreeBSD、NetBSD、BSDI、OpenBSD、SCO UnixWare、SCO OpenServer、Linux、Solaris、AIX、HP-UX、IRIX 等各种 UNIX 操作系统版本的标准配置。

2. 经典分组采集与分析工具 Tcpdum

Tcpdum 是由美国劳伦斯伯克利国家实验室开发的用于网络分组首部采集和协议分析的经典网络工具，Tcpdum 必须将网络适配器设置成混杂工作模式，因此，只有超级用户才有权执行数据采集和分析，而且只能采集共享网段内的数据流量。Tcpdum 程序需要使用 BPF 作为底层驱动，并使用 Libpcap（packet capture library）作为分组捕获函数库，Libpcap 是当前网络编程应用最多的分组捕获函数库，由于为不同操作系统平台提供了一致的分组捕获编程接口，使用 Libpcap 编写的网络应用程序能够很容易地移植到 Libpcap 支持的所有操作系统平台。Tcpdum 支持多种主流 UNIX 操作系统，许多高版本操作系统还捆绑了 Tcpdum 程序，支持二进制格式和源代码编译两种安装方式。

为了简化网络安全程序的开发过程，使安全软件开发人员忽略网络底层的细节实现，更专注于应用程序本身具体功能的设计与开发。在 UNIX 操作系统平台上，除广泛使用的 Libpcap 分组捕获函数库之外，研究人员还开发出 Libnet、Libicmp、Libnids 等其他应用程序接口函数库。Libnet 主要用于分组生成、发送、内存分配、内存释放和地址解析，提供了 15 种分组生成接口函数和 IP 层、数据链路层的数据发送接口函数。Libicmp 主要封装了 ICMP 数据的生成、发送、接收等数据的处理细节。Libnids 是在 Libpcap 和 Libnet 基础上专为网络入侵检测系统开发的数据处理接口函数库，提供了 IP 碎片重组、TCP 报文段重组和 TCP 端口扫描检测等常用数据处理接口函数。

目前，在 Windows 操作系统平台上也有了 Tcpdum、Libpcap 和 Libnids 的移植版本，数据监听 WinDum、数据捕获函数库 WinPcap、网络入侵检测函数库 Libnids-win32 与 Tcpdum、Libpcap 和 Libnids 完全兼容。利用 Libpcap、Libnet、Libnids、WinPcap、Libnids-win32 等网络数据处理接口函数库，网络安全开发人员可以将注意力集中在应用程序设计与开发上，为快速编写具有结构性、健壮性和可移植性强的网络安全应用程序奠定了基础。为方便读者学习和使用这些优秀的开放源码软件，表 6.1 所示为 Tcpdum 和相关接口函数库的程序名称、操作系统平台和下载地址。

表 6.1 Tcpdum 和相关接口函数库

程 序 名 称	操 作 系 统	下 载 地 址
Tcpdum	UNIX、Linux	http://www.tcpdump.org/
BPF	UNIX、Linux	http://www.tcpdump.org/
Libpcap	UNIX、Linux	http://www.tcpdump.org/
Libnet	UNIX、Linux	http://libnet.sourceforge.net/
Libicmp	UNIX、Linux	http://josefsson.org/
Libnids	UNIX、Linux	http://libnids.sourceforge.net/
WinDum	Windows	http://windump.polito.it/
WinPcap	Windows	http://winpcap.polito.it/
Libnids-win32	Windows	http://www.datanerds.net/~mike/libnids

3. 其他常用网络数据采集与分析工具

Ethereal 是一款开放源码的用于采集和显示网络数据的跨平台网络分析器，网络和安全管理员使用 Ethereal 能够监测各种网络与安全问题，也是软件开发人员调试网络协议实现和学习网络协议的优秀工具。Ethereal 主要功能包括：从网络适配器实时采集数据；支持 602 种网络协议显示网络数据；打开和保存捕获的数据文件；能够与多个数据采集工具实现数据的导入与导出；根据多种规范过滤与搜索网络数据；生成各种统计信息等。

Ethereal 不仅能够从快速以太网采集网络数据，也支持光纤分布式数据接口（FDDI）、端对端协议（PPP）、令牌环（token-ring）、无线局域网 IEEE 802.11 和 IP over ATM 多个局域网标准，能够从目前常见的网络数据采集工具 Tcpdum、NAI Sniffer、Sniffer Pro、NetXray、Sun snoop、Sun atmsnoop、AIX iptrace、Microsoft Network Monitor、AG Group Etherpeek、Novell LANalyzer、RADCOM WAN/LAN Analyzer、HP-UX nettl、i4btrace、Cisco Secure IDS iplog、pppd log 和 Visual Networks Visual UpTime 导入网络数据文件。Ethereal 能够在几乎所有的 UNIX 和 Linux 版本下正常工作，也支持 Windows 操作系统。但在 UNIX 和 Linux 操作系统平台下，需要安装图形界面控件库 GTK+（gimp toolkit）和数据捕获函数库 Libpcap，在 Windows 平台下则要求安装数据捕获函数库 WinPcap。

同其他开放源码或非商业数据采集与分析工具相比，Ethereal 不仅具备了商业软件的功能，而且提供了详尽的使用说明，是当前公认的最优秀数据采集与分析工具。除了 Ethereal 之外，还有 Jpcap、Ettercap、Network Sniffer、Packetyzer、Ngrep、Sniffit 等一些常用开放源码或非商业网络数据采集与分析软件，表 6.2 所示为这些软件支持的操作系统和下载地址等信息。

表 6.2　常用开放源码或非商业数据包采集与分析软件

程 序 名 称	操 作 系 统	下 载 地 址
Ethereal	UNIX、Linux、Windows	http://www.ethereal.com/
Jpcap	UNIX、Linux、Windows	http://sourceforge.net/projects/jpcap/
Ettercap	UNIX、Linux、Windows	http://sourceforge.net/projects/ettercap/
Network Sniffer	Windows	http://sourceforge.net/projects/schniefer/
Packetyzer	Windows	http://sourceforge.net/projects/packetyzer/
Ngrep	UNIX、Linux、Windows	http://sourceforge.net/projects/ngrep/
Sniffit	Linux、Windows	http://reptile.rug.ac.be/~coder/sniffit/

6.3　主机系统调用入侵检测

自从新墨西哥大学计算机免疫系统研究小组发现监视系统调用跟踪能够识别针对特权程序的攻击行为以来，为了获得简洁的检测模型并提高模型精度，研究人员随后又提出了前看系统调用对、枚举序列匹配、最小汉明间距、短序列频度分布向量、数据挖掘、隐含马尔科夫、支持向量机模型等多种基于系统调用跟踪的入侵检测建模方法。

6.3.1　系统调用跟踪概念

1. 特权程序

UNIX 操作系统的体系结构主要由系统内核、特权程序和应用程序三部分组成，系统内核包含了诸如进程管理、处理机管理、存储管理、设备管理、文件管理等操作系统的最主要功能，系统内核的最外层是系统调用，系统调用是内核的对外接口，也是用户应用程序获得操作系统服务的唯一途径。为了向用户提供不同权限的资源访问控制，位于中间层的特权程序可以越过内核的安全保护机制来满足用户的某些特殊需求。特权程序即可以是内核的组成部分，也可以驻留在内核外部，以便减轻内核的复杂性。事实上，特权程序就是某个特权进程所执行的程序，这些程序具有特殊权限，有权访问普通用户不能访问的系统资源，服务程序和扩展程序（amplification programs）通常都属于特权程序。服务程序在后台连续监听用户请求，并按用户要求提供系统服务。扩展程序则具有扩展用户进程权限的能力，如普通用户可以利用内核提供的 Setuid 或 Setgid 机制获得超级用户权限。

事实上，特权程序所拥有的权限远远超过了其完成任务所需的权限，因此，特权程序有权访问与完成任务无关的系统资源。如果特权程序只访问与操作相关的系统资源，并不会对系统产生威胁。然而，如果特权程序存在编程漏洞和错误配置，普通用户就有可能利用这些漏洞和错误配置获得超级用户权限。由于特权程序一般都具有超级用户的执行权限，比一般的应用程序具有更大的活动范围和资源控制权限，所以攻击或滥用特权程序对系统具有更大的破坏能力。

2. 系统调用跟踪

操作系统在其内核中设置了一组用于实现各种系统功能的内建函数，这些内建函数就称为系统调用。每当用户进程通过系统调用请求内核提供某种服务时，用户进程将被暂时挂起，系统内核执行系统功能后，将控制返回给请求进程或其他等待运行的用户进程。系统调用是用户进程和系统内核之间的功能接口，是用户进程进入系统内核的唯一途径。系统调用通过软中断实现，软中断指令将 CPU 切换到特殊监管方式，然后调用内核系统调度例行程序（dispatch routine）启动相应的系统调用功能。

系统调用不仅能够使用户在不了解操作系统内部结构和硬件细节条件下，方便地使用操作系统提供的设备管理、输入和输出系统、文件系统、进程控制、通信和存储管理等方面的系统功能，而且用户进程一旦通过系统调用进入系统内核，用户进程被完全隔离在内核之外，保障了系统的安全性。核心与用户执行状态将用户进程完全限定在自己的用户空间，如果用户进程企图攻击或破坏用户空间之外的系统资源，系统调用接口是实施攻击的唯一途径。因此，异常系统调用必然预示用户进程与内核的交互有可能存在危险。

进程从创建、推进到撤销的整个过程称为进程的生命周期，系统调用跟踪或系统调用序列实质上就是某个程序的进程在其生命周期内所执行的所有系统调用列表，由多个有序的系统调用组成。由于程序的规模、复杂性和运行环境不同，所以不同程序的系统调用和跟踪长度也不同。即使同一个程序的不同版本，在后台或在前台运行，其系统调用和跟踪长度也不完全相同。表 6.3 所示为新墨西哥大学研究小组从运行 SunOS 4.1.1 的 Sun SPARC 工作站上采集的部分正常 Sendmail 系统调用跟踪数据集，其进程标识为 8840。正常 Sendmail 系统调用跟踪数据集共有 71 760 个进程跟踪，44 500 219 个系统调用组成。表中第一行为系统调用编号，第二行为系统调用名称。

表 6.3 部分正常 Sendmail 系统调用跟踪

系统调用编号	4	2	66	66	4	138	66	5	…
系统调用名称	write	fork	sstk	sstk	write	sethostid	sstk	open	…

6.3.2 前看系统调用对模型

前看系统调用对（lookahead pairs）异常检测模型是最早提出的基于生物免疫系统概念的入侵检测方法，其建模方法和实现异常检测的过程如下。

1. 正常系统调用跟踪扫描

首先使用长度为 k 的滑动窗口（sliding window）对特权程序正常系统调用跟踪扫描，截取滑动窗口内的系统调用短序列，记录正常系统调用跟踪中不同模式的系统调用短序列。例如，采用长度为 4 的滑动窗口对图 6.16 所示的系统调用跟踪扫描，不同模式的系统调用短序列如表 6.4 所示。其中，p_3, p_2, p_1, p_0 分别表示系统调用短序列中 4 个系统调用所处的位置，p_0 表示当前执行的系统调用位置，p_1 表示位于 p_0 之前执行的系统调用位置，依此类推。

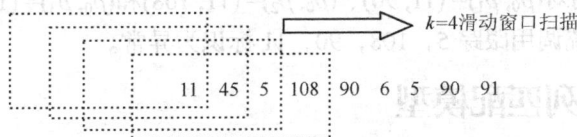

图 6.16 滑动窗口扫描系统调用跟踪

表 6.4　不同模式系统调用短序列

p_3	p_2	p_1	p_0
			11
		11	45
	11	45	5
	45	5	108
11	5	108	90
45	108	90	6
5	90	6	5
108	6	5	90
90	5	90	91
6			

2. 系统调用短序列合并

检测不同模式系统调用短序列在 p_0 位置是否具有相同的系统调用编号，将当前位置系统调用编号相同的系统调用短序列进行合并，不同模式系统调用短序列的合并结果如表 6.5 所示。

表 6.5　不同模式系统调用短序列的合并结果

p_3	p_2	p_1	p_0
			11
		11	45
108	11, 90	45, 6	5
11	45	5	108
45, 90	5, 6	108, 5	90
5	108	90	6
6	5	90	91

3. 前看系统调用对组合

在不同模式系统调用短序列合并结果的基础上，从当前执行的系统调用 p_0 位置向 p_1，p_2，p_3 方向看，然后分别将(p_0, p_1)，(p_0, p_2)和(p_0, p_3)组合成前看系统调用对，组合后的前看系统调用对如表 6.6 所示，并作为系统调用跟踪对应特权程序的正常行为模式。

表 6.6　前看系统调用对特权程序正常模式

(p_0, p_i)	前看系统调用对
(p_0, p_1)	(45, 11); (5, 45); (5, 6); (108, 5); (90, 108); (90, 5); (6, 90); (91, 90)
(p_0, p_2)	(5, 11); (5, 90); (108, 45); (90, 5); (90, 6); (6, 108); (91, 5)
(p_0, p_3)	(5, 108); (108, 11); (90, 45); (90, 90); (6, 5); (91, 6)

4. 目标特权程序检测

按照构建特权程序正常行为模式的方法，将目标系统调用跟踪转换成前看系统调用对，用前看系统调用对表征目标特权程序的行为模式。如果目标特权程序的前看系统调用对不在表 6.7 所示的正常行为模式库中，则将目标特权程序标识为异常。例如，假设目标系统调用跟踪为 5，108，90，11，因前看系统调用对$(p_0, p_1)=$ (11, 90)、$(p_0, p_2)=$ (11, 108)和$(p_0, p_3)=$ (11, 5)没有出现在正常行为模式库中，将目标系统调用跟踪 5，108，90，11 标识为异常。

6.3.3　枚举序列匹配模型

枚举序列匹配（enumerating sequences）异常检测模型类似于前看系统调用对模型，同样使用

长度 k 的滑动窗口对特权程序正常系统调用跟踪扫描，通过枚举不同模式的系统调用短序列来构建特权程序正常行为模式，模式库实例如同前看系统调用对模型表 6.6 所示。枚举序列匹配模型用于异常检测时，将目标系统调用跟踪中的短序列与正常行为模式库进行比较，凡与正常行为模式库不匹配的短序列称为错配（mismatch），采用错配数量来识别程序的异常行为。

为了提高枚举序列匹配模型的检测精度，将连续多个错配短序列定义为局域帧数（locality frame count），采用局域帧数作为识别程序异常行为的阈值。凡目标系统调用跟踪中的局域帧数大于或等于给定的阈值，将对应的程序行为定性为异常；凡小于给定的异常标识阈值，将程序行为定性为正常。局域帧数异常标识阈值的设定直接影响枚举序列匹配模型的检测精度，较大的局域帧数能够减小误报率，但同时也降低了检测率。此外，提出枚举序列匹配模型的研究人员还提出了使用最小汉明间距（minimum Hamming distance）计算目标短序列与正常模式库中短序列之间相似度的思想，并将目标短序列与正常模式库之间的最小汉明间距定义为式（6.5）。

$$d_{\min}(i) = \min\{d(i, j) \quad \forall j \in S\} \tag{6.5}$$

其中，S 为程序正常行为模式集（pattern sets），i 表示当前目标短序列，$d(i, j)$ 表示目标短序列 i 和正常短序列 j 之间的汉明间距。最小汉明间距 $d_{\min}(i)$ 反映了目标短序列偏离程序正常模式的程度，也就是目标短序列的异常强度。对于入侵检测而言，希望入侵行为能够产生最大的异常强度。因此，目标短序列的异常强度越大，将目标短序列定性为异常的正确概率就越高，所以，在目标系统调用跟踪中的最大异常强度定义为程序异常信号标志 S_A。

$$S_A = \max\{d_{\min}(i) \quad \forall i\} \tag{6.6}$$

6.3.4　短序列频度分布向量模型

短序列频度分布向量模型（frequency-based method）试图对不同短序列在系统调用跟踪中出现的频度进行建模，核心思想采用了对文本文档分类的向量方法。每个系统调用跟踪用一个短序列频度分布向量来表示，向量中的每一个元素对应一个长度为 k 的短序列，元素值就是短序列在系统调用跟踪中出现的频度。短序列频度分布向量在多维空间中唯一地标识了一个点，相似的系统调用跟踪在多维空间中相互接近，采用式（6.7）点积公式计算两个短序列频度分布向量之间的相似度。其中 $X_m=(x_{m1}, x_{m2}, \cdots, x_{mj})$ 和 $X_n=(x_{n1}, x_{n2}, \cdots, x_{nj})$ 分别表示两个短序列频度分布向量，j 为频度分布向量维数。程序正常系统调用跟踪对应的短序列频度分布向量作为质心（centroid），凡远离质心的系统调用跟踪就认为是异常的。

$$Similarity(X_m, X_n) = \frac{\sum\limits_{j=1}^{J} x_{mj} x_{nj}}{\sqrt{\sum\limits_{j=1}^{J} x_{mj}^2 \sum\limits_{j=1}^{J} x_{nj}^2}} \tag{6.7}$$

因程序系统调用跟踪结束之前，无法形成短序列频度分布向量，所以短序列频度分布向量模型不适应于实时在线检测。此外，不同模式系统调用短序列空间过于庞大，不能保证正常模式库一定包含了所有可能的正常系统调用短序列，所以，短序列频度分布向量的维数很难确定。高维空间频度分布向量的点积运算也增加了模型在计算时的空间复杂度和时间复杂度。短序列频度分布向量模型还假定系统调用短序列之间是相互独立和静态的，事实上，系统调用跟踪中的短序列并不满足这个约束条件，将文档分类向量方法直接用于主机系统调用入侵检测，并不能保证模型具有足够的检测精度。

6.3.5 数据挖掘分类规则模型

数据挖掘分类规则模型以枚举序列匹配建模方法为基础，采用"重复增量裁减缩减错误"数据挖掘快速分类算法（repeated incremental pruning to produce error reduction，RIPPER），从系统调用短序列训练数据集归纳分类规则集作为入侵检测模型。在应用分类算法以前，首先按照枚举序列匹配方法构建特权程序短序列正常行为模式库，然后将异常系统调用跟踪中的短序列与正常行为模式库进行比较。凡与正常行为模式库匹配的短序列标注成正常类标，凡与正常行为模式库不匹配的短序列则标注成异常类标，正常系统调用跟踪中的所有短序列都统一标注成正常类标。从正常和异常系统调用跟踪中，随机选择部分短序列作为分类学习算法的训练数据集，剩余短序列作为测试数据集。训练数据集和测试数据集中的每条记录都具有 k 个位置属性 p_1，p_2，$\cdots$，p_k 和一个正常 normal 或异常 abnormal 类标，快速分类算法 RIPPER 将从训练数据集归纳出 If-Then 形式的分类规则集，使用这些分类规则就可以预测出目标系统调用短序列的类标。

为了提高模型的检测效果，采用后处理方案（post-processing）对枚举序列匹配模型进行了优化。枚举序列匹配模型采用错配短序列在整个目标系统调用跟踪中的百分比作为区分程序正常和异常的标志，而数据挖掘分类规则模型将 RIPPER 规则预测出的类标序列划分成多个区域，每个区域由多个类标序列组成。当区域中的异常类标数量大于正常类标数量时，区域被定性为异常区域，否则，区域被定性为正常区域。通过计算异常区域在目标系统调用跟踪中的百分比来决定程序的行为状态，当异常区域百分比超过某个事先确定的阈值时，认为程序具有异常行为。

6.3.6 隐含马尔科夫模型

由于程序的系统调用之间在时间上具有很强的相关性，而马尔科夫链（Markov chain）又适合对随机变量序列 s_1，s_2，$\cdots$，s_n 表示的事件流进行状态分析。使用马尔科夫链对随机过程建模时，要求随机变量满足下列两个条件。

① $n+1$ 时刻随机变量 s_{n+1} 的状态概率分布只与 n 时刻随机变量 s_n 的状态有关，而与 n 时刻以前的随机变量无关。假设用 p_{ij} 表示系统在 n 时刻处于状态 i，$n+1$ 时刻处于状态 j 的概率，则系统在 $n+1$ 时刻为状态 j 的概率满足式（6.8）。

$$P(s_{n+1} = j / s_n = i) = p_{ij} \tag{6.8}$$

② 随机变量从 n 时刻到 $n+1$ 时刻的状态转移与 n 时刻的状态无关。

由于实际的系统调用跟踪并不完全满足上述马尔科夫条件，直接采用马尔科夫链对正常系统调用跟踪建模，并不能获得良好的异常检测效果。随后，人们发现在语音识别中广泛使用的隐含马尔科夫模型（hidden Markov model，HMM）更适合对系统调用跟踪建模，由于 HMM 保留了更多系统调用训练数据的统计特性，被认为是目前最强有力的系统调用跟踪分类算法。与其他系统调用跟踪数据建模方法相比，尽管 HMM 具有很高的计算成本，但确实能够获得较高的检测精度。

HMM 不同于马尔科夫链，其随机过程的当前状态是隐含的，仅能依据当前状态的概率分布函数 b_i 观察随机过程的输出信号序列 O，通过输出信号序列才能推断出随机过程的隐含状态。一旦通过正常系统调用跟踪数据集建立了 HMM 的参数集 $\lambda=(\pi, A, B)$，其输出信号序列 $O=(O_1, O_2, \ldots, O_t)$ 的概率就可以由式（6.9）计算确定。如果在给定正常行为参数集 $\lambda=(\pi, A, B)$ 的条件下，输出信号序列的概率小于某个阈值，则认为程序具有异常行为。

$$P(O / \lambda) = \sum_s \pi(s_1) b_{s1}(O_1) p_{s1s2} b_{s2}(O_2) p_{s2s3} b_{s3}(O_3) \ldots p_{st-1} b_{st}(O_t) \qquad (6.9)$$

其中 π 表示随机过程的初始概率分布，$A=(p_{ij})$ 是状态转移概率矩阵，$b_t(O)$ 是状态的输出概率分布函数值，B 是每个状态的输出概率分布函数集。HMM 属于有限状态机学习算法，因此，在训练模型之前，必须首先确定 HMM 的状态数。由于不同程序的系统调用跟踪具有不同数目的系统调用，需要针对特定的程序来确定 HMM 的状态数。HMM 确实具有较高的检测精度，但需要耗费过多的计算和存储资源。假设用 T 表示系统调用跟踪的长度，S 表示系统调用跟踪中的不同系统调用数，则训练一次 HMM 需要 $O(TS^2)$ 的时间，存储状态转移概率矩阵和输出概率分布函数集则大约需要 $2S^2$ 存储空间。Warrender C 曾采用新墨西哥大学收集的正常 Sendmail 系统调用跟踪对 HMM 参数集 $\lambda=(\pi, A, B)$ 训练，花费了近两个月的时间。正常 Sendmail 训练数据集由 4196 个系统调用跟踪组成，共计有 2 309 419 个系统调用。

6.3.7　支持向量机模型

支持向量机（support vector machine，SVM）是一种建立在统计学习理论基础之上的机器学习方法，SVM 学习算法能够在高维空间中找到一个最优分界超平面，以最小的错误分类率对二值样本进行分类。假设存在训练样本 $\{(x_1, y_1), (x_2, y_2), \cdots, (x_1, y_1)\}$ 其中 x 为 k 维向量，y 是 x 的二值类标，l 为训练样本的个数，即 $x \in R^k$，$y \in \{+1,-1\}$。在线性可分的条件下，存在一个式（6.10）所描述的超平面使两类样本完全分开。

$$(w \cdot x) + b = 0 \qquad (6.10)$$

其中 "$\cdot$" 是向量的点积运算，w 为超平面的法线向量，b 为偏移值。当 k 维向量 x_i 满足 $(w \cdot x_i) + b \geqslant 0$ 时，x_i 的类标 $y_i=+1$；当满足 $(w \cdot x_i) + b < 0$ 时，x_i 的类标 $y_i=-1$。为了在高维空间中找到一个最优分界超平面，要求 w 满足式（6.11），式中 α_i 为拉格朗日乘子，$\alpha_i \in [0,C], i=1,2,\cdots,l$，$C$ 是一个正常数。

$$w = \sum_{i=1}^{l} \alpha_i x_i y_i \qquad (6.11)$$

由式（6.11）可以看出，$\alpha_i=0$ 的训练样本对分类不起任何作用，只有 $\alpha_i>0$ 的训练样本才确定了分界超平面，所以将 $\alpha_i>0$ 的样本称为支持向量。在训练样本集上获得参数 α_i 和 b 以后，对给定的测试样本 x 进行分类，采用式（6.12）定义的线性支持向量机判决函数确定样本的类属。

$$d(x) = w \cdot x + b = \sum_{i=1}^{l} \alpha_i y_i (x \cdot x_i) + b \qquad (6.12)$$

对于非线性分类问题，可以将样本 x 影射到高维空间以后，采用内积函数 $K(x \cdot x_j)$ 实现非线性变换后的线性分类，所以非线性支持向量机的判决函数为式（6.13）。

$$d(x) = \sum_{i=1}^{l} \alpha_i y_i K(x \cdot x_i) + b \qquad (6.13)$$

支持向量机用于系统调用跟踪异常检测时，程序正常行为模式库的构建方法与枚举序列匹配建模方法完全相同，在对系统调用短序列分类时类似于数据挖掘分类规则模型，只是使用了支持向量机判决函数来确定短序列的类属。训练支持向量机参数要求训练数据集既包含正常系统调用短序列，也包含异常系统调用短序列。采用枚举序列匹配建模方法，使用长度为 k 的滑动窗口对正常执行程序时产生的系统调用跟踪扫描，列举不同模式的系统调用短序列来形成程序的正常行为模式库。然后使用相同长度的滑动窗口对异常程序的系统调用跟踪扫描，与正常行为模式库完全匹配的系统调用短序列标记成正常类，凡与正常行为模式库不匹配的系统调用短序列标记为异常类。取部分正常和异常系统调用短序列作为支持向量机的训练数据集，其余部分作为测试集。由于异常系统调用数字编号能够满足支持向量机只能对数字向量进行分类的要求，所以不必进行数字向量转换。按照支持向量机对类属标记要求，分别用+1 和−1 标记训练集中正常和异常系统调用短序列类别。采用训练数据集对支持向量机参数 $\alpha_i(i=1, 2,\cdots,l)$ 与 b 训练之后，即可使用式（6.13）对目标系统调用跟踪中的系统调用短序列进行分类。

6.4　网络连接记录入侵检测

网络连接记录入侵检测利用网络监听软件采集网络中传输的数据流，通过网络协议解析将分组还原成传输层或应用层的网络连接记录，然后从连接记录中提取能够识别网络异常行为的特征属性。利用机器学习算法生成网络入侵检测模型，用于对实际网络中的连接记录进行决策。

6.4.1　网络分组协议解协

由于网络分组本身提供的信息很少，直接利用网络分组很难准确识别入侵行为。如通过网络协议解析将分组还原成传输层或应用层的网络连接记录，因网络连接记录包含了许多反映网络行为的特征属性，利用传输层 TCP、UDP 和应用层 FTP、Telnet、HTTP 等连接记录的特征属性或攻击特征就可以准确地识别出网络入侵行为。这里以广泛使用的开放源码网络分组捕获工具 Tcpdump 数据输出格式为例，简单介绍网络分组的协议解析过程。

1. 分组协议解析过程

网络分组协议解析过程如图 6.17 所示，网络分组捕获软件安装在内部局域网和外部网或 Internet 之间的通用网关，能够捕获所有进出网关的网络流量。但常用网络分组捕获软件并不是专门用于网络信息安全分析目的，网络分组的输出格式不能直接用于构建入侵检测分析模型，需要通过大量网络协议解协预处理才能将分组还原成具有多个特征属性的传输层或应用层网络连接记录。

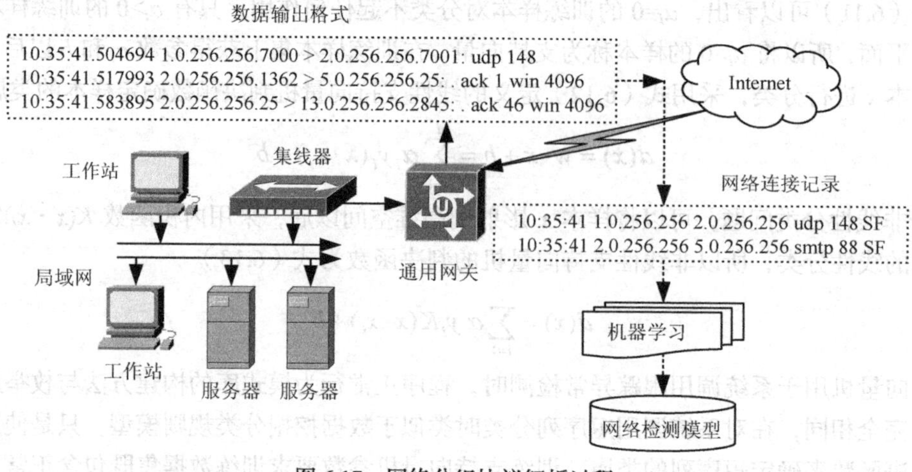

图 6.17　网络分组协议解析过程

2. Tcpdump 输出格式

Tcpdump 只按照分组到达的先后顺序输出分组首部信息，不包括分组中传送的用户数据。

Tcpdump 容许用户定义多种协议过滤规则，图 6.18 所示为将 Tcpdump 配置成采集 TCP 和 UDP 数据时的典型输出格式，图中的注释表示各字段的含义。

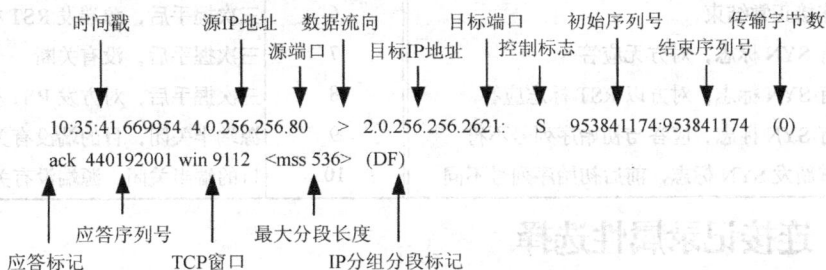

图 6.18　Tcpdump 数据输出格式各字段含义

时间戳（time stamp）是 Tcpdump 程序采集该 TCP 报文段时的操作系统时间，控制标志是 TCP 报文段首部中的控制字段，同步连接 SYN、终止连接 FIN、异常终止 RST、入栈操作 PSH 标记分别用 S、F、R、P 表示，确认 ACK 和紧急指针 URG 控制标志单独表示。源 IP 地址、源端口号、数据流向、目标 IP 地址、目标端口号、初始序列号、结束序列号、传输字节数、应答序列号、TCP 窗口大小、最大分段长度和 IP 分组分段标记意义简单，这里不再赘述。如读者不熟悉这些术语，可参考相关 TCP/IP 资料。由于 UDP 提供的是无连接的传输层服务，输出内容相对简单，只有时间戳、源 IP 地址、源端口号、目标 IP 地址、目标端口号和传输字节数。

Tcpdump 对不同协议的数据有不同的输出格式，即使对同一种协议的数据也有多种输出格式。例如，Tcpdump 在默认情况下只对 SYN 报文段输出完整的初始和结束序列号，对其后出现的报文段只显示相对 TCP 连接初始序列号的偏移量。例如，10:35:41.654701　7.0.256.256.27383 > 2.0.256.256.1826: P 3072:3584 (512) ack 1 表示的 TCP 报文段，其中 3072 和 3584 分别是本次报文段初始和结束序列号的偏移量，即本次报文段的初始序列号是 TCP 连接的起始序列号再加偏移 3072，结束序列号则是 TCP 连接的起始序列号加 3584。

3. 基本属性网络连接记录

利用 Tcpdump 对不同协议的数据有不同的输出格式，例如，TCP 报文段冒号后面是首部中的控制标志位，UDP 数据报冒号后面则是字符串 udp。因此，可以将采集的原始数据文件按协议类型分解成多个数据文件。在 Internet 上，标准的应用服务都有唯一指定的目标服务端口号，利用报文段中目标服务端口号就可以将 TCP 报文段文件分解为 HTTP、SMTP、TELNET、AUTH 等不同服务类型。Tcpdump 程序按照捕捉报文时的系统时间以先后顺序输出报文首部信息，因此，一次 TCP 连接的全部报文段按时间顺序交叉分布在输出文件。由于 TCP 协议在三次握手完成后，将在目的端口和源端口之间建立源 IP 地址、源端口、目的 IP 地址、目的端口四元组 R（Src.IP, Src.Port, Dst.IP, Dst.Port）唯一确定的一条连接通道，依据 R（Src.IP, Src.Port, Dst.IP, Dst.Port）就可以分别从不同服务类型报文段中检索出一次 TCP 连接的全部报文段。

TCP 既有正常连接，也有许多非正常连接，在生成基本属性网络连接记录时，必须考虑多种 TCP 连接类型，表 6.7 所示为常见的几种 TCP 网络连接类型。UDP、ICMP 和 IGMP 都属于不可靠的传输协议，没有连接建立过程，所以每个 UDP、ICMP 和 IGMP 报文就可以直接作为一条网络连接记录。传输层 TCP 和 UDP 解协以后的基本属性连接记录包括协议类型、源 IP 地址、目标 IP 地址、连接持续时间、源传送字节数、目标传送字节数、重传率、连接类型和服务类型 9 个基本属性，可以用 R（Pro.Type, Src.IP, Dst.IP, Ses.Dur, Src.Byte, Dst.Byte, Res.Rate, Ses.Flag, Dst.Ser）表示网络连接记录基本属性集。

表 6.7 常见 TCP 网络连接类型

类型序号	类 型 含 义	类型序号	类 型 含 义
1	连接正常结束	6	三次握手后，源端发 RST 标志关断
2	有 SYN 标志，对方无应答	7	三次握手后，没有关断
3	有 SYN 标志，对方以 RST 标志应答	8	三次握手后，对方发 RST 标志关断
4	有 SYN 标志，应答与初始序列号不符	9	源端半关闭，目的端没有关闭
5	重新发 SYN 标志，前后初始序列号不同	10	目的端半关闭，源端没有关闭

6.4.2 连接记录属性选择

攻击事件通常在时间序列上都表现出很强的关联性，但基本属性集主要反映的还是连接记录内数据的信息，并没有从时间序列上揭示出连接记录的特征。大量实验已经证明，无论如何划分训练与测试数据集比例，采用网络连接记录基本属性学习入侵检测模型，都不能很好地区分正常与异常网络行为。因此，为了在更抽象的层次上来观察网络连接记录，必须在基本属性的基础上添加基于时间统计的特征属性。目前大多数研究人员都使用了时间窗的概念，即针对每一条连接记录，统计在过去 n 秒钟时间内与当前连接记录在属性上存在某种联系的连接记录。

参考美国国防部高级研究计划署提供的模拟军用网络 TCP 连接记录数据集，除基于用户内容的连接记录属性外，针对当前连接记录的目标主机和目标服务，在基本属性的基础上主要添加了表 6.8 和表 6.9 所示的时间统计属性，这些属性基本覆盖了当前提出的 TCP 连接记录统计属性。时间统计属性包括在 n 秒时间窗内目标主机与当前连接记录相同的各种比值；目标服务与当前连接记录相同的各种比值；源主机与当前连接记录相同的各种比值；各种连接记录条数和平均传输字节数等。

表 6.8 TCP 连接记录相同目标主机和服务时间统计属性

序号	统计属性意义	序号	统计属性意义
	目标主机与当前连接记录相同		目标服务与当前连接记录相同
1	SYN 标记错误的百分比	10	SYN 标记错误的百分比
2	复位标记出现的百分比	11	复位标记出现的百分比
3	连接非正常关闭的百分比	12	连接非正常关闭的百分比
4	SREJ 标记出现的百分比	13	SREJ 标记出现的百分比
5	目标服务与当前连接相同的记录条数	14	目标主机与当前连接相同的条数
6	目标服务与当前连接不同的百分比	15	目标主机与当前连接不同的百分比
7	连接的平均持续时间	16	连接的平均持续时间
8	源到目的端平均传输字节数	17	源到目的端平均传输字节数
9	目的到源端平均传输字节数	18	目的到源端平均传输字节数

表 6.9 TCP 连接记录相同源主机和其他时间统计属性

序号	统计属性意义	序号	统计属性意义
	源主机与当前连接记录相同：（1～4）	5	目标服务与当前连接记录相同的数目
1	目标主机与当前连接相同的记录条数	6	目标主机与当前连接记录相同的数目
2	SYN 标记错误的百分比	7	连接的平均持续时间
3	SREJ 标记出现的百分比	8	源到目的端的平均传输字节数
4	目标服务与当前连接相同的百分比	9	目的到源端的平均传输字节数

除协议类型外，UDP 的基本属性、时间统计属性与 TCP 连接记录完全相同。ICMP 和 IGMP 没有连接建立过程，每个报文就是一条连接记录，但基本属性和时间统计属性不同于 TCP 连接记录。同理，应用层 FTP、TELNET 和 HTTP 等协议也有各自的基本属性和时间统计属性。建立好网络连接记录训练数据集，采用各种机器学习算法就可以自动生成表征网络正常或异常模式的入侵检测模型，如网络连接记录训练数据集仅包含异常连接记录，生成的模型为误用检测模型。如只包含正常连接记录，生成的模型为异常检测模型。如同时包含正常和异常连接记录，生成的模型则为混合检测模型。一般而言，独立的异常检测模型虽然能够检测出未知攻击，但误报率远远高于误用检测模型。因此，对于已知攻击行为，误用检测模型的检测率明显地优于异常检测模型。混合检测模型将异常检测模型和误用检测模型合成一个检测模型，无论是对已知攻击，还是对未知攻击，均采用同一个模型进行检测。由于网络连接记录训练数据集不可能包含所有可能的正常和异常行为，其检测效果显然不及分别使用两个独立的检测模型。采用异常检测模型检测未知攻击，误用检测模型检测已知攻击，能够充分发挥异常检测模型和误用检测模型各自的优势，达到扬长避短的目的。

事实上，网络连接记录属性本质上就是表达网络行为的语言，表意语言应当简洁和精确。如果表达网络行为的语言不精确而且冗余，机器学习算法构建的网络行为模式必定偏离实际的行为模式，将严重影响检测模型的检测精度。机器学习算法的搜索空间也直接取决于连接记录属性的数量，消除冗余和与安全无关的属性不仅能够缩小搜索空间，提高机器学习的效率，而且可以消除无关属性对检测模型的负面影响。此外，学习检测模型所需的连接记录数也同样与属性数目相关，在保证检测模型精度相同的前提下，训练数据集的属性数目越多，训练检测模型的连接记录实例数就需要越多。将网络分组解析成网络连接记录需要大量的计算资源，因此，连接记录的数量也直接影响网络异常检测模型的计算成本和操作成本。

6.5 典型入侵检测系统简介

Snort 是当前非常著名的开放源码、典型的基于误用和网络的入侵检测软件。通过学习开放源码入侵检测系统，不仅可以加深对入侵检测的理解，更重要的是能够为设计、实现和配置入侵检测系统奠定坚实的理论与实践基础。通过分析检测系统的源程序，也可以不断提高网络安全软件的编程水平。

6.5.1 Snort 主要特点

Snort 是由开放源码软件界非常著名的 Martin Roesch 采用 C 语言编写的一个基于 Libpcap、Libnet 和检测规则的入侵检测软件，是典型的跨平台、轻量级基于误用检测的网络入侵检测系统。Snort 支持 UNIX、Linux 和 Windows 的各种主流操作系统，源代码包和二进制包可以从 www.snort.org 网站免费下载。

Snort 采用规则匹配机制检测网络分组是否违反了事先配置的安全策略，一旦发现入侵和探测行为，具有将报警信息发送到系统日志、报警文件或通过 Samba 服务器生成 Windows 平台消息格式等多种实时报警方式，Samba 服务器是基于服务器消息块协议（server message block，SMB）实现 UNIX 与 Windows 平台通信的一组程序。Snort 不仅能够检测各种网络攻击，还具有网络分组采集、分析和日志记录功能。相对于昂贵与庞大的商用产品而言，Snort 具有系统规模小、容易安装、容易配置、规则灵活和插件（plug-in）扩展等诸多优点，可以方便地集成到网络安全整体解决方案中，所以称其为轻量级网络入侵检测系统。

6.5.2　Snort 系统组成

Snort 在功能模块划分上主要由分组协议解析、入侵检测引擎和日志及报警响应处理 3 部分组成。分组协议解析模块根据事先定义的数据结构从网络分组中解析出协议信息，为检测引擎进行规则匹配奠定基础。协议解析支持以太网、令牌环、光纤分布式数据接口、端对端协议网络基础结构上的 IP、ICMP、ARP、TCP、UDP 网络传输协议。入侵检测引擎是 Snort 的核心模块，根据规则模式匹配具体实施入侵检测。检测规则由规则头（rule header）和规则选项（rule option）两部分组成，规则头主要用于定义诸如源 IP 地址、源端口、目的 IP 地址、目的端口等数据包的公共属性，而规则选项主要用来定义攻击特征。为提高检测规则的匹配速度，采用规则头链表和规则选项链表组成的二维链表存储检测规则。当分组满足检测规则定义的条件时，就会立即触发日志和报警操作。

Snort 提供了两种日志记录格式和多种报警方式供选择，容许采用文本格式或二进制格式记录协议解析后的数据，分别用于日志分析和磁盘记录，也可以选择关闭日志记录功能。报警信息不仅可以发到系统日志，而且可以采用文本或二进制格式记录到报警文件，也容许基于服务器消息块协议发送到 Windows 平台。记录到报警文件的报警信息有完全和快速两种格式，完全报警格式记录分组首部所有字段信息和报警信息，而快速报警格式只记录首部部分字段信息，也容许选择关闭报警操作。

Snort 在软件体系结构上使用插件机制实现系统基本功能和功能扩展，主要包括预处理插件、处理插件和输出插件 3 大类。预处理插件在检测规则匹配之前对分组进行预处理，所有预处理插件的源文件名都以 spp_开头，主要有 IP 碎片重组插件、TCP 流重组插件、TCP 解析插件、HTTP 解析插件、TELNET 解析插件、ARP 欺骗检测插件和端口扫描插件等。处理插件就是入侵检测引擎插件，具体实施入侵检测工作。处理插件的源文件名都以 sp_开头，主要完成协议字段检测以及关闭连接、分组用户内容匹配等一些辅助功能。输出插件的源文件名以 spo_开头，执行日志记录和报警响应功能。

6.5.3　Snort 检测规则

规则文件是检测系统的入侵模式库，Snort 检测入侵的能力完全取决于规则文件是否包含了完整的入侵标识。为方便更新入侵模式库，规则文件为一般的文本文件，可以使用任意文本编辑器对规则文件进行修改。Snort 检测规则由规则头和规则选项组成，规则头定义了 IP 地址、端口、协议类型和满足规则条件时执行的操作，规则选项定义了入侵标志和发送报警的方式，Snort 检测规则的一般格式如图 6.19 所示。

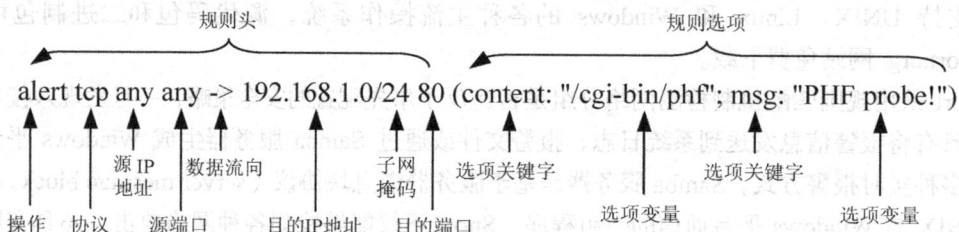

图 6.19　Snort 检测规则的一般格式

规则头的第一个字段为规则操作，共有 alert、log、pass、activate、dynamic 5 种操作供选择。alert 表示使用设定的报警方式生成报警消息；log 表示使用设定的日志方式记录分组；pass 表示忽略分组；activate 表示报警后激活另一个 dynamic 规则；dynamic 表示可以由 activate 激活的规则。源 IP 地址和源端口字段中的 any 表示任意源 IP 地址与源端口。括号中的字符串为规则选项，冒号前面的字符称为选项关键字，选项变量表示攻击特征或显示的报警消息，各选项之间用分号隔开。上述规则可以检测针对本地 Web 服务器 PHF 服务的探测攻击，Snort 一旦检测到这种探测攻击数据包，将执行日志记录和报警响应功能。

6.6 本章知识点小结

1. 入侵检测原理与分类

（1）入侵检测发展历史

在了解入侵检测发展历史的基础上，熟悉当前国际上著名的商用 IDS 产品以及非商用开放源码 IDS 软件。著名商用 IDS 产品主要有 RealSecure、CyberCop、Secure IDS、Intruder Alert、NetProwler、eTrust、Sentivist IDS、Sentivist IPS、Sourcefire 3D System、IntruLock、T-sight 和 Tripwire，著名开放源码 IDS 软件主要有 Snort、AAFID、AirCERT、Bro、Prelude IDS、Osiris、OSSIM、SAMHAIN 等。CIDF 和 IDGW 是入侵检测领域中最具影响力的标准建议。

（2）入侵检测原理与系统结构

IDS 主要由数据采集、入侵检测分析引擎和响应处理功能模块组成。

（3）入侵检测分类方法

根据数据采集位置，IDS 分为 HIDS、NIDS、基于应用 IDS 和基于目标 IDS，依据入侵检测分析引擎采用的分析方法，IDS 分为异常检测和误用检测，按照分析数据的时间不同，IDS 又分为实时检测和离线检测。

（4）入侵检测主要性能指标

检测率和误报率是 IDS 最重要的性能指标，国际上流行采用 ROC 曲线和 DEC 曲线度量。评价 IDS 性能的重要技术指标还有系统资源占用率、系统扩展性和最大数据处理能力等，最大数据处理能力包括最大网络流量、最大采集包数、最大网络连接数和最大事件数。

（5）入侵检测系统部署

HIDS 合理部署考虑的主要因素是保护主机的数量，当中心控制台管理的分析引擎数量较大时，可以采用多级管理方式。NIDS 的部署实际上就是网络传感器的部署，在共享网络环境下，将网络传感器的监听端口接到集线器端口就可以实现整个共享网段的监控。在交换网络环境下，可以将交换网络转换成共享网络；也可以将网络传感器监听端口接到交换机镜像端口；或使用 TAP 专用网络监视设备。防火墙内部端口和非军事区入口是来自外部攻击的唯一路径，一般应当部署网络传感器。

2. 入侵检测审计数据源

（1）审计数据源

操作系统审计记录、系统调用跟踪、系统日志和应用日志都可以作为 HIDS 的审计数据源，但由于系统日志和应用日志没有安全保障，通常只作为辅助审计数据源。NIDS 使用网络关键路径上的网络数据流作为审计数据源。Solaris 操作系统安全审计机制由基础安全模块 BSM 审计子系统实现。Windows 操作系统安全审计机制主要由 SRM、LSA、SAM 和 EL 共同完成，并将事件日志分为安全事件日志、操作系统事件日志和应用事件日志三大类。

（2）审计数据源质量分析

信息理论中常用的信息熵、条件熵、相对熵和相对条件熵从不同角度反映了数据集的规律性，因此，可以使用这些概念分析审计数据源的质量。

（3）常用审计数据源采集工具

在主流操作系统平台上运行的开放源码分组采集与分析工具主要有 Tcpdum、WinDum、Ethereal、Jpcap、Ettercap、Network Sniffer、Packetyzer、Ngrep、Sniffit 等，常用的应用程序接口函数库主要有 BPF、Libpcap、Libnet、Libicmp、Libnids、WinPcap、Libnids-win32 等。由于 Ethereal 提供了详细的使用说明，是目前公认的最优秀分组采集与分析工具。

3. 主机系统调用入侵检测

基于生物免疫系统思想构建的入侵检测模型主要有前看系统调用对、枚举序列匹配、最小汉明间距、短序列频度分布向量、数据挖掘、隐含马尔科夫和支持向量机模型。

4. 网络连接记录入侵检测

（1）网络分组协议解协

网络分组协议解协是指根据网络协议定义将分组还原成具有多个属性的会话记录，TCP 解协后的连接记录具有协议类型、源 IP 地址、目标 IP 地址、连接持续时间、源传送字节数、目标传送字节数、重传率、连接类型和服务类型基本属性。

（2）连接记录属性选择

连接记录基本属性只给出单个会话记录信息，没有给出会话记录之间在时间序列上的关联信息，时间统计属性能够从事件关联角度揭示出连接记录特征。目前提出的时间统计属性主要是在 n 秒时间窗内目标主机或目标服务与当前连接记录相同的各种统计信息。

5. 典型入侵检测系统简介

Snort 是当前非常著名的轻量级、跨平台、基于误用和网络的入侵检测开放源码软件，主要由分组协议解析、入侵检测引擎、日志与报警功能模块组成，使用插件机制实现系统基本功能和功能扩展，包括预处理插件、处理插件和输出插件 3 大类。检测规则由规则头和规则选项组成，规则头主要定义了 IP 地址、端口、协议类型等数据包的公共属性以及满足条件时执行的操作，规则选项则定义了入侵标志和发送报警的方式。

习　题

1. 什么是入侵检测系统？简述入侵检测系统主要模块的作用及其相互关系。
2. 入侵检测有那些类别？列出每种类别的优点与缺点。
3. 入侵检测主要有那些性能指标？详细说明每个指标的含义。
4. 查阅有关入侵检测发展历史资料，撰写一篇不少于 3000 字的入侵检测发展历史技术报告。
5. 比较通用入侵检测框架 CIDF 和入侵检测工作组 IDGW 两个 IDS 标准建议的优缺点。
6. 总结在交换网络环境下 NIDS 有那些部署方式可供选择，各有什么特点？
7. 为什么防火墙内部端口和非军事区入口一般应当部署网络传感器？
8. 入侵检测主要有那些审计数据源？指出不同审计数据源各自的特点。

9. 信息熵、条件熵、相对熵和相对条件熵分别用于度量数据集的什么规律？

10. 根据自己使用的操作系统平台，下载开放源码 Tcpdump、WinDum 或 Ethereal 其中之一，学习数据包采集与分析工具的安装与使用。

11. 参考 TCP/IP 协议资料，详细说明 Tcpdump 分组输出格式各字段的含义。

12. 参考 ICMP、IGMP、FTP、TELNET 和 HTTP 协议相关资料，分别给出这些协议会话记录的基本属性。

13. 下载开放源码入侵检测软件 Snort，学习底层接口函数库安装、Snort 安装、配置、命令和检测规则编写。

9. 防范病毒, 不仅仅是使用杀毒软件, 而是要建立一个严密的防病毒体系。

10. 简述目前使用的杀毒软件, 下载杀毒软件 Topfox、WinDbg 或 AIRPort, 其中之一。

学习掌握这个杀毒软件工具的使用方法与功能。

第**7**章
计算机病毒防治

计算机病毒的出现成为信息化社会的公害, 病毒的蔓延威胁着计算机系统的安全, 影响了正常的社会生活秩序, 造成资源和财富的浪费, 甚至成为社会性灾难, 是一种特殊的犯罪形式。随着计算机网络的迅速扩张, 计算机病毒出现了新的特点, 病毒的危害性更大, 波及面更广, 对信息安全的威胁也更为严重, 病毒和反病毒的对抗将成一项长期的活动。防治计算机病毒是一个系统工程, 不仅要有强大的技术支持, 而且要有完善的法律法规、严谨的管理体系、科学的规章制度以及系统的防范措施。了解防治计算机病毒的基础知识, 提高对计算机系统安全的认识, 对做好计算机防护措施, 构建安全的计算机系统环境有着积极的作用。本章介绍计算机病毒的基本知识包括计算机病毒的发展历史、病毒特性、分类方法、传播途径和工作机理, 列举了典型病毒的检测和清除方法, 讨论了关于防治计算机病毒的管理和技术措施。

7.1　计算机病毒特点与分类

计算机病毒也是计算机程序, 有着生物病毒相似的特性, 病毒驻留在受感染的计算机内, 并不断传播和感染可连接的系统, 在满足触发条件时, 病毒发作, 破坏正常的系统工作, 强占系统资源, 甚至损坏系统数据。《中华人民共和国计算机信息系统安全保护条例》中明确定义, 病毒 "指编制或者在计算机程序中插入的破坏计算机功能或者破坏数据, 影响计算机使用并且能够自我复制的一组计算机指令或者程序代码"。

7.1.1　计算机病毒的发展

计算机病毒是伴随计算机的发展而不断发展变化的。早在 1949 年计算机刚刚诞生时, 计算机之父冯·诺依曼在《复杂自动机组织论》中便定义了病毒的基本概念, 他提出 "一部事实上足够复杂的机器能够复制自身", 而能够复制自身正是计算机病毒的本质特征之一。

计算机病毒的第一个雏形出现在 20 世纪 60 年代初, 美国贝尔实验室的科学家们编写了著名的核心大战 (Core War) 游戏, 游戏是一段通过复制自身来摆脱对方控制的程序。1975 年, 美国科普作家 John Bruner 在他名为震荡波骑士 (Shock Wave Rider) 的科幻小说中, 第一次使用了计算机病毒这个名词。

真正意义上的计算机病毒出现于 1981 年, 病毒 Elk Cloner 驻留在磁盘的引导扇区上, 通过磁盘进行感染。由于该病毒只是关掉显示器, 让显示的文本闪烁或显示一大堆无意义的信息, 并没有造成较大的破坏, 所以, 当时没有引起足够的关注。

1983 年 11 月 3 日，在美国计算机安全学术讨论会上，美国计算机安全专家 Frederick Cohen 博士论述了计算机病毒的概念。专家们在运行 UNIX 操作系统的 VAX11/750 计算机系统上，进行了 5 次病毒试验。试验表明，病毒平均 30min 就可使计算机系统瘫痪，从而确认了计算机病毒的存在，认识到计算机病毒对计算机系统的破坏作用。

1986 年底，由巴基斯坦两兄弟 Basit 和 Amjad Farooq Alvi 制造的病毒 Brain 开始流行。为迷惑计算机用户，Brain 病毒首次使用了伪装手段。Brain 的蔓延引起了新闻媒体的注意，1987 年 10 月，美国新闻机构报道了这一例计算机遭病毒入侵及引起破坏的事件，从此计算机病毒开始受到广大民众的关注。

1987 年，病毒得到了迅速发展，这一阶段以引导型病毒为主流。当时的计算机硬件较少，功能简单，一般需要通过软盘启动后使用。病毒利用软盘的启动原理工作，它们修改系统启动扇区，在计算机启动时首先取得控制权，占用系统内存，修改磁盘读写中断，影响系统工作效率，在系统存取磁盘时进行传播。随着计算机病毒技术的提高，这一年，首次出现了能自我加解密的 Cascade 病毒，病毒与反病毒技术的对抗和克制进一步升级。能自我加解密的病毒还有著名的新西兰的 Stoned 病毒和意大利的 PingPong 病毒等。同年 12 月份，第一个网络病毒 Christmas Tree 开始流行，这种病毒在 VM/CMS 操作系统下传播，并造成了 IBM 公司内部网络的系统瘫痪。

1988 年是国际公认的计算机病毒年，这一年出现了典型的文件型病毒："耶路撒冷"病毒，这种病毒利用 DOS 系统加载执行文件的机制工作，在系统执行文件时取得控制权，修改 DOS 中断，在系统调用时进行传染，并将自己附加在可执行文件中，使文件长度增加。"耶路撒冷"病毒因攻击了耶路撒冷大学而得名，该病毒发作于 6 月 13 日，这天正好是星期五，所以又被称为"黑色星期五"。

11 月 2 日，美国康奈尔大学的 23 岁学生 Morris 将自己编制的蠕虫程序输入到计算机网络中，在几小时内造成 Internet 堵塞，6000 多台计算机被感染，造成巨大的损失。从此在国际计算机领域掀起了一个谈论病毒的高潮，一时成为计算机界的热点。

同时，反病毒技术也已经开始成熟，所罗门公司的反病毒工具 Doctors Solomon's Anti-virus Toolkit 成为当时最强大的反病毒软件。

1989 年出现了会格式化硬盘的恶性病毒 Yankee 病毒。同年出现的 Frodo 病毒不改变被感染文件的长度，成为第一个全秘密寄生的文件病毒。利用病毒向受害者勒索钱财的 Popp 博士，制造了名为 AIDS 的特洛伊木马病毒，并因此而锒铛入狱。

1989 年 4 月西南铝厂首先报告在其计算机中发现"小球"病毒，标志着计算机病毒开始入侵我国。7 月，中国公安部推出了中国最早的杀毒软件 Kill 6.0，在随后很长的一段时间内，Kill 软件都是由公安部免费向国内部分用户发放的。

1990 年出现的病毒 Chameleon 是第一个多态病毒，而病毒 Whale 则使用了多级加密解密和反跟踪技术，这些病毒的出现标志着病毒制造技术的又一次提高。在保加利亚不仅出现了可以用于开发病毒的工具软件 virus production factory，而且出现了专门为病毒制造者开设的进行病毒信息交流和病毒交换的 BBS。同年，中国出现了基于硬件的反病毒系统：华星防病毒卡，并取得了很好的业绩。

1991 年，出现了著名的 DIR II 病毒，该病毒将自己分成小块，存放在磁盘上的多个扇区中，运行时再进行组装和执行，具有更好的隐蔽性。复合多态病毒 Tequila 则能够同时感染文件和引导区。另外还出现了可以攻击网络的 GPI 病毒。随着病毒的发展，反病毒公司也发展壮大起来，两个著名的工具软件开发商：Norton 的生产厂商 Symantec 和 PCTOOLS 的生产厂商 Central Point 开始介入杀毒市场。中国的瑞星公司成立，推出了瑞星防病毒卡。

1992 年，病毒和反病毒技术的竞争更为激烈，出现了多态病毒生成器"MtE"、病毒构造工具：Virus Create Library，促使了更多的病毒被源源不断地制造出来。同年，在芬兰还发现了首例 Windows 病毒。

1993 年、1994 年出现了感染源代码文件的 SrcVir 病毒，感染对象主要是 C 语言和 Pascal 语言；感染 OBJ 文件的 Shifter 病毒。病毒的编写技术也越来越高超，采用了密码技术。

1995 年之前的病毒都是在 DOS 或 UNIX 操作系统下感染和破坏的，1995 年 8 月 9 日，在美国首次发现专门攻击 Word 文件的新病毒：宏病毒 Concept，标志着攻击 Windows 操作系统病毒的大规模出现。

随着微软新的操作系统 Windows 95、Windows NT 和微软办公软件 Office 的流行，1996 年之后，病毒制造者开始面对新的环境，制造出了许多新的病毒。1997 年 2 月，第一个 Linux 环境下的病毒 Bliss 出现，结束了 Linux 系统从未被病毒感染的历史。1997 年 4 月，第一个使用 FTP 进行传播的 Homer 病毒出现。

1998 年 6 月，出现了首例能够破坏硬件的病毒：CIH 病毒，它既攻击硬盘中的文件系统，又攻击计算机硬件，并使其损坏。CIH 病毒的破坏性使其闻名世界。这一年也出现了许多新型病毒，如控制工具 Back Orifice、Netbus 等，第一个感染 Java 可执行文件的 Strange Brew 病毒，一种新的用 VB 脚本语言编写的 Robbit 病毒。这些病毒以及之后出现的病毒变种成为直到现在仍然流行的病毒的技术基础。

1999 年，通过邮件进行病毒传播开始成为病毒传播的主要途径，而宏病毒仍然是最流行的病毒。这一年，比较有名的病毒有美丽杀病毒 Melissa，这是一种宏病毒和蠕虫的混合物，通过电子邮件系统大量传播，可以在短时间内造成邮件服务器的阻塞，严重时造成网络的阻塞、瘫痪。

2000 年出现了大量使用脚本技术的病毒，脚本病毒和蠕虫、传统的病毒、木马程序以及操作系统的安全漏洞相结合，使得病毒技术得到了空前的发展。VBS/KAK 蠕虫利用 Internet 浏览器和 Outlook 中的漏洞，靠用户用 Outlook 打开或预览一个含有病毒性 VBScipt 的 HTML 文件而使用户的机器感染。2000 年，中国的金山公司发布金山毒霸，金山公司开始进入杀毒软件市场。

2001 年，蠕虫病毒、邮件病毒及木马/黑客病毒成为主流。蠕虫病毒如红色代码利用微软操作系统的缓冲区溢出漏洞进行传播，强占服务器资源和网络带宽，造成网络拥塞、服务阻断。邮件病毒 Nimda 能够利用电子邮件进行广泛而迅速的传播，同时还会感染微软 IIS 服务器并造成大量的网络阻塞。网络神偷是一种木马/黑客病毒，可对本地及远程驱动器的文件进行任何操作，包括新建、查找、剪切、复制、粘贴、上传、下载、移动、重命名、修改属性等。

2002 年，病毒开始入侵聊天工具和移动设备。聊天工具，如 QQ、MSN、ICQ 等开始成为病毒传播的平台。Win32.Funky 病毒，通过微软的 MSN 传播，病毒利用被感染用户的本地 MSN 账号，向外发送信息，诱使接收信息者在点击信息时自动运行病毒副本，感染病毒。6 月，出现了第一个从程序感染转变为数据文件感染的病毒 Perrun，该病毒专门感染并嵌入 JPEG 文件，由于它还需要专门的"提取器"帮忙，所以 Perrun 仅是一个概念性病毒，但其潜在的危害性已引起专家的重视。

2003 年，病毒不但向多元化、混合化发展，而且，使用网络特性的病毒、利用各种漏洞的病毒以及盗窃密码的病毒极速增加，病毒的传播能力、破坏能力惊人。"2003 蠕虫王"病毒，数小时内就使全球主干网陷入瘫痪，在病毒发作的一周时间内对全球造成了 12 亿美元的直接经济损失，8 月份爆发的全球规模的"冲击波"病毒，导致几十亿美元的直接经济损失，感染计算机超过了 100 万台。

2004 年，为对抗反病毒工具的追杀，实现更大范围的传播，频繁的变种是该年度病毒的特点之一，如"网络天空"病毒(I-Worm/NetSky)、"雏鹰"病毒（I-Worm/BBEagle），一经发现就已有数十个变种，在病毒排行榜居高不下。同时，窃取银行账号、信用卡、游戏账号、邮箱账号等偷窃个人信息性质的木马病毒数量增长迅速。4 月份，云南一网吧 80 余台计算机的网络游戏账号一夜全部被盗。紧接着出现了"网银大盗"病毒，它能够轻松绕过某银行网上银行系统的安全插件，盗窃用户银行卡账号及密码。在人们庆幸"网银大盗"作者落网的同时，"网银大盗Ⅱ"病毒木马惊现网络，几乎所有网上银行的用户成为病毒侵害的目标。"证券大盗"木马病毒（Trojan/PSW.Soufan）则可以盗取多家证券交易系统的交易账号和密码，被盗号的股民账户存在被人恶意操纵的可能。"蜜蜂大盗"病毒有强大的信息窃取、远程监控功能。病毒可以窃取几乎所有类型的密码，自动打开染毒者的摄像头，进行远程监控、远程摄像、遥控 QQ，并可中止防火墙。而"黑洞"病毒不但能够像"蜜蜂大盗"那样自动开启用户的摄像头偷窥隐私，盗取用户所有密码，掌控用户计算机的所有资料，而且还具有录音功能，能够偷录下用户语音、视频聊天的一切隐私。

2005 年是特洛伊木马流行的一年，既包括经典木马：BO2K、冰河、灰鸽子等，也包括很多新型的木马，如"闪盘窃密者"木马病毒会判定计算机上移动设备的类型，自动把 U 盘里所有的资料都复制到计算机 C 盘的"test"文件夹下，这样可能造成某些公用计算机用户的资料丢失。"外挂陷阱"木马病毒可以盗取多个网络游戏的用户信息，如果用户通过登录某个网站，下载安装所需外挂后，便会发现外挂实际上是经过伪装的病毒，这个时候病毒便会自动安装到用户电脑中。"我的照片"病毒试图窃取热血江湖、传奇、天堂Ⅱ、工商银行、中国农业银行等数十种网络游戏及网络银行的账号和密码。该病毒发作时，会显示一张照片使用户对其放松警惕。"证券大盗"木马病毒可盗取包括南方证券、国泰君安在内多家证券交易系统的交易账户和密码，被盗号的股民账户存在被人恶意操纵的可能。

2006 年，木马仍然是流行的主流病毒，其中又以木马下载器以及盗号木马为主，木马下载器可以从指定的网址自动下载木马或恶意代码，"盗号木马"运行后盗取用户的账号、密码等信息发送到指定的信箱或网页。"QQ 表情"等广告间谍软件（俗称"流氓软件"）成为互联网新威胁，"流氓软件"爆发。"威金"病毒具备了木马和蠕虫的双重特征，并且能够通过网络传播，众多中小企业局域网被该病毒攻击瘫痪。

2007 年的主流病毒仍然为木马病毒，江民反病毒中心数据显示 78% 以上的病毒为木马、后门病毒。U 盘寄生虫利用微软系统自动播放功能传播，成为年度毒王。下半年，众多企业局域网感染了 ARP 病毒，ARP 病毒在其发作时会向全网群发伪造的 ARP 数据包，从而导致整个局域网瘫痪，严重影响了企业网络的正常运行。网游盗号病毒不断变种，众多网络游戏玩家反映游戏账号、密码被盗。ANI 病毒利用 MS07-017 漏洞疯狂传播，成为当年木马的主要传播方式。"机器狗"病毒利用网吧普遍未安装杀毒软件的漏洞，通过穿透系统还原软件或硬盘还原卡的方式，在网吧疯狂传播。"代理木马"不但可以远程控制中毒计算机，还可以下载大量恶意程序，严重威胁计算机用户数据安全。网页木马开始利用 Real 格式的文件可以方便嵌入网页的特征，传播大量带有病毒网页的带毒视频文件，许多喜欢网上下载视频文件的用户因此中毒。这一年也是"熊猫烧香"病毒不断发作的一年。

2008 年，受经济利益驱使，利用键盘钩子、内存截取或封包截取等技术盗取网络游戏玩家的游戏账号密码、所在区服、角色等级、金钱数量、仓库密码等信息资料的病毒十分活跃。应用软件漏洞成为"网页挂马"新途径，各种即时通讯聊天工具漏洞、播放器漏洞、网络电视播放软件漏洞，甚至搜索工具条漏洞都被大量利用。网络欺诈威胁急剧上升，伪装腾讯 QQ 发布虚假中奖信息的广告尤其突出。病毒产业化以及互联网化日益明显，病毒作者不再会为恶作剧、破坏系统、干扰用户操作这些损人不利己的事情去消耗精力，获利已经成为黑客传播病毒的唯一目标。

2009 年，U 盘等移动存储介质成为病毒传播的主要途径之一。"赛门斯"等恶意广告程序利用"广告联盟"等网络营销推广组织的平台和点击收费模式，骗取了众多用户的点击，赚取了厂商不少的钱财。"网游窃贼"等专门盗取网络游戏账号和虚拟装备的病毒仍然呈高发态势，众多网络游戏玩家进一步遭受此类病毒侵扰。"刻毒虫"病毒阻止微软操作系统自动更新，下载安装蠕虫文件和恶意程序，屏蔽安全公司网站，用户因此遭受信息泄露、远程控制等侵害。"无极杀手"破坏大量安全软件的相关进程，从网上下载大量的盗号木马病毒，严重威胁电脑用户的各类重要账号密码安全。"灰鸽子二代"在技术上更加隐蔽，成为众多入门级的骇客最常用的后门工具。

2010 年，为了对抗"云安全"反病毒技术，许多病毒开始纷纷给自身"增肥"，把病毒文件增大至几十上百兆，以逃避杀毒软件"云查杀"技术。盗号木马通过篡改游戏运行时必须加载的一些系统 DLL 文件来实现更加隐蔽地启动。"刻毒虫"变种充分利用多种传播方式，如通过 MS08-067 漏洞在局域网内进行主动传播，通过 U 盘等移动存储设备进行传播，实现了大面积、持久的流行。由于脚本语言灵活多变，使得脚本病毒加密变形也十分容易，该类病毒变种繁多，导致清理软件不能完全彻底修复，致使用户不断的被重复感染，难以摆脱侵害。随着网络购物的兴起，网购木马初露端倪，网银木马较 2009 年增长了约一倍。

2011 年，"鬼影"病毒可以感染硬盘主引导记录，释放驱动程序替换系统文件，干扰或阻止杀毒软件运行，恶意修改主页，下载多种盗号木马，甚至感染电脑特定型号的主板 BIOS 芯片，使病毒的清除更加困难。"QQ 群蠕虫"病毒具有较强的传播性，是第一个可以利用 QQ 群共享来传播的蠕虫病毒，该病毒伪装成电视棒破解程序欺骗网民下载，盗取魔兽、邮箱及社交网络账号。"变形金刚"盗号木马利用暴风影音加载 DLL 文件时不校验的漏洞，开创了利用正常软件间接加载病毒的先河。出现了用易语言编写的"QQ"假面病毒，该病毒将透明按钮贴在 QQ 登录按钮上，其强大的迷惑性感染了数十万台计算机。淘宝客劫持木马在 2011 年严重感染，对淘宝的正常经营构成较严重影响，许多店主表示佣金花冤枉了，不得已只能放弃淘宝客这种推广方式。网购木马更加活跃、变种繁多，多个网购木马成功突破安全软件的防御，盗窃用户信息财产。

2012 年 1 至 6 月统计、研究数据和分析资料表明：病毒将其破坏行为转变为"地下操作"，用户传统观念中的中毒后"计算机死机"、"无法上网"等现象不再是主流病毒采用的方式。64 位操作系统、苹果 Mac 操作系统均不断遭受病毒攻击，以往用户心目中相对安全的系统的概念不复存在。假冒银行、中奖信息、购物网站仍然是钓鱼网站的主要手段，金融行业成为黑客攻击的重灾区。彩票类钓鱼网站成为黑客新宠，同时节假日及热点事件成为黑客们关注的焦点。Android 病毒成为移动互联网用户的最大威胁。国内企业信息安全事故频发，企业网站、电子商务网站及政府信息网络曾遭到不同程度的攻击，部分知名网站甚至出现大规模的数据泄露，导致用户和企业的利益严重受损。

从病毒的整个发展过程可以看出，计算机及其相关技术的发展是病毒技术发展的基础。随着计算机软硬件的发展和网络技术的普及，计算机病毒的编制技术也在不断地适应新的变化，采用新的技术，扩展新的领域。病毒和反病毒将成为一项长期的对抗运动。

7.1.2　计算机病毒的特性

作为一段程序，病毒和正常的程序一样可以执行，以实现一定的功能，达到一定的目的，但病毒一般不是一段完整的程序，而需要附着在其它正常的程序之上，并且，要不失时机的传播和蔓延，所以，病毒又具有普通程序所没有的特性。计算机病毒一般具有以下特性。

（1）传染性

传染性是病毒的基本特征。正常的计算机程序通常不会将自身的代码强行连接到其他程序。病毒通过修改磁盘扇区信息或文件内容，并把自身嵌入到一切符合其传染条件的程序之上，实现自我复制和自我繁殖，达到传染和扩散的目的，并且，被感染的程序和系统将成为新的传染源，在与其他系统和设备接触时继续进行传播。其中，被嵌入的程序叫做宿主程序。病毒的传染可以通过各种移动存储设备，如软盘、移动硬盘、U 盘、可擦写光盘、手机、PDA 等；在网络技术迅速发展和网络广泛普及的同时，病毒可以通过有线网络、无线网络、手机网络等渠道迅速波及全球，而是否具有传染性是判别一个程序是否为计算机病毒的最重要条件。当前，由于病毒主要通过网络传播，因此，一种新病毒出现后，可以迅速通过 Internet 传播到世界各地。例如，"爱虫"病毒在两天内迅速传播到世界的主要计算机网络，并造成欧、美国家的计算机网络瘫痪。

（2）潜伏性

病毒在进入系统之后通常不会马上发作，可长期隐藏在系统中，除了传染外不做什么破坏，以提供足够的时间繁殖扩散。病毒在潜伏期，不破坏系统，因而不易被用户发现。潜伏性越好，其在系统中的存在时间就会越长，病毒的传染范围就会越大。病毒只有在满足特定触发条件时才启动其破坏模块。例如，PETER-2 病毒在每年的 2 月 27 日会提 3 个问题，答错后会将硬盘加密。著名 CIH 病毒在每月的 26 日发作。

（3）可触发性

病毒因某个事件或数值的出现，激发其进行传染，或者激活病毒的表现部分或破坏部分的特性称为可触发性。计算机病毒一般都有一个或者多个触发条件，病毒的触发机制用来控制感染和破坏动作的频率。病毒具有的预定的触发条件可能是敲入特定字符，使用特定文件，某个特定日期或特定时刻，或者是病毒内置的计数器达到一定次数等。病毒运行时，触发机制检查预定条件是否满足，满足条件时，病毒触发感染或破坏动作，否则继续潜伏。

（4）破坏性

病毒是一种可执行程序，病毒的运行必然要占用系统资源，如占用内存空间，占用磁盘存储空间以及系统运行时间等，所以，所有病毒都存在一个共同的危害，即占用系统资源，降低计算机系统的工作效率，而具体的危害程度取决于具体的病毒程序。病毒的破坏性主要取决于病毒设计者的目的，体现了病毒设计者的真正意图。良性病毒可能只是干扰显示屏幕，显示一些乱码或无聊的语句，或者根本无任何破坏动作，只是占用系统资源。这类病毒较多，如 FENP 病毒、小球病毒、W-BOOT 病毒等。恶性病毒则有明确的目的，它们破坏数据、删除文件、加密磁盘甚至格式化磁盘、破坏硬件，对数据造成不可挽回的破坏。另外，病毒的交叉感染，也会导致系统崩溃等恶果。

（5）针对性

病毒是针对特定的计算机、操作系统、服务软件，甚至特定的版本和特定模版而设计的。例如，小球病毒是针对 IBM PC 及其兼容机上的 DOS 操作系统的。"CodeBlue（蓝色代码）"专门攻击 WINDOWS 2000 操作系统。英文 Word 中的宏病毒模板在同一版本的中文 Word 中无法打开而自动失效。2002 年 1 月 8 日出现的感染 SWF 文件的 SWF.LFM.926 病毒由于依赖 Macromedia 独立运行的 Flash 播放器，而不是依靠安装在浏览器中插件，使其传播受到限制。

（6）隐蔽性

大部分病毒都设计得短小精悍，一般只有几百 KB 甚至几十 KB，并且，病毒通常都附在正常程序中或磁盘较隐蔽的地方（如引导扇区），或以隐含文件形式出现，目的是不让用户发现它的存在。如果不经过代码分析，病毒程序与正常程序是不容易区别开的。病毒在潜伏期并不恶意破坏系统工作，受感染的计算机系统通常仍能正常运行，用户不会感到任何异常，从而隐藏病毒的存在，使病毒可以在不被察觉的情况下，感染尽可能多的计算机系统。

计算机病毒的隐蔽性表现在以下两个方面。

① 传染的隐蔽性。大多数病毒在进行传染时速度极快，一般不具有外部表现，不易被发现。PC 对 DOS 文件的存取速度可达每秒几百 KB 以上，几百字节的病毒可在转瞬间附着在正常的程序之中，不易被人察觉。

② 存在的隐蔽性。病毒一般都附着在正常程序之中，但正常程序被计算机病毒感染后，其原有功能基本上不受影响，使病毒在正常程序的工作过程中不断得到运行，传染更多的系统和资源，与正常程序争夺系统的控制权和磁盘空间，不断地破坏正常的系统。

（7）衍生性

变种多是当前病毒呈现出的重要特点。很多病毒使用高级语言编写，如"爱虫"是脚本语言病毒，"美丽杀"是宏病毒，它们比以往用汇编语言编写的病毒更容易理解和修改，通过分析计算机病毒的结构可以了解设计者的设计思想和设计目的，从而衍生出各种不同于原版本的新的计算机病毒，称为病毒变种。这就是计算机病毒的衍生性。变种病毒造成的后果可能比原版病毒更为严重。"爱虫"病毒在十几天中，出现 30 多种变种。"美丽杀"病毒也有多种变种，并且此后很多宏病毒都使用了"美丽杀"的传染机理。这些变种的主要传染和破坏的机理与母体病毒基本一致，只是改变了病毒的外部表象。

随着计算机软件和网络技术的发展，网络时代的病毒又具有很多新的特点如主动通过网络和邮件系统传播、传播速度极快、变种多；病毒不但能够复制自身给其他的程序，而且具有了蠕虫的特点，可以利用网络进行传播；具有了黑客程序的功能，一旦侵入计算机系统后，病毒控制可以从入侵的系统中窃取信息，远程控制这些系统。

手机、PDA 等移动终端病毒的出现则标志着病毒开始向专业领域发展，病毒在新的时期呈现出多样化、专业化、智能化、自动化等新的特点，也更具有危害性。

7.1.3　计算机病毒的分类

尽管病毒的数量繁多，表现形式多样，但是通过适当的标准和方法可以把它们分成几种类型，从而更好地来了解和掌握它们。根据计算机病毒的特点和特性，计算机病毒有多种分类方法，并且根据不同的分类标准，一种病毒可能有多种叫法，如一种病毒可能既是外壳型病毒又是恶性病毒。

1. 按照计算机病毒的危害程度分类

按照计算机病毒的危害程度，可将病毒分为良性病毒和恶性病毒两类。

（1）良性病毒

良性病毒是指不对计算机系统和数据进行彻底破坏的病毒。这类病毒只是不停地进行传播扩散，并不破坏计算机内的数据。虽然，良性病毒并不会给系统造成致命打击，只是为了恶作剧和显示作者的编程技术，但由于良性病毒的不断扩张和对系统资源的占用，会导致整个系统运行效率降低，系统可用内存总数减小，磁盘空间减少，使某些应用程序不能运行；严重时，它与操作系统和应用程序争抢 CPU 的控制权，导致整个系统死锁，防碍正常的系统操作；在多个病毒交叉感染时也可造成系统崩溃，如小球病毒、1575/1591 病毒、救护车病毒、扬基病毒、Dabi 病毒等都属于良性病毒。

（2）恶性病毒

恶性病毒是指能够损伤和破坏计算机系统及其数据，在其传染或发作时对系统产生彻底破坏作用的病毒。恶性病毒有明确的目的，它们破坏数据、删除文件、加密磁盘，甚至格式化磁盘，造成不可挽回的损失。以米开朗基罗病毒为例，当其发作时，硬盘的前 17 个扇区将被彻底破坏，使整个硬盘上的数据无法被恢复。著名的 CIH 恶性病毒发作时，将破坏硬盘数据，它以 2048 个扇区为单位，从硬盘主引导区开始依次往硬盘中写入垃圾数据，直到硬盘数据被全部破坏为止。最坏的情况下，包含全部逻辑盘数据的所有硬盘数据将全部丢失。CIH 还可清除某些主板 BIOS 信息，造成系统的彻底瘫痪。

2. 按照传染方式分类

传染性是计算机病毒的本质属性，按照病毒的传染方式可将病毒分为：引导型病毒、文件型病毒、网络型病毒和混合型病毒。

（1）引导型病毒

引导型病毒是指寄生在磁盘引导区或主引导区的计算机病毒。此种病毒在引导系统的过程中侵入系统，驻留内存，监视系统运行，待机传染和破坏。按照引导型病毒在硬盘上的寄生位置可细分为主引导记录病毒和分区引导记录病毒。主引导记录病毒将病毒寄生在硬盘分区主引导程序所占据的硬盘 0 头 0 柱面第 1 个扇区中，如大麻病毒、2708 病毒、火炬病毒等；分区引导记录病毒将病毒寄生在硬盘逻辑 0 扇区或软盘逻辑 0 扇区（即 0 面 0 道第 1 个扇区），如小球病毒、Girl 病毒等。磁盘引导区传染的病毒主要是用病毒的全部或部分代码取代正常的引导程序，并将正常的引导程序隐藏在磁盘的其他地方。由于引导区是磁盘能正常使用的先决条件，因此，这种病毒在系统一启动就能获得控制权，其传染性较大。

（2）文件型病毒

文件型病毒是指能够寄生在文件中的计算机病毒。这类病毒程序感染可执行文件或数据文件，如 1575/1591 病毒、848 病毒感染.COM 和.EXE 等可执行文件；Macro/Concept、Macro/Atoms 等宏病毒感染.DOC 文件。文件型病毒的运行必须借助于病毒的载体程序，才能把病毒引入内存，然后设置触发条件，进行传染。大多数文件型病毒都会把它们自己的程序代码复制到其宿主的开头或结尾处。这会造成已感染病毒文件的长度变长，也有部分病毒是直接改写"受害文件"的程序码，因此感染病毒后，文件的长度仍然维持不变。宏病毒是典型的文件型病毒，它是一种寄存于文档或模板的宏中的计算机病毒。一旦打开这样的文档，宏病毒就会被激活，并驻留在内存中和 Normal 模板上，之后的所有自动保存的文档都会"感染"上这种宏病毒。由于宏病毒变种繁多，给查杀病毒带来一定的困难。

（3）网络型病毒

网络型病毒是当前病毒的主流，是通过计算机网络进行传播感染的病毒。网络型病毒的出现和传播成为当前影响 Internet 正常运转的主要障碍，网络型病毒首先来自于文件下载。被浏览的文件和通过 FTP 下载的文件中可能存在病毒，而共享软件和免费的资料已经成为病毒传播的重要途径。网络型病毒的另一种主要来源是电子邮件。大多数的 Internet 邮件系统提供了在网络间传送附件的功能。病毒利用邮件系统的漏洞可以自动地向邮箱服务器地址列表中的地址发送带病毒的邮件，使病毒得到迅速传播。随着即时聊天工具的流行，通过聊天工具进行病毒传播成为网络型病毒传播的第三大途径。蠕虫病毒则是利用系统漏洞进行传播的一种网络型病毒。网络型病毒的寄生对象广泛、传播速度快、危害广，它利用 Internet 的开放性和软件系统的缺陷，破坏网络中的各种资源以及网络通讯，某些种类的网络型病毒还是黑客工具。

（4）混合型病毒

混合型病毒是指具有上述 3 种情况的混合计算机病毒，如病毒既感染磁盘的引导区，又感染可执行文件，这样的病毒增加了病毒的传染性及存活率，也是较难杀灭的一种病毒。这种类型的病毒有 Flip 病毒、新世际病毒、One-half 病毒等。

3．按照计算机病毒的寄生方式分类

对于文件型病毒而言，按照计算机病毒的寄生方式可将病毒进一步分为源码型病毒、嵌入型病毒和外壳型病毒。

（1）源码型病毒

源码型病毒是用高级语言编写的，病毒攻击用高级语言编写的程序，在高级语言所编写的程序编译前插入到原程序中，经编译并成为合法程序的一部分。但是，这种病毒若不进行汇编、链接，就无法传染扩散。

（2）嵌入型病毒

嵌入型病毒是将自身嵌入到现有程序中，把计算机病毒的主体程序与其攻击的对象以插入的方式链接。这种计算机病毒的技术难度较大，但是，一旦侵入程序体后也较难消除。

（3）外壳型病毒

外壳型病毒寄生在宿主程序的前面或后面，并修改程序的第一条执行指令，使病毒先于宿主程序执行，随着宿主程序的使用而传染扩散。外壳型病毒将对原来的程序不作修改，易于编写，也易于发现，一般通过测试文件的大小即可判别。目前流行的文件型病毒几乎都是外壳型病毒。

4．其他一些分类方式

按照计算机病毒攻击的操作系统可将病毒分为攻击 DOS 操作系统的病毒、攻击 Windows 系统的病毒、攻击 UNIX 系统的病毒、攻击 OS/2 系统的病毒等；按照计算机病毒激活的时间可分为仅在某一特定的时间才发作的定时病毒和不由时钟来激活的随机病毒；按照传播媒介可分为以磁盘为传播载体的单机病毒和以网络为载体的网络病毒，并且随着网络技术的不断发展和网络的进一步普及，网络病毒成为当前危害较大的一类病毒；按计算机病毒攻击的机型还可将病毒分为攻击微型机的病毒、攻击小型机的病毒和攻击工作站的病毒。

7.1.4　计算机病毒的传播

复制和传播是病毒最基本的特征，病毒在潜伏期通过不断地传播，来发展自我和扩大影响面。计算机病毒的传播途径随着新的网络技术的应用和新的计算机设备的使用而不断呈现出新的变化，病毒的蔓延可谓无孔不入。

通过不可移动的计算机硬件设备进行传播，是病毒传播的第一种途径。这些设备通常有计算机的专用 ASIC 芯片和硬盘等。这种病毒虽然极少，但破坏力却极强。

通过移动存储设备来传染是病毒传播的第二种途径。在移动存储设备中，软盘曾是使用最广泛、移动最频繁的存储介质，并一度成为计算机病毒寄生的"温床"。随着 U 盘、可擦写光盘、MP3、存储卡、记忆棒等新的存储设备的广泛使用，现在的计算机可以从多种移动设备感染病毒。

计算机网络的迅速发展为计算机病毒的传播提供了更为便捷的传染途径，成为病毒传播的"高速公路"，是病毒传播的第三种途径。当前流行的蠕虫病毒、邮件病毒都是以这种方式传播的，并且能够在数日甚至数小时内到达全球，成为当前计算机病毒传播的主流途径，也成为危害最大的一种传播途径。

通过点对点通信系统和无线通道传播是病毒传播的第四种途径。手机功能的不断增强，短信业务、上网浏览和邮件服务为病毒通过手机进行传播提供了条件。无线网络的发展也带动着基于无线系统的病毒技术的发展。虽然，这种传播途径的波及面在目前不是很广，危害不是很大，但这种途径很可能成为新的主要的病毒传播渠道。

7.1.5　计算机病毒的机理

了解病毒的编制技术，才能更好地防治和清除病毒。下面通过一个简单的例子来介绍有关计算机病毒的结构和机理。这是一个在 DOS 上运行的以批处理程序形式驻留磁盘的计算机病毒示例程序，它结构简单清晰，无伪装性，但可以解释病毒的基本原理和结构。该病毒程序文件名为 autoexec.bat，其内容如下。

例 7.1　一个简单的计算机病毒示例程序。

```
@echo off                                    #关闭回显功能
echo This is a virus demonstration program.  #病毒示例程序
if exist b:\autoexec.bat goto virus          #检查时机
goto no-virus                                #时机不成熟则继续潜伏
:virus                                       #时机成熟
b:                                           #到 b:盘
rename autoexec.bat auto.bat                 #修改原文件名字
copy a:\autoexec.bat b:                      #复制自身
echo You have a virus!                       #表现症状
:no-virus                                    #正常程序入口
a:
\auto.bat                                    #执行正常程序
```

该病毒传染的条件是系统有两个软盘驱动器 a 驱和 b 驱，并假设 a 盘为染毒盘。当使用 a 盘启动时，病毒利用系统自动运行 a:\autoexec.bat 来引导病毒发作。由于 a 盘染毒，a 盘上将存在 autoexec.bat 和 auto.bat 两个批处理文件，其中 autoexec.bat 是病毒文件，auto.bat 是原有文件。所以，病毒文件首先被执行，程序如例 7.1 所示。病毒检查 b 驱动器是否存在；如果存在，则判断是否放有软盘；如果有，还要看 b 盘上是否存在 autoexec.bat 批处理文件。上述条件均满足时，时机成熟，病毒对 b 盘进行感染，将 b 盘上原有的 autoexec.bat 更名为 auto.bat，然后将病毒体 a:\autoexec.bat 拷贝到 b 盘上，完成病毒的传播。此外，病毒还要表现自我，显示一段文字。最后回到 a 盘继续执行正常的批处理工作。此时，b 盘如同染毒的 a 盘一样有病毒文件 autoexec.bat 和原文件 auto.bat，成为新的传染源。另外，当条件不满足时，病毒将直接转向正常程序入口，继续潜伏而不作任何表象。

由例 7.1 可见，病毒一般包含 3 个模块：引导模块、感染模块和表现模块（或破坏模块）。引导模块将病毒程序引入内存并使其后面的两个模块处于激活状态；感染模块在感染条件满足时把病毒感染到所攻击的对象上；表现模块（破坏模块）在病毒发作条件满足时，实施对系统的干扰和破坏活动。但并不是所有计算机病毒都由这 3 大模块组成，有的病毒可能没有引导模块，如"维也纳"病毒；有的可能没有破坏模块，如"巴基斯坦"病毒；而有的病毒在 3 个模块之间可能没有明显的界限。下面简单介绍一些病毒的基本机理。

1. 引导型病毒

引导型病毒是一种在 ROM BIOS 之后，系统引导时出现的病毒，它先于操作系统，依托的环境是 BIOS 中断服务程序。引导型病毒利用操作系统的引导模块放在固定的位置，并且控制权的转交方式是以物理地址为依据，而不是以操作系统引导区的内容为依据。因而，引导型病毒改写磁盘上的引导扇区（BOOT SECTOR）的内容或改写硬盘上的分区表（FAT），占据该物理位置即可获得控制权。同时，病毒将真正的引导区内容搬家转移或替换，待病毒程序被执行后，再将控制权交给真正的引导区内容，使得带病毒的系统看似运转正常，从而隐藏病毒的存在，并伺机传染、发作。

2. 外壳型病毒

作为典型的文件型病毒，外壳型病毒需要寄生的宿主程序，并修改宿主程序的第一条执行指令，使病毒先于宿主程序执行，随着宿主程序的使用而传染扩散。下面的例子中，将修改 Windows 下的可执行文件 more.com，在 more.com 文件末尾添加新的代码，使程序一运行便执行该代码段，并使得 more.com 在执行时必须按下 Escape 键才能正常运行。

例7.2 修改 more.com 文件，使得 more.com 在执行时必须先按下 Escape 键才能继续执行。

```
C:\WINDOWS\COMMAND>debug more.com    #使用 debug 工具编辑 more.com
-r    #查看寄存器状态，其中 CX 指示了 16 进制表示的文件长度
AX=0000  BX=0000  CX=2967  DX=0000  SP=FFFE  BP=0000  SI=0000  DI=0000
DS=128C  ES=128C  SS=128C  CS=128C  IP=0100    NV UP EI PL NZ NA PO NC
128C:0100 E85A10    CALL    115D      #此处显示了该程序的第一条汇编语句
```

通过上述操作可以获得该程序的基本信息，包括该文件的大小(这里是 2967)和第一条汇编语句的 16 进制编码(这里是 E85A10)。由于文件大小为 2967，而文件起始位置为 128C:0100，所以，从地址为 2967+100=2A67 开始添加新的代码。

```
-a 2A67                              #从地址 2A67 处添加代码
128C:2A67 mov ah,0
128C:2A69 int 16                     #触发中断 16，且 ah=0，系统等待按键
128C:2A6B cmp al,1b                  #判断是否是 Escape 键
128C:2A6D jnz 2A67                    #若非 Escape 键，循环等待
128C:2A6F mov word ptr[100],5AE8     #恢复开始的 3 个字节
128C:2A75 mov byte ptr[102],10
128C:2A7A push cs                    #将程序入口地址 cs:100 进栈
128C:2A7B mov si,100
128C:2A7E push si
128C:2A7F retf                       #回到 cs:100 程序入口处
128C:2A80
-a 100                               #修改文件第一句语句为：跳转到"病毒"代码处
128C:0100 jmp 2A67
128C:0103
-r cx                                #更改文件的大小为 2A80-100=2980
CX 2967
:2980
-w                                   #写文件
Writing 02980 bytes
-q                                   #退出 debug
```

此后，当使用 more.com 时，如使用 dir/s |more 分页显示所在目录及其子目录内容，只有按下

Escape 键才能使程序正常执行。

通过上面的例子可以看到，病毒可以在文件的前面、后面，甚至文件内部的空白处添加新的代码，在程序正常运行的基础上实现新的功能。病毒将自身附加在宿主程序上，并通过修改宿主程序的第一条指令，使病毒先于正常程序执行。当然，病毒要实现自我复制、自动传播和破坏系统，其程序要复杂得多。

3. 宏病毒

Word 的工作模式是当载入文档时，就先执行起始的宏，再载入资料内容，其本意是为了使 Word 能够根据资料的不同需要，使用不同的宏工作。Word 为普通用户事先定义一个共用的范本文档 Normal.dot，里面包含了基本的宏。只要一启动 Word，就会自动运行 Normal.dot 文件。类似的电子表格软件 Excel 也支持宏，但它的范本文件是 Personal.xls。宏病毒在每次启动 Word 时能够取得系统控制权，从而为染毒的模板实现文档操作提供了机会。感染了 Word 宏病毒的文档运行时，实现了病毒的自动运行，病毒把带病毒的宏移植到通用宏的代码段，实现对其他文件的感染。在 Word 退出系统时，它会自动地把所有的通用宏，包括感染病毒的宏保存到模板文件中，当 Word 系统再一次启动时，它又会自动地把所有的通用宏从模板中装入。因此，一旦 Word 系统受到宏病毒的感染，则以后每当系统进行初始化时，系统都会随着 Normal.dot 的装入而成为带毒的 Normal.dot 系统，进而在打开和创建任何文档时感染该文档。当然，这只是宏病毒传播的一个基本途径。

7.2　计算机病毒检测与清除

计算机病毒在感染健康程序后，会引起各种变化。每种计算机病毒所引起的症状都有一定的特点。计算机病毒的检测原理就是根据这些特征，来判断病毒的种类，进而确定清除办法。将感染计算机病毒的文件中的计算机病毒模块摘除，并使之恢复为可以正常使用的文件的过程称为计算机病毒清除。但是，并不是所有的染毒文件都可以安全地清除掉计算机病毒，也不是所有的文件在清除计算机病毒后都能恢复正常。

7.2.1　计算机病毒的检测原理

要清除计算机病毒，首先应确定计算机病毒的类型、特征、症状，即进行计算机病毒的检测。常用的计算机病毒检测方法有比较法、校验和法、特征扫描法、行为监测法、感染实验法、分析法等。

比较法是通过正常对象与被检测对象的比较，确定是否染毒的方法，包括注册表比较法、长度比较法、内容比较法、内存比较法、中断比较法等。比较法简单方便，无须专用软件，是反计算机病毒常用的方法，尤其在发现新计算机病毒时，只有靠手工比较才能检测出来。但是，比较法通常无法确定计算机病毒的种类和名称。

校验和法是通过检测文件现有内容计算出来的校验和与保存的正常文件的校验和是否一致，确定文件是否被篡改染毒的方法。校验和法简单，且能发现未知病毒，但须保存正常态校验和，且误报率高，也不能确定计算机病毒的种类和名称。

特征扫描法是用计算机病毒特征码对被检测文件进行扫描和特征匹配的方法，是查杀软件使用的主要方法。这种方法原理简单、实现容易、误报率低、可识别病毒类别和名称，但须维护计算机病毒特征码库，无法检测未知病毒和变异病毒。

行为监测法是通过监测运行的程序行为，以发现是否有病毒行为（病毒具有的特殊行为）。常见的计算机病毒行为特征有写注册表、自动联网、对可执行文件进行写入、使用特殊中断等。但这种方法实现起来有一定难度。

感染实验法是通过计算机病毒感染实验，比较正常和可疑系统运行程序的现象、结果、程序长度、校验和等信息，来确定是否染毒的方法。

分析法是具有丰富的计算机、操作系统、功能调用及病毒知识的专业技术人员使用专用分析工具和专用实验环境，分析检测计算机病毒的方法，是研制计算机病毒防范系统必不可少的方法。

计算机病毒检测从操作上可分为手工检测和自动检测两种手段。手工检测是指通过一些工具软件（Debug、UltraEdit、EditPlus、SoftICE 等）进行计算机病毒的检测，需要检测者熟悉机器指令和操作系统，对易遭受计算机病毒攻击和修改的内存及磁盘部分进行检测，比较、分析、判断是否染毒。手工检测专业费时，可检测新型病毒。自动检测是指通过一些自动诊断软件来判断系统是否染毒的方法，适于一般用户使用，其操作简单方便、无法检测未知病毒。

7.2.2　计算机病毒的清除原理

计算机病毒的清除较计算机病毒的检测要复杂和困难，不仅需要知道计算机病毒的特征码，而且要知道计算机病毒的感染方式和详细的感染步骤等信息。以文件型病毒的清除为例，若病毒为外壳型病毒，可以按照病毒传染的逆过程，摘除病毒模块，恢复原有文件的代码和功能；若病毒为覆盖型病毒，由于原有宿主程序信息的丢失，无法还原原有文件的功能，摘除病毒模块并保留剩余程序代码已无意义，只能将感染的文件彻底删除。

计算机病毒的清除从操作上也可分为手工清除和自动清除两种方法。手工清除计算机病毒使用 Debug、Regedit、SoftICE 和反汇编语言等工具，凭借对计算机病毒的分析和了解，从感染计算机病毒的文件中摘除计算机病毒，并复原原有文件的功能。手工清除操作复杂、容易出错、速度慢、风险大，需要熟练的专业技术、扎实的理论知识和丰富的实践经验，是研制计算机查杀系统时必然要经历的阶段，也是处理突发病毒事件时的重要手段。自动清除方法使用查杀软件自动清除计算机病毒并使之复原，其操作简单、效率高、风险小。查杀软件为方便用户的使用，通常还设计了友好的用户界面、系统检测与清除、内存检测与清除、查杀报告的生成、软件自身的保护等多种附加功能。但是，无论手工清除还是自动清除都具有一定的风险，可能破坏原有的文件数据，也可能根本就无法还原原有的文件，造成清除计算机病毒过程中原有文件的彻底破坏。顽固的恶性病毒只有通过磁盘的低级格式化进行清理，将丢失磁盘上所有文件信息。

7.2.3　病毒的检测与清除方法

由于计算机病毒的种类较多、程序复杂并且不断有新的变种，所以任何一种查杀方法都不可能是万能的。本节以宏病毒、网络病毒为例介绍计算机病毒的检测与清除方法。

1. 宏病毒检测与清除方法

宏是软件设计者为了在使用软件工作时，避免一再重复相同的动作而设计出来的一种工具。在 Word 中，宏是一系列组合在一起的 Word 命令和指令，它们形成了一个命令，实现任务执行的自动化，代替人工进行的一系列费时而单调的重复性 Word 操作，自动完成所需任务。宏病毒是利用软件所支持的宏命令编写成的具有复制、传染能力的宏。由于宏病毒在运行时离不开运行其的软件平台：Word、Excel 等 Office 软件，所以通过操作系统和 Office 软件平台的异常现象，就能准确地反映出宏病毒的存在。

① 检查通用模板中出现的宏。大多数宏病毒是通过感染通用模板 Normal.dot 进行传播的，而通常通用模板中是没有宏的，所以，通过菜单"工具/宏"，如果发现有 AutoOpen 等自动宏、FileSave 等标准宏或一些怪名字的宏，而用户又没有使用特殊的宏的时候，用户文档很可能感染宏病毒了。

② 无故出现存盘操作。当打开一个 Word 文档，并且文档没有经过任何改动，立刻就有存盘操作。

③ Word 功能混乱，无法使用。宏病毒能够破坏 Word 的运行机制，使文档的打开、关闭、存盘等操作无法正常进行。例如，Word 的.doc 文档文件无法另存为其他格式的文件，而只能以模板文件方式存盘。

④ Word 菜单命令消失。一些病毒感染系统时，会关闭 Word 菜单的某些命令，以隐藏和保护自己。例如，Phardera 病毒在其发作时弹出一个对话框，干扰用户的正常操作，同时，病毒去掉"工具"菜单中的"宏"和"自定义"命令，阻止手工查杀病毒。

⑤ Word 文档的内容发生变化。例如，Wazzu 病毒感染文档后，会打乱原格式，并在文档中加入"Wazzu"；Concep.F 病毒则将原文档中的","、"e"、"not"替换为"。"、"a"、"and"。

对于 Word 宏病毒最简单的清除步骤如下。

① 在没打开任何文件（文档文件或模板文件）的情况下，启动 Word。

② 选择菜单"工具/模板和加载项"中的"管理器/宏方案"项，删除左右两个列表框中除了自己定义的之外的所有宏。

③ 关闭对话框。

④ 选择菜单"工具/宏"，若有 AutoOpen、AutoNew、AutoClose 等宏则删除。

以上步骤可清除 Word 系统的病毒。由于 Word 宏病毒会寄生在任何.doc 文档中，可在打开.doc 文件后，重复上面②～④步，然后将文件存盘，以清除.doc 文档中的病毒。

2. 网络病毒的检测与清除方法

网络病毒检测与清除主要依赖于防病毒软件和防火墙的安装，也可以通过如下一些方法，检测系统是否感染网络病毒。

① 检查注册表。大多数病毒都会修改注册表，使得每一次机器启动时都能够得到自动执行。常见的被修改的注册表键值存放在：HKEY_CURRENT_USERS\SOFTWARE\MICROSOFT\WINDOWS\CURRENTVERSION\下的 RUN\或 RUNONCE\项下；HKEY_LOCAL_MACHINE\SOFTWARE\MICROSOFT\WINDOWS\CURRENTVERSION\下的 RUN\、RUNONCE\、RUNONCEEX\、RUNSERVICES\ 项 下 ； HKEY_USERS\.DEFAULT\SOFTWARE\MICROSOFT\ WINDOWS\CURRENTVERSION\下的 RUN\或 RUNONCE\项下。有的病毒为隐蔽自己，将伪装成系统文件，如木马病毒 Acid Battery v1.0 将注册表 HKEY_LOCAL_MACHINE\SOFTWARE\ MICROSOFT\WINDOWS\CURRENTVERSION\RUN\项下的 Explorer 键值改为 Explorer="C:\WINDOWS\EXPIORER.EXE"，病毒程序与真正的 Explorer 之间只有"i"与"l"的差别。

② 检查磁盘文件。有些网络病毒会在磁盘上留下自己的文件，如木马病毒 Netbus；有些修改或覆盖原有系统的文件，如外壳型病毒；有些则以系统文件的命名方式来命名自己，以迷惑用户，如本文中的示例。

③ 检查共享文件夹。为实现远程访问的目的，病毒可将服务程序放在共享目录中。

④ 检查进程。网络病毒在发作时会占用系统资源，自动产生正常系统运行时没有的进程，其

至关闭一些正常系统运行的进程。

⑤ 检查端口。网络病毒要与外界进行联系或传播病毒，必然要开启通讯端口，自动发送垃圾信息，感染其他系统或接受远程控制，窃取系统资料。

⑥ 其他异常症状。如系统性能下降、浏览器被修改、出现乱码、无法正常使用邮件系统等。

不同网络病毒的清除方法各不相同，但大多要涉及注册表的修改、系统程序的恢复和病毒服务程序的删除。

7.3　计算机病毒防治措施

作为信息时代的主要载体，网络和计算机成为人类工作、生活不可获缺的一部分，也必将为社会的发展进一步带来巨大的变革。然而，随着计算机及网络技术的日益发展，计算机病毒的传播途径越来越广，传播速度越来越快，造成的危害也越来越大，几乎到了令人防不胜防的地步。为防患与未然，以最大限度地减少计算机病毒的发生和危害，必须采取有效的预防措施，使病毒的波及范围、破坏作用减到最小。

7.3.1　计算机病毒防治管理措施

当病毒影响到社会的正常秩序，危害到国家的安全时，必须有相关的法律法规和管理制度来规范人们的行为，起到威慑作用，并依法追究肇事者的法律责任。

早在 1984 年美国国会就通过了计算机欺骗与滥用法令条文。我国于 1994 年颁布了《中华人民共和国计算机信息系统安全保护条例》，其中规定：故意输入计算机病毒以及其他有害数据，危害计算机信息安全的要对个人和单位处以高额罚款，并依法追究刑事责任。为了保证计算机病毒防治产品的质量，保护计算机用户的安全，公安部建立了计算机病毒防治产品检验中心，在 1996年颁布执行了中华人民共和国公共安全行业标准 GA 135—1996《DOS 环境下计算机病毒的检测方法》和 GA 243-2000《计算机病毒防治产品评级准则》。1997 年出台的《中华人民共和国刑法》中增加了有关对制作、传播计算机病毒进行处罚的条款。2000 年 5 月，公安部颁布实施了《计算机病毒防治管理办法》，进一步加强了我国对计算机病毒的预防和控制工作。2002 年国务院第 62次常务会议通过《互联网上网服务营业场所管理条例（国务院第 363 与令）》加强对服务营业场所的监管。2005 年 8 月 28 日第十届全国人民代表大会常务委员会第十七次会议通过了《中华人民共和国治安管理办法处罚》，制定了关于计算机信息系统的相关治安管理处罚条例。这些法律法规和制度的制定和实施对于规范计算机和网络环境，防范病毒起到了积极的作用。

除了网络和移动存储设备外，大量的盗版软件和盗版光盘，成为病毒在我国广泛流行的主要载体，计算机软件市场的混乱，软件、游戏的非法拷贝是病毒泛滥的根源之一。因此，打击盗版，加强软件市场管理不仅是我国精神文明建设的重要内容，而且成为我国防止病毒传播，净化网络和计算机环境的一个重要方面。

同时，加强计算机安全的教育，宣传计算机病毒的危害，普及预防计算机病毒的基本知识，提高计算机管理人员的防范意识，制定合理的管理制度，使病毒能够被早发现、早清除是防治计算机病毒的主要手段。下面列出一些简单有效的计算机病毒预防措施。

① 备好启动盘，并设置写保护。在对计算机进行检查、修复和手工杀毒时，通常要使用无毒的启动盘，使设备在较为干净的环境下操作。

② 尽量不用软盘、U 盘、移动硬盘或其他移动存储设备启动计算机，而用本地硬盘启动。

③ 定期对重要的资料和系统文件进行备份。可以通过比照文件大小、检查文件个数、核对文件名字来及时发现病毒。

④ 重要的系统文件和磁盘可以通过赋予只读功能，避免病毒的寄生和入侵。也可以通过转移文件位置，修改相应的系统配置来保护重要的系统文件。

⑤ 重要部门的计算机，尽量专机专用与外界隔绝。

⑥ 尽量避免在无防毒措施的机器上使用软盘、U 盘、移动硬盘、可擦写光盘等可移动的储存设备。

⑦ 使用新软件时，先用杀毒程序检查，减少中毒机会。

⑧ 安装杀毒软件、防火墙等防病毒工具，并准备一套具有查毒、防毒、解毒及修复系统的工具软件。并定期对软件进行升级、对系统进行查毒。

⑨ 经常升级安全补丁。80%的网络病毒是通过系统安全漏洞进行传播的，如红色代码、尼姆达等病毒，所以应定期到相关网站去下载最新的安全补丁。

⑩ 使用复杂的密码。有许多网络病毒是通过猜测简单密码的方式攻击系统的，因此使用复杂的密码，可大大提高计算机的安全系数。

⑪ 不要在 Internet 上随意下载软件。免费软件是病毒传播的重要途径，如果特别需要，须在下载软件后进行杀毒。

⑫ 不要轻易打开电子邮件的附件。邮件病毒是当前病毒的主流之一，通过邮件传播病毒具有传播速度快、范围广、危害大的特点。较妥当的做法是先将附件保存下来，待杀毒软件检查后再打开。

⑬ 不要随意借入和借出移动存储设备，在使用借入或返还的这些设备时，一定要通过杀毒软件的检查，避免感染病毒，对返还的设备，若有干净备份，应重新格式化后再使用。

了解一些病毒知识。这样就可以及时发现新病毒并采取相应措施，在关键时刻使自己的计算机免受病毒破坏，如定期检查注册表中下列键值：

HKLM\SOFTWARE\Microsoft\Windows\CurrentVersion\Run

HKLM\SOFTWARE\Microsoft\Windows\CurrentVersion\RunServices

一旦发现病毒，迅速隔离受感染的计算机，避免病毒继续扩散，并使用可靠的查杀工具查杀病毒；必要时需向国家计算机病毒应急中心和当地公共信息网络安全监察部门报告，请专家协助处理。

若硬盘资料已遭破坏，应利用灾后重建的解毒程序和恢复工具加以分析，重建受损数据，而不要急于格式化。

对于计算机病毒的防治，不仅是一个设备的维护问题，而且是一个合理的管理问题；不仅要有完善的规章制度，而且要有健全的管理体制。所以，只有提高认识、加强管理，做到措施到位，才能防患未然，减少病毒入侵后所遭成的损失。

7.3.2　计算机病毒防治技术措施

在完善的管理措施基础上，防治计算机病毒还应有强大的技术支持。对于重要的系统，常用的病毒防治技术措施有系统加固、系统监控、软件过滤、文件加密、备份恢复、个人防火墙等措施。

1. 系统加固

许多计算机病毒都是通过系统漏洞进行传播的，如利用 Windows 操作系统漏洞的蠕虫病毒、利用 Outlook 服务软件漏洞的邮件病毒、利用 Office 漏洞的宏病毒。所以，构造一个安全的系统是国内外专家研究的热点。常见的系统加固工作主要包括安装最新补丁、禁止不必要的应用和服务、禁止不必要的账号、去除后门、内核参数及配置调整、系统最小化处理、加强口令管理、启动日志审计功能等。

2. 系统监控

系统监控技术主要指对系统的实时监控，包括注册表监控、脚本监控、内存监控、邮件监控、文件监控等。实时监控技术能够始终作用于计算机系统，监控访问系统资源的一切操作，并能够对其中可能含有的计算机病毒进行清除。现在，大多数杀毒软件和工具都具有实施监测系统内存、定期查杀系统磁盘的功能，并可以在文件打开前自动对文件进行检查。

3. 软件过滤

软件过滤的目的是识别某一类特殊的病毒，以防止它们进入系统和复制传播。这种方法已被用来保护一些大、中型计算机系统。例如，国外使用的一种 T-cell 程序集，对系统中的数据和程序用一种难以复制的印章加以保护，如果印章被改变，系统就认为发生了非法入侵。又如，Digital 公司的一些操作系统采用 CA-examine 程序作为病毒检测工具主要用来分析关键的系统程序和内存常驻模块，能检测出多种修改系统的病毒，它采用专家系统对系统参数进行分析，以识别系统的异常之处和未经授权的改变。

4. 文件加密

文件加密是将系统中可执行文件加密，以避免病毒的危害。可执行文件是可被操作系统和其他软件识别和执行的文件。若病毒不能在可执行文件加密前感染该文件，或不能破译加密算法，则混入病毒代码的文件不能执行。即使病毒在可执行文件加密前感染了该文件，该文件解码后，病毒也不能向其他可执行文件传播，从而杜绝了病毒复制。文件加密对防御病毒十分有效，但由于系统开销较大，目前只用于特别重要的系统。

为减小开销，文件加密也可采用另一种简单的方法：可执行程序作为明文，并对其校验和进行单向加密，形成加密的签名块，并附在可执行文件之后。加密的签名块在文件执行前用公钥解密，并与重新计算的校验和相比较，如有病毒入侵，造成可执行文件改变，则校验和不符，应停止执行并进行检查。

5. 备份恢复

备份恢复是在病毒清除技术无法满足需要的情况下，不得不采用的一种防范技术，当系统文件被病毒侵染，可用事先备份的正常文件覆盖被感染后的文件，达到清除病毒的目的。随着计算机病毒攻击技术越来越复杂，以及计算机病毒数量的爆炸性增长，清除技术遇到了发展瓶颈，数据备份恢复成为保证数据安全的重要手段。

备份恢复的数据既指用户的数据文件，也指系统程序、关键数据、常用应用程序等数据信息。数据备份可采用自动方式，也可采用手动方式；可定期备份和也可按需备份。

数据备份按照备份技术可分为完全备份、增量备份、差分备份等。完全备份是指对整个系统或用户指定的所有文件进行一次全面的备份，其原理简单直观，但数据量大、占用空间多、成本高、不易频繁备份。增量备份只备份上一次备份操作以来新创建或者更新的数据，其节约时间、节省空间、成本低、可频繁备份，但发生数据丢失时，恢复工作比较麻烦。差分备份是备份上一次完全备份后产生和更新的所有数据，恢复时只需完全备份文件和灾难发生前最近一次差分备份文件两份备份文件，其效率介于完全备份和增量备份之间。

数据备份不仅可用于被病毒侵入破坏的数据恢复，而且可在其他原因破坏了数据完整性后进行系统恢复。

6. 个人防火墙

个人防火墙通过监测应用程序向操作系统发出的通信请求，进行应用程序级的访问控制，根据用户定义的规则，决定允许或拒绝该应用程序的网络连接请求，从而阻止由内到外或由外到内的威胁，弥补防病毒软件的不足。个人防火墙可以有效阻止蠕虫、木马和间谍软件的非法数据连接和攻击。

7.3.3 常用病毒防治软件简介

安装杀毒软件、防火墙等防病毒工具，依靠病毒防治软件对系统进行保护是防止病毒入侵，降低病毒破坏造成的损失所必须的，是防治病毒的主要手段。各种防病毒软件通常具有如下一些功能：按照用户要求对系统进行定期查毒、杀毒；对系统进行文件级、邮件级、内存级、网页级的实时监控；定期或智能化的升级病毒库；硬盘数据的保护、备份和恢复；注册表的维护和修复；多种压缩格式的查毒、杀毒；多种安全策略的选择和用户自定义安全规则的设置。有些还提供了硬盘恢复工具、系统漏洞扫描工具、系统优化工具等。下面介绍几种国际上较为流行的防病毒软件。

（1）卡巴斯基

卡巴斯基（Kaspersky）杀毒软件来源于俄罗斯，是世界上优秀的网络杀毒软件，查杀病毒性能较高。卡巴斯基杀毒软件具有较强的中心管理和杀毒能力；提供了各种类型的抗病毒防护解决方案：抗病毒扫描仪，监控器、行为阻段和完全检验。它支持绝大多数操作系统、服务器和防火墙。卡巴斯基控制所有可能的病毒进入端口，它强大的功能和局部的灵活性以及网络管理工具为自动信息搜索、中央安装和病毒防护控制提供了便利。

（2）诺顿

赛门铁克（Symantec）的诺顿品牌是个人用户安全和解决方案领域的全球零售市场的领导者。它通过无缝集成的产品，保护个人计算机免受病毒爆发或恶意黑客的攻击。全球 500 强企业中的 454 家和《财富》杂志 500 强中的 489 家企业都在使用赛门铁克解决方案。

（3）NOD32

Eset 公司的 NOD32 是全球较为流行的防毒软件之一，该产品深受用户欢迎。NOD32 在准确度及速度上均打破多项世界纪录。NOD32 在全球共获得 40 多个奖项，包括 Virus Bulletin、PC Magazine、ICSA 认证、Checkmark 认证等，并且是全球唯一通过 26 次 VB100%测试的防毒软件。NOD32 提供多种操作系统平台的产品，包括 DOS、Windows、Novell Netware Server、Linux、BSD 等。

（4）McAfee

McAfee 防毒软件也是全球畅销的杀毒软件之一，它能够自动监视系统，自动侦测文件的安全性，可使用密码将个人的设置锁定，能够对所有可能的病毒来源进行默认监控，包括软盘、CD-ROM、Internet 下载、电子邮件附件、已访问的服务器、共享文件以及在线服务等。一旦检测到病毒，能够自动将其清除、删除、或者隔离起来，以便进一步分析并找出病毒的根源。

国产反病毒软件占有了国内 80%的市场，其中包括江民 KV 系统、金山毒霸、瑞星杀毒软件、熊猫卫士等一批优秀的品牌。

（5）江民 KV 系列

江民科技致力于成为国内最大的信息安全技术开发商与服务提供商，研发和经营范围涉及单机、网络反病毒软件；单机、网络黑客防火墙；邮件服务器防病毒软件等一系列网络安全产品。江民 KV 系列产品在单机版防杀毒市场上占有一定优势，在国内防杀毒业界保持着一定的领先地位。江民系统产品的特点是：与操作系统结合紧密，节约系统资源，不影响系统的稳定性和客户的正常操作；其界面风格简洁，可操作性强，易于用户的使用；在查毒率方面、查杀压缩格式和加壳格式文件的支持方面，江民都表现得很出色。

（6）金山毒霸

金山公司是中国领先的应用软件产品和服务供应商，其金山毒霸系列杀毒软件产品是国内较有影响的防杀毒品牌之一。金山公司在积极推广金山毒霸和金山网镖的同时，还积极推动反垃圾邮件活动。金山毒霸的查杀毒速度快是其产品的一大特点；在精细查毒方式下，其查毒率也较高；金山毒霸可以对多种压缩格式进行病毒查杀；在清除病毒方面，金山毒霸也有很好的表现。

（7）瑞星杀毒软件

瑞星公司是从事计算机病毒防治与研究的专业软件公司，研制生产涉及计算机反病毒和信息安全相关的系列产品，开发基于多种操作系统的瑞星杀毒软件单机版、网络版、企业级防火墙、入侵检测、漏洞扫描等系列信息安全产品。瑞星杀毒软件具有智能反病毒引擎，对未知病毒、变种病毒、黑客木马、恶意网页程序、间谍程序有快速查杀的能力，并拥有及时便捷的升级服务和技术支持。

（8）熊猫卫士

熊猫卫士是 Panda 软件公司在中国推出的反病毒产品，方正科技于 2002 年初正式入资熊猫中国，成为熊猫软件国内的主要股东，并成为一个拥有核心本土技术的国际化厂商。熊猫卫士可以抵御病毒、蠕虫和特洛依木马，防护新的网络病毒的攻击，如垃圾邮件、间谍程序、拨号器、黑客工具和恶作剧。

7.4 本章知识点小结

计算机病毒防治是信息安全系统中的一个重要方面，了解病毒的发展历史、病毒特点、分类等基本知识，理解病毒的作用机理，掌握基本的病毒检测、清除原理方法和防治管理措施，对于构建安全的信息系统，减小病毒造成的损失有积极的作用。

1. 计算机病毒的特点与分类

（1）计算机病毒的发展

计算机病毒是随着计算机软、硬件的发展而不断成长起来的，计算机的每一次软、硬件技术的提高都会引发一种新的病毒的流行。随着科学技术的发展，病毒也将呈现出日新月异的变化。

（2）计算机病毒特性

计算机病毒也是计算机程序但又有别于普通的应用程序，病毒具有传染性、潜伏性、可触发性、破坏性、针对性、隐蔽性和衍生性，这些特点对于区分病毒和普通程序具有重要的意义。

（3）计算机病毒分类

通过对病毒的分类，可以从不同角度反映出病毒的特征，使我们在防治病毒时有针对性和侧重点。病毒的分类方法有：按危害程度分类、按传染方式分类、按寄生方式分类、按病毒攻击的操作系统分类、按病毒激活的时间分类、按传播媒介分类、按病毒攻击的机型分类等多种分类方法。

（4）计算机病毒传播

复制和传播是病毒最基本的特征，病毒通常可以通过不可移动的计算机硬件设备进行传播、通过移动存储设备传播、通过计算机网络传播和通过点对点通信系统和无线通道传播。当然，随着计算机技术的发展，必将出现新的病毒传播渠道。

（5）计算机病毒机理

了解计算机病毒机理对于防范计算机病毒、查杀计算机病毒和恢复染毒后的系统有积极的作用。

2. 计算机病毒检测与清除

（1）计算机病毒的检测原理

计算机病毒的检测原理是根据计算机病毒的症状特征，判断计算机病毒的种类，以确定计算机病毒的清除办法。主要有比较法、校验和法、特征扫描法、行为监测法、感染实验法、分析法等。

（2）计算机病毒的清除原理

计算机病毒的清除较计算机病毒的检测复杂困难，并且，计算机病毒的清除具有一定的风险，可能破坏原有的文件数据，也可能根本就无法还原原有的文件。

（3）病毒的检测与清除方法

以宏病毒、网络病毒为例介绍了计算机病毒的检测与清除方法。

3. 计算机病毒防治措施

（1）计算机病毒防治管理措施

计算机病毒的防治是一个综合治理的社会问题，只有完善的规章制度和健全的管理体制，才能使措施到位，防患未然，减少病毒入侵后所遭成的损失。

（2）计算机病毒防治技术措施

技术上的措施可以提高系统的防病毒能力，概括为以下几个方面：系统加固、系统监控、软件过滤、文件加密、备份恢复、个人防火墙等。

（3）常用病毒防治软件简介

防病毒软件和工具仍是当前病毒防治的主要手段，本章就国内外的软件及公司作了简单地介绍，如卡巴斯基、诺顿、NOD32、McAfee、江民、金山、瑞星、熊猫等。

习 题

1. 熟悉计算机病毒的发展简史，列举出不同阶段典型的、代表性的计算机病毒及其特点。
2. 简述计算机病毒的特性。
3. 常见的计算机病毒分类的方法有哪几种？每一种分类方法又可分为几类？
4. 当前病毒的主要传播途径有哪些？
5. 简述病毒的结构。
6. 什么叫宿主程序？
7. 哪些注册表键值容易受病毒感染？

8. 修改注册表内容，使得系统每次启动时都自动执行 helloworld.exe。
9. 宏病毒发作时会有哪些症状？
10. 引导型病毒感染硬盘的哪个扇区？
11. 怀疑邮件有病毒时应如何处理？
12. 发现机器感染病毒应如何处理？
13. 计算机病毒的检测方法有哪些？
14. 防治病毒可采取哪些措施？

第8章
安全通信协议

随着网络应用的普及化，人们对网络环境所提供服务的安全性也越来越关注。目前网络面临着各种威胁，其中包括保密数据的泄露、数据完整性的破坏、身份伪装、拒绝服务等。安全通信协议是以密码学为基础的消息交换协议，其目的是提供网络环境中各种安全服务，是网络安全的一个重要组成部分。网络安全虽以密码学为基础，但不能仅依靠安全的密码算法，还需要通过安全协议进行实体之间的认证、在实体之间安全分配密钥、确认发送和接收的消息等。本章介绍为解决安全问题而设计的通信协议 IPSec、SSL、SSH 和 VPN。

8.1 IP 安全协议 IPSec

人们很早就开始关注 TCP/IP 协议族的安全性问题，因为在最初设计 TCP/IP 协议族时，设计者根本没有考虑协议的安全，出现了各种各样的安全危机。例如，在 Internet 上时常发生网络遭到攻击、机密数据被窃取、任意修改 IP 数据包的源地址与目地址、数据包重放攻击等不幸事件。为了增强 TCP/IP 的安全性，Internet 工程任务组 IETF 建立了一个 Internet 安全协议工作组（简称 IETF IPSec 工作组），负责 IP 安全协议和密钥管理机制的制定。经过几年的努力，该工作组于 1998 年制定了一组基于密码学的安全的开放网络安全协议体系，总称为 IP 安全协议（IP security protocol, IPSec）。IPSec 协议在 TCP/IP 协议栈的位置如图 8.1 所示。该协议在 IP 层提供安全服务，包括保密性、完整性及认证性。

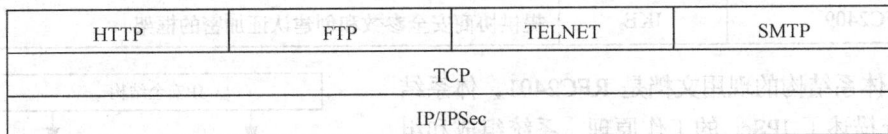

HTTP	FTP	TELNET	SMTP
TCP
IP/IPSec

图 8.1 IPSec 在协议栈中位置

IPSec 用来加密和认证 IP 包，从而防止任何人在网络上看到这些数据包的内容或者对其进行修改。IPSec 是保护内部网络、专用网络防止外部攻击的关键防线。它可以在参与 IPSec 的设备（对等体）如路由器、防火墙、VPN 客户端、VPN 集中器和其他符合 IPSec 标准的产品之间提供一种安全服务。IPSec 对于 IPv4 是可选的，但对于 IPv6 是强制性的。

IPSec 的设计目标是为 IPv4 和 IPv6 数据提供高质量的、互操作、基于密码学的安全性保护。它工作于 IP 层，可以防止 IP 地址欺骗，防止 IP 分组篡改和重放，并为 IP 分组提供保密性和其他的安全服务。IPSec 提供的安全服务是通过使用密码协议和安全机制的来实现的。

IPSec 提供如下安全性服务。

① 访问控制：如果没有正确的密码就不能访问一个服务或系统。通过调用安全协议来控制密钥的安全交换，用户身份认证也用于访问控制。

② 无连接的完整性：使用 IPSec，可以在不参照其他 IP 分组的情况下，对任一单独的 IP 分组进行完整性校验。此时每个 IP 分组都是独立的，能够通过自身来确认，此功能通过使用安全散列技术来完成。

③ 数据源身份认证：通过数字签名的方法对 IP 分组内的数据来源进行标识。

④ 抗重发攻击：重发攻击是指攻击者发送一个目的主机已接收过的包，通过占用接收系统的资源，使系统的可用性受到损害。作为无连接协议，IP 很容易受到重发攻击的威胁。为此，IPSec 提供了包计数器机制，以便抵御抗重发攻击。

⑤ 保密性：确保数据只能为预期的接收者使用或读出，而不能为其他任何实体使用或读出。保密机制是通过使用加密算法来实现的。

8.1.1 IPSec 体系结构

1995 年 IETF 制定了最初的一组 IPSec 标准，但由于其中存在一些尚未解决的问题，从 1997 年开始 IETF 又开展了新一轮的 IPSec 制定工作，截至 1998 年 11 月主要协议已经基本制定完成。不过这组新协议仍然存在一些问题，预计在不久的将来 IETF 又会进行下一轮 IPSec 的修订工作。

IPSec 是一套协议包，而不是一个单独的协议。自从 1995 年开始 IPSec 的研究工作以来，IETF IPSec 工作组在它的主页上发布了几十个 Internet 草案文献和 RFC 文件。其中，比较重要的有 RFC2401 IPSec 协议、RFC2402 AH 验证包头、RFC2406 ESP 加密数据、RFC2409 IKE 互连网密钥交换等文件。

在 IPSec 协议族中由 3 个主要的协议：IP 认证包头（IP authentication header，AH）、IP 封装安全负载（IP encapsulating security payload，ESP）和 Internet 密钥交换（Internet key exchange，IKE），组成了一个协调的安全框架，如表 8.1 所示。

表 8.1　IPSec 3 个主要的协议组成一个协调的安全框架

RFC 文号	协　议	功　能
RFC2402	AH	提供认证和保护数据的框架
RFC2406	ESP	提供加密、认证和保护数据的框架
RFC2409	IKE	提供协商安全参数和创建认证加密的框架

IPSec 体系结构的现用文档是 RFC2401，体系结构文档系统描述了 IPSec 的工作原理、系统组成和组件之间如何协同工作来提供 IP 层安全服务。IPSec 的体系结构如图 8.2 所示。

① IP 安全体系结构：包括一般的概念、安全需求、定义 IPSec 的技术机制。

② AH 协议和 ESP 协议：它们是用于保护传输数据的安全的两个主要协议。其中，AH 协议为 IP 分组提供信息源验证和完整性保证，ESP 协议提供加密保证。ESP 和 AH 协议都有相关的一系列支持文件，规定了

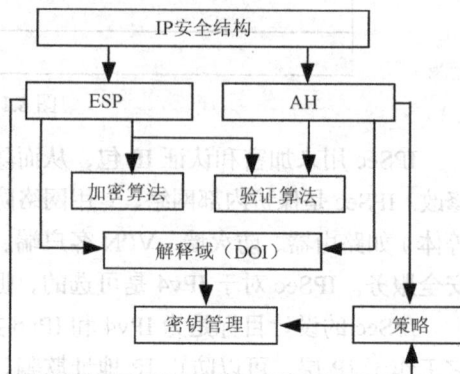

图 8.2　IP Sec 体系结构

加密和认证的算法。AH 和 ESP 都能用于访问控制、数据源认证、无连接完整性保护和抗重放攻击。

③ 解释域（domain of interpretation，DOI）：通过一系列命令、算法、属性、参数来连接所有的 IPSec 组文件。为了使通信双方能够进行交互，通信双方应该理解 AH 协议和 ESP 协议中各字段的取值，因此通信双方必须拥有对通信消息相同的解释规则，即保持相同的解释域。

④ 加密和验证算法：各种加密算法仅涉及 ESP；各种不同的验证算法涉及 AH 和 ESP。

⑤ 密钥管理：包括密钥管理的一组方案，其中 IKE 是默认的密钥自动交换协议，密钥协商的结果通过 DOI 转换为 IPSec 的参数。

⑥ 策略：定义两个实体之间能否进行通信以及如何通信。

IPSec 的工作原理类似于分组过滤防火墙。当接收到一个 IP 分组时，分组过滤防火墙利用其头部信息在规则表中进行匹配。当找到一个相匹配的规则时，分组过滤防火墙就按照该规则制定的方法对接收到的 IP 分组进行处理：转发或者丢弃。IPSec 不同于分组过滤防火墙的是，对 IP 分组的处理方法除了丢弃或者转发外，还可以进行 IPSec 处理。正是这新增添的处理方法提供了比分组过滤防火墙更进一步的网络安全性。

分组过滤防火墙只能控制来自或去往某个站点的 IP 分组的通过。它可以拒绝来自某个外部站点的 IP 分组访问内部某些站点，也可以拒绝某个内部站点对某些外部网站的访问。但是分组过滤防火墙不能保证从内部网络出去的数据不被截取，也不能保证进入内部网络的数据未经篡改。只有在对 IP 分组实施了加密和认证后，才能保证在外部网络传输的数据的机密性、真实性和完整性，通过 Internet 进行安全的通信才成为可能。进行 IPSec 处理意味着要对 IP 分组进行加密和认证。

8.1.2　IPSec 安全关联

安全关联（security association，SA）是 IPSec 中非常重要的一个概念，它是 IPSec 的基础。要进行安全通信，须采用身份鉴别和加密服务，所以通信的双方在通信之前须协商好采用哪种安全的通信协议、加密算法以及加密的密钥等问题。

1. 安全关联

所谓安全关联（SA）就是通信双方协商好的安全通信的构建方案，是通信双方共同协商签署的"协议"，即通信双方之间为了给需要受保护的数据流提供安全性服务而对某些要素的一种约定，如 IPSec 协议（AH、ESP）、协议的操作模式、密码算法、密钥及密钥的有效生存期等。SA 是安全策略的具体化和实例化，它提供了保护通信的具体细节。

SA 是单向逻辑的，要么对数据包进行"入站"保护，要么"出站"保护，这意味着每一对通信系统连接都至少需要有两个安全关联。

例如，主机 X 和主机 Y 通信，需要建立如下 4 个 SA。

① SAx-y(out)：主机 X 处理去往主机 Y 的 IP 分组。

② SAx-y(in)：主机 X 处理来自主机 Y 的 IP 分组。

③ SAy-x(out)：主机 Y 处理去往主机 X 的 IP 分组。

④ SAy-x(in)：主机 Y 处理来自主机 X 的 IP 分组。

每个安全关联 SA 用一个三元组唯一标识：

< 安全参数索引 SPI，IP 目的地址，安全协议标识符>

● 安全参数索引（security parameters index，SPI）：32 位的安全参数索引，标识同一个目的

地的 SA。说明使用 SA 的 IP 头类型，它可以包含认证算法、加密算法、用于认证和加密的密钥以及密钥的生存期。

● IP 目的地址：表示对方的 IP 地址，或指定输出处理的目的 IP 地址，或指定输入处理的源 IP 地址。

● 安全协议标识符：指明使用的协议是 AH 还是 ESP 或者两者同时使用。

若某台主机，如文件服务器，需要同时与多台客户机通信，则该服务器需要与每台客户机分别建立不同的 SA。每个 SA 用唯一的 SPI 索引标识，当处理接收到的数据包时，服务器根据 SPI 值来决定该使用哪种 SA。

2. 安全关联数据库

当安全参数创建完毕之后，通信双方将安全参数保存在一个数据库中，该数据库称为安全关联数据库（security association database，SAD）。安全关联数据库并不是真正意义上的"数据库"，而是将所有的 SA 以某种数据结构方式集中存放起来的列表。为处理进入和外出的数据包维持一个活动的 SA 列表，如图 8.3 所示。

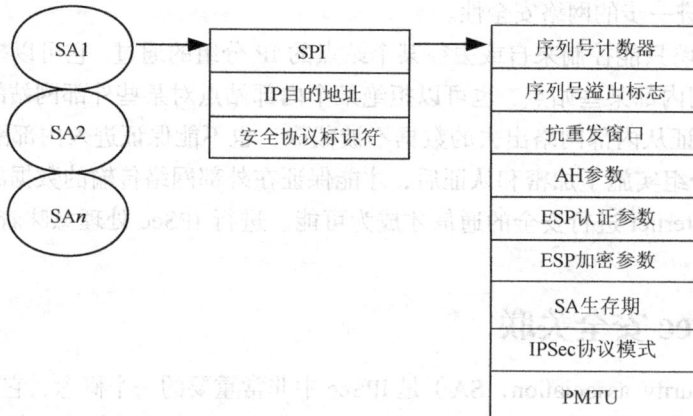

图 8.3　SAD 包含内容

SAD 中每一个条目有一个包含 SPI、目的 IP 地址和一个 IPSec 协议类型的三元组索引。此外，一个 SAD 条目还包含下列域。

① 序列号计数器：32 位整数，用于生成 AH 或 ESP 头中的序列号。

② 序列号溢出标志：标识是否对序列号计数器的溢出进行审核。

③ 抗重发窗口：使用一个 32 位计数器和位图确定一个输入的 AH 或 ESP 数据包是否是重发包。

④ AH 的认证算法和所需密钥等。

⑤ ESP 的认证算法和所需密钥。

⑥ ESP 加密算法，密钥，初始向量（IV）和 IV 模式。

⑦ SA 生存期：包含一个时间间隔，以及过了这个时间间隔后该 SA 是被替代还是被终止的标志。

⑧ IPSec 协议操作模式：传输或隧道。

⑨ PMTU 路径最大传输单元。

图 8.4 所示为一个典型的 SAD，它表示从 24.0.0.55 到 70.168.0.88 的数据将受到 SA 记录中给出的安全参数的保护。

源IP地址	目的IP地址	协议	SPI	SA记录			
				密钥	序列号	生存期	……
24.0.0.55	70.168.0.88	ESP	135	******	***	****	……

图 8.4　一个典型的 SAD

8.1.3　IPSec 安全策略

安全策略决定了对数据包提供的安全服务，所有 IPSec 实施方案的策略都保存在一个数据库中，这个数据库就是安全策略数据库（security policy database，SPD）。IPSec 定义了用户以什么样的粒度来设定自己的安全策略，为获取一个 IP 包提供安全服务的相关信息，通过使用一个或多个"选择符"对该数据库进行检索。该"选择符"是从网络层和传输层头内提取出来的，选择符可以是五元组（源 IP 地址，目的 IP 地址，传输层协议，系统名和用户 ID）或其中几个。

IP 分组的外出和进入处理都要以安全策略为准。在进行 IP 分组的处理过程中，系统要查阅 SPD，并判断为这个 IP 分组提供的安全服务有哪些，如图 8.5 所示。进入或外出的每一个 IP 分组，都有 3 种可能的选择：丢弃、绕过 IPSec 或应用 IPSec。

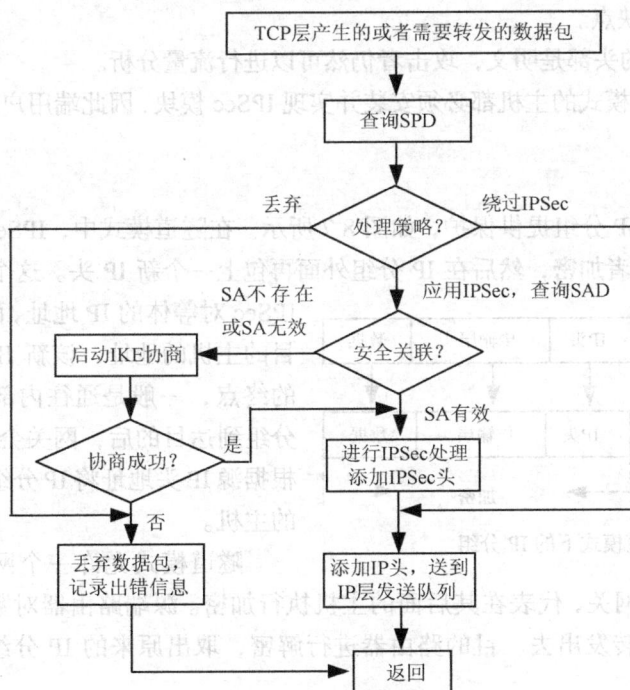

图 8.5　IPSec 对数据包的处理

① 丢弃：根本不允许 IP 分组离开主机穿过安全网关。
② 绕过：允许 IP 分组通过，在传输中不使用 IPSec 进行保护。
③ 应用：在传输中需要 IPSec 保护 IP 分组，对于这样的传输 SPD 必须规定提供的安全服务、所使用的协议和算法等。

8.1.4　IPSec 模式

IPSec 提供了两种工作模式：传输模式（transport mode）和隧道模式（tunnel mode）。这两种模式所保护的内容是不同的，一个是保护整个 IP 分组，一个只是保护 IP 的有效负载。

1. 传输模式

在传输模式中，保护的是 IP 分组的有效负载或者说保护的是上层协议（如 TCP 和 UDP）。原 IP 分组的地址部分不变，而将 IPSec 协议头插入到原 IP 头部和传输层头部之间，只对 IP 分组的有效负载进行加密或认证，如图 8.6 所示。其中 IPSec 是新增的保护头，可以是 AH 头也可以是 ESP 头，或者是两者的组合。当使用 AH 和 ESP 组合模式时，应先对 IP 分组的有效负载实施 ESP，再实施 AH。一般来说传输模式只用于两台主机之间的安全通信。

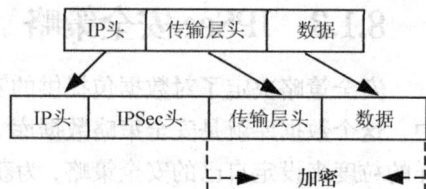

传输模式有如下优点。

① 即使位于同一子网的其他用户，也不能非法修改通信双方的数据内容。

图 8.6 传输模式下的 IP 分组

② 通过给 IP 分组增加了较少字节，允许公网设备看到数据包的源和目的 IP 地址，允许中间的网络设备执行服务质量等特殊处理。

③ 由于传输层头部被加密，这就限制了对数据包的进一步分析。

传输模式有如下缺点。

① 由于 IP 分组的头部是明文，攻击者仍然可以进行流量分析。

② 每台实施传输模式的主机都必须安装并实现 IPSec 模块，因此端用户无法获得透明的安全服务。

2. 隧道模式

隧道模式为整个 IP 分组提供保护，如图 8.7 所示。在隧道模式中，IPSec 先利用 AH 或 ESP 对 IP 分组进行认证或者加密，然后在 IP 分组外面再包上一个新 IP 头。这个新 IP 头包含了两个 IPSec 对等体的 IP 地址，而不是初始源主机和目的主机的地址，该新 IP 头的目的指向隧道的终点，一般是通往内部网络的网关。当 IP 分组到达目的后，网关会先移除新 IP 头，再根据源 IP 头地址将 IP 分组送到源 IP 分组的目的主机。

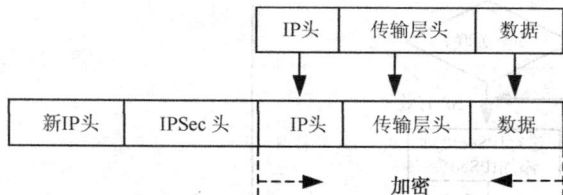

图 8.7 隧道模式下的 IP 分组

隧道模式允许一个网络设备例如路由器或防火墙担当 IPSec 网关，代表在其后面的主机执行加密。源端路由器对数据包进行加密并将它们沿着 IPSec 隧道转发出去。目的路由器进行解密，取出原来的 IP 分组并将其转发给目标主机。

隧道模式有如下优点。

① 子网内部的各主机借助安全网关 IPSec 处理可获得透明的安全服务。

② 不同于传输模式，可以在子网内部使用私有 IP 地址，无须占有公有地址资源。

③ 可以抵抗流量分析的攻击。在隧道模式中，攻击者只能监听到隧道的终点，而不能发现隧道中数据包真实的源和目的地址。

隧道模式有如下缺点。

① 增加了安全网关的处理负载。

② 无法控制来自内部网络的攻击。

8.1.5 IP 认证包头

IPSec 提供了两种安全机制：认证和加密。认证机制使 IP 通信的数据接收方能够确认数据发送方的真实身份以及数据在传输过程中是否遭篡改。加密机制通过对数据进行编码来保证数据的机密性，以防数据在传输过程中被窃听。其中，AH 定义了认证的应用方法，提供数据源认证和完整性保证；ESP 定义了加密和可选认证的应用方法，提供可靠性保证。在进行 IP 通信时，可以根据安全的实际需求同时使用这两种协议或选择使用其中的一种。IKE 的作用是协助进行安全管理，它在 IPSec 进行处理过程中对身份进行鉴别，同时进行安全策略的协商和处理会话密钥的交换工作。这些机制均独立于算法，这种模块化的设计允许只改变不同的算法而不影响其他部分的实现。协议的应用与具体加密算法的使用取决于用户和应用程序对安全的要求。AH 及 ESP 都可以在传输模式及隧道模式下工作。SA 是安全服务与它服务的载体之间的一个"连接"，AH 和 ESP 都需要使用 SA，而 IKE 的主要功能是 SA 的建立和维护。RFC2403、RFC2404 和 RFC2405 描述了用于 AH 和 ESP 协议中的各种加密和验证算法。

1. AH 认证包头格式

有关 AH 的详细描述见 RFC 2402（格式和内容详见 http://www.ietf.org/rfc/rfc2402.txt），如图 8.8 所示。AH 包头字段含义如下。

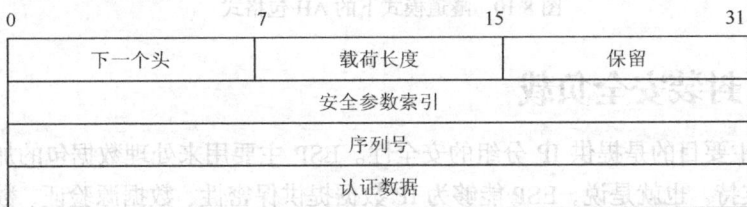

图 8.8 AH 头

① 下一个头（Next Header，8 位）：标识紧跟 AH 头部的下一个载荷的类型，也就是紧跟在 AH 头后部的数据协议。传输模式下，该字段是处于保护中的传输层协议的值，如"6"表示 TCP、"17"表示 UDP；在隧道模式下，AH 所保护的是整个 IP 包，该值是 4。

② 载荷长度（Payload Len，8 位）：AH 包头长度。

③ 保留（Reserved，16 位）：为将来的应用保留，（目前为 0）。

④ 安全参数索引（SPI，32 位）：与目的 IP 地址、IPSec 协议一同组成三元组标识一个安全关联。

⑤ 序列号（Sequence Number Field，32 位）：从 1 开始的 32 位单增序列号，不允许重复，唯一地标识每一个发送的数据包，为 SA 提供抗重发保护。接收端校验序列号为该字段值的数据包是否已经被接收过，若是，则拒收该数据包。

⑥ 认证数据（Authentication Data，长度可变）：一个可变长字段（必须是 32 位字的整数倍），用于填入对 AH 包中除验证数据字段外的数据进行完整性校验时的校验值。

2. AH 工作模式

AH 有两种工作模式：传输模式和隧道模式。依据不同的工作模式，AH 头在 IP 包中的位置有所不同。

（1）AH 传输模式

AH 用于传输模式时，保护的是端到端的通信，通信的终点必须是 IPSec 终点。AH 头插于原始的 IP 头与需要保护的上层协议数据之间，如图 8.9 所示。

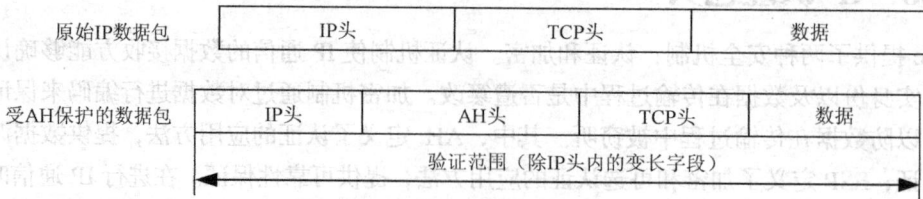

图 8.9　传输模式下的 AH 包格式

（2）AH 隧道模式

AH 用于隧道模式时，AH 插于原始的 IP 头之前，并重新生成一个新的 IP 头放于 AH 之前，如图 8.10 所示。

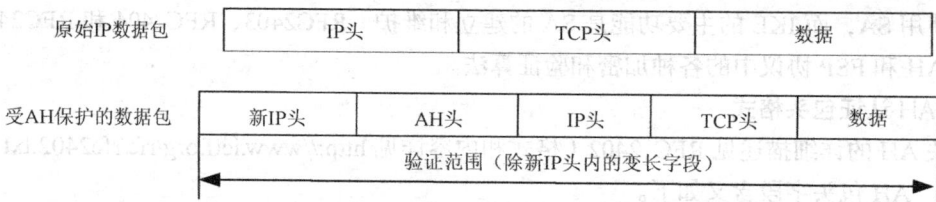

图 8.10　隧道模式下的 AH 包格式

8.1.6　IP 封装安全负载

设计 ESP 的主要目的是提供 IP 分组的安全性。ESP 主要用来处理数据包的加密，对认证也提供某种程度的支持。也就是说，ESP 能够为 IP 数据提供保密性、数据源验证、数据完整性以及抗重放服务。ESP 使用 HMAC-MD5 或 HMAC-SHA-1 算法对 IP 进行认证。它几乎可以支持各种对称密钥加密算法，如 DES，3DES，TripleDES，RC5 等。为了保证各种 IPSec 之间实现互操作性，目前 ESP 必须提供对 56 位 DES 算法的支持。

1. ESP 包格式

有关 ESP 的详细描述见 RFC2367（格式和内容见 http://www.ietf.org/rfc/rfc2406.txt）。ESP 数据包格式由 4 个固定长度的字段和 3 个可变字段组成，如图 8.11 所示。ESP 头部包括两个字段：安全参数索引和序列号；ESP 尾部包含可选填充项、填充项长度、下一个包头和 ESP 认证数据。

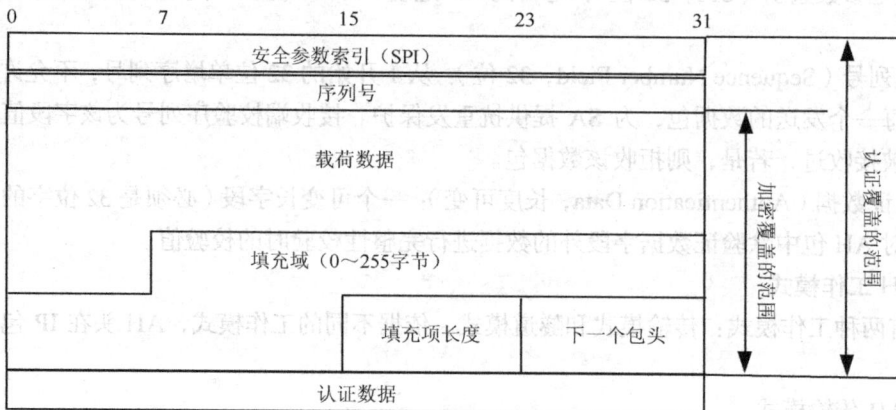

图 8.11　ESP 包格式

ESP 包头字段含义如下。

① 安全参数索引（security parameters index，SPI）：同 AH。

② 序列号（sequence number）：同 AH。

③ 载荷数据（payload data）：变长字段，包含了实际的载荷数据。

④ 填充域（padding）：0～255 个字节。用来保证加密数据部分满足块加密的长度要求，若数据长度不足，则填充。

⑤ 填充域长度（padding length）：接收端根据该字段长度去除数据中的填充位。

⑥ 下一个包头（next header）：同 AH。

⑦ 认证数据（authentication data）：包含完整性检查和。完整性检查部分包括 ESP 包头、传输层协议、数据和 ESP 包尾，但不包括 IP 包头，因此 ESP 不能保证 IP 包头不被篡改。ESP 加密部分包括传输层协议、数据和 ESP 包尾。

2. ESP 工作模式

同 AH 协议一样，ESP 也有两种工作模式：传输模式和隧道模式。ESP 在数据包的位置取决于 ESP 的工作模式。

（1）ESP 传输模式

ESP 用于传输模式时，ESP 头部插在原始的 IP 头与需要保护的上层协议数据之间，如图 8.12 所示。

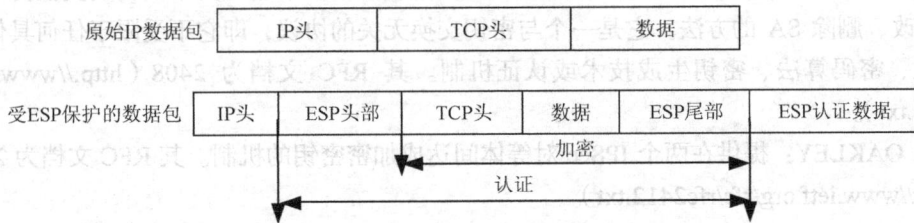

图 8.12　传输模式下的 ESP 包格式

需要注意的是，与 AH 不同，ESP 不认证 IP 包头，攻击者可以修改 IP 包头，所以说 ESP 传输模式的验证服务要比 AH 传输模式弱一些。

（2）ESP 隧道模式

隧道模式保护的是整个 IP 分组，对整个 IP 包进行加密。ESP 用于隧道模式，ESP 头部插在原始 IP 头之前，重新生成一个新的 IP 头放于 ESP 之前，如图 8.13 所示。

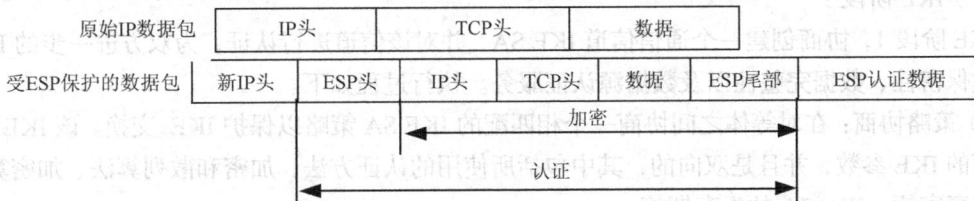

图 8.13　隧道模式下的 ESP 包格式

8.1.7　IPSec 密钥管理

IPSec 支持手工设置密钥和自动协商两种方式管理密钥。手工设置密钥方式是管理员使用自己的密钥手工设置每个系统。这种方法在小型网络环境和有限的安全需要时可以工作得很好。自动协商方式则能满足其他所有的应用需求。使用自动协商方式，通信双方在建立 SA 时可以动态地协商本次会话所需的加密密钥和其他各种安全参数，无须用户的介入。当采用自动协商密钥时就需要使用 IKE。

1. 密钥交换 IKE

两台 IPSec 计算机在交换数据之前，必须首先建立某种约定，该约定被称之为安全关联（SA）。Internet 密钥交换如图 8.14 所示。

Internet 工程任务组 IETF 制定的安全关联标准和密钥交换解决方案IKE 负责提供一种方法供两台计算机建立安全关联 SA。IKE 是一个混合型协议（详见 http://www.ietf.org/rfc/rfc2409.txt），主要起到两个以下两个作用。

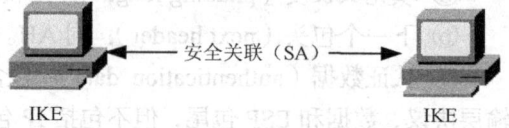

图 8.14 Internet 密钥交换

① 安全关联的集中化管理。

② 减少连接时间和密钥的生成及管理。

2. IKE 的组成

IKE 由 3 个不同的协议组成。

① Internet 安全关联和密钥管理协议（Internet security association and key management protocol, ISAKMP）：提供了一个通用的 SA 属性格式框架和一些可由不同密钥交换协议使用的协商、修改、删除 SA 的方法。它是一个与密钥交换无关的协议，即它不受限于任何具体的密钥交换协议、密码算法、密钥生成技术或认证机制。其 RFC 文档为 2408（http://www.ietf.org/rfc/rfc2408.txt）。

② OAKLEY：提供在两个 IPSec 对等体间达成加密密钥的机制。其 RFC 文档为 2412（详情见 http://www.ietf.org/rfc/rfc2412.txt）。

③ SKEME（secure key exchange mechanism protocol）：提供为认证目的使用公钥加密认证的机制。（参见 http://www.ietf.org/rfc/rfc2409.txt 和 http://www.ietf.org/proceedings/03mar/I-D/draft-ietf-bmwg-ipsec-term-00.txt）

IKE 还使用下列方法和算法来实现：DES 和 3DES，MD5、SHA 和 HMAC，RSA，Diffie-hellman 等。

3. IKE 建立 SA

IKE 建立 SA 分为两个阶段，这样做有助于提高密钥交换的速度。

（1）IKE 阶段 1

IKE 阶段 1，协商创建一个通信信道 IKE SA，并对该信道进行认证，为双方进一步的 IKE 通信提供保密性、数据完整性以及数据源认证服务。执行过程如下。

① 策略协商：在对等体之间协商一个相匹配的 IKE SA 策略以保护 IKE 交换。该 IKE SA 指定协商的 IKE 参数，并且是双向的，其中包括所使用的认证方法、加密和散列算法、加密算法使用的共享密钥、IKE SA 的生存期等。

② DH 交换：执行一个被认证的 Diffie-Hellman，其最终结果是拥有了一个将被 IPSec 加密算法使用的相匹配的共享密钥。

③ 认证：认证和保护 IPSec 对等体的身份，建立起一个安全通道，以便协商 IKE 阶段 2 的参数。

（2）IKE 阶段 2

IKE 阶段 2，使用已建立的 IKE SA 建立 IPsec SA。执行过程如下。

① 策略协商：双方交换保护需求，如使用何种 IPSec 协议（AH 或 ESP），使用何种 hash 算法（MD5 或 SHA），是否需要加密，若是，选择何种加密算法（3DES 或 DES）。在上述三方面达成一致后，将建立起两个 SA，分别用于入站和出站通信。

② 会话密钥"材料"刷新或交换。

③ 周期性的重新协商 IKE SA 参数，以确保安全性。

④ 执行一次额外的 Diffie-Hellman 交换（任选）。

IKE 保证了如何动态地建立 SA。IKE 建立 SA 的实现一方面是 IPSec 协议实现的核心，执行起来极为复杂；另一方面也很可能成为整个系统的瓶颈。优化 IKE 程序、优化密钥算法是实现 IPSec 的核心问题之一。

4. IPSec 的工作过程

IPSec 涉及许多技术和加密算法，它的操作过程被分为 5 个主要的步骤。

① IPSec 启动过程——由配置在 IPSec 对等体中的 IPSec 安全策略指定要被加密的数据流启动 IKE 过程。

② KE 阶段 1——IKE 认证 IPSec 对等体，并协商 SA，创建安全通道 IKE SA。

③ KE 阶段 2——利用已建立的 IKE SA，在对等体中建立相匹配的 IPSec SA。

④ 数据传送——数据根据存储在 SA 数据库中的 IPSec 参数和密钥在 IPSec 对等体间传送。

⑤ IPSec 隧道终止——通过删除或超时机制结束 IPSec SA。

IPSec 的最大缺陷是其复杂性。一方面，IPSec 的灵活性对其流行做出了贡献，另一方面也造成了它的混乱。

8.1.8　IPSec 应用实例

IPSec 有 4 种典型的应用方式，即端到端的安全、基本的 VPN 支持、保护移动用户访问内部网和嵌套式隧道。

例 8.1　端到端安全，如图 8.15 所示。主机 H1、H2 位于两个不同的网关 R1 和 R2 内，均配置了 IPSec。R1、R2 通过 Internet 相连，但都未应用 IPSec。主机 H1、H2 可以单独使用 ESP 或 AH，也可以将两者组合使用。使用的模式既可以是传输模式也可以是隧道模式。

例 8.2　基本的 VPN 支持，如图 8.16 所示。网关 R1、R2 运行隧道模式 ESP，保护两个网内主机的通信，所有主机可以不必配置 IPSec。当主机 H1 向主机 H2 发送数据包时，网关 R1 要对数据包进行封装，封装的包通过隧道穿越 Internet 后到达网关 R2。R2 对该包解封，然后发给 H2。

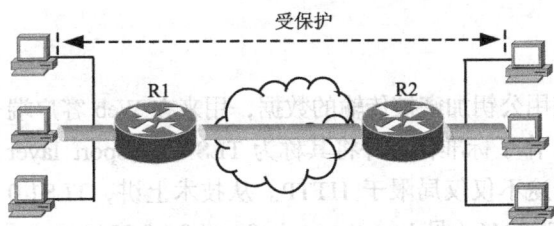

图 8.15　端到端安全

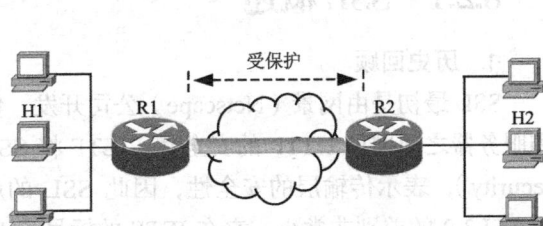

图 8.16　基本的 VPN 支持

例 8.3　保护移动用户访问公司的内部网，如图 8.17 所示。位于主机 H1 的移动用户要通过网关 R1 访问其公司的内部主机 H2。主机 H1 和网关 R1 均配置 IPSec，而主机 H2 未配置 IPSec。当 H1 给 H2 发数据包时，要进行封装，经过 Internet 后到达网关 R1，R1 对该包解封，然后发给 H2。

例 8.4　嵌套式隧道，如图 8.18 所示。主机 H1 要同主机 H2 进行通信，中间经过两层隧道。公司的总出口网关为 R1，而主机 H2 所在部门的网关为 R2。H1 同 R2 间有一条隧道，H1 和 R1 间也有一条隧道。当 H2 向 H1 发送数据包 P 时，网关 R2 将它封装成 P1，P1 到达网关 R1 后被封装成 P2，P2 经过 Internet 到达主机 H1，H1 先将其解封成 P1，然后将 P1 还原成 P。

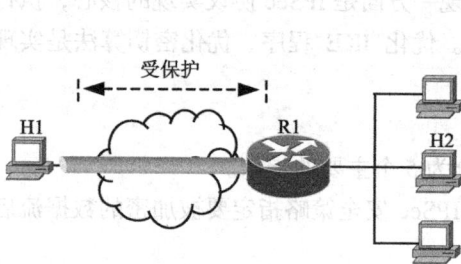

图 8.17　保护移动用户访问　　　　　　　　　　　图 8.18　嵌套式隧道

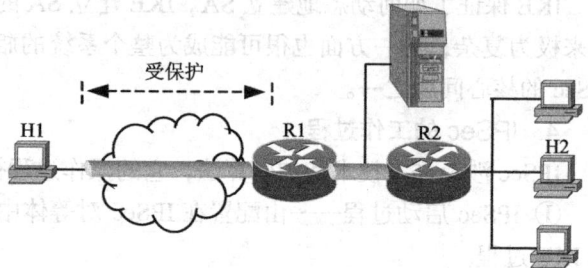

8.2　安全协议 SSL

基于 HTTP 传输的信息是不加密的，这就使得在网上传输口令字之类的敏感信息受到很大的威胁。同时，由于现代 Web 服务器技术的发展，黑客可以冒用合法的 URL 地址，使得用户无法确认自己访问的 Web 站点是否是自己要访问的站点，Web 服务器也无法确认访问的用户是否是其所声称的身份，因此网上信息传输无法得到保障。

安全套接层（security socket layer，SSL）是指使用对称密钥和公开密钥技术组合的网络通信协议，现在被广泛用于 Internet 上的身份认证与 Web 服务器和客户端之间的数据安全通信。SSL 协议指定了一种在应用程序协议（如 HTTP、FTP、TELNET、SMTP 等）和 TCP/IP 之间提供数据安全性分层的机制，为 TCP/IP 连接提供数据加密、服务器认证、消息完整性等功能，主要用于提高应用程序之间数据通信的安全性，并得到标准浏览器 Netscape 和 IE 的支持，已经成为网络用来鉴别网站和网页浏览者的身份，以及在浏览器使用者和网页服务器之间进行加密通信的全球化标准。

8.2.1　SSL 概述

1. 历史回顾

SSL 最初是由网景（Netscape）公司开发，使用公钥加密被传输的数据，用来在 Web 客户端和服务器之间增加 HTTP 的安全性。IETF 将 SSL 作了标准化，并将其称为 TLS（transport layer security），表示传输层的安全性，因此 SSL 的用途不仅仅局限于 HTTP。从技术上讲，TLS1.0 与 SSL3.0 的差别非常小，它在 IETF 的标号为 RFC2246（见 http://www.ietf.org/rfc/rfc2246.txt）。表 8.2 所示为 SSL 术语解释。

表 8.2　SSL 术语解释

名称	年代	说　明
SSLv1	1994 年	网景公司开发，从未发布
SSLv2	1994 年	网景公司发布的第一个版本。使用同一个密钥完成加密和认证，加密和认证限制在 40 位。使用弱强度 MAC，没有保护握手的措施，只使用 TCP 连接关闭来指示数据结束
PCT	1995 年	私人通信技术（Private Communications Technogy）由微软公司开发。保留了 SSLv2 的整体风格，修正了 SSLv2 中的大多数严重的安全缺陷，允许弱强度加密和高强度认证并存。在 SSLv2 的基础上完成了 3 项重大的修改，①增加了只认证的模式；②限制了密钥扩展变换；③通过减少所需的往返次数改进了性能
SSLv3	1995 年	在 SSLv2 基础上，网景公司修正了 SSLv2 的许多安全问题，采用全新的规格描述语言，以及全新的记录类型和数据编码（DSS、DH）。增加了只认证的模式，重写了密钥扩展变换，使用了多种新的加密算法，支持防止对数据流进行截断攻击的关闭握手
STLP	1996 年	在 SSLv3 基础上，微软公司集成了强度高的基于共享密码的客户端认证，改进了密码的可扩展性，允许 TCP 客户端成为 STLP 服务器
TLS v1	1997 年～1999 年	TEFT 在 SSLv3 基础上进行修订得到的 SSL 标准。支持 DH、DSS 和 3DES，增加了较多的报警消息，使用 HMAC
WTLS	1998 年	在 WAP 的环境下，由于手机及手持设备的处理和存储能力有限，WAP 论坛（www.wapforum.org）在 TLS 的基础上做了简化，提出了无线传输层安全协议 WTLS（Wireless Transport Layer Security），以适应无线的特殊环境

2．SSL 提供的服务

SSL 主要提供以下 3 个方面的服务。

① 用户和服务器的合法性认证：使得用户和服务器能够确信数据将被发送到正确的客户机和服务器上。客户机和服务器都有各自的数字证书，为了验证用户和服务器是否合法，SSL 要求在握手交换数据时进行数字认证。

② 加密数据：采用的加密技术既有对称密钥技术，也有公开密钥技术。具体来说，在客户机与服务器进行数据交换之前，先交换 SSL 初始握手信息，在握手信息中采用了各种加密技术，以保证其机密性和数据的完整性，并且利用数字证书进行验证，这样就可以防止非法用户进行破译。

③ 保护数据的完整性：采用 Hash 函数和机密共享的方法，提供信息的完整性服务，建立客户机与服务器之间的安全通道，使所有经过该协议处理的信息在传输过程中能全部完整、准确无误地到达目的地。

3．SSL 的局限性

SSL 存在以下几点不足。

① 要求通信双方进行额外的工作。交换握手信息并对消息进行加密和解密，使得该通信形式比不用 SSL 的通信慢。

② 仅限于 TCP。由于 SSL 要求有 TCP 通道，所以对于使用 UDP 的 DNS 类型的应用场合是不适合的。

③ 通信各方只有两个。由于 SSL 的连接本质上是一对一的，在涉及多方的电子交易中，SSL 协议并不能协调各方之间的安全传输和信任关系。

8.2.2　SSL 的体系结构

从 TCP/IP 模型来看，SSL 协议位于 TCP 层和应用层之间，对应用层是透明的。也就是说现有的应用层程序不需要或只需要很少的修改就可以适应 SSL，如图 8.19 所示。任何 TCP/IP 层以上的网络协议都被 SSL 所支持，HTTP、FTP、SMTP 等皆是 SSL 的保护范围。

应用 SSL 安全机制时，客户端首先与服务器建立连接，服务器把含有公钥的数字证书发送给客户端，客户端随机生成会话密钥，使用从服务器得到的公钥对会话密钥进行加密，并将会话密钥传递给服务器，服务器端用私钥解密会话密钥，这样，客户端和服务器端就建立了一个唯一的安全通道，此后只有 SSL 允许的客户才能与 SSL 允许的 Web 站点进行通信，在使用 URL 时，输入 https://，而不是 http://。

SSL 采用两层协议体系，如图 8.20 所示。该协议包含两个部分：SSL 握手协议（SSL handshake protocol）和 SSL 记录协议（SSL record protocol）。前者负责通信前的参数协商，后者定义 SSL 的内部数据格式。其中 SSL 握手协议由 3 个子协议构成，它们是改变密码规范协议（change cipher spec protocol）、报警协议（alert protocol）和握手协议（handshake protocol）。

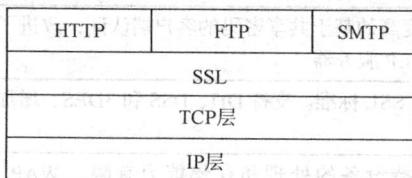

HTTP	FTP	SMTP
SSL		
TCP层		
IP层		

图 8.19　SSL 在 TCP/IP 模型中的位置

改变密码规范协议	报警协议	握手协议
SSL记录协议		
TCP层		

图 8.20　SSL 协议组成

1. SSL 握手协议

SSL 协议分为两个阶段：握手阶段和数据传输阶段。SSL 握手协议是 SSL 的前置步骤。握手阶段进行服务器认证和秘密参数的协商。

握手阶段完成以下主要工作。

① 加密算法的协商。

② 密钥的确定。

③ 对客户端进行选择性认证。

图 8.21 所示为握手的步骤，下面对握手步骤作进一步的说明。

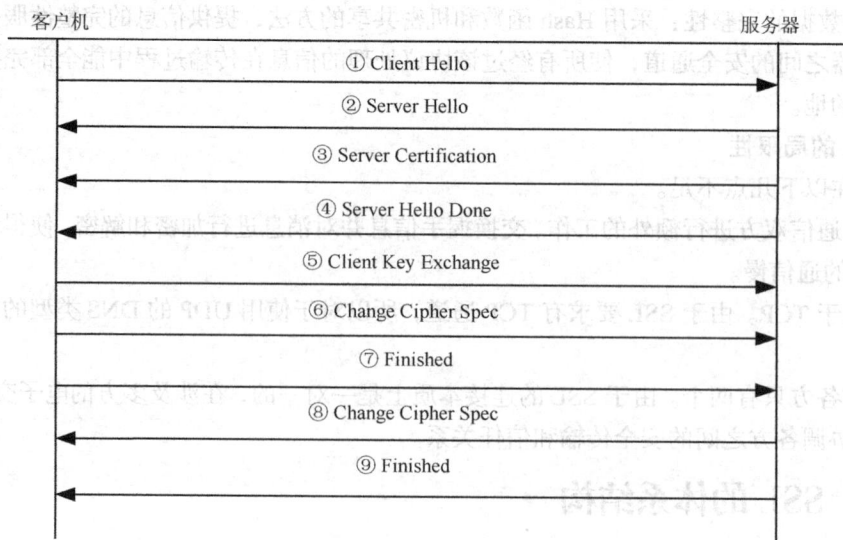

图 8.21　SSL 握手详细步骤

客户机　　　　　　　　　　　　　　　　　　　　　　　　　　服务器

① Client Hello
② Server Hello
③ Server Certification
④ Server Hello Done
⑤ Client Key Exchange
⑥ Change Cipher Spec
⑦ Finished
⑧ Change Cipher Spec
⑨ Finished

① 客户端向服务器端发一个握手信息 Client Hello。该信息包含客户端所支持的所有算法列表和一个用于产生密钥的随机数。

② 服务器收到客户端发来的 Client Hello 握手信息后，必须回送一个 Server Hello 信息。该信息包含服务器根据客户端算法列表所选择的一个加密算法、压缩算法和用于密钥建立的随机数。

③ 如果需要对服务器进行验证，服务器还需要向客户端发送一个服务器证书，其中包括服务器的公钥，用于客户端验证服务器端的身份。

④ 如果没有其他复杂的握手信息需要发送，服务器向客户端发送一个初始握手完成信息 Server Hello Done。

⑤ 客户端与服务器完成初始握手后，开始进入密钥建立阶段。首先，客户端根据收到的服务器证书信息来验证服务器的身份。如果通过验证，那么客户端提取服务器证书中的公钥，加密一个随机产生的密钥，发送给服务器。服务器收到该消息后用自己的私钥解密得到该密钥，以后的双方通信都由该密钥保护。

⑥ 客户端向服务器端发送 Change Cipher Spec，以通告启用协商好的各项参数。

⑦ 客户端向服务器发送 Finished 消息，这是第一条经过安全处理的消息，它包含了之前所有握手消息的消息鉴别码（message authentication code，MAC）。

⑧ 服务器收到客户端传来的 Finished 消息，也立刻发送 Change Cipher Spec 和 Finished 消息，表明握手完成，可以准备数据传送。

2. SSL 记录协议

SSL 协议的底层是记录协议。SSL 记录协议在客户机与服务器之间传输应用数据和 SSL 控制数据。SSL 记录协议为 SSL 连接提供了以下两种服务。

① 保密性：握手协议为 SSL 有效负载的常规密码定义了共享的保密密钥。

② 完整性：握手协议生成 MAC，定义共享保密密钥。

SSL 记录协议从高层 SSL 子协议收到数据后，对其进行数据分段、压缩、认证和加密。记录协议将上层消息分割成一系列片断，并对每个片断单独进行保护和传输。在接收方，对每条记录单独进行解密和验证。这种方案使得数据一经准备好就可以发送，并且接收方接受消息后可以立即进行处理。

SSL 数据的分段与保护如图 8.22 所示。MAC 用来提供数据完整性保护。将 MAC 附加到片段的尾部，并对数据与 MAC 整合在一起的内容进行加密，形成加密的负载。最后给负载加上头信息，头信息与经过加密的负载称为记录，记录是实际传输的内容。

图 8.23 所示为用 DES 分组密码加密的 SSL 记录范例。头信息用白色来表示，经过加密的负载用深色表示。该范例使用 MD5 来产生 MAC，因此需要对记录进行填充，以适应 DES 的分组长度。

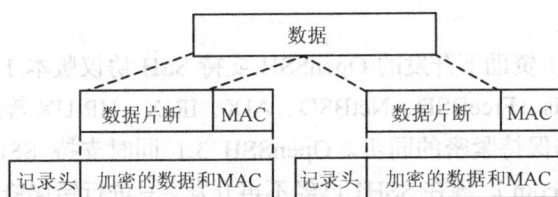

图 8.22　SSL 数据的分段与保护

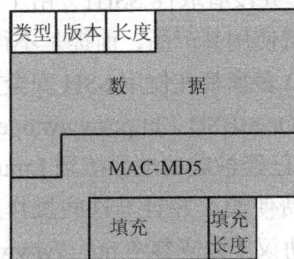

图 8.23　SSL 记录范例

8.3 安全协议 SSH

用户通常可以使用 Telnet 远程登录主机并使用远程主机资源。在为用户提供方便的同时，Telnet 也成为攻击者最常使用的手段之一。利用 Telnet 登录远程主机时，需要提供用户名和口令，但是 Telnet 对这些敏感的信息未提供任何形式的保护措施，它们在网络中仍以明文传输。

SSH，安全 Shell（secure Shell）对数据进行了加密处理，可以提供对用户口令的保护。此外，SSH 能运行在大多数操作系统上，也提供身份认证和数据完整性保护功能。因此，SSH 成为一种通用的、功能强大的，基于软件的网络安全解决方案。

但 SSH 并不是一个真正意义上的 Shell，它不是一个命令解释器，也没有提供通配符扩展或命令记录等功能。SSH 设计初衷是为了保障远程登录及交互会话的安全，但 SSH 最终发展为 FTP、SMTP 等各种应用层协议提供了安全屏障。可以支持安全远程登录、安全远程命令执行、安全文件传输、访问控制、TCP\IP 端口转发等。

8.3.1 SSH 概述

1. 历史回顾

1995 年初芬兰赫尔辛基大学（Helsinki university of technology）的校园网受到密码窃听的攻击，研究人员 Tatu Ylonen 为此开发了 SSH1 以便自己使用，但在 bata 版本时，受到了人们的广泛关注。于当年 7 月，他将 SSH-1 协议编写成 IETF 的 Internet 草案（SSH remote login protocol，见 http://www.21st-century.net/Pub/Information/Drafts/rfc-ssh.txt），同时将 SSH1 发布。到年底，估计已经有 50 个国家的 20 000 个用户使用了 SSH1，Ylonen 每天要处理 150 封要求技术支持的邮件。为此他于 1995 年 12 月成立了 SSH 通信安全公司（SSH communications security, inc, SCS）对 SSH1 进行维护，并使其商业化。SCS 的主页 URL 为 http://www.ssh.com。

1996 年，为了克服 SSH1 的局限性和安全漏洞，SCS 对 SSH1 代码进行了重写，推出了与 SSH1 不兼容的版本 SSH2。与此同时，IETF 也成立了一个 SECSH（secure Shell working group）工作组，以对 SSH-2 协议进行标准化，并于 1997 年 2 月提交了第一份 SSH-2 协议的 Internet 草案。此后 SECSH 工作组对 SSH-2 协议的体系结构（SSH protocol architecture）、文件传输协议（SSH file transfer protocol）、传输层封装模式（SSH transport layer encryption modes）、公钥文件格式（SSH public key file format）等内容进行了广泛的讨论。

1998 年 SCS 发布了基于 SSH-2 协议的软件产品 SSH2，尽管 SSH2 比 SSH1 的安全性好，但是 SSH2 并没有取代 SSH1，由于 SSH1 是免费的，而 SSH2 是一个商业产品。SCS 公司允许个人用户免费使用其产品，前提是不得用于赢利目的。目前，包括沃尔玛在内的全球财富 500 强企业中有 100 多家都在使用 SSH 安全方案。

在 OpenBSD（http://www.openbsd.org）资助下开发的 OpenSSH 支持 SSH 协议版本 1.3、1.5 和 2.0，已经被成功地移植到 Linux、Solaris、FreeBSD、NetBSD、AIX、IRIX、HP-UX 等操作系统下免费使用，并且与这些操作系统版本保持紧密的同步。OpenSSH 3.1 同时支持 SSH-1 和 SSH-2 协议（详情参考 http://www.openssh.com）。现在 SSH1 已经不再开发，只进行错误修正。而 SSH2 和 OpenSSH 仍然继续在开发，与此同时还有许多其他的 SSH 产品。

2. SSH 可以防止的攻击

① 窃听：网络窃听者读取网络信息。SSH 的加密防止了窃听的危害，即使窃听者截获了 SSH 会话的内容，也不能将其解密。

② DNS 欺骗和 IP 伪装：攻击者搞乱 DNS 欺骗或者盗用 IP 地址来冒充一台机器，此时与网络有关的程序就可能被强制连接到错误的机器上。SSH 通过加密验证服务器主机的身份避免了攻击者搞乱 DNS 欺骗以及 IP 欺骗。SSH 客户端会根据和密钥关联的本地服务器名列表和地址列表对服务器主机密钥进行验证。如果所提供的主机密钥不能和该列表中的任意一项匹配，SSH 就会报警。

③ 连接劫持：攻击者使 TCP 连接偏离正确的终点。尽管 SSH 不能防止连接劫持，但是 SSH 的完整性检测负责确定会话在传输过程中是否被修改。如果曾经被修改，就立即关闭该连接，而不会使用任何被修改过的数据。

④ 中间人攻击：中间人冒充真正的服务器接收用户传给服务器的数据，然后再冒充用户把数据传给真正的服务器。服务器和用户之间的数据传送被"中间人"做了手脚之后，就会出现很严重的问题。SSH 使用服务器主机认证以及限制使用容易受到攻击的认证方法（如密码认证）来防止中间人攻击。

⑤ 插入攻击：攻击者在客户端和服务器的连接中插入加密数据，最终解密成攻击者希望的数据。使用 3DES 算法可以防止这种攻击，SSH-1 的完整性检查机制是非常脆弱的，而 SSH-2 和 OpenSSH 都进行了专门设计，来检测并防止这种攻击。

3. SSH 不能防止的攻击

① 密码崩溃：如果密码被窃取，SSH 将无能为力。

② IP 和 TCP 攻击：SSH 是在 TCP 之上运行的，因此它也容易受到针对 TCP 和 IP 缺陷发起的攻击。SSH 的保密性、完整性和认证性可以确保将拒绝服务的攻击危害限制在一定的范围之内。

③ 流量分析：攻击者通过监视网络通信的数据量、源和目的地址以及通信的时间，可以确定何时将采取拒绝服务攻击，而 SSH 无法解决这种攻击。

8.3.2 SSH 的体系结构

SSH 基于客户机/服务器体系结构。SSH 软件包由两部分组成，一部分是服务端软件包，另一部分是客户端软件包。服务端是 sshd 进程，在后台运行并响应来自客户端的连接请求。一般包括公共密钥认证、密钥交换、对称密钥加密和非安全连接。客户端包含 ssh 程序以及像 scp（远程拷贝）、slogin（远程登陆）、sftp（安全文件传输）等其他的应用程序。

SSH 工作机制是本地客户端发送一个连接请求到远程服务端，服务端检查申请的分组和 IP 地址再发送密钥给客户端，然后客户端再将密钥发回给服务端，自此连接建立。

基于 SSH 的产品，广泛存在于 UNIX、Windows 等操作系统上。这些产品都提供一个客户端程序以便安全登录到远程系统。各种产品之间又或多或少存在差异。有的提供图形化的终端，有的基于命令行。在对认证、文件传输、转发等方面的支持也不尽相同。

8.3.3 SSH 的组成

SSH 是应用层协议，基于 TCP，使用端口为 22。SSH 主要有以下 3 个部分组成。

（1）传输层协议（SSH-TRANS）

提供了服务器认证、保密性及完整性。此外，它有时还提供压缩功能。SSH-TRANS 通常运行在 TCP/IP 连接上，也可能用于其他可靠数据流上。该协议中的认证基于主机，并且该协议不执行用户认证。更高层的用户认证协议可以设计为在此协议之上。

（2）用户认证协议（SSH-USERAUTH）

规定了服务器认证客户端用户身份的流程和报文内容，它运行在传输层协议 SSH-TRANS 上面。

（3）连接协议（SSH-CONNECT）

将多个加密隧道分成逻辑通道，以便多个高层应用共享 SSH 提供的安全服务。

上述协议在 TCP/IP 协议族中的位置及依赖关系如图 8.24 所示。协议依赖关系是指高层协议除依托底层协议所提供的服务外，其报文还需封装在底层协议报文中进行投递。

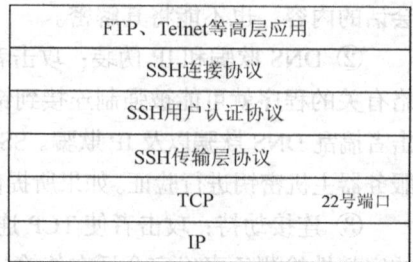

FTP、Telnet等高层应用	
SSH连接协议	
SSH用户认证协议	
SSH传输层协议	
TCP	22号端口
IP	

图 8.24　SSH 协议依赖关系

8.3.4　SSH 的应用

SSH 可以用于保护各种应用安全，下面给出两个典型的应用：SSH 文件传输协议（secure shell file transfer protocal，SFTP）和基于 SSH 的 VPN。

1. SFTP

SFTP 基于 SSH2，但未使用 TCP/IP 端口转发，而是作为 SSH 的一个子系统实现。SFTP 并未成为 IETF 的标准，最近的草案是 2006 年 7 月 10 日公布的版本 13（draft-ietf-secsh-filexfer-13）。SFTP 没有使用 FTP 的框架，它自己定义了文件传输协议，未区分控制连接和数据连接，可以同时保护控制命令和文件数据。

2. 基于 SSH 的 VPN

利用基于 SSH 的 TCP/IP 端口转发功能可以构建虚拟专用网络（virtual private network，VPN）并保护网络中所有进入和外出的通信，原理如图 8.25 所示。

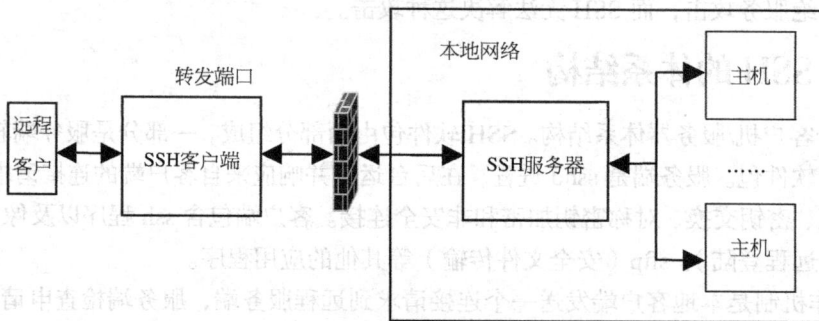

图 8.25　基于 SSH 的 VPN

远程客户安装 SSH 客户端软件，以后发往本地网络的所有通信都由 SSH 安全通道投递，最后由 SSH 服务器转发到目的地。在这种结构中，防火墙的访问控制表 ACL 可以配置为仅允许目标端口为 22 的通信流量通过，在保证了安全性的同时，配置和管理也相对简单。

8.4　虚拟专用网

随着 Internet 和电子商务的蓬勃发展，各企业开始允许其合作伙伴访问本企业的局域网，这样可以简化信息交流的途径，增加信息交换的速度。与此同时随着企业规模的扩大，如何管理分布于各地的分支机构，保持它们之间良好的信息沟通渠道，最大限度地共享资源和保持与合作伙伴及重要客户的联络等，已成为企业考虑的重要问题。

尽管人们可以通过 Internet 拨号登录到远程服务器，但这样往往会成为黑客攻击的对象，因为基于 Internet 的商务活动经常面临各种威胁和安全隐患。虽然采用专线能有效解决此类问题，但是昂贵的费用并不是每一个企业所能承受的，即便企业接受专线接入的方式，又经常受到线路拥堵和系统维护困难等问题的困扰。因此，用户的需求也就促成了虚拟专用网络（virtual private network，VPN）技术的诞生，给人们解决上述问题带来了新的希望。

8.4.1　VPN 的基本概念

VPN 是将物理上分布在不同地点的两个专用网络通过公用网络相互连接而成逻辑上的虚拟子网，来传输私有信息的一种方法。所谓虚拟是指两个专用网络的连接没有传统网络所需的物理的端到端的链路，而是架构在以 Internet 为基础的公网之上的逻辑网络。也就是利用公网建立一个临时的、安全的连接，形成一条穿越混乱的公用网络的安全、稳定的隧道，是对企业内部网的扩展。所谓专用是指采用认证、访问控制、机密性、数据完整性等在公网上构建专用网络的技术，使得在 VPN 上通信的数据与专用网一样安全。通过 VPN 技术可以为公司总部与远程分支机构、合作伙伴、移动办公人员提供安全的网络互连互通和资源共享。图 8.26 所示为 VPN 在网络中放置的位置。

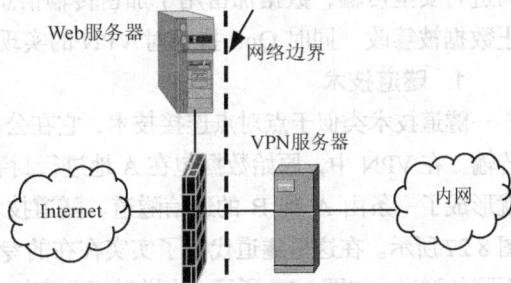

图 8.26　VPN 放置的位置

1. VPN 的功能

① 通过隧道或者虚电路实现网络互连。

② 支持用户对网络的管理，其中包括安全管理、设备管理、配置管理、访问控制列表管理、QoS 管理等。

③ 允许管理员对网络进行监控和故障诊断。

2. VPN 的适用范围

（1）以下 3 种情况很适合采用 VPN

① 位置众多，特别是单个用户和远程办公站点较多。

② 用户或者站点分布范围广，彼此之间的距离远，遍布世界各地。

③ 带宽和时延要求不是很高。

站点数量越多，站点之间的距离越远，VPN 解决方案越有可能成功。

（2）以下 3 种情况不适合采用 VPN

① 不管价格多少，网络性能都被放在第一位的情况。

② 采用不常见的协议、不能在 IP 隧道中传送应用的情况。

③ 大多数应用是语音或视频类的实时通信。

8.4.2　VPN 的优缺点

VPN 具有以下优点。

① 省钱：用 VPN 组网，可以不租用电信专线线路，节省了电话费的开支。

② 选择灵活、速度快：用户可以选择多种 Internet 连接技术，而且对于带宽可以按需定制。

③ 安全性好：VPN 的认证机制可以更好地保证用户数据的私密性和完整性。

④ 实现投资的保护：VPN 技术的应用可以建立在用户现有防火墙的基础上，用户正在使用的应用程序也不受影响。

VPN 存在以下不足。

① 相对专线而言，VPN 不可靠。带宽和时延不稳定。对于实时性很强的应用不适合使用 VPN。比如网络间断 10min，企业信息系统就会瘫痪的网络。

② 相对专线而言，VPN 不安全。由于 Internet 上鱼龙混杂，它的安全性不如物理专用网络。

③ 用 VPN 组网以后，企业内部网范围扩大了，会出现比较多的管理问题。

8.4.3 VPN 的技术

实现 VPN 的技术基础是隧道技术、数据加密和身份验证。隧道技术使各种内部数据包通过公网进行安全传输；数据加密用于加密传输信息；身份验证用来鉴别用户的身份；数据认证用来防止数据被篡改，同时 QoS 技术对 VPN 的实现也至关重要。

1. 隧道技术

隧道技术类似于点对点连接技术，它在公网建立一条数据通道即隧道，让数据包通过这条隧道传输。在 VPN 中，原始数据包在 A 地进行封装，到达 B 地后将封装去掉还原成原始数据包，这样就形成了一条由 A 到 B 的通信隧道。隧道技术包含数据包的封装、传输和拆封在内的全过程，如图 8.27 所示。在这里隧道代替了实实在在的专用线路。对于不同的信息来源，可以分别给它们开出不同的隧道，如图 8.28 所示。这样对于兼容性、不同的服务质量要求、以及其他的问题都迎刃而解。

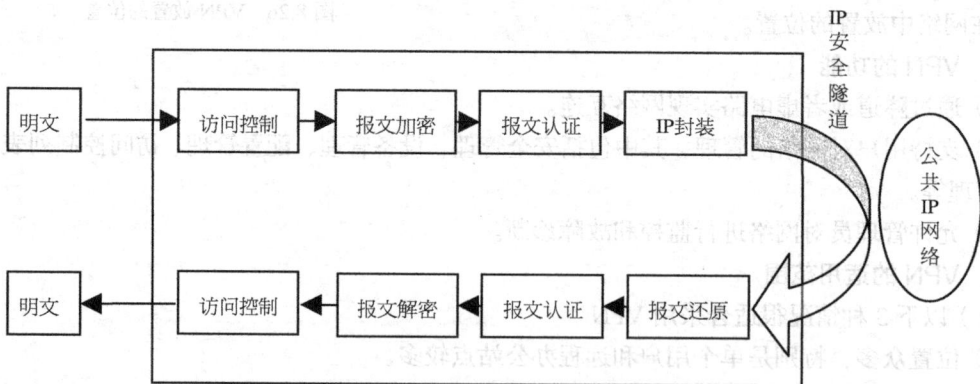

图 8.27 IP-VPN 工作原理

在隧道技术中入口地址用的是普通主机网络的地址空间，而在隧道中流动的数据包用的是 VPN 的地址空间，这就要求隧道的终点必须配置成 VPN 与普通主机网络之间的交界点。这种方法的好处是能够使 VPN 的路由信息从普通主机网络的路由信息中隔离出来，多个 VPN 可以重复利用同一个地址空间而不会冲突。隧道同时也能封装更多的协议族。

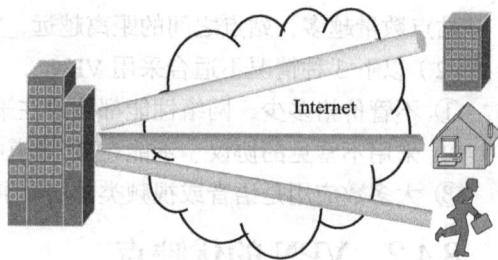

图 8.28 VPN 隧道

2. 数据加密

数据加密技术是实现网络安全的最有效的技术之一，已经成为所有数据通信安全的基石。在多数情况下，数据加密是保证信息机密性的唯一方法。

3. 身份认证

身份认证用于保证系统中的数据只能被有权限的"人"访问，未经授权的"人"无法访问数据。如果没有有效的身份认证手段，访问者的身份就很容易被伪造，使得任何安全防范体系都形同虚设。

4. 数据认证

数据认证用来防止数据被篡改。比如数据发送端使用 MD5 算法计算数据包特征，并将特征码附在数据包后面。当数据包到达目的，被还原以后，目的主机也要使用 MD5 算法进行计算，并要与发送端计算的该字段值比较，看看是否匹配。通过这种方法可以证明数据在传输过程中是否被篡改。

5. QoS 技术

通过隧道技术和加密技术，能够建立起一个具有安全性、互操作性的 VPN。但是如果该 VPN 的性能不稳定，将不能满足用户的要求，这就需要加入 QoS 技术。通过 QoS 机制对用户的网络资源分配进行控制，以达到满足应用的需求。不同的应用对网络通信有不同的要求。

6. 访问控制技术

访问控制技术可对出入 Internet 的数据包进行过滤，是传统防火墙的功能。由于防火墙和 VPN 均处于 Internet 出口处，在网络中的位置基本相同，而其功能具有很强的互补性，因此一个完整的 VPN 产品应同时提供完善的访问控制功能，这可以在系统的性能、安全性以及统一管理上带来一系列的好处。

8.4.4 VPN 的协议

VPN 使用隧道技术实现公网中传输私有数据。为创建隧道，隧道的客户机和服务器双方必须使用相同的隧道协议。隧道协议分别以 OSI 参考模型的第 2 层或第 3 层隧道协议为基础。第 2 层隧道协议是先把数据封装在点对点协议（point to point protocol，PPP）帧中再把整个数据包装入隧道协议。采用这种双层封装方法形成的数据包靠第 2 层协议进行传输。PPP 是标号为 RFC1663 的 IETF 标准（见 http://www.ietf.org/rfc/rfc1663.txt）。第 3 层隧道协议是把各种网络协议直接装入隧道协议中，形成的数据包依靠第 3 层协议进行传输。它们的本质区别在于用户的数据包是被封装在哪种数据分组中并在隧道中传输。

需要注意的是，无论采用何种隧道技术，一旦进行加密或验证，都会对系统的性能造成影响。密码算法需要消耗大量的处理器时间，而且大多数密码算法还有一个建立准备过程，所以在选择安全性时必须选择高性能的设备。

1. 点对点隧道协议

1996 年，Microsoft 和 Ascend 等公司在 PPP 的基础上开发了点对点隧道协议（point to point tunnel protocol，PPTP），Windows 98、Windows Me、Windows 2000 和 Windows XP 中都包含了该协议。PPTP 支持多种网络协议，可把 IP、IPX、AppleTalk 或 NetBEUI 的数据包封装在 PPP 包中，然后再将整个包封装在 PPTP 隧道协议包中。有关 PPTP 的详细描述见 RFC 2367（http://www.faqs.org/rfcs/rfc2367.html）。

PPTP 的加密方法采用 Microsoft 点对点加密算法（Microsoft point-to-point encryption，MPPE）。

可以选用相对较弱的 40 位密钥或强度较大的 128 位密钥。

2. 第 2 层转发协议

第 2 层转发协议（layer 2 forwarding，L2F）是 Cisco 公司于 1996 年制定的，于 1998 年 5 月提交给 IETF。L2F 主要用于 Cisco 路由器和拨号访问服务器，它可以在 ATM、帧中继、IP 网上建立多协议的 VPN 通信方式。L2F 需要 ISP 支持，并且要求两端传输设备都支持 L2F，而对客户端无特殊要求。有关 L2F 的详细描述见 RFC2341（http://www.faqs.org/rfcs/rfc2341.html）。

3. 第 2 层隧道协议

第 2 层隧道协议（layer2 tunneling protocol，L2TP）是 Cisco、Ascend、Microsoft 和 RedBack 公司的专家们在修改了十几个版本后，于 1999 年 8 月公布的标准，标号为 RFC2661（见 http://www.ietf.org/rfc/rfc2661.txt）。L2TP 可以使用 IPSec 机制进行身份验证和数据加密。通常将 L2TP 和 IPSec 结合起来使用。L2TP 作为隧道协议，提供隧道的建立或封装，以及第 2 层验证；IPSec 对 L2TP 隧道进行加密，提供对会话的安全保证。

L2TP 协议综合了 PPTP 和 L2F 协议的优点，并且支持多路隧道，这样可以使用户同时访问 Internet 和企业网。

PPTP 是一个数据链路层的协议，L2TP 也是一种数据链路层的协议，支持封装的 PPP 帧在 IP、X.25、帧中继或 ATM 等网络上进行传送。当使用 IP 作为 L2TP 的数据报传输协议时，可以使用 L2TP 作为 Internet 网络上的隧道协议。

L2TP 与 PPTP 都使用 PPP 对数据进行封装，然后添加附加包头用于数据在 Internet 上的传输。两个协议功能相似，但有以下几个方面的不同。

① PPTP 要求因特网为 IP 网络，L2TP 只要求隧道媒介提供面向数据包的点对点的连接。L2TP 可以在 IP（使用 UDP）、帧中继永久虚拟电路（permanent virtual circuit，PVCs）、X.25 虚拟电路 VCs 或 ATM VCs 网络上使用。

② PPTP 只能在两端点间建立单一隧道，而 L2TP 支持在两端点间使用多隧道。使用 L2TP 时，用户可以针对不同的服务质量创建不同的隧道。

③ L2TP 可以提供包头压缩。当压缩包头时，系统开销占用 4 个字节，而 PPTP 要占用 6 个字节。

④ L2TP 可以提供隧道验证，而 PPTP 则不支持隧道验证。但是当 L2TP 或 PPTP 与 IPSec 共同使用时，可以由 IPSec 提供隧道验证，不需要在第二层协议上验证隧道。

4. 通用路由协议封装

通用路由协议封装（generic routing encapsulation，GRE）是由 Net-smiths 和 Cisco 公司于 1994 年提交给 IETF 的，标号为 RFC1701 和 RFC1702（详细描述见 http://www.ietf.org/rfc/rfc1701.txt 和 http://www.ietf.org/rfc/rfc1702.txt）。许多网络设备均支持 GRE 协议。GRE 是一种基于 IP 的隧道技术，规定了怎样用一种网络层协议去封装另一种网络层协议的方法。它可被用来在基于 IP 的骨干网上传输 IP、IPX、AppleTalk 等多种协议的数据流量。同时，GRE 还可被用来在 Internet 网络上通过隧道传输广播和组播信息，如 RIP、OSPF、IGRP、EIGRP 等路由更新信息。

GRE 只提供了数据包的封装，没有加密功能来防止网络侦听和攻击。通常将 GRE 和 IPSec 结合起来使用。GRE 作为隧道协议，而 IPSec 提供用户数据的加密，从而提供更好的安全性。

GRE 作为 VPN 机制的缺点是管理费用高。由于 GRE 需要手工配置，所以配置和维护隧道所需的费用和隧道的数量是直接相关的，每次隧道的终点改变，隧道都要重新被配置。尽管隧道也可以自动配置，但如果不能考虑相关路由信息，就容易形成回路，回路一旦形成，会极大地恶化路由的效率。

5. IP 安全协议

PPTP、L2F、L2TP 和 GRE，各有自己的优点，但是都没有很好地解决隧道加密和数据加密的问题。而 IP 安全协议（IPSec）则把多种安全技术集成到一起，可以建立一个安全、可靠的隧道，同时还有一整套保证用户数据安全的措施，利用它建立起来的隧道更具有安全性和可靠性。IPSec 还可以和 L2TP、GRE 等其他隧道协议一同使用，给用户提供更大的灵活性和可靠性。此外，IPSec 可以运行于网络的任意一部分，它可以运行在路由器和防火墙之间、路由器和路由器之间、PC 和服务器之间、PC 和拨号访问设备之间。当 IPSec 运行于路由器/网关时，安装配置简单，只需在网络设备上进行配置，由网络提供安全性；当 IPSec 运行于服务器/PC 时，可以提供端到端的安全，在应用层进行控制的缺点是安装配置和管理比较复杂。在实际应用中，可以根据用户的需求选择相应的方式。

尽管现在发行的许多 Internet 应用软件中已包含了安全特征。例如，Netscape 和 IE 支持 SSL，还有一部分产品支持保护 Internet 上信用卡交易的安全电子交易协议（secure electronic transaction，SET）。然而，VPN 需要的是网络级的安全功能，这也正是 IPSec 所提供的。IPSec 经过 IETF 数年的完善，现在已经成为主流 VPN 选择的必备协议。

6. 多协议标记交换

多协议标记交换（multi protocol label switching，MPLS）由 Cisco、Juniper Networks 等公司于 2001 年 1 月提交给 IETF，其标号分别为 RFC3031 和 RFC3032（详细描述见 http://www.ietf.org/rfc/rfc3031.txt，http://www.ietf.org/rfc/rfc3032.txt）。MPLS 技术是与 IPSec 互补的 VPN 标准。

IETF IPSec 工作组（属于 security area 部分）的工作主要涉及网络层的保护，所以该组设计了加密安全机制以便灵活地支持认证、完整性、访问控制和系统加密；而 IETF MPLS 工作组（属于 routing area 部分）则从另一方面着手开发了支持高层资源预留、QoS 和主机行为定义的机制。

MPLS-VPN 是在网络路由和交换设备上应用的 VPN 技术，使用标记交换，路由器只需判别数据包的标记，即可进行转送处理。它可以简化核心路由器的路由选择方式，被 Cisco、ASCEND、3Com 等网络设备厂商所支持。MPLS 最大的技术特色是可以指定 IP 分组传送的先后顺序。

当 IP 分组进入 MPLS 域时，边界路由器给它分配一个标记。自此，MPLS 设备就会自始至终查看这些标记信息，将这些有标记的包交换至其目的地。由于路由处理减少，网络的等待时间也就随之缩短，而可伸缩性却有所增加。MPLS 数据包的服务质量类型可以由 MPLS 边界路由器根据 IP 包的各种参数来确定，这些参数可以是 IP 的源地址、目的地址、端口号、TOS 值等。同时，通过对特殊路由的管理，还能有效地解决网络的负载均衡和拥塞问题。当网络出现拥塞时，MPLS 可实时建立新的转发路由来分散流量以缓解网络拥塞。

8.4.5　VPN 的类型

VPN 不仅是一种组网技术，又是一种网络安全技术，其应用的形式也很丰富，有多种分类方式。下面介绍几种 VPN 的类型划分。

1. 按 VPN 实现方法分类

与防火墙一样，VPN 也可以分为软件 VPN、硬件 VPN 和专用 VPN 之分。

① 软件 VPN：通常要比硬件 VPN 系统便宜，它们对于快速增长的网络提供了更好的扩展性。这类产品能够让移动用户、远程用户从任何位置拨号访问企业网的私有数据，如 Checkpoint FireWall-1 产品。

② 硬件 VPN：已被配置使用 IPSec 或者其它协议的路由器，或者 VPN 器件。VPN 器件是被专门设计安装在 VPN 边界上，为了将多个 VPN 连接起来，VPN 器件可以允许大量用户或者多个网络之间建立连接，但它们却不提供文件和打印等其他服务。使用硬件 VPN 可以连接到更多的隧道和用户，如 SonicWall 产品。

③ 专用 VPN：提供全系列的网关硬件、客户端软件、以及专门的管理软件。硬件网关放置在网络的出口，可以实现 LAN-to-LAN 的 VPN 组网。客户端软件一般是为单机客户和移动用户使用，如果客户端软件能够支持网关功能（相当于软网关），还可以作为硬件网关的备份。管理软件独立出来，实现设备的证书认证和设备分组以及全动态 IP 地址相互解析功能，如 Cisco VPN 3000 集中器系列产品。

2. 按 VPN 连接方式分类

采用 VPN 技术，将网络连接起来有以下 3 种方式。

① 站点到站点：site-to-site VPN，将两个或者更多的网络连接起来。

② 客户机到站点：client-to-site VPN，将远程拨号用户与网络连接起来。

③ 混合连接：将 site-to-site 与 client-to-site 结合，许多大公司既使用 site-to-site VPN 将公司总部和分支机构连接，也使用 client-to-site VPN 提供到总部的拨号接入。

3. 按 VPN 隧道协议分类

按隧道协议的网络分层，VPN 可以划分为二层隧道协议和三层隧道协议。

① 二层隧道协议主要有 3 种，即 PPTP、L2F 和 L2TP。其中 L2TP 结合了前两个协议的优点，具有更优越的特性，得到了很多机构和公司的支持，是使用最广泛的二层隧道协议。

② 用于传输三层网络协议的隧道协议称为三层隧道协议。GRE、IPSec 属于第 3 层隧道协议。此外还有最新的 MPLS。IPSec 和 MPLS 方式是正在蓬勃发展的 VPN 模式，建立在共享的 IP 骨干网上的网络，被称作 IP VPNs，其发展前景十分广阔。

③ SSL VPN 在应用层工作，借助浏览器与 VPN 网关建立 SSL 连接，使数据即可以保密，同时也可以通过此连接访问公司内部网络。

4. 按 VPN 隧道建立方式分类

根据 VPN 隧道建立方式，可分为以下 2 种类型。

① 自愿隧道（voluntary tunnel），也称为基于用户设备的 VPN，是指用户计算机或路由器可以通过发送 VPN 请求配置和创建的隧道。VPN 的技术实现集中在 VPN 客户端，VPN 隧道的起点和终点都位于 VPN 客户端，隧道建立、管理和维护都由用户负责。ISP 只提供通信线路，不承担建立隧道业务。这种方式的技术实现容易，不过对用户的要求较高。这种隧道是目前最普遍的 VPN 组网类型。

② 强制隧道（compulsory tunnel），也称为基于网络的 VPN，是指 VPN 服务提供商配置和创建的隧道。VPN 技术实现集中在 ISP，VPN 隧道的起点和终点都位于 ISP，隧道建立、管理、维护都由 ISP 负责。VPN 用户不承担隧道业务，客户端无须安装 VPN 软件。该方式便于用户使用，增加了灵活性和扩展性，不过技术实现比较复杂，一般通过电信运营商提供，或由用户委托电信运营商实现。

5. 按 VPN 解决方案分类

VPN 的解决方案是根据应用环境的不同划分为以下 3 类。

① 远程访问虚拟网（Access VPN）：如果企业的内部人员移动或有远程办公需要，或者商家要提供 B2C（business-to-customer）的安全访问服务，就可以考虑使用 Access VPN。Access VPN

能使用户随时、随地以其所需的方式访问企业资源。Access VPN 包括模拟、拨号、ISDN、xDSL、移动等技术。

② 企业内部虚拟网（Intranet VPN）：越来越多的企业需要在全国乃至世界范围内建立各种办事机构、分公司、研究所等。利用 VPN 特性可以在 Internet 上组建世界范围内的 Intranet VPN。该网络拥有与专用网络的相同政策，包括安全、QoS、可管理性和可靠性。

③ 企业扩展虚拟网（Extranet VPN）：利用 VPN 技术将客户、供应商、合作伙伴或兴趣群体连接到企业内部网。该网络拥有与专用网络的相同政策，包括安全、QoS、可管理性和可靠性。

6. 按 VPN 解决方案应用架构分类

如下所示 3 类主要应用架构。

① 二层隧道协议：数据链路层 VPN，隧道内封装数据链路帧，主要应用于构建 Access VPN 和 Extranet VPN。

② 三层隧道协议：网络层 VPN，隧道内封装 IP 分组，主要应用于构建 Intranet VPN 和 Extranet VPN。

③ 应用层的 SSL VPN：用于基于 Web 的应用，主要应用于 Access VPN。

7. 按 VPN 配置方式分类

VPN 的配置方式有如下 3 种选择。

① mesh 配置：每个参与者（网络、路由器或计算机）相互之间均保持一个 SA。在初始化一个连接之前，每个 VPN 硬件或软件均会检查它的路由表或 SA 表来查看其他参与者是否与它存在 SA 关系。局域网中需要使用 VPN 的每台主机必须有足够的内存来运行 VPN 客户端软件与 VPN 中的其他主机通信。该配置的缺点是如果有一个新的局域网加入到 VPN 中，所有的 VPN 设备必须更新数据，以便包含新用户的信息。图 8.29 所示为由 4 个局域网组成的 VPN，它们均能够相互建立 VPN 通信。

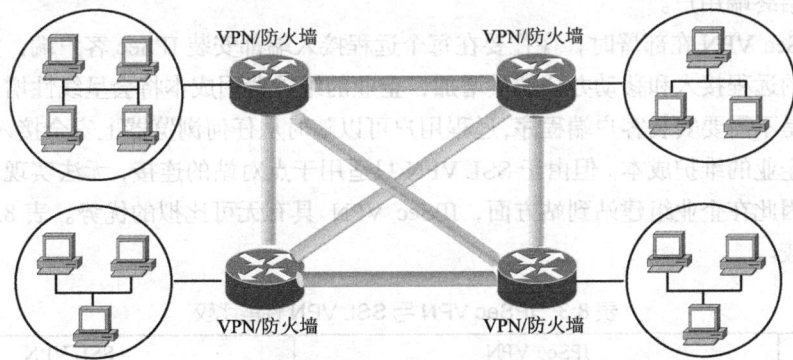

图 8.29　mesh VPN 配置

② hub-and-spoke 配置：中央 VPN 路由器包含了 VPN 中的所有 SA。任何新加入的局域网或者主机只需要连接到中央 VPN 路由器即可，而不必连接到 VPN 中的每台主机。这种配置灵活性强，能够容易地增大 VPN 的容量，适用于一个总部和许多分支机构的模式，它能够为所有参与者提供高度的安全性。在图 8.30 中，中央 VPN 路由器位于公司总部，所有数据流都要经过总部。该配置的缺点是所有数据流进出中央 VPN 路由器，减慢了通信速度，由于中央 VPN 路由器要同时处理进入和外出的通信，因此要求该 VPN 路由器的带宽必须足够大。

③ 混合配置：在一个 VPN 网络中，既采用 mesh 也采用 hub-and-spoke，它结合了 mesh 配置的速度和 hub-and-spoke 配置的扩展性。mesh 配置用于连接重要的分支机构到公司总部，而对于不重要的部门，比如远程的海外分部则连接到总部的 spoke 端。

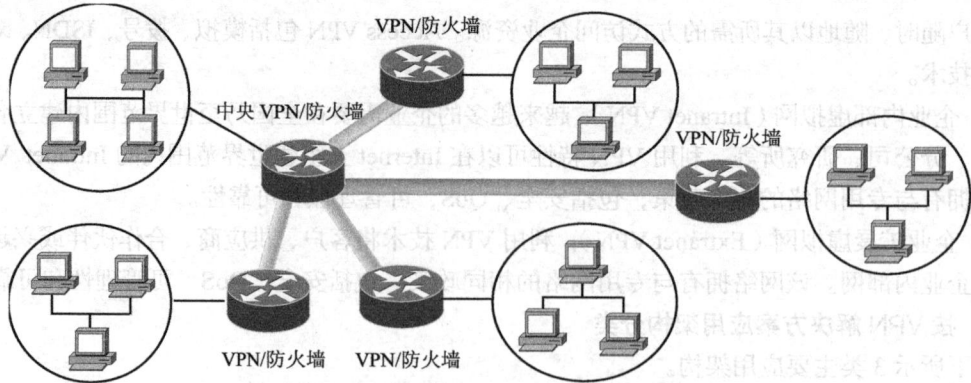

图 8.30 hub-and-spoke VPN 配置

8.4.6 VPN 应用实例

VPN 作为一种安全的组网技术，由于其具有节省投资费用、速度快、配置灵活等优点，已成为企业网络安全解决方案的一种选择。VPN 有多种应用方式，下面主要介绍 IPSec VPN 和 SSL VPN 应用，以及它们之间的性能比较。

传统的 IPSec VPN 基于隧道技术及加密技术，可在两个节点间安全的传输数据，是目前网络中最常使用的一种 VPN 技术。IPSec VPN 是位于 IP 网络层的点到点隧道覆盖。

SSL VPN 能够让远程用户通过标准 Web 浏览器就可以访问重要的企业应用。SSL VPN 网关位于企业网的边缘，介于企业服务器与远程客户之间，控制两者的数据通信。SSL VPN 网关代理 Web 页面，将来自远端浏览器的页面请求（采用 HTTPS 协议）转发给 Web 服务器，然后将服务器的响应传回给终端用户。

传统的 IPSec VPN 在部署时，往往要在每个远程接入端都安装 IPSec 客户端，并作复杂的配置。如果企业的远程接入和移动办公数量增加，企业的维护费用成本将会呈线性增长。SSL VPN 最大好处之一是不需要安装客户端程序，远程用户可以随时从任何浏览器上安全接入到内部网络，这样就降低了企业的维护成本。但由于 SSL VPN 只适用于点对站的连接，无法实现多个网络之间的安全互联，因此在企业组建站到站方面，IPSec VPN 具有无可比拟的优势。表 8.3 所示为两者之间的性能比较。

表 8.3 IPSec VPN 与 SSL VPN 性能比较

选　　项	IPSec VPN	SSL VPN
身份验证	双向身份验证、数字证书	单向身份验证、双向身份验证、数字证书
加密	强加密，执行	强加密，基于 Web 浏览器
安全性	网络边缘到客户端，仅对从客户到 VPN 网关之间通道加密	端到端安全，从客户到资源端全程加密
费用	高（需要管理客户端软件）	低（无须任何附加客户端软件）
可访问性	限制适用于已经定义好受控用户的访问	选用于任何时间，任何地点访问
安装	需要长时间的配置，需要客户端软件或硬件	即插即用、无须任何附加的客户端软、硬件安装
用户易用性	对没有相应技术的用户比较困难，需要培训	对用户非常友好，使用非常熟悉的 Web 浏览器，无须终端用户培训

续表

选 项	IPSec VPN	SSL VPN
支持的应用	所有基于 IP 协议的服务	基于 Web 的应用、文件共享、E-mail
用户	更适合于企业内部使用	用户、合作伙伴、远程用户、供应商等
可伸缩性	在服务器端容易实现自由伸缩，在客户端比较困难	容易配置和扩展

图 8.31 和图 8.32 所示分别为 IPSec VPN 和 SSL VPN 组建方式。

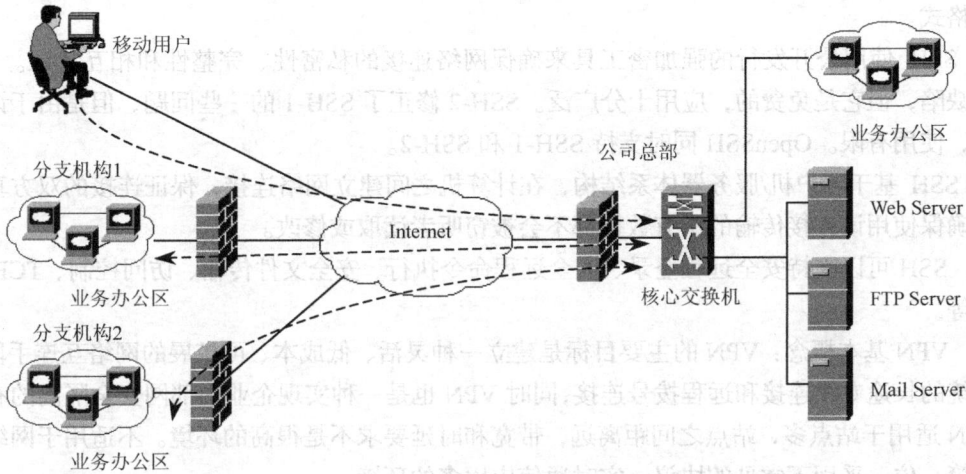

图 8.31　IPSec VPN

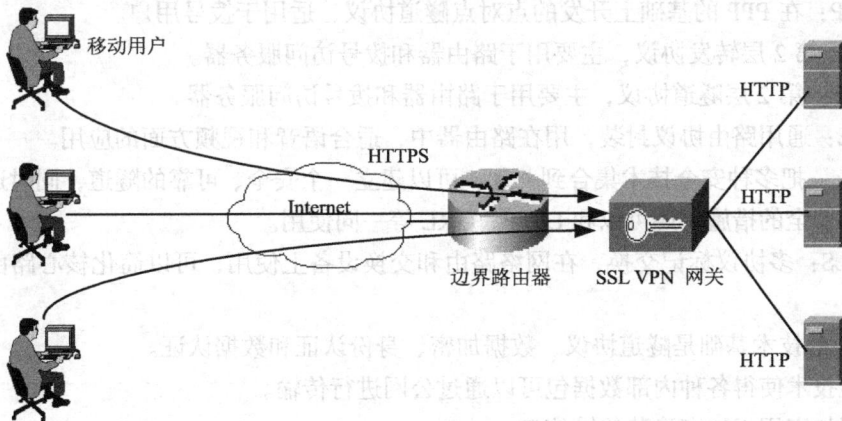

图 8.32　SSL VPN

8.5　本章知识点小结

1. IPSec 是一组开放的安全协议集，它们协同工作，为网络提供了一个端到端的安全解决方案。

2. IPSec 具有两种工作模式：传输模式和隧道模式。

3. IPSec 的安全关联（SA）、安全关联数据库（SAD）和安全策略数据库（SPD）。

4. IPSec 提供了两种安全机制：认证和加密。其中 AH 提供数据完整性服务和认证服务，但不提供保密服务。ESP 除了能提供 AH 所能提供的一切服务外，还可以通过加密来提供数据包保密的服务。IKE 用来管理 IPSec 所用加密密钥的产生及处理。

5. IKE 包括两个阶段，阶段 1 创建安全通道 IKE SA，阶段 2 建立 IPSec SA。

6. SSL 最初用来实现 Web 客户端和服务器之间 HTTP 的安全性，是浏览器使用者和网页服务器之间进行加密通讯的全球化标准。同时，FTP 和 SMTP 等应用层也在 SSL 的保护范围。

7. SSL 由多个协议组成，采用两层结构。前者负责通信前的参数协商，后者定义 SSL 的内部数据格式。

8. SSH 使用公开发行的强加密工具来确保网络连接的私密性、完整性和相互认证。SSH-1 尽管有缺陷，但它是免费的，应用十分广泛。SSH-2 修正了 SSH-1 的一些问题，但是由于许可证的限制，使用有限。OpenSSH 同时支持 SSH-1 和 SSH-2。

9. SSH 基于客户机/服务器体系结构，在计算机之间建立网络连接，保证连接的双方真实可靠，并确保使用该连接传输的所有数据都不会被窃听者读取或修改。

10. SSH 可以支持安全远程登录、安全远程命令执行、安全文件传输、访问控制、TCP/IP 端口转发等。

11. VPN 基本概念：VPN 的主要目标是建立一种灵活、低成本、可扩展的网络互连手段，以代替传统的长途专线连接和远程拨号连接，同时 VPN 也是一种实现企业内部网安全隔离的有效方法。VPN 适用于站点多，站点之间距离远，带宽和时延要求不是很高的环境。不适用于网络性能被放在第一位，采用不常见的协议，实时通信应用多的环境。

12. VPN 隧道协议。

（1）PPTP：在 PPP 的基础上开发的点对点隧道协议，适用于拨号用户。

（2）L2F：第 2 层转发协议，主要用于路由器和拨号访问服务器。

（3）L2TP：第 2 层隧道协议，主要用于路由器和拨号访问服务器。

（4）GRE：通用路由协议封装，用在路由器中，适合语音和视频方面的应用。

（5）IPSec：把多种安全技术集合到一起，可以建立一个安全、可靠的隧道，同时还有一整套保证用户数据安全的措施，还可以和 L2TP、GRE 等一同使用。

（6）MPLS：多协议标记交换，在网络路由和交换设备上使用，可以简化核心路由器的路由选择方式。

13. VPN 的技术基础是隧道协议、数据加密、身份认证和数据认证。

（1）隧道技术使得各种内部数据包可以通过公网进行传输。

（2）数据加密用于加密隐蔽传输信息。

（3）身份认证用来鉴别用户的身份。

（4）数据认证用来防止数据被篡改。

14. VPN 的类型。

习　题

1. IPSec 的 3 个主要协议是什么？它们的作用各是什么？

2. AH 不能提供什么服务？

3. IPSec SA 有什么用？如何建立？

4. 传输模式和隧道模式有什么不同？

5. 简叙 IKE 建立 SA 的步骤。

6. SA 的功能是什么？它的三元组的内容是什么？

7. SPD 选择符有什么用？它的组成是什么？

8. SSL 适用于什么场合？与 TLS 有什么关系？

9. 简述 SSL 协议的组成，以及传输数据的步骤。

10. SSH 适用于什么场合？可以防止什么攻击，不能防止什么攻击？

11. SSH1、SSH2 和 OpenSSH 有什么相同点和不同点？

12. 何为虚拟？何为专用网络？VPN 的技术基础是什么？

13. 什么环境适于采用 VPN？什么环境不适于采用 VPN？使用 VPN 的好处是什么？

14. 有几种隧道协议？简述它们的特性，以及它们适用的环境。

15. 在哪种场合使用 mesh VPN 配置比较理想？哪种场合使用 hub-and-spoke VPN 配置比较理想？

16. VPN 有什么缺点？SSH 不能防止的攻击是什么？SSL 的局限性是什么？

第9章
电子邮件系统安全

　　电子邮件通常称为 E-mail，是 Internet 上最早出现也是最为重要的服务之一，世界各地的人们借助电子邮件进行网上交流，互相传递信息。电子邮件已经成为现在人们互相往来的一种常用方式。电子邮件是一种将电话通信的快速与邮政通信的直观易懂想结合的通信手段。但是，在电子邮件飞速发展的同时，电子邮件的安全问题也成为一个亟待解决的问题。

9.1　电子邮件系统简介

　　电子邮件于 1972 年由 Ray Tomlinson 发明，至今已经过了 40 年的发展。当前电子邮件的用户已经从科学和教育行业发展到了普通家庭用户，电子邮件传递的信息也从普通文本信息发展到包含声音、图像在内的多媒体信息。它以使用方便、快捷、容易存储和管理，传递迅速及费用低廉的特点很快被大众接受，成为传递公文、交换信息、沟通情感的有效工具。现在因特网用户使用最多的网络服务当属电子邮件服务。

9.1.1　邮件收发机制

　　电子邮件服务使用"存储—转发"的方式为用户传递信息。与传统的实物邮件投递服务相比，作为邮件服务器的计算机在因特网上充当"邮局"这个角色。用户使用的电子邮箱就建立在这种叫做邮件服务器的计算机上，借助它提供的服务，用户的信件通过因特网被送到目的地。电子邮件服务的工作模式如图 9.1 所示。

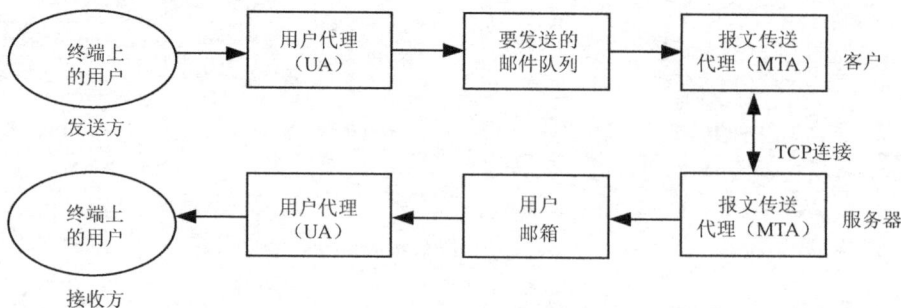

图 9.1　电子邮件服务工作模式

　　一个电子邮件系统应具有 3 个主要组成构件：用户代理（user agent，UA）、邮件服务器，以及电子邮件使用的协议，如 SMTP、POP3（或 IMAP）等。在图 9.1 中，用户代理负责与用户进行数据交换。它接收用户输入的指令，传送用户给出的信件报文。而报文传送代理（message transfer agent，MTA）则完成邮件交换工作，用户通常不和 MTA 打交道。一封电子邮件的发送和接收过程可以表述如下。

① 发信人调用用户代理（UA）来编辑要发送的邮件。用户代理利用电子邮件传输协议将邮件传送给发送端邮件服务器。

② 发送端邮件服务器将邮件放入邮件缓存队列中，等待发送。

③ 运行在发送端邮件服务器的 SMTP 客户进程，当发现在邮件缓存中有待发送的邮件时，就向运行在接收端邮件服务器的 SMTP 服务进程发起 TCP 连接请求。

④ TCP 连接建立后，SMTP 客户进程开始向远程的 SMTP 服务器进程发送邮件。如果有多个邮件存在于邮件缓存队列中，则 SMTP 客户将它们一一发送到远程的 SMTP 服务器。当全部的待发送邮件发完了，SMTP 便关闭所建立的 TCP 连接。

⑤ 运行在接收端服务器中的 SMTP 服务器进程接收到邮件后，将邮件放入收信人的用户邮箱中，等待收信人在他方便时进行读取。

⑥ 收信人在打算收信时，调用用户代理，使用 POP3（或 IMAP）协议将自己的邮件从接收端邮件服务器的用户邮箱中取回。

显然，邮件传输是从服务器到服务器的，而且每个用户必须拥有服务器上存储信息的空间（称为信箱）才能接收邮件。报文传送代理根据电子邮件的目标地址找到对应的邮件服务器，将信件在服务器之间传输并且将接收到的邮件进行缓冲或者提交给最终投递程序，它的主要工作是监视用户代理请求。

9.1.2 邮件一般格式

一个电子邮件分为内容和信封两大部分。因特网文本报文格式只规定了邮件内容的首部格式，而对邮件的主体部分则让用户自由撰写。用户写好首部后，邮件系统将自动地将信封所需的信息提取出来并写在信封上。所以用户不需要填写电子邮件信封上的信息。

邮件内容首部包括一些关键字，后面加上冒号。最重要的关键字是：To 和 Subject。To 后面填写的是一个或多个收信人的电子邮件地址。在电子邮件软件中有一地址簿是专门用于为用户存放经常通信的对象姓名和电子邮件地址的。当撰写邮件时，只需打开地址簿，点击收信人名字，收信人的电子邮件地址就会自动地填入到收信人地址栏的位置上。Subject 是邮件的主题。它反映了邮件的主要内容。主题类似于文件系统的文件名，便于用户查找邮件。首部关键字还有 From 和 Date，表示发信人的电子邮件地址和发信日期。这两项一般都由邮件系统自动填入。Reply-To 也是其中一个关键字，即对方回信所用的地址。这个地址可以与发信人发信时所用的地址不同。例如，有时到外地借用他人的邮箱给自己的朋友发送邮件，但仍然希望对方将回信发送到自己的邮箱。这一项可以事先设置好，不需要在每次写信时进行设置。邮件首部还有一项是抄送（Cc），Cc 即 carbon copy 的简写，意思是留下一个复写副本。这是借用旧的名词，表示应给某某人发送一个邮件副本。

有些邮件系统允许用户使用关键字 Bcc(blind carbon copy)来实现盲复写副本。这是使发信人能将邮件的副本送给某人，但不希望此事为收信人知道。Bcc 又称为暗送。

9.1.3 简单邮件传送协议

关于电子邮件系统的协议和标准有很多，其中主要涉及的一些协议和标准如下：简单邮件传送协议（simple mail transfer protocol，SMTP）；邮局协议-版本3（post office protocol-version3，POP3）；Internet消息访问协议-版本4（Internet message access protocol version4，IMAP4）；多用途Internet邮件扩展协议（multipurpose Internet mail extensions，MIME）；超文本传输协议（hypertext transfer protocol，HTTP）等。

SMTP是最早出现的，也是被普遍使用的最基本的因特网邮件服务协议。协议规定了客户与服务器MTA之间双向通信的规则和信封信息的传递。SMTP工作在两种情况下：一是电子邮件从客户机传输到服务器；二是从某一个服务器传输到另一个服务器。起初，使用SMTP服务不需要额外的验证身份。但随着垃圾邮件越来越多，现在的SMTP服务向接收邮件的POP看齐，同样需要身份验证，这在一定程度上避免了垃圾邮件。

（1）SMTP的主要特点

① SMTP的命令特点。

SMTP使用TCP端口25，是个请求/响应协议，命令和响应都是基于ASCII文本，并以CR（回车符）和LF（换行符）结束。SMTP规定了14条命令和21种应答信息。每条命令用4个字母组成，而每一种应答信息一般只有一行信息，由一个3位数字的代码开始，后面附上（也可不附上）很简单的文字说明。

SMTP中的每个命令都是简单的命令，后面接着参数。举例如下：

HELO smtp.163.com ——— 客户标志自己

MAIL FROM: <lx@163.com> ——— 标志报文的发送者

RCPT TO: <qindk@126.com> ——— 标志报文的接收者

DATA ——— 邮件报文内容通过该命令发送，末尾一行只有一个句点

QUIT ——— 结束此次会话

对客户发送的每个命令都返回一个应答。应答由3个数字构成，后面接着字符串，例如：

220 Welcome to coremail System…… ——— 服务就绪

221 Closing connection.Good bye. ——— 服务关闭传输信道

② SMTP规定的邮件组成。

SMTP规定电子邮件由3部分组成：

● 信封：MTA用来交付的信息，如：

　　MAIL FROM: <lx@163.com>

　　RCPT TO: <qindk@126.com>

● 信头：由用户代理使用的首部字段。每个首部字段都包含一个名称，紧跟一个冒号，接着是字段值。[RFC822]指明了首部字段的解释，其中以X-开始的首部字段是用户定义的字段。比较长的首部字段，如Received，被折在几行中，每行均以空格开头。

● 信体：用户自由编撰所要传送的报文和数据。

③ SMTP的其他特点。

使用SMTP时，收信人可以是和发信人连接在同一个本地网络上的用户，也可以是因特网上其他网络的用户，或者是与因特网连接，但不是TCP/IP网络上的用户。SMTP没有规定发信人应如何将邮件提交给SMTP，以及SMTP应如何将邮件投递给收信人。至于邮件内部的格式，邮件系统应以多快的速度来发邮件，以及邮件如何存储，SMTP也都未作出规定。SMTP所规定的就是在两个相互通信的SMTP进程之间应如何交换信息。

（2）SMTP通信的主要的命令和响应信息

① 连接建立。

发信人先将要发送的邮件送到邮件缓存队列中。SMTP 客户会定时（例如 10min）对邮件缓存扫描一次，如发现有邮件，就使用 SMTP 的熟知端口号码（25）与目的主机的 SMTP 服务器建立 TCP 连接。在连接建立后，SMTP 服务器要发出 "220 Service ready（服务就绪）"。然后 SMTP 客户向 SMTP 服务器发送 HELLO 命令，附上发送方的主机名。SMTP 服务器若回答："250 OK"，则表示有能力接收邮件，并已准备好接收。若 SMTP 服务器不可用，则回答："421 Service not available（服务不可用）"，表示不能接收邮件。如果在一定时间内（例如 3 天）发送不了邮件，则系统会将邮件退还给发信人。这里要强调指出，上面所说的连接是在发送主机的 SMTP 客户端进程和接收主机的 SMTP 服务端进程之间建立，而不是在发信人和收信人之间建立。发信人和收信人都可以在其主机上做自己的工作，而 SMTP 客户和 SMTP 服务器都在后台工作。

SMTP 是始发点到终结点之间单一的、直接的连接，不使用中间任何邮件服务器。不管在邮件的传送过程中要经过多少个路由器，也不管发送端和接收端的邮件服务器相隔有多远，TCP 连接总是在发送端和接收端这两个邮件服务器之间直接建立。当接收端邮件服务器出故障而不能工作时，发送端邮件服务器只能等待一段时间后再尝试和该邮件服务器建立 TCP 连接，而不会先找一个中间的邮件服务器建立 TCP 连接。

② 邮件传送。

邮件传送从 MAIL 命令开始。MAIL 命令后面有发信人的地址。例如：MAIL FROM: < lx@public1.ptt.js.cn >。若 SMTP 服务器已准备好接收邮件，则回答 "250 OK"。否则，返回一个代码，指出原因，如 451（处理时出错），452（存储空间不够），500（命令无法识别）等。下面跟着的一个或多个 RCPT 命令，将取决于将同一封邮件是发送给一个或是多个收信人。RCPT 命令的作用是：先弄清接收端系统是否已做好接收邮件的准备，然后才发送邮件。这样做是为了避免浪费通信资源，不至于发送了很长时间的邮件以后才知道是因为地址错误而白白浪费了许多通信资源。其格式为 RCPT TO: <收信人地址>。每发送一个命令，SMTP 服务器都会做出一个相应的回应，并将回复命令返回到发送端，如 "250 OK"，表示指明的邮箱在接收端的系统中。或 "550 No such user here（无此用户）"，即不存在此邮箱。再下面就是 DATA 命令，表示要开始传送邮件的内容了。SMTP 服务器返回的信息是："354 Start mail input ;end with < CRLF > . < CRLF >"。这里 < CRLF > 是 "回车换行" 的意思。若不能接受邮件，则返回 421（服务器不可用），500（命令无法识别）等。接着 SMTP 客户就发送邮件的内容。发送完毕后，再发送 < CRLF > . < CRLF >（两个回车换行中间用一个点隔开）表示邮件内容结束。实际上在服务端看到的可打印的字符只是一个英文的句点。若邮件收到了，则 SMTP 服务器返回信息 "250 OK"，或返回差错代码。虽然 SMTP 使用 TCP 连接试图使邮件的传送可靠，但它并不能保证不丢失邮件。差错指示不保证能传送到收信人处，也没有端到端的确认返回到收信人处，然而基于 SMTP 的电子邮件通常都被认为是可靠的。

③ 连接释放。

邮件发送完毕后，SMTP 客户应发送 QUIT 命令。SMTP 服务器返回的信息是 "221（服务关闭）"，表示 SMTP 同意释放 TCP 连接。邮件传送的全部过程即结束。

上述的 SMTP 客户与服务器交互的过程都是属于后台操作，都被电子邮件系统的用户代理屏蔽了，使用电子邮件的用户是看不见这些过程的。

9.2 电子邮件系统安全防范

电子邮件在网络中传输，网络上别有用心的黑客就有可能截获该邮件继而更改邮件内容，甚至可能伪造出一封虚假的电子邮件。与传统邮政系统相比，电子邮件与密封邮寄的信件并不相像，其安全性远不比邮政系统，而与明信片更为相似。针对电子邮件的攻击可以分为两种，一种直接对电子邮件的攻击，如窃取电子邮件密码，截获发送邮件内容，发送邮件炸弹；另一种是间接对电子邮件的攻击，如通过邮件传输病毒木马。本节将对电子邮件系统中常见的攻击方法及防范措施做详细介绍。

9.2.1 邮件炸弹防范

1. 邮件炸弹的概念

所谓的电子邮件炸弹，所造成的危害与炸弹是一样的，只不过它所造成的危害是针对电子数据的，它是黑客常用的攻击手段。相对于其他的攻击手段来说，这可谓是一种最简单，最有效的攻击方法。要想有效的预防电子邮件炸弹的攻击，应首先弄清它的实质和特点。

邮件炸弹实质上就是邮件发送者利用伪造的 IP 地址和特殊的电子邮件软件，在很短的时间内将大量地址不详、容量庞大、充满了乱码或骂人话的恶意邮件连续不断地邮寄给同一个收信人，由于每个人的邮件信箱都是有限的，而收件箱在这些数以千万计的大容量的信件面前肯定是不堪重负，以至造成邮箱超负荷而崩溃。邮件炸弹也可称之为大容量的邮件垃圾。现在，已经有很多种能自动产生邮件炸弹的软件程序，而且有逐渐蔓延的趋势。QuickFyre、Amail、Kaboom、Emailbomb、Upyous 就是人们常见的几种邮件炸弹。有时人们会把邮件炸弹与邮件 Spaming 混淆，其实这两者实质不尽相同。Spaming 指的是发件者在同一时间内将同一电子邮件寄出给千万个不同的用户（或寄到新闻组），主要是一些公司用来宣传其产品的广告方式，这种方式一般不会对收件人造成太大的伤害。

2. 邮件炸弹的危害

邮件炸弹可以说是目前网络中最流行的一种恶作剧，而用来制作恶作剧的特殊程序也称为 E-mail Bomber。当某人所作所为引起了好事者不满时，好事者就可以通过邮件炸弹来发动进攻。由于网络用户的信箱容量是很有限的，在有限的空间中，如果用户在短时间内收到成千上万封电子邮件，这样用户的邮箱中将没有多余的空间接纳新的邮件，那么新邮件将会被丢失或者被系统退回，这时用户的邮箱已经失去了作用，邮箱崩溃。此时，电子邮件炸弹也就成功的达到了攻击的目的。这种攻击手段不仅仅会干扰用户的电子邮件系统的正常使用，甚至它还能影响到邮件系统所在的服务网络的安全，大量的邮件垃圾连续不断在网络中传输，长时间占用网络通道，大量的占据带宽，消耗网络资源，常常造成网络拥塞，这样会加重服务器的工作强度，使大量的用户邮箱系统不能正常地工作，减缓了处理其他用户的电子邮件的速度，严重时导致整个网络系统全部瘫痪。因此，邮件炸弹危害很大。

3. 邮件炸弹举例

KaBoom 是一种能够自动产生电子邮件炸弹的典型软件程序，用户可以不间断发信，还可以自己增加新的功能，并且可以为所攻击的人订阅一些信量很大的邮件讨论组，由于常用的匿名邮件服务器的地址列表也做在了程序里，邮件讨论组会自动地向指定的地址发送电子邮件，还多了一些很搞笑的音效。启动 KaBoom 后会出现一个小视窗，上面有 3 个按钮：Mailbomber，Mailing Lists，Close，实现 3 种功能。

（1）MailBomber（发送邮件炸弹）

这个按钮就是 KaBoom 的主要功能所在。单击此按钮，打开邮件炸弹设置页面。具体设置内容为：

To:为收件人的地址

From：发件人地址，一般为匿名或冒充别人的名字

Server：选择要由哪一个匿名邮件服务器发信

Subject：信件标题

Message Body：信件内容

Number of Messages：要寄几封出去（重复的次数）

Mail Perpetually：一直寄，直到按 Stop 按钮为止

CC：同时还要攻击的地址

Send：开始发送

Finger：探测被攻击目标的活动情况

Open：将档案插入信件中

（2）Mailing Lists （为别人订阅邮件）

Address：邮件组收件人

Name：订阅人名称

Server：指定邮件服务器

Send your condolences:你的问候语

Subscribe：确定要订当前的邮件组

（3）Close（退出）

4. 邮件炸弹的防范和清除

上网时最扫兴的事莫过于遇到邮件炸弹了。如果某一天收邮件的时候发现邮箱里面有上万封信，这就是邮箱被邮件炸弹炸掉了。如果邮箱里面恰好又有一些紧急待取的信件，那给被炸者带来的损失就非同小可了。因此有效防范和清除邮件炸弹就成了一项必要的措施。下面是一些对邮件炸弹简单的防范和清除方法。

（1）不要"惹事生非"

在聊天室同人聊天，在论坛上与人争鸣，都要注意言辞不可过激，更不能进行人身攻击，避免引来好事者的攻击。还有很重要的一点，不要将自己的邮箱地址到处传播，特别是申请上网账号时 ISP 送的收费电子信箱，以保证自己的邮箱安全。

（2）向 ISP 求援

一旦信箱被轰炸了，自己也没有好的办法来对付它，这时应该向你上网的 ISP 服务商求援，请求他们采取办法帮你清除 E-mail Bomb。

（3）设置邮件过滤

最有效的防范措施是在邮件软件中安装一个过滤器。用邮件程序的 Email–notify 功能来过滤信件，它不会把信件直接从主机上下载下来，只会把所有信件的头部信息（Headers）送过来，它包含了信件的发送者、信件的主题等信息，用 View 功能检查头部信息，看到有来历可疑的信件，可直接下指令把它从主机 Server 端直接删除掉，不让它进入你的邮件系统。但这种做法有时会误

删除一些有用的邮件。如果担心有人恶意破坏你的信箱，给你发来一个杀伤力极大的炸弹，你可以在邮件软件中启用过滤功能，把你的邮件服务器设置为：超过你信箱容量的大邮件时，自动进行删除。万一误用一般的邮件程序抓到 Mail bomb，看到在没完没了的下载的时候，强迫关闭程序，重新运行程序，连回邮件服务器，用 Email – notify 把它删除掉。

（4）拒收某个用户的信件

如果有个固定用户经常发邮件炸弹攻击邮箱，这时可以设置拒收某个用户的信件。这种方法可使在收到某个特定用户的信件后，自动把信退回，相当于查无此人。

（5）使用"自动转信"功能

有些邮件服务器为了提高服务质量往往设有"自动转信"功能，利用该功能可以在一定程度上解决特大容量邮件的攻击。假设你申请了一个转信信箱，利用该信箱的转信功能和过滤功能，可以将那些不愿意看到的邮件统统过滤并删除掉。在邮件服务器中，可以将垃圾邮件转移到自己其他免费的信箱中，避免此邮箱受到攻击。

（6）谨慎使用"自动回信"功能

"自动回信"功能就是指对方给你的这个信箱发来一封信而你没有及时收取的话，邮件系统会按照你事先的设定自动给发信人回复一封确认信件。这个功能本来给大家带来了方便，但也有可能制造成邮件炸弹！试想一下，如果给你发信的人使用的邮件账号系统也开启了自动回信功能，那么当你收到他发来的信而没有及时收取时，你的系统就会给他自动发送一封确认信。恰巧他在这段时间也没有及时收取信件，那么他的系统又会自动给你发送一封确认信件。如此一来，这种自动发送的确认信便会在你们双方的系统中不断重复发送，直到把你们双方的信箱都撑爆为止！

（7）使用专用防范工具

如果邮箱已经被邮件炸弹攻击了，而且还想继续使用这个信箱名的话，可以用一些邮件工具软件如 PoP-It 来清除这些垃圾信息。这些清除软件可以登录到邮件服务器上，使用其中的命令来删除不需要的邮件，保留有用的信件。

9.2.2 邮件欺骗防范

1. 邮件欺骗的概念

电子邮件欺骗也是黑客常用的攻击手段之一。电子邮件欺骗常见的情况是攻击者佯称自己是系统管理员（邮件地址和系统管理员完全相同），给用户发送邮件要求用户修改口令（口令很可能是指定的字符串）或在貌似正常的附件中加载病毒或其他木马程序，比如，发送给用户一个虚假的防火墙升级程序等。

目前，利用电子信息技术进行欺诈与盗取的现象日趋增加，电子邮件的假冒和欺骗是一个很大的安全隐患，其形式多种多样。其实，电子邮件欺骗已经超出了技术的范畴，他只是利用了人们薄弱的安全意识行骗，而不是利用技术上的漏洞进行攻击。

2. 邮件欺骗的分类

若要将邮件欺骗的常用的骗术分类，大概有以下两种。

（1）佯称自己是系统管理员进行欺骗

在电子邮件中，发件人声称该邮件是来自邮件系统管理员的，因邮件系统遇到什么样的问题或许要做怎样的调整要求用户修改口令（口令通常为指定的字符串），并威胁如果不服从则要对用户采取某种措施。因此，用户应对此类的邮件提高警惕，一旦收到此类邮件，应发邮件询问或采用某一种验证方式来进行验证。

（2）佯称自己是某一授权人进行欺骗

电子邮件声称来自某一授权人，要求用户发送口令文件或其他重要敏感信息的拷贝。目前使用的 SMTP（简单邮件传输协议）极其缺乏验证功能，假冒电子邮件进行电子邮件欺骗是不难的。可以使用假冒的发信人邮件地址，而服务器并不对发信人身份的合法性做任何检查。如果站点允许和 SMTP 端口连接，任何人都可以连接到端口，并发一些假冒用户或虚构用户的邮件。这时候，在邮件中就很难找到与发信人有关的真实信息。唯一可以追查的，只能是检查系统的日志文件，找出这封邮件是从哪台主机发出的，然后，再检查发信的那台主机，看看那段时间有什么用户在使用。但这样也很难找出伪造者。一个用户也可以通过修改其 Web 浏览器来发送假冒的电子邮件。

3. 邮件欺骗举例

进行邮件欺骗的网络骗子其高明之处并不在于他们的计算机技术有多么的高超，或许根本不配称之为黑客，可是他们的骗术却也实在是比大部分的黑客高明。下面来看一个案例：

美国在线就曾经遭到过一次网络欺骗。该欺骗涉及让他的用户公布其信用卡的数据和相关信息。一些 AOL 用户收到一条信息，告知他们用户卡出现毛病。该欺骗进一步引导 AOL 成员拜访 AOL Hometown 服务，要求提供个人信用卡信息，以升级用户记录。AOL 发言人 Rich D'Amato 说，AOL 从未要求过消费者提供账号或是信用卡等个人信息数据，并曾经屡次警告用户不要对此类问题做出答复。AOL 有很多名用户都受到了欺骗。据报道，AOL 已遭受多次网络骗子和黑客的攻击，一些人成功地盗取了一些不知情用户或是公司职员的信用卡信息。类似的骗局不仅在国外频频出现，在国内也是屡见不鲜。

4. 邮件欺骗的防范

不难看出，邮件欺骗并不是利用计算机技术上的漏洞攻击，所以，要想杜绝以后的类似仿冒信件，保证邮件的绝对安全，几乎是不可能的。要防范此类的欺骗情况，用户所能做到的就是提高警惕，增强防范意识，遇到此类危险邮件时一定要先证实其真实性，再考虑需不需要对其做出回答。必要时还可以与邮箱所在网络的运营商联系。并且对于重要信息的透漏，一定要三思而后行，避免不必要的损失。

9.2.3 匿名转发防范

1. 匿名转发的概念及危害

在通常的情况下，我们发送电子邮件会将发送者的名字和邮件地址包括进邮件的附加信息中，这样收件人会明白信件是何人所发。但是，有时候发送者希望将邮件发送出去而不希望收件者知道是谁发的，此时便隐藏自己的真实地址而使用另一名称发邮件给收件人。用这种方法发送的邮件被称为匿名邮件。

实现匿名的一种最简单的发法是，简单地改变电子邮件软件里的发送者的名字。但这是一种表面现象，因为通过信息表头中的其他信息，仍能够跟踪发送者。而让发件人的地址完全不出现在邮件中的唯一的方法是将要发送的信件先发送给其他人，再让其他人来发送这个邮件给收件人，那么邮件中的发信地址就变成了转发者的地址了。通过这种转发来发送邮件的方法便称为匿名转发。现在因特网上有大量的匿名转发者（或称为匿名服务器），发送者将邮件发送给匿名转发者，并告诉这个邮件希望发送给谁。该匿名转发者删去所有的返回地址信息，再邮发给真正的收件者，并将自己的地址作为返回地址插入邮件中。

有人认为，使用匿名转发的动机是可疑的，发送的可能是非法的、恐怖的、不健康的信息。实际上并不尽然。匿名转发有一些重要的合法使用，例如是一些胆怯的人可以参加某种心理方面的讨论组，可以就一些难以启齿的问题向专家咨询。从安全的角度考虑，匿名转发也是会有用的。例如，发送敏感信息，隐藏发送者的信息可以使窥窃者不知道这一信息是否有用。这样就从某种程度上保证了隐秘文件的安全性。

2. 匿名转发的防范

如果匿名转发的邮件内容是一些非法的、恐怖的、不健康的信息，那么我们就需要对这些匿名转发的邮件进行防范了。如果收到得匿名转发的信件常用的是一个地址，如 8888@8888.8888，则可以利用防止垃圾邮件的相关办法来防范匿名邮件。垃圾邮件的防范将在 9.2.5 节中做详细介绍。

9.2.4　邮件病毒防范

1. 邮件病毒的危害

据一项由国际计算机安全协会（ICSA）所公布的病毒传播趋势报告中的数据显示，电子邮件已经跃升为计算机病毒最主要的传播媒介，感染率一直保持上升趋势。近年来，邮件病毒的传播途径有了一些新的变化。以往很多邮件大多数都是以附件的方式携带病毒，然而现在这种方式已经很难欺骗到用户。大多数人都意识到直接点击邮件附件是一种很不安全的行为。近几年，邮件病毒会利用当前的热点事件或者用户生活中息息相关的公共服务事件进行传播，这是邮件病毒传播的一个新的趋势。试想如果收到一份关于维基解密事件的邮件，或者是一封关于水费、电话费缴纳失败相关的邮件，邮件接收者很可能去点击其中的链接。一旦用户不小心点击了链接，就会定位到相关的恶意网址，从而造成用户数据的损坏及丢失。

2. 邮件病毒的防范

为了减少邮件病毒带来的危害，最直接有效的工作就是对邮件病毒进行防范；而为了把防范工作做好，用户需要了解一些基本的防范知识，可以描述如下。

① 不要打开或运行来历不明的邮件或附件。

互联网上很多流行病毒的主要传播方式就是电子邮件，如"尼姆达"等。这些病毒邮件通常都会以带有很具诱惑力的标题来吸引你打开其附件，如果抵挡不住它的诱惑，而下载或运行了它的附件，那么接下来你的计算机很可能就感染了病毒！所以，对于来历不明的邮件应该将它拒之门外，以免遭受病毒的攻击。

② 选择具有"远程邮箱管理"的 E-mail 客户端软件。

远程邮箱管理，是在你收取邮件之前，直接对服务器的邮件进行操作。比如对于一些讨厌的"垃圾邮件"或是来历不明的邮件，直接在服务器就删掉它。如果怀疑电子邮件带有病毒，在收取之前就删掉它，以免下载后将病毒感染到计算机上。

③ 选择并安装一种自己熟悉的杀毒软件，保持最新的病毒库。

这里要求这款杀毒软件必须具备邮件监控功能。打开计算机实时监控系统，并对收到的邮件进行随时检查，也对防范病毒入侵起着一定的作用。

④ 系统管理员定期对网络内的电子邮件系统、共享存储区域、用户分区进行病毒扫描，发现异常情况应及时处理，不使其扩散。

⑤ 警惕特殊扩展名的邮件附件。

一般来说，邮件附件最容易带来病毒，可能内含病毒的附件名称分别有".PIF"、".LNK"、".BAT"、".EXE"或".COM" 5 种中的任何一种，而更具有危险的就是双扩展名，即邮件中附件的文件名可能是两个后缀，如"ABC.doc.pif"，极有可能就是病毒了。这种邮件一般没有内容或标题，只有附件，对付它的办法就是直接删除。

⑥ 不随意打开任何来历不明的邮件，不要被邮件标题所迷惑。

⑦ 检查邮件正文，是否携带不明链接。

9.2.5　垃圾邮件防范

1. 垃圾邮件的概念

我们的邮箱中会经常出现一些奇怪的邮件，有的是广告，有的是一些看不懂的文字或者乱码，有的是一些不认识的人发的邮件，还有很多是一些英文邮件，可能还有病毒。这个就是经常谈到的垃圾邮件。垃圾邮件就是指与内容无关的，而且收件人并没有明确要求接收该邮件的、发送给多个收件人的信件或张贴物。垃圾邮件的常见内容包括赚钱信息、成人广告、商业或个人网站广告、电子杂志、连环信等。垃圾邮件一般可以分为良性和恶性两种，良性垃圾邮件是指各种宣传广告等对收件人影响不大的信息邮件；恶性垃圾邮件是指邮件炸弹或附带有病毒的具有破坏性的电子邮件。

2. 垃圾邮件的危害

垃圾邮件已经成为日益严重的社会问题，其危害带来的后果体现在以下 3 个方面。

① 垃圾邮件严重影响用户的工作与生活。随着用户使用邮箱时间的增长，垃圾邮件会越来越多，用户每天将要花费大量的时间来判断垃圾邮件并对其进行处理，而且垃圾邮件还会大量吞食用户宝贵的邮箱空间，如果用户不及时清理邮箱则会造成正常信件无法正常收到，使用户遭受损失。

② 严重影响网络的正常运行。对于公司和网络服务商来讲，邮件服务器是最繁忙的服务器之一，每天都要处理海量的邮件发送与接收请求，因此网络资源非常重要，而垃圾邮件会占用网络的大量带宽，严重影响工作效率，甚至还会造成网络阻塞以及使服务器瘫痪等后果，严重影响网络的正常运行。它的出现使得全球网络中 40%的流量都在被它占用，每一秒钟世界都在因它而流失着大量的财富。

③ 垃圾邮件携带病毒感染网络。一些网络病毒往往会利用邮件技术将自己伪装成一个正常的、颇具诱惑力的邮件，然后自动发送给网络上的所有用户，如果病毒邮件不小心被用户点击的话，病毒便会运行而感染网络。这样不但造成了网络的沉重负担和用户的烦恼，严重时还会造成病毒运行、泛滥致使系统崩溃等后果。

3. 垃圾邮件的防范和清除

对于垃圾邮件，目前还没有很好的彻底根除的方法。通过以下方法，可以有效减少垃圾邮件对用户造成的影响：

（1）保护好邮箱地址

不要在 BBS、论坛、新闻组等网络公开场合留下自己真实的 E-mail 地址；不要轻易把自己的邮箱地址泄露给他人。如果你非得留下 E-mail 和别人交流，那么就留下你的免费 E-mail 地址。

（2）尽量避免使用邮箱的"自动回复"功能

虽然邮件服务提供商给我们提供了很方便的"自动回复"的功能，但鉴于垃圾邮件问题的日益严重，应该将该项功能关闭。因为许多垃圾邮件程序都利用了这一功能，在无目的群发过程中，会有目的地搜索收集自动回复邮件的有效地址，然后建立用户列表，以便进一步骚扰用户。

（3）不要回复来历不明的邮件

对一些来历不明的邮件要采取置之不理的态度，不要被信中的花言巧语所迷惑而发送回复信件。错误的回复行为只会使垃圾邮件发送者确定你的邮件地址是真实的，从此你的信箱中会源源不断地涌来垃圾信件。

（4）不要订阅一些不了解的网站邮件列表

很多网站为了扩大知名度，都提供了邮件列表功能，用户如果订阅了邮件列表，该网站就会定期给用户发送网站杂志。本来是一个很好的功能，但一些别有用心的网站会在邮件列表上做手脚，一旦用户注册了该网站的邮件列表，用户就会不时地收到无用的垃圾邮件或病毒邮件，因此应尽量避免订阅一些不太了解网站的邮件列表。

（5）邮箱地址"变脸"

为了对付网上大量的 E-mail 地址"自动收集机"，我们可以把邮箱地址"乔装改扮"一番再填写。例如，可以把××××××@sina.com 写成纯中文方式的××××××@sina.com 或者把"@"改写为"AT"，把"."号改写为英文"DOT"，地址自动收集机就识别不出这是个 E-mail 地址，而网友则可识别出你的正确邮箱。

（6）完善邮箱账号

垃圾邮件发送者常使用"字典档案"这样的工具，里面罗列了大量的英文姓名，利用这个工具可以自动寄发大量广告邮件。因此，在申请邮箱账号的时候，尽量不要使用纯英文的名字，可以使用英文字母和数字相混合的方法，从而躲避大量的广告垃圾邮件。

（7）使用专业的工具

使用专业的工具软件无疑是一个经济的选择。我们可以使用杀毒软件的邮件监控功能过滤掉含有病毒的垃圾邮件，使用专业的垃圾邮件清除软件来清理一些有商业目的的垃圾邮件。

目前经常采用的垃圾邮件的防治技术主要是"内容过滤"技术，通过对邮件内容进行关键字过滤和对发信地址进行正确性分析来分辨是否为垃圾邮件。但随着垃圾邮件程序的发展，垃圾邮件程序往往会将真实的发信地址隐藏起来而用一个正常的发信地址代替，标题也会利用社会工程学的技术尽量避开敏感字眼，使得采用"内容过滤"技术的反垃圾邮件软件无法真正过滤垃圾邮件。为了对付新型垃圾邮件，于是又出现了"智能过滤"的反垃圾邮件技术。该技术采用启发式的学习方法，使垃圾邮件过滤系统可以自动学会并适应垃圾邮件的变化手段，并进行智能过滤。这一技术将会是目前乃至将来一段时间内主流的方法。我们同垃圾邮件的斗争将会是一个漫长的过程，但有一点是可以肯定的，就是人类既然能够制造垃圾邮件，也一定能找到消灭垃圾邮件的最终办法。

9.3　安全电子邮件系统

因特网电子邮件系统包含两个部分：电子邮件服务器、客户端电子邮件收发系统（如 Foxmail、Outlook 等）。对于传统的邮政系统，国家可以制定相关法律来保证被传递信件的安全性，保证其内容不受侵犯。但对于电子邮件系统，从技术角度来讲，没有任何方法能够得知你的邮件在传输过程中将会经过哪些路由器，经过这些路由器时会发生什么，也就无从知道电子邮件在传输过程中会怎样，发送出去后在哪些地方有可能被攻击者截获。这就是说，没有任何办法可以阻止攻击者截获其需要的在公共网络上传输的数据包。因此，电子邮件系统安全性取决于邮件传输网络的安全，邮件服务器的安全以及客户端邮件收发系统的安全。

9.3.1　安全邮件系统模型

安全的电子邮件系统模型应该包括客户端电子邮件收发系统安全和电子邮件服务器安全。

1. 客户端电子邮件收发系统安全

在邮件接收系统中，应做到用户发出或是收到的信件至少在网上是加密传输的，才能保证邮件的安全性。也就是说，在邮件上网传输之前，其内容及附件就应该是密文了。由于他人可以轻易地使用冒用的电子邮件地址发送电子邮件，伪造身份从事网上活动，甚至抵赖曾经发过的邮件，所以邮件的安全性还包括对发件人身份验证等内容，让用户能够判断信件的真实来源与去处，这可以通过对邮件的签名和验证来实现。而这些加密解密以及签名验证的过程都在客户端完成，以保证信息安全。因此，使用安全电子邮件协议构造一封安全的电子邮件，可以保证电子邮件的保密性、完整性和不可否认性。

2. 邮件服务器安全

邮件服务器的优劣与其本身提供服务的能力和安全防护的能力密切相关。邮件服务器必须具有完备的系统支持能力和管理能力，向用户提供性能优良、使用方便的电子邮件服务。这些能力主要表现在 5 个方面：运行能力、通信能力、多服务器支持能力、软件支持能力和系统管理能力。

（1）运行能力

运行能力包括跨平台能力、事务处理能力和负荷均衡能力。

（2）通信能力

通信能力包括连接支持能力、接入控制能力和带宽管理能力。

（3）多服务器支持能力

多服务器支持能力包括两个方面，一是在物理上支持多个服务器协同工作，二是在逻辑上支持多个虚拟服务器，也称为多域邮件服务器。在物理上支持多个服务器协同工作，意味着可以在复杂的网络环境中构建多层次的邮件服务；多域邮件服务是指通过一台物理服务器为多个具有独立域名的机构或部门提供电子邮件服务。从形式上看，这些机构或部门都有自己专用的邮件服务器，从而节省了资源。

（4）软件支持能力

邮件服务器所支持的客户端邮件收发软件主要与服务器所使用的服务协议有关，通常的服务协议应该支持 SMTP/POP3 客户和 IMAP 客户，并且也能支持 Web 浏览器客户。

（5）系统管理能力

系统管理能力包括日志与审计能力和实时监控与性能调整能力。

垃圾邮件的泛滥与网络病毒的肆虐为邮件服务器提出了新的课题，安全电子邮件系统对邮件服务器的安全防护能力已提出了越来越高的要求，并把它作为衡量邮件服务器优劣的首要因素。这些能力包括：

① 身份认证能力：服务器应该支持认证服务，对用户的数字证书（digital certificate）进行验证以确认身份。

② 合法地址设定能力：服务器通常只接受那些来自允许范围内的计算机访问，以防止非授权的访问或攻击。这就需要服务器具有合法地址设定的功能。

③ 反垃圾和邮件过滤能力：要避免垃圾邮件，服务器反垃圾和邮件过滤的能力是必不可少的。

④ 穿越内部保护的能力：所谓内部保护，主要是指利用防火墙、代理服务器或堡垒主机等对内部网络进行保护。在受保护的内部网络中的邮件服务器要能够穿越这些保护与外界通信。

⑤ 系统备份与灾难恢复能力：邮件服务器的工作是不能够间断的，这就需要邮件服务器提供系统备份和灾难恢复功能。当服务器发生故障或意外崩溃时，就需要在第一时间恢复服务器或者提供备份服务器来使得服务不间断。

⑥ 查杀病毒的能力：目前，网络上多种多样的计算机病毒层出不穷，而且不少病毒通过电子邮件传播。邮件服务器要能够对邮件携带的计算机病毒进行查杀。

⑦ 抵制 DoS 攻击的能力：DoS 会造成系统不堪重负而引起系统瘫痪或崩溃。邮件服务器应该提供防范措施来抵制这种攻击。

⑧ 信息加密能力：信息的保密与安全传输是保证电子邮件安全的主要方法。邮件服务器应该能够提供程度不同信息传输加密能力，支持最基本的安全套接层以及各种复杂的信息加密算法。

9.3.2　安全邮件协议

一般情况下，安全电子邮件的发送要经过两个过程，邮件签名和邮件加密。而对于接收邮件的一方，则要经过邮件解密和邮件验证两个过程。对于邮件加密，需要仔细研究采取什么样的算法。邮件加密主要提供邮件的保密性，邮件签名主要提供邮件的完整性和不可抵赖性。

为了解决电子邮件的安全性问题，提出了一系列的安全电子邮件协议，如 PEM（privacy enhancement for internet electronic mail）、PGP（MIME security with pretty good privacy）、S/MIME（secure MIME）、MOSS（MIME object security services）等，通过这些协议和标准，可提供邮件的机密性，完整性以及不可抵赖性等，使电子邮件的安全性得到了充分的保障，从而使在因特网上通过电子邮件传送敏感、重要的信息成为可能。

1. PEM

保密增强邮件（privacy enhancement for Internet electronic mail，PEM）是较早出现的电子邮件加密标准。由于 MIME 标准在当时还不完善，PEM 格式是一个只能够保密文本信息的非常简单的信息格式。PEM 标准确定了一个简单而又严格的全球认证分级。无论是公共的还是私人的，商业的还是其他的，所有的认证中心都是这个分级中的一部分。这种做法存在许多问题，由于根认证是由单一的机构进行的，灵活性较差，并且可能不是所有的组织都信任这个认证机构。PEM 所使用的算法如表 9.1 所示。

表 9.1　PEM 使用的算法

功　　能	算　　法
产生消息摘要	MD2、MD5 算法
加密消息摘要，形成数字签名	RSA 算法
加密会话密钥	RSA 算法
加密报文消息	DES、三重 DES 算法

2. PGP

PGP（pretty good privacy）可以在各种平台上免费运行，并且所采用的算法经过检验和审查后被证实为是非常安全的，由于适用范围广泛，它在机密性和身份验证服务上得到了大量的应用。

（1）安全服务

PGP 提供与消息和文件格式相关的 4 种服务：数字签名、保密性、压缩和基数 64 转换。

① 数字签名。PGP 提供的数字签名服务包括哈希编码或消息摘要的使用，签名算法以及公钥加密算法。它提供了对发送方的身份验证。

② 保密性。PGP 通过使用常规的加密算法，对将要传送的消息或在本地存储的文件进行加密，在 PGP 中每个常规密钥只使用一次，也就是说对于每个消息都会产生随机的 128 位新密钥。会话密钥和消息绑定在一起进行传送，为了保护会话密钥，还要用接收方的公钥对其进行加密。

数字签名和保密性这两种服务可以用在同一消息上，首先对消息生成签名并附在原始消息上。然后是用常规会话密钥对原始消息和签名一起进行加密。最后用公钥加密算法加密会话密钥，并将其附于加密的消息上。

③ 压缩。在默认情况下，PGP 在数字签名服务和保密性服务之间提供压缩服务，首先对消息进行签名，然后进行压缩，最后再对压缩消息加密。

④ 基数 64 转换。为了达到签名、加密及压缩的目的，PGP 使用了称为基数 64 转换的方案。在该方案中，每 3 个二进制数据组被映射为 4 个 ASCII 字符，同时也使用了循环冗余校验来检测传送中的错误，基数 64 转换作为对二进制 PGP 消息的包装，用于在一些非二进制通道，如因特网邮件中保护所传送的二进制数据。

（2）MIME 安全性

它具有良好的安全性和适用性，使得它能够使用符合 MIME 规范的安全内容类型来提供保密性和身份验证服务。

3．S/MIME

安全/多用途因特网邮件扩展（secure/multipurpose Internet mail extension，S/MIME）提供了与 MIME 规模相一致的发送和接收安全数据的方法。在流行的因特网 MIME 标准的基础上，S/MIME 为电子邮件提供了安全性服务：身份验证、信息完整性和不可抵赖性以及数据的保密性。

S/MIME 能够对发送的数据提供加密服务，对接收数据提供解密服务，能用在任何可以传输 MIME 数据的地方，而不仅仅是适用于电子邮件。它具有基于对象的优点，并且允许在复杂的传输系统中进行安全信息交换。此外，S/MIME 还能在无需人工干预的自动消息传输代理中提供安全服务。

（1）安全服务

与 PGP 相似，S/MIME 提供了相关的安全服务：通过数字签名提供了身份验证和不可抵赖性服务，通过数据加密提供了保密性服务，从而来保证 MIME 实体的安全。S/MIME 使用了加密消息语法（CMS）中的一些规范，并分别对发送方和接受方作了相应的要求。

① 数字签名。CMS 中定义了一些内容类型，目前用于数字签名的内容类型为 Signed-Data。发送方代理在对消息进行签名时必须使用这个内容类型。当没有签名消息时，也必须使用该类型来传送证书。

当产生消息摘要时，发送方代理和接收方代理都必须支持 SHA-1 算法。为了兼容以前版本的 S/MIME，接收方代理还应当支持 MD5 算法。当产生数字签名时，发送方代理和接收方代理都必须支持 DSS 算法，并且该算法必须不带任何参数。同样，为了兼容以前版本的 S/MIME，接收方代理和发送方代理都应当支持 RSA 解密，能够使用用户私钥对所发送的信息进行签名。

② 保密性。S/MIME 使用了 CMS 中定义的 Enveloped-Data，内容类型来对消息提供加密保护。使用保密性服务时，对于每一个可能的信息接收者，发送者都要能够获取其公钥。在这个内容类型中，并没有提供身份验证机制。

当对会话密钥进行加密时，发送方代理和接收方代理都必须支持 Diffie-Hellman。接收方代理应当支持 RSA 解密，这样就能够使用私钥解密收到的消息已获取会话密钥。从兼容性考虑，发送方代理也应该支持 RSA 加密。当对消息内容进行加密时，发送方代理和接收方代理都必须支持三重 DES 加解密。接收方代理还应当支持 RC2 加解密，或者其他使用 40 位密钥的兼容算法。

当消息要发送给多个接收方，而这些接收方之间有没有一个统一的适用的加密算法时，发送方代理就不得不发送多于一个的消息。这个时候，要注意由于加密强度不同的同一消息进行传送，弱加密的消息可能被破解，使得消息的安全性降低。

（2）S/MIME 消息

S/MIME 的消息是由 MIME 实体和 CMS 对象组合而成，其中使用了一些 MIME 类型和 CMS 对象。一个很重要的类型为 application/pkcs7-mime，它用来封装加密和签名所使用的 CMS 对象，以保证 MIME 实体的安全性。

首先，要根据 MIME 对需要保护的数据进行规范化。而其他的一些信息，如证书和算法标志符等则用于产生 CMS 对象。最后，CMS 对象也用 MIME 结构进行封装。

S/MIME 通过签名、加密或者两者并用的方式来保证 MIME 实体的安全。MIME 实体可以是部分或者完整的信息，而且消息要根据 MIME 的结构来进行规范化，以免在不同的环境中被修改。对消息进行规范化的 3 个步骤为：第一，根据本地格式准备 MIME 实体消息；第二，将 MIME 实体的每一部分转换为规范的形式；第三，对 MIME 实体的每一部分使用合适的传输代码。

接收到 S/MIME 消息后，对其中的安全内容进行处理，就可以得到封装后的 MIME 实体，然后再由能够处理 MIME 结构的程序作进一步解析，最后得到原始消息。

① 消息加密。值得注意的问题是，在使用 S/MIME 对消息进行加密而没有签名时，此时没有提供消息的完整性验证。在其传输过程中，密文有可能被更改或替换，改变其含义。使用 S/MIME 加密消息的步骤为：首先，根据 MIME 规范准备要加密的 MIME 实体；接着，用 MIME 实体和其他必需的信息产生类型为 Enveloped-Data 的 CMS 对象，为每个接收方产生加密的会话密钥副本，并一起放入该 CMS 对象中；最后，将此 CMS 对象封装在类型为 application/pkcs7-mime 的 MIME 实体中，该类型中 smime-type 参数的值为 enveloped-data，消息文件的扩展名为 ".p7m"。

② 消息签名。为消息签名定义了两种格式：一种是使用 application/pkcs7-mime 类型的 Signed-Data，另外一种是 multipart/signed。发送消息的时候通常使用后一种，但接收方在接受消息的时候应当支持全部两种格式。

对于使用 Signed-Data 格式进行签名的消息，只有接收方具备 S/MIME 的功能时，才能查看并验证消息。如果接收方不支持 S/MIME，那么他就不能够查看原始消息。对于使用 multipart/signed 格式进行签名的消息，无论接收方是否支持 S/MIME，原始消息都能够被查看。这种格式包括两部分：一是用于签名的 MIME 实体，二是数字签名。使用 multipart/signed 类型的必须有两个参数：protocol 和 micalg。其中 protocol 参数的值必须为 application/pkcs7-signature，micalg 参数的值为消息完整性验证中所使用的摘要算法。如果使用了多个摘要算法，那么这些值必须以逗号分隔的形式逐一给出。

③ 加密和签名。用于加密和签名的所有格式都是安全的 MIME 实体，因此加密和签名可以进行嵌套，这就要求 S/MIME 的实现者必须能够处理任意层次嵌套的消息格式。进行嵌套时，可以由实现者和用户选择先签名消息还是先加密消息。如果先进行签名，那么签名就能够得到随后的加密保护。如果先进行加密，那么签名将得不到加密的保护，但是却能够不解密消息而进行验证。后一种情况下，由于验证的时候不涉及私钥，在自动验证签名的机制中十分有用。

从安全方面考虑，对于先签名而后加密的消息，接受者能够确认原始消息是否被修改过，但却不能保证加密消息块不被修改。由于先加密后签名的消息对于接收者而言能够验证加密块是否被修改，但是不能确定原始消息是否由签名者所发。

④ 纯证书消息。纯证书消息用于传输证书以及证书撤销列表（CRL），例如在收到注册请求时发出证书。具体步骤为：首先，用需要传送的证书产生类型为 Signed-Data 的 CMS 对象，该对象中不包含涉及消息内容的部分，而且涉及签名的部分为空；接着，将此 CMS 对象封装在 application/pkcs7-mime 的 MIME 实体中，该类型中 smime-type 参数的值为 certs-only，消息文件的扩展名为 ".p7c"。

⑤ 注册请求。对消息进行签名的发送方代理必须拥有证书，这样接收方代理才能够验证签名。获得证书的方法有很多，比如通过物理存储介质获得证书或访问认证中心（CA）以获取证书。

4. MOSS

MIME 对象安全服务（MIME object security services，MOSS）在应用层的发送方和接收方之间提供端到端的安全服务，其中使用非对称加密来提供数字签名和密钥管理服务，使用对称加密来提供保密性服务。

（1）安全服务

和 S/MIME 一样，MOSS 也提供了对 MIME 实体的数字签名、数据加密以及两种嵌套的服务。要使用 MOSS 提供的服务，用户至少需要一对密钥（公钥和私钥）。公钥提供给与之通信的对方，而私钥必须由用户私密保存。发送方的私钥用于对 MIME 实体进行签名，这样接收方就能够使用发送方的公钥来验证签名。接收方的公钥用于对会话密钥进行加密，这样接收方就能够使用相应的私钥来解密会话密钥，从而进一步得到原始 MIME 实体。

① 数字签名。产生 MOSS 的数字签名需要用到签名的数据和发送方的私钥。用发送方的私钥对原始数据的摘要值进行加密就得到了数字签名，然后与其他一些控制信息一起封装起来，在对这个封装的实体进行加密。

验证数字签名时用发送方的公钥解密数字签名，将得到的摘要值与原始数据重新计算所得的摘要值相比较。如果两者相同，则签名有效，否则签名无效。

② 保密性。对数据进行加密时需要提供加密的数据、对数据进行加密的会话密钥以及接收方的公钥。发送方产生会话密钥并对数据进行加密，接着用接收方的公钥加密会话密钥，然后将加密的数据、加密的会话密钥、以及一些其他的控制信息封装在 multipart/encrypted 的实体中，最后对这个实体进行传送或者进一步的签名。

在对加密的数据进行解密时用接收方的私钥对 multipart/encrypted 实体中封装的会话密钥进行解密，然后该会话密钥对加密数据进行解密，得到原始数据。

（2）MOSS 消息

MOSS 主要提供了签名的消息和加密的消息，分别使用了 application/moss-signature 类型和 application/moss-keys 类型来封装 MIME 实体以保证其安全性。

① 签名消息。使用 MOSS 进行消息签名的步骤：首先，根据 MIME 规范准备要签名的实体；接着，产生控制信息，包括数字签名和其他信息；其次，将包含数字签名的控制信息封装在 application/moss-signature 类型中；最后，把封装后的实体和原始数据实体封装在 multipart/signed 类型中，其中第一部分为原始数据实体，第二部分为封装后的 application/moss-signature 实体。multipart/signed 类型必须带有 protocol 参数，其值为 "application/moss-signature"。此外，micalg 参数的值应该与封装的 application/moss-signature 实体中 MIC-Info 的值相同。

验证数字签名的步骤：首先，将签了名的数据和包含数字签名的控制信息从封装的 multipart/signed 实体中分离出来；其次，使用发送方的公钥对包含在控制信息里的数字签名进行解密，得到一个摘要值，再对签名的数据进行计算得到一个新的摘要值，并且将两个摘要值进行比较，验证其数字签名的真实性；最后将验证结果和数据提供给用户。

② 加密消息。使用 MOSS 加密消息的步骤：首先，根据 MIME 规范准备要签名的实体；其次，生成控制信息，包括用于加密数据的会话密钥和其他信息，其中会话密钥使用接收方的公钥进行加密；再次，将包含加密会话密钥的控制信息封装在 application/mosskey 类型中；最后，用会话密钥加密 MIME 实体并封装在 application/octet-stream 类型中，然后再把它和封装后application/mosskey 实体一起封装在 multipart/encrypted 类型中，其中第一部分为封装后的application/mosskey 实体，第二部分为封装后的 application/octet-stream 实体。multipart/encrypted类型必须带有 protocol 参数，其值为"application/mosskey"。

解密信息的步骤如下：首先，将加密的数据和包含会话密钥的控制信息从封装的multipart/signed 实体中分离出来，并解码加密的数据；接着，使用接收方的私钥对包含在控制信息里的加密密钥进行解密，得到会话密钥；然后，使用该会话密钥对加密的数据进行解密，得到原始的 MIME 数据；最后，将结果提供给用户。

③ 密钥管理。MOSS 中提供了两种类型来进行密钥管理：一种是密钥请求类型application/mosskey-request，另一种是密钥传送类型 application/mosskey-data。相比其他类型而言，这两种类型相对独立。它们不仅可以用来进行密钥（公钥和私钥）的交换，还可以用来传送证书以及证书撤销列表。

9.3.3 常用安全邮件系统

以下介绍两个常用且著名的安全电子邮件系统。

1. PGP 安全电子邮件系统

PGP 不仅是目前最流行的公钥加密软件包，也是一个常用的安全电子邮件系统。PGP 是于 1995年由 Zimmermann 提出的，是一个完整的电子邮件安全软件包。PGP 并没有使用什么新的概念，它只是将现有的一些算法（如 MD5、RSA，以及 IDEA 等）综合在一起而已，包括加密、鉴别、电子签名和压缩等技术。由于包括原程序的整个软件包可以从因特网上免费下载[W-PGP]，因此 PGP 在MS-DOS/Windows 以及 UNIX 等平台上得到了广泛的应用。但 PGP 并不是因特网的正式标准。

图 9.2 所示为 PGP 的工作原理。用户 A 向用户 B 发送一个电子邮件明文 P，用 PGP 进行加密。假定 A 和 B 都有 RAS 的秘密密钥 D_X 和公开密钥 E_X，都有对方的公开密钥。明文 P 先经过MD5 运算，再用 RSA 的秘密密钥 DA 对报文摘要 MD5 进行加密，得出 H。明文 P 和 RSA 的输出 H 拼接在一起，成为另一个报文 P1。经 ZIP 程序压缩后，得出 P1.Z。

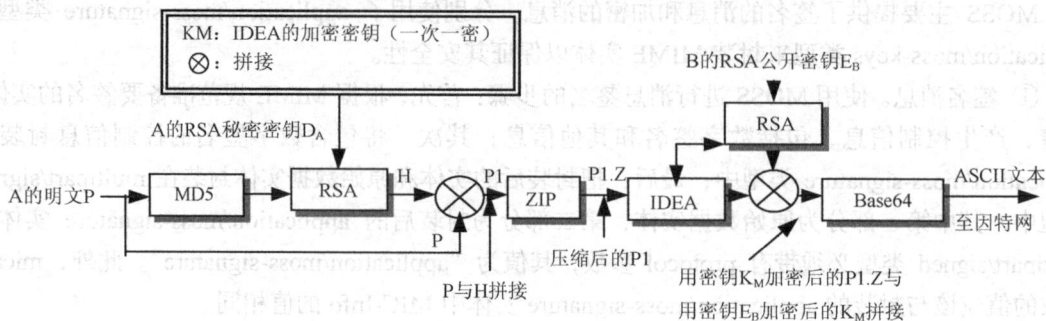

图 9.2 PGP 的加密过程

下一步是对 P1.Z 进行 IDEA 加密，使用的是一次一密的加密密钥，即 128bit 的 K_M。此外，密钥 K_M 在经过 RSA 加密，其密钥是 B 的公开密钥 D_B。加密后的 KM 与加密后的 P1.Z 拼接在一起，用 base64 进行编码，然后得出 ASCII 的文本（只包含 52 字母、10 个数字和 3 个符号+, /, =）发送到因特网上。用户收到加密的邮件后，先进行 base64 解码，并用其 RSA 秘密密钥解出 IDEA 的密钥。用此密钥恢复出 P1.Z。对 P1.Z 进行解压缩后，还原出 P1。B 接着分开明文 P 和加了密的 MD5，并用 A 的公开密钥解出 MD5。若与 B 自己算出的 MD5 一致，则可认为 P 是从 A 发来的邮件。从图 9.2 可看出，在两个地方使用了 RSA：对 128bit 的 MD5 加密和对 128bit 的 IDEA 密钥加密。虽然 RSA 的运算很慢，但这里只对数量不大的 256bit 进行加密。

PGP 支持 3 种 RSA 密钥长度：384bit（偶尔使用），512bit（商业用）和 1024bit（军用）。因此，PGP 很难被攻破，根据计算，仅破译其中的 RSA 部分（密钥为 1024bit 长，使用 1000MIPS 的计算机）就需要 3 亿年[W-PGP2]。因此在目前可以认为 PGP 是足够安全的。PGP 的报文格式如图 9.3 所示。可以看出，PGP 报文由 3 个部分组成，即报文的 IDEA 密钥部分、签字部分和报文部分。密钥部分不仅是密钥，而且还有密钥的标识符，因为用户可能拥有多个公开密钥。

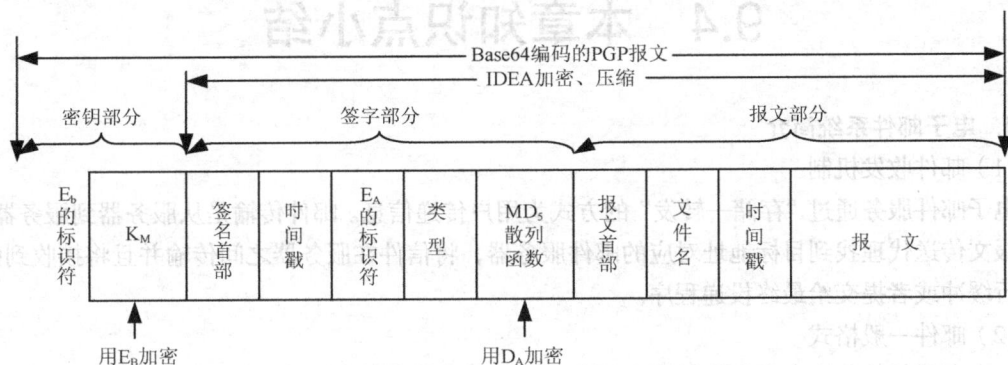

图 9.3　PGP 的报文格式

签字部分从一个首部开始，接下去是一个时间戳，然后是发信人的公开密钥（用于对 MD5 签名），再后面的类型标识所使用得加密算法。报文部分也包括一个首部。文件名是当收件人将信件存盘时使用的默认文件名。在时间戳后面才是报文本身。

密钥管理是 PGP 系统的一个关键。每个用户在其所在地要维持两个数据结构：秘密密钥环（private key ring）和公开密钥环（public key ring）。秘密密钥环包括一个或几个用户自己的秘密密钥-公开密钥对。这样做是为了使用户可经常更换自己的密钥。每对密钥有对应的标识符。发信人将此标识符通知收信人，使收信人知道应该用哪一个公开密钥进行解密。公开密钥环包括用户的一些经常通信对象的公开密钥。

2. PEM 安全电子邮件系统

PEM（privacy enhanced mail）是因特网的邮件加密建议标准，由 4 个 RFC 文档来描述。

① RFC1421：报文加密与鉴别过程。

② RFC1422：基于证书的密钥管理。

③ RFC1423：PEM 的算法、工作方式和标识符。

④ RFC1424：密钥证书和相关的服务。

RFC 的功能和 PGP 的差不多，都是对基于[RFC 822]的电子邮件进行加密和鉴别。

报文在使用 PEM 之前先要用经过规范形式的处理（即对空格、制表符、回车、换行等的处理）。接着使用 MD5 得出报文摘要，与报文拼接在一起后，用 DES 加密。加密后的报文可再用 base64 编码，然后发送给收信人。

和 PGP 相似，每个报文都是使用一次一密的方法进行加密，并且密钥也是放在保文中一起在网络上传送。当然对密钥还必须加密。可以使用 RSA 或三重 DES。实际上大多数人愿意使用 RSA。

PEM 有比 PGP 更加完善的密钥管理机制。由认证中心（certificate authority）发布证书，上面有用户姓名、公开密钥以及密钥的使用期限。每个证书有一个唯一的序号。证书还包括用证书管理机构的秘密密钥签了名的 MD5 散列函数。这种证书与 ITU-TX.509 关于公开密钥证书的建议书以及 X.400 的名字体系相符合。

PGP 也有类似的密钥管理机制（但 PGP 没有使用 X.509）。问题是：用户是否信任这种证书管理机构？PEM 对这个问题解决得较好，它用的方法是设立一些政策认证管理机构（policy certification authority，PCA）来证明这些证书，然后由因特网政策登记管理机构（Internet policy registration authority，IPRA）对这些 PCA 进行认证。

9.4　本章知识点小结

1. 电子邮件系统简介

（1）邮件收发机制

电子邮件服务通过"存储—转发"的方式为用户传递信息。邮件传输是从服务器到服务器的，通过报文传送代理找到目标地址对应的邮件服务器，将信件在服务器之间传输并且将接收到的邮件进行缓冲或者提交给最终投递程序。

（2）邮件一般格式

一个电子邮件分为内容和信封两大部分。邮件的内容是由用户自己填写的，其中内容又分为首部和主体，邮件系统会从用户所填写的首部信息中自动提取所需信息，写到信封上构成邮件的另一部分——信封。

（3）简单邮件传输协议

SMTP 对客户发送的每个命令都返回一个应答。是始发点到终结点之间单一的、直接的连接，不使用中间任何邮件服务器。不管收发服务器之间间隔多远，TCP 连接总是在发送端和接收端这两个邮件服务器之间直接建立。当邮件传输完成后再释放连接。

2. 电子邮件系统安全防范

（1）邮件炸弹防范

邮件炸弹实质上就是邮件发送者利用伪造的 IP 地址和特殊的电子邮件软件，在很短的时间内将大量地址不详、容量庞大、充满了乱码或骂人话的恶意邮件连续不断地邮寄给同一个空间有限的电子邮箱，导致邮箱超负荷而崩溃。要防范邮件炸弹也就是要防止接收超容量的邮件，防止接收来自不明地址或者特殊地址的邮件。

（2）邮件欺骗防范

电子邮件欺骗是发信人佯称自己是系统管理员或其他特殊身份给用户发送邮件要求用户修改口令或在貌似正常的附件中加载病毒或其他木马程序，邮件欺骗并不是利用计算机技术上的漏洞进行攻击的。要防范此类的欺骗情况，用户所能做到的就是提高警惕，增强防范意识，遇到危险邮件时一定要先证实其真实性，再做出回答。必要时还可以与邮箱所在网络的运营商联系。

（3）匿名转发防范

发送者希望将邮件发送出去而不希望收件者知道是谁发的。这种发送邮件的方法被称为匿名邮件。对于匿名转发的防范，用户只需提高邮件接收系统的安全性，对来历不明，不认识的邮件地址发来的邮件不进行接收即可。

（4）邮件病毒防范

电子邮件是传播病毒最直接的一条途径，要防止邮件病毒就必须拒绝有毒邮件的进入。不要打开或运行来历不明的邮件或附件，以免遭受邮件病毒的侵害，并且选择安装一种自己熟悉的杀毒软件，保持最新的病毒库，系统管理员定期对网络内的电子邮件系统、共享存储区域、用户分区进行病毒扫描，发现异常情况应及时处理，不使其扩散。警惕特殊扩展名的邮件附件。

（5）垃圾邮件防范

垃圾邮件就是指与内容无关，而且收件人并没有明确要求接受该邮件的、发送给多个收件人的信件或张贴物。垃圾邮件可以分为良性和恶性的。要防范垃圾邮件首先保护好邮箱地址，尽量避免使用邮箱的"自动回复"功能，不要回复来历不明的邮件，不要订阅一些不太了解的网站邮件列表，最好使用专业的工具防止垃圾邮件的接收。

3．安全电子邮件系统

（1）安全邮件系统模型

安全的电子邮件系统模型应该包括客户端电子邮件收发系统安全和电子邮件服务器安全。在邮件接收系统中，应做到用户发出或是收到的信件至少在网上是加密传输的，对发件人身份验证让用户能够判断信件的真实来源与去处，才能保证邮件的安全性，这可以通过对邮件的签名和验证来实现。邮件服务器的优劣与其本身提供服务的能力和安全防护的能力密切相关。邮件服务器必须具有完备的系统支持能力和管理能力，向用户提供性能优良、使用方便的电子邮件服务。这些能力主要表现在五个方面：运行能力、通信能力、多服务器支持能力、软件支持能力和系统管理能力。

（2）安全邮件协议

安全电子邮件的发送要经过两个过程，邮件加密和邮件签名。而对于接收邮件的一方，则要经过邮件解密和邮件验证两个过程。对于邮件加密，采取什么样的加密算法很重要，对于邮件签名，是否放在邮件加密之前能够直接关系到邮件的安全性问题。邮件加密主要提供邮件的保密性，邮件签名主要提供邮件的完整性和不可抵赖性。

为了解决电子邮件的安全性问题，提出了一系列的安全电子邮件协议，本章主要介绍了很多著名的安全邮件协议，如 PEM、PGP、S/MIME、MOSS。通过这些协议和标准，可提供邮件的机密性、完整性以及不可抵赖性，使电子邮件的安全性得到了充分的保障，从而使在因特网上通过电子邮件传送敏感、重要的信息成为可能。

（3）常用安全邮件系统

PGP 和 PEM 是其中两个最常用最著名的安全邮件系统。PGP 是于 1995 年 Zimmermann 开发出来的，它不仅是目前最流行的公钥加密软件包，也是一个常用的安全电子邮件系统。PGP 并没有使用什么新的概念，它只是将现有的一些算法（如 MD5、RSA，以及 IDEA 等）及加密、鉴别、电子签名和压缩等技术综合在一起而已。PEM（privacy enhanced mail）是因特网的邮件加密建议标准。与 PGP 相似，每个报文都是使用一次一密的方法进行加密。PEM 有比 PGP 更加完善的密钥管理机制，也有类似于 PGP 的密钥管理机制（但 PGP 没有使用 X.509）。

习　题

1. 试述电子邮件收发机制的工作模式和邮件的格式。
2. 简述电子邮件的发送和接收过程。
3. 什么是简单邮件传输协议？简述其特点及协议内容。
4. SMTP 通信怎样建立连接？
5. 简述电子邮件系统安全防范的重要性。
6. 什么是邮件炸弹？它有什么现象和危害？如何防范电子邮件炸弹？
7. 邮件欺骗的概念及分类？如何防范邮件欺骗？
8. 比较匿名转发邮件和垃圾邮件的异同，并指出如何防范。
9. 简述邮件病毒的危害及防范。
10. 安全邮件系统模型是如何构成的？
11. 安全邮件协议有哪些？它们各有什么特点？
12. 结合第 2 章谈谈你对 PGP 的认识。
13. 比较两个常用的安全邮件系统，并且指出它们各自的特点。
14. 你用过哪些电子邮件系统？你是如何防范邮件病毒的？学完本章后你对邮件病毒的防范有何新的认识？

第**10**章
无线网络安全

采用铜线或光缆等传输介质实现数据通信的网络称为有线网络，采用无线链路实现数据通信的网络则称为无线网络。随着智能移动电话、平板计算机、笔记本计算机、个人数字助理等各种移动终端的迅速发展，可以随时随地进行通信的无线网络日益受到重视，无线网络为移动计算提供了支撑环境。相对于有线网络，无线网络为用户提供便利性的同时，也为基于无线链路和智能移动终端蓄意破环、篡改、窃听、假冒、泄露和非法访问信息资源的各种恶意行为提供了方便。因此，无线网络比有线网络存在更多的安全隐患和威胁。此外，由于无线网络本身体系结构复杂、传输速率慢、信号易受干扰、安全隐患多、通信成本高等固有的局限性，目前有线网络仍然是计算机网络的主体，无线网络只是有线网络的补充，主要用于不便布线和要求移动计算的场合。

10.1 无线网络标准

无线通信网络根据应用领域可分为蜂房移动通信网、无线局域网、无线个人区域网和无线城域网多种类型，随着无线通信技术的迅速发展，出现了多种无线通信网络标准。蜂房移动通信正在从广泛使用的全球移动通信系统、码分多址、通用分组无线业务、国际移动电信第三代移动通信标准向第四代移动通信标准过渡。无线局域网有 IEEE 802.11、IEEE 802.11a、IEEE 802.11b、IEEE 802.11g、IEEE 802.11n 和满足多媒体数据业务需求的高性能无线局域网标准，无线个人区域网包括无线家庭网和蓝牙短距离无线网标准，面向大范围覆盖的无线城域网标准 IEEE 802.16 也在逐步实施之中。

10.1.1 第二代蜂房移动通信标准

20 世纪 70 年代诞生的模拟蜂房移动通信系统是第一代（1G）移动通信系统，1G 系统采用模拟信号传输方式实现语音业务，使用频分多址（frequency division multiple address，FDMA）接入技术划分信道。由于 1G 系统存在诸如频谱利用率低、语音质量差、接入容量小、保密性差和不能提供数据通信服务等先天不足，目前已被数字蜂房移动通信系统取代，形成了覆盖全球的第二代（2G）移动通信网。2G 移动通信系统主要有全球移动通信系统（global system for mobile communication，GSM）和码分多址（code division multiple access，CDMA）两大移动通信标准。

1. 全球移动通信系统 GSM 标准

1991 年欧洲电信标准协会（European telecommunication standard institute，ETSI）推出的 GSM 泛欧数字蜂房移动通信标准，不仅提供了移动电话语音服务，还提供了紧急呼叫、短消息、语音信箱、可视图文等多种数据服务。GSM 采用时分多址（time division multiple address，TDMA）窄带标准，可以分别工作在 900MHz、1800MHz 和 1900MHz 3 个不同频段，其中 900MHz 频段又分为 E-GSM900MHz 和 GSM900MHz 两个频段。E-GSM900MHz 频段的上行、下行频率分别为 880～890MHz 和 925～935MHz，GSM900MHz 频段的上行、下行频率分别为 890～915MHz 和 935～960MHz，双工间隔为 45MHz。1800MHz 频段的上行、下行频率分别为 1710～1785MHz 和 1805～1880MHz，双工间隔为 95MHz。1900MHz 频段的上行、下行频率分别为 1850～1910MHz 和 1930～1990MHz，双工间隔为 80MHz。GSM 标准最大可提供 9.6kbit/s 的数据传输速率，我国和世界上其他 170 多个国家采用 GSM 标准，我国、欧洲和东南亚地区都采用 900MHz 和 1800MHz 频段，GSM900MHz 频段的频分双工频谱分配如图 10.1 所示。

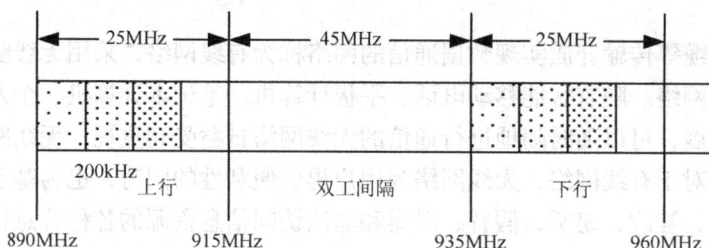

图 10.1　GSM 频分双工频谱分配

上行和下行载波频率各占用 25MHz 带宽，移动电话的接收频率比发射频率高，构成一个频分双工信道。在 25MHz 带宽内分成 124 个载波信道，每个载波信道占用 200kHz 的带宽。载波信道又分成 8 个 TDMA 时隙，每个时隙宽度为 0.578ms，时隙就是 TDMA 物理意义上的信道。

2. 码分多址 CDMA 标准

FDMA 以不同频率区分移动电话地址，其特点是频带独占而时间资源共项。TDMA 采用不同时隙区分地址，特点是时隙独占而频率资源共享。CDMA 则采用不同码型区分地址，特点是码型独占而频率和时间资源共享。由于分配给移动电话的地址码型具有唯一性，CDMA 系统就能够在同一时间和同一频率下实现通信，因而拥有巨大的通信容量。图 10.2 所示为采用频率划分前向和反向信道的 CDMA 码分信道，基站对移动电话方向为前向信道，其载波频率为 f_1，移动电话对基站方向为反向信道，载波频率为 f_2。每个移动用户分配一个地址码型 C_i，且不同地址码型 C_1，C_2，C_i，…，C_k 相互正交。地址码型和移动用户具有一一对应关系，因此，利用地址码型就可以实现选址通信。在蜂房移动通信系统中，为了充分利用信道资源，地址码型是由基站通过信令信道动态分配给移动用户的。

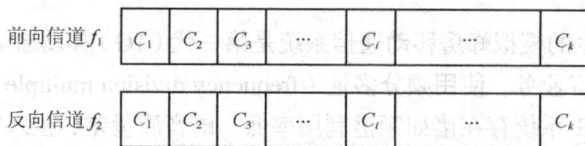

图 10.2　CDMA 频分双工码分信道

CDMA 系统采用了扩频通信（spread spectrum）技术，扩频通信就是扩展基带信号的频谱，其带宽通常是基带信号频带的 100～1000 倍。扩频通信具有很强的信号抗干扰能力，而且扩频信号的频谱接近白噪声，有利于信号隐蔽和通信保密。早期扩频通信主要用于军事通信，随着扩频通信技术的发展，目前已广泛用于民用移动通信。扩频通信的理论基础是式（10.1）给出的著名香农（Shannon）定理，其中 C 表示信道的极限信息传输速率，W 为信号带宽，S 是信道内信号的平均功率，N 是信道内高斯噪声功率。香农定理说明，在保持信道信息传输速率不变的前提下，扩展信号带宽就相当于提高了信号的信噪比，增强了信号的抗干扰能力。

$$C = W \log_2 \left(1 + \frac{S}{N} \right) \tag{10.1}$$

目前广泛使用的扩频技术主要有直序扩频（direct sequence spread spectrum，DSSS）和跳频扩频（frequency hopping spread spectrum，FHSS）。DSSS 在发送端使用伪随机码扩展信号频谱，接收端使用相同的伪随机码将扩频信号恢复成基带信号。FHSS 也使用伪随机码扩展信号频谱，但扩频方法与 DSSS 不同。FHSS 首先用伪随机码形成跳频指令，跳频指令控制载波频率在跳频带宽内随机跳变，达到扩展信号频谱的目地。

美国 Qualcomm 公司提出的 Q-CDMA 是世界上第一个商用 CDMA 数字蜂房移动通信系统，后经美国电信工业协会批准成为 CDMA/IS-95 标准。前向信道、反向信道的频段分别为 869～894MHz 和 824～949MHz，载波间隔为 1.25MHz，CDMA/IS-95 标准最大可提供 9.6kbit/s 的数据传输速率。

10.1.2　GPRS 和 EDGE 无线业务

GSM 和 CDMA 都是典型的电路交换数字蜂房移动通信标准，随着 Internet 的迅速发展，基于 IP 分组交换的数据传输必然成为无线通信的发展目标。但 IP 移动通信需要一个逐步成熟的过程，为此诞生了过渡阶段的 2.5G 移动通信标准。欧洲电信标准协会提出的通用分组无线业务（general packet radio service，GPRS）是典型的 2.5G 移动通信标准之一，采用分组交换传输模式，以语音通信为主，数据通信为辅，最大可提供 171.2kbit/s 的数据传输速率。

GPRS 是 GSM 迈向 3G 的重要步骤。GPRS 与 GSM 具有相同的频段、双工间隔、频带宽度、载频间隔和 TDMA 帧结构，但现有的 GSM 移动终端不能直接在 GPRS 中使用。由于采用了分组交换技术，用户只在数据通信期间占用信道资源，在提高信道资源利用率的同时，也为按通信数据量、业务类型和服务质量计费奠定了基础。GPRS 支持 Internet 上应用广泛的 IP 和 X.25 协议，能够无线接入 Internet 和其他分组网络。

为了向移动用户提供网络浏览、视频电话和高速电子邮件等多媒体无线业务，欧洲电信标准协会在 GPRS 的基础上通过采用多时隙操作和八进制移相键控（8 phase shift keying，8PSK）调制技术，又提出了增强型数据速率 GSM 演进过渡标准（enhanced data rate for GSM evolution，EDGE）。由于数据传输速率从 GPRS 的 171.2kbit/s 提高到 384kbit/s，人们俗称 EDGE 为 2.75G 无线业务标准。EDGE 同样采用分组交换传输模式，而且能够同 WCDMA（wideband CDMA）3G 移动通信标准共存，移动终端仅在收发数据时才占用网络资源，提高了无线信道资源的利用率和向上兼容的弹性优势。

10.1.3　第三代蜂房移动通信标准

国际电信联盟（international telecommunication union，ITU）早在 1985 年就提出了第三代（3G）移动通信的雏形，当时称为未来公众陆地移动电信系统（future public land mobile telecommunication systems，FPLMTS），1996 年 ITU 将其正式更名为国际移动电信 IMT-2000（international mobile telecommunication-2000），隐含的意义是 3G 移动通信工作在 2000MHz 频段并于 2000 年实现商用。尽管 GSM 和 CDMA 形成了全球 2G 移动通信的主流标准，但不同国家和

运营商使用的标准和频段仍然有很大差异，很难实现移动用户的全球漫游。IMT-2000 希望在全球范围内统一标准和频段，为实现全球无缝漫游消除障碍；在提高频谱利用率的同时，提供文本、语音、音乐、图像、视频等多媒体移动通信服务，并根据不同移动用户的需求，分别支持 2Mbit/s、384kbit/s 和 144kbit/s 的数据传输速率。当移动速度小于 10km/h 时，提供 2Mbit/s 的数据传输速率；小于 120km/h 时，提供 384kbit/s 的速率；大于 120km/h 时，能够支持 144kbit/s 的速率。因此，统一标准和频段、提高频谱利用率和支持多媒体移动通信正是 3G 移动通信与 2G 的主要区别。

由于移动通信标准直接影响国家、运营商和移动终端生产厂商的经济利益，ITU 在协调多方利益的基础上，于 2000 年 5 月从 10 个 3G 移动通信候选方案中确定了 5 个推荐标准，其中欧洲提出的宽带 WCDMA（wideband CDMA）、美国提出的 CDMA2000 和中国制定的时分同步 TD-SCDMA（time division-synchronous CDMA）成为 3G 移动通信的主流国际标准。其中 WCDMA 和 CDMA2000 采用频分双工（frequency division duplex，FDD）信道，TD-SCDMA 采用时分双工（time division duplex，TDD）信道。

WCDMA 的支持者主要是欧洲、日本等国家的 GSM 网络运营商和生产厂商，能够在现有 GSM 网络基础上，途径 GPRS、EDGE 逐步过渡到 3G 移动通信。CDMA2000 是在 CDMA/IS-95 基础上制定的标准系列，包括 CDMA2000 1X、CDMA2000 1X EV-DO、CDMA2000 1X EV-DV 和 CDMA2000 3X 多个子标准，分多个阶段逐步实施，北美、韩国、日本等国家的 CDMA 网络运营商和生产厂商是其主要支持者。CDMA2000 1X 为第一过渡阶段，在 CDMA/IS-95 基础上引入了分组交换技术，能够支持移动 IP 业务，最大数据传输速率为 308kbit/s。类似于 GSM 系统中的 GPRS，多数人将 CDMA2000 1X 归类到 2.5G 移动通信。CDMA2000 1X EV-DO 和 CDMA2000 1X EV-DV 是 CDMA2000 1X 的演变升级体制，其中 EV 就是英文 evolution 的缩写。CDMA2000 1X EV-DO（data only）采用专用数据信道传输数据，目的是要提高数据传输速率，最大数据传输速率可达到 2.4Mbit/s。CDMA2000 1X EV-DV（data and voice）采用数据信道和语音信道共享方式，在提高接入容量的同时，将最大数据传输速率提高到 3.1Mbit/s。CDMA2000 3X 是 CDMA2000 的第二过渡阶段，同 CDMA2000 1X 的主要区别就是前向信道采用 3 载波方式，而 CDMA2000 1X 采用单载波方式，多载波方式能够提供更高的数据传输速率。TD-SCDMA 是中国在 ITU 首次获准的移动通信技术标准，最大数据传输速率为 2Mbit/s。

10.1.4　第四代蜂房移动通信标准

ITU 在完成第三代移动通信 IMT-2000 框架标准后，启动了第四代移动通信系统标准框架 IMT-Advanced 的制定工作，并将其定义为支持广泛电信业务、超过 IMT-2000 能力及基于分组交换网络的移动通信系统。2012 年 1 月 ITU 从 6 个候选标准草案中正式审议通过长期演进 LTE-Advanced（long term evolution-advanced）和无线城域网演进版 WirelessMAN-Advanced 为第四代移动通信 IMT-Advanced 国际标准。

由欧洲以及中国、日本等多个国家成立的第三代合作伙伴计划（the 3rd generation partnership project，3GPP）标准化组织长期致力于 GSM、GPRS、EDGE、WCDMA、高速下行分组接入 HSDPA（High Speed Downlink Packet Access）、HSDPA+、频分双工 FDD-LTE、LTE-Advanced 移动通信标准的推进，其中 HSDPA 是 WCDMA 的升级版，将 WCDMA 高速移动时的下行数据传输速率从 384kbit/s 提升到了 14Mbit/s。HSDPA+是 HSDPA 的演进版，下行、上行数据传输速率分别达到 42Mbit/s 和 22Mbit/s，人们将 HSDPA 和 HSDPA+俗称 3.5G 标准。FDD-LTE 是迈向 4G 的进阶版，高速移动时的峰值下行数据率达到 100Mbit/s，低速移动时的峰值下行、上行数据率分别为 1Gbit/s

和500Mbit/s，FDD-LTE俗称3.9G标准。LTE-Advanced则是FDD-LTE的演进版，满足IMT-Advanced定义的规范，峰值下行、上行数据率分别达到 3Gbit/s 和 1.5Gbit/s。我国具有自主知识产权的 TD-LTE-Advance 也被正式确定为第四代移动通信国际标准，TD-LTE-Advance 是我国 3G 移动通信国际标准 TD-SCDM 的演进版本，表明我国在移动通信标准制定领域再次走到了世界前列。

3GPP2 第三代合作伙伴计划 2 标准化组织则沿着 CDMA2000 1X、CDMA2000 1X EV-DO、CDMA2000 1X EV-DV 和 CDMA2000 3X 标准体系方向推进移动通信标准的发展，3GPP2 标准化组织是 3GPP 的主要竞争对手，拥有众多 CDMA2000 专利的美国 Qualcomm 公司是 3GPP2 的主要支持者。

无线城域网演进版 WirelessMAN-Advanced 与 LTE-Advance 同时被 ITU 确定为第四代移动通信国际标准，IEEE 将其命名为 802.16m。802.16m 根据移动速度可提供 16kbit/s、144kbit/s、2Mbit/s、30Mbit/s 和 1Gbit/s 5 种不同的数据传输速率，其无线信号传输距离可达 50km。

10.1.5　IEEE 802.11 无线局域网

能够在有限范围内实现无线通信的网络称为无线局域网（wireless local area network，WLAN）。WLAN 分为有固定基础设施和无固定基础设施两类，固定基础设施指预先建立的基站或接入点（access point，AP），主要用于将无线客户端接入有线网络，AP 网络节点用于桥接有线网络和 WLAN。在有固定基础设施模式下，WLAN 的最小构件称为基本服务集（basic service set，BSS），无线客户端与其他无线客户端及有线网络主机之间的通信需要 AP 转发，才能发送到目的端。基本服务集可以是孤立的，也可以通过分布式系统接入其他基本服务集，通过分布式系统互连起来的 WLAN 称为扩展服务集（extended service set，ESS），扩展服务集在逻辑上相当于一个基本服务集。

无固定基础设施指没有安装 AP 的 WLAN，其最小构件称为独立基本服务集（independent basic service set，IBSS）。没有预先设置 AP 的 WLAN 也称为自组网络（ad hoc network）或对等网络（peer to peer network），主要用于无线客户端之间的通信，一般不与外界的其他网络互连，自组网络最多容许 9 个无线客户端。有固定基础设施和无固定基础设施的 WLAN 分别如图 10.3 和图 10.4 所示。

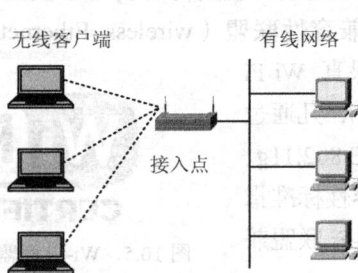

图 10.3　固定基础设施 WLAN　　　　图 10.4　自组 WLAN

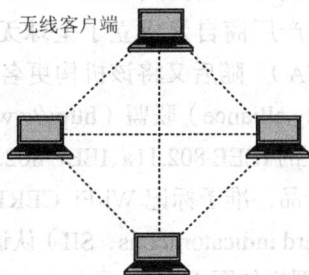

国际电气和电子工程师学会早在 1997 年就发布了 IEEE 802.11 无线局域网标准，规范了 WLAN 的 MAC 层协议和物理层规程，使不同厂商生产的无线设备能够实现无线互联。IEEE 802.11 在参考 IEEE 802.3 有线以太局域网 MAC 层 CSMA/CD 协议的基础上，采用载波监听多路访问/冲突避免 CSMA/CA（collision avoidance）协议解决多用户共享无线信道的冲突问题。物理层规程定义了跳频扩频（FHSS）、直序扩频（DSSS）和红外线（infrared，IR）3 种调制技术实现方法，

并规定工作频段为不需要许可证的 2.4GHz 工业、科学和医疗（industry science and medical，ISM）频段，其频段宽度为 2.4~2.4835GHz。当使用 FHSS 或 DSSS 扩频技术时，传输距离在 100m 范围内，数据传输速率可达到 1Mbit/s 或 2Mbit/s。红外线不能穿越障碍物，因此，红外线调制主要用于室内通信，其波长为 850~950nm，传输速率也为 1Mbit/s 或 2Mbit/s。

为了进一步提高 WLAN 的数据传输速率，IEEE 802.11 委员会于 1999 年 7 月又发布了 IEEE 802.11a 和 IEEE 802.11b 两个标准，MAC 层协议与 IEEE 802.11 基本相同，但采用了不同的物理层规程。IEEE 802.11a 物理层使用 5GHz ISM 频段和正交频分复用（orthogonal frequency division multiplexing，OFDM）多载波调制技术，可分别支持 6，9，12，18，24，36，48，56 Mbit/s 多种传输速率，通信距离长达 10km，能够满足不同移动用户的需求。事实上，IEEE 802.11a 采用 OFDM 多载波调制技术的目的是为了能够与 ETSI 提出的高性能无线局域网 HiperLAN 兼容。

IEEE 802.11b 物理层仍然使用 2.4GHz ISM 频段，但采用高速率直序扩频（high rate direct sequence spread spectrum，HR-DSSS）调制技术，能够根据通信环境质量在 1，2，5.5，11Mbit/s 范围内自动调整传输速率，在室内有障碍的条件下最大传输距离可达 100m，室外直线传播最大传输距离可以达到 300m。IEEE 标准委员会随后在 2003 年 6 月又正式批准了 IEEE 802.11g WLAN 标准，IEEE 802.11g 沿用了 IEEE 802.11、IEEE 802.11b 的 2.4~2.4835GHz ISM 频段，但使用 IEEE 802.11a 的 OFDM 调制扩频技术。IEEE 802.11g 完全兼容目前广泛使用的 IEEE 802.11b 技术标准，并且以低廉的成本将最大数据传输速率提高到 56 Mbit/s 标准。不仅支持 IEEE 802.11a 具有的 6，9，12，18，24，36，48，56 Mbit/s 多种传输速率，也支持 IEEE 802.11b 具有的 1，2，5.5，11Mbit/s 传输速率，由于向下兼容 IEEE 802.11b 标准，能够在 IEEE 802.11g 和 IEEE 802.11b 标准之间自由切换。虽然 IEEE 802.11a 具有传输速率高和覆盖范围大的优点，但由于不兼容 IEEE 802.11b 标准，而且无线设备造价较高，未获得广泛应用。

IEEE 802.11 委员会于 2009 年发布了 IEEE 802.11n 标准，通过采用多入多出（multiple input multiple output，MIMO）OFDM 调制扩频技术，将 IEEE 802.11g 56Mbit/s 数据传输速率提高到 300Mbit/s。MIMO 技术的核心思想是在无线链路的发送端和接收端采用多组阵列天线，将多径传播的缺点变为有利因素，从而在不增加信道带宽的条件下，通过提高频谱利用率提升了数据传输速率。

因为 IEEE 并不负责测试 IEEE 802.11 标准系列无线设备的兼容性，为了解决无线产品的互操作性问题，生产厂商自发成立了全球无线以太网兼容性联盟（wireless Ethernet compatibility alliance，WECA）。随后又将该机构更名为无线高保真 Wi-Fi（wireless fidelity alliance）联盟（http://www.wi-fi.org），凡通过 Wi-Fi 联盟认证的 IEEE 802.11a、IEEE 802.11b 和 IEEE 802.11g、802.11n 无线产品，准予标记 Wi-Fi CERTIFIED 兼容性标准指示图标（standard indicator icons，SII）认证标签，Wi-Fi 联盟兼容性标准指示图标如图 10.5 所示。

图 10.5　Wi-Fi 联盟标准指示图标

10.1.6　HiperLAN/2 高性能无线局域网

高性能无线局域网（high performance radio local area network，HiperLAN）是 ETSI 制定的宽带无线接入网（broadband radio access networks，BRAN）计划的重要组成部分，BRAN 包括 HiperLAN/1、HiperLAN/2、HiperAccess 和 HiperLink 4 个标准。其中 HiperLAN/1 和 HiperLAN/2 用于高速 WLAN 接入，HiperAccess 用于室外远距离有线通信网络高速接入，HiperLink 提供

HiperAccess 和 HiperLAN/2 之间的近距离高速无线连接。ETSI 早在 1992 年就提出了 HiperLAN/1 WLAN 标准，由于实现成本高于随后推出的 IEEE 802.11b 标准，没有获得商业应用。

HiperLAN/2 类似 IEEE 802.11a 标准，物理层使用 5GHz ISM 频段和正交频分复用 OFDM 多载波调制技术，可分别支持 6，9，12，18，27，36，54Mbit/s 多种传输速率，室内通信距离为 30m，室外通信距离可达 150 m。IEEE 802.11、IEEE 802.11a 和 IEEE 802.11b 标准采用无连接传输方式，不能提供任何服务质量（quality of service，QoS）保障。而 HiperLAN/2 采用了面向连接的传输方式，为支持多媒体数据传输服务奠定了良好的基础。面向连接有利于实现 QoS 保障，可以为每个连接分配指定的 QoS 参数，QoS 参数包括网络吞吐量、传输延迟时间、延时抖动和数据传输误码率。因此，HiperLAN/2 能够更好地满足多媒体数据业务的需求。

10.1.7　HomeRF 无线家庭网

HomeRF（home radio frequency）是面向家庭的无线网络标准，主要用于个人计算机和家用电子设备之间的无线通信。1998 年由英特尔（Intel）、IBM、康柏（Compaq）、3COM、飞利浦（Philips）、微软、摩托罗拉（Motorola）等公司组成的 HomeRF 工作组开发，随后美国联邦通信委员会（federal communications commission，FCC）正式批准其为工业标准。

HomeRF 的核心技术是共享无线访问协议（shared wireless access protocol，SWAP），数据通信采用了简化的 IEEE 802.11 标准，沿用了 MAC 层 CSMA/CA 协议来获取信道的控制权，物理层仍然采用跳频扩频 FHSS 技术。语音通信采用 ETSI 制定的数字增强无绳电话（digital enhanced cordless telephony，DECT）标准，DECT 支持电路交换和分组交换两种方式，电路交换用于语音传输，分组交换用于数据传输，使用 TDMA/TDD 划分双工信道。HomeRF 1.0 支持 1.6Mbit/s 的数据传输速率，工作频段为 2.4GHz ISM 频段。HomeRF 2.0 的数据传输速率则提高到 10Mbit/s，工作频段为 5GHz ISM 频段。

10.1.8　蓝牙短距离无线网

世界著名的电信设备制造商瑞典爱立信（Ericsson）公司早在 1994 年就提出了蓝牙（Bluetooth）短距离无线网技术，随后许多著名计算机、通信及消费电子产品公司自发成立了蓝牙特别兴趣小组（Bluetooth special interest group，SIG），希望能够在全球范围内推广蓝牙技术。

1999 年 12 月 SIG 发布 Bluetooth 1.0 版本，2001 年 3 月又发布了 Bluetooth 1.1 版本规范，由于蓝牙技术获得世界上众多著名公司的支持，2002 年 3 月 IEEE 正式批准 Bluetooth 1.1 版本为 IEEE802.15.1 标准，并将蓝牙更名为无线个人区域网（wireless personal area network，WPAN）标准，为蓝牙短距离无线网的进一步普及铺平了道路。IEEE802.15.1 标准类似于 HomeRF，工作频段为 2.4GHz ISM 频段，同样采用了跳频扩频技术，最大数据传输速率为 1Mbit/s，理想传输距离为 10cm～10m，提高发射功率后可延长到 100m。2004 年 SIG 又推出 Bluetooth 2.0 版本规范，其核心是增强数据率（enhanced data rate，EDR）技术，Bluetooth 2.0 在降低功耗的同时，将 1Mbit/s 的数据传输速率提升到 3Mbit/s。

10.1.9　IEEE 802.16 无线城域网

IEEE 针对无线市场需求提出了一系列具有互补性的无线网络标准，IEEE 802.11 标准系列是面向无线局域网的标准，IEEE802.15 标准系列是面向无线个人区域网的标准，而 IEEE 802.16 标准系列则是面向大范围覆盖的无线城域网（wireless metropolitan area network，WMAN）标准。IEEE

802.16 标准的正式名称是固定宽带无线接入系统空中接口（air interface for fixed broadband wireless access systyem），而多数人更喜欢将其称为 WMAN 或无线本地回路（wireless local loop，WLL）。早在 1999 年 IEEE 就成立了 IEEE 802.16 工作组专门研究宽带固定无线接入技术标准，目的是希望能够建立全球统一的宽带无线接入标准。类似于 IEEE 802.11 Wi-Fi 和 IEEE802.15 SIG 联盟，支持 IEEE 802.16 标准的生产厂商于 2001 年 4 月也自发成立了微波接入全球互操作性（worldwide interoperability for microwave access，WiMAX）联盟，旨在全球范围推广 IEEE 802.16 标准并加快市场化进程。IEEE802.15、IEEE802.11 和 IEEE 802.16 无线通信标准的典型应用如图 10.6 所示。

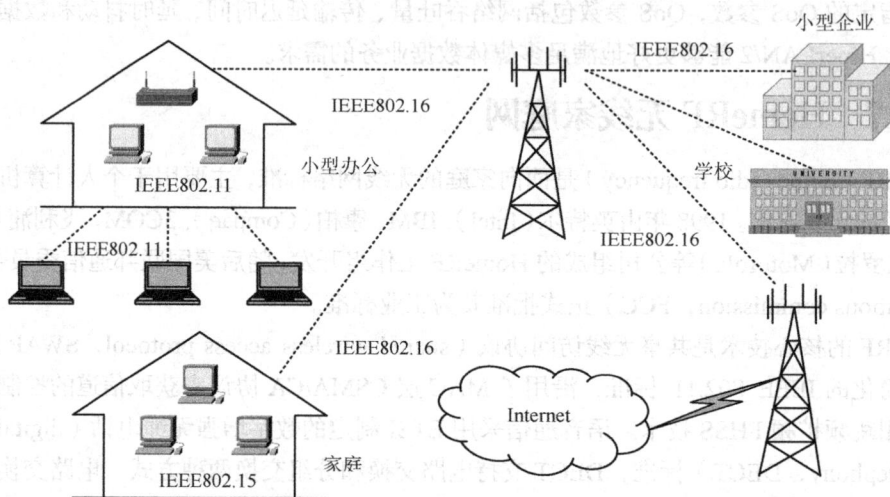

图 10.6　IEEE 802.16 WMAN 典型应用

IEEE 802.16 WMAN 标准系列共包括 802.16、802.16a、802.16c、802.16d、802.16e、802.16f 和 802.16g 7 个子标准，根据是否支持移动特性分为宽带固定无线接入和移动无线接入两类，802.16、802.16a、802.16c 和 802.16d 属于宽带固定无线接入标准，802.16e 属于宽带移动无线接入标准，802.16f 是宽带固定无线接入空中接口管理信息库规范，802.16g 则是宽带固定和移动无线接入空中接口管理服务规范。

IEEE 802.16 标准对使用 2～66GHz 频段的宽带固定无线接入空中接口物理层和 MAC 层进行了规范，最大覆盖范围可达 50km。IEEE 802.16a 和 802.16c 对 IEEE 802.16 进行了扩展，分别规范了 2～11GHz 和 10～66GHz 频段的宽带固定无线接入空中接口。IEEE802.16d 对先前颁布的标准进行了整合，将频段范围扩展成 2～66GHz。

10.2　无线局域网有线等价保密安全机制

有线等价保密（wired equivalent privacy，WEP）是 IEEE 802.11、802.11a 802.11b、802.11g 和 802.11n 无线局域网采用的安全保护机制，IEEE 802.11 工作组希望 WEP 能够提供同有线网络完全等价的个人隐私保护。只要正确配置 WEP 的全部安全功能，WEP 仍然能够为 WLAN 应用提供基本的保密性和完整性。WEP 加密利用共享密钥在提供数据传输保密性的同时，也提供了身份认证机制，能够在一定程度上防止通过无线链路泄露、窃听和非法访问等恶意行为。通过在每帧数据中加入完整性校验值，可以提高数据在传输过程中保持完整性的能力。

10.2.1 有线等价保密

WEP 主要提供了数据加密和身份认证保护功能。数据加密采用著名密码专家 Ron Rivest 设计的 RC4 加密算法，提供无加密、40 位密钥和 104 位密钥 3 种不同实现方式。

无加密表示数据以明文方式传输，能够接入 WLAN 的任何无线网络嗅探器都可以侦听发送的数据，因此，无加密不提供任何保密性。40 位和 104 位密钥长度分别向用户提供两种不同加密强度选择，但有些无线网络适配器只支持其中一种密钥，如果无线网络适配器同时支持两种密钥，自然应当使用 104 位密钥。只有当无线客户端的密钥和服务设置标识（service set identity，SSID）与接入点完全相同时，客户端才能接入 WLAN。

SSID 是标识特定 WLAN 的名称，用户在配置 WLAN 时，可以选择任意 SSID 名称，但不能与扫描范围内的其他 WLAN 同名。由于 WEP 使用共享密钥加密和解密数据，在有固定基础设施条件下，必须在无线 AP 和所有无线客户端上配置密钥。在无固定基础设施条件下，需要在所有无线客户端上配置密钥。

10.2.2 WEP 加密与解密

WEP 加密过程如图 10.7 所示，40 位或 104 位初始密钥与 24 位初始向量（initialization vector，IV）连接起来，生成 64 位或 128 位中间密钥。中间密钥通过 RC4 加密算法生成一串与明文流按位异或的密钥流，密钥流的长度与明文流相同。RC4 加密算法的核心是伪随机数生成器（pseudo random number generator，PRNG），其算法效率大约是 DES 的 10 倍。WEP 设置初始向量的目地是尽可能避免因重复使用共享密钥而降低加密强度，由于每帧数据都使用新的初始向量，为破译共享密钥增加了难度。

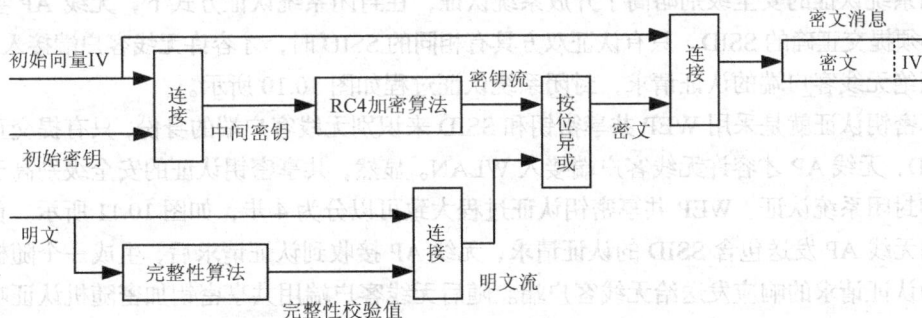

图 10.7 WEP 加密过程

明文与完整性校验值（integrity check value，ICV）连接起来形成明文流，ICV 由 32 位循环冗余完整性校验算法 CRC32 通过计算明文生成，明文中添加 4 字节的 ICV 能够防止在数据流中插入文本试图破解密文消息。明文流与密钥流按位异或形成密文，密文再与初始向量连接生成最终的密文消息。由于在明文中连接了 4 字节的 ICV 值，所以明文流比明文长 4 个字节。明文流与密钥流长度相同，因此，密文与明文流具有相同长度。初始向量为 3 个字节，完整性校验值为 4 个字节，最终密文消息比明文多 7 个字节。

WEP 解密是加密的逆过程，WEP 解密过程如图 10.8 所示。初始密钥与密文消息中的初始向量连接后，生成 64 位或 128 位中间密钥。RC4 加密算法将中间密钥转换成密钥流，密钥流与密文消息中的密文异或后生成明文流，将明文流拆分为明文和完整性校验值。同时计算明文的完整性校验值，并与明文流携带的完整性校验值比较。如两个校验值不同，表明该帧数据的完整性已经遭到破坏，丢弃校验值不同的无效帧。

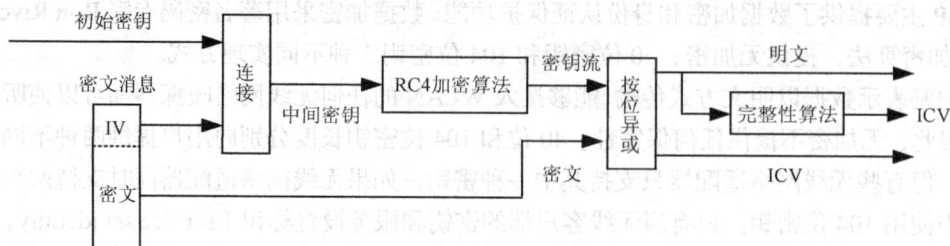

图 10.8　WEP 解密过程

10.2.3　IEEE 802.11 身份认证

IEEE 802.11 WLAN 具有开放系统认证（open system authentication）、封闭系统认证（closed system authentication）和共享密钥认证（shared key authentication）3 种身份认证方式。开放系统认证是 IEEE 802.11 身份认证的默认方式，在开放系统认证方式下，无线 AP 并不要求无线客户端提供正确的 SSID。当无线客户端提交任意 SSID 认证请求时，无线 AP 通过广播自己的 SSID 来响应开放系统认证请求。因此，开放系统认证容许任意无线客户端接入无线 AP，即使输入错误的密钥，也可以同无线 AP 和其他客户端通信，只不过所有数据都采用明文方式传输。只有提供合法的共享密钥时，数据才以密文方式传输。开放系统认证强调的是简单易用，只能用于没有任何安全要求的场合。如果输入正确的密钥，开放系统认证能够提供数据保密性，但不具备身份识别功能，开放系统认证过程如图 10.9 所示。

封闭系统认证的安全级别略高于开放系统认证，在封闭系统认证方式下，无线 AP 要求无线客户端必须提交正确的 SSID。只有认证双方具有相同的 SSID 时，才容许无线客户端接入 WLAN，否则，拒绝无线客户端的认证请求，封闭系统认证过程如图 10.10 所示。

共享密钥认证就是采用 WEP 共享密钥和 SSID 来识别无线客户端的身份，只有提交正确的密钥和 SSID，无线 AP 才容许无线客户端接入 WLAN。显然，共享密钥认证的安全级别高于开放系统认证和封闭系统认证。WEP 共享密钥认证过程大致可以分为 4 步，如图 10.11 所示。首先无线客户端向无线 AP 发送包含 SSID 的认证请求，无线 AP 接收到认证请求后，生成一个随机认证消息，作为认证请求的响应发送给无线客户端。随后无线客户端用共享密钥加密随机认证响应并发送到无线 AP，无线 AP 采用共享密钥解密。如解密后的随机认证消息与发送的随机认证消息完全相同，则容许无线客户端接入。否则，无线客户端为非法用户，拒绝接入 WLAN。

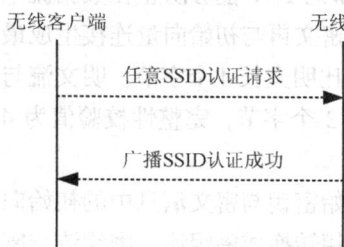

图 10.9　开放系统认证过程　　　图 10.10　封闭系统认证过程　　　图 10.11　WEP 共享密钥认证过程

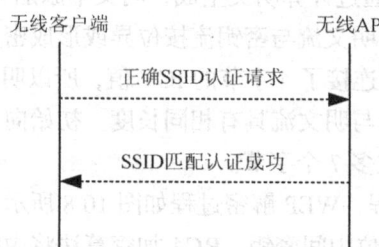

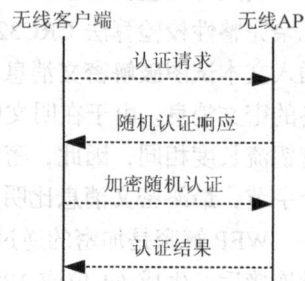

10.3　无线局域网有线等价保密安全漏洞

由于 WEP 在考虑安全性和易用性之间的均衡时，更多地考虑了易用性和加密算法的高效性，在 WEP 默认配置、加密、密钥管理和服务设置标识等方面已经发现存在大量的漏洞，为蓄意破坏 IEEE 802.11 系列 WLAN 上信息资源的保密性、完整性和有效性提供了条件。

10.3.1　WEP 默认配置漏洞

多数用户在安装无线网络适配器和无线 AP 设备时，只要求这些设备能够正常工作就可以了，很少考虑启用并正确配置无线安全性，通常都使用默认配置，而且正常工作后很少再重新配置。开放系统认证是 WEP 的默认配置，由于在开放系统认证方式下，任意无线客户端都可以接入 WLAN。

开放系统认证就好像在无线链路上设置了一个公共用户端口，任何无线客户端都可以接入并使用 WLAN 资源。可以发送数据、监听通信内容、访问 WLAN 共享资源或通过无线 AP 访问有线网络上的共享资源，也可以窃取或破坏保密数据、安装病毒或特洛伊木马程序，甚至可以利用 Internet 连接发送病毒邮件或作为傀儡机向其他远程计算机发动攻击，恶意流量有可能被追溯到使用默认配置的 WLAN。

10.3.2　WEP 加密漏洞

由图 10.7 所示的 WEP 加密过程可知，密文是通过明文流与密钥流按位异或形成的，然后密文再与初始向量连接构成密文消息。如果所有 WEP 帧都采用相同的密钥和初始向量加密，即使不知道共享密钥，利用重复使用的初始向量完全有可能破译出加密的 WEP 帧。破译的最简单方法就是对密文消息进行按位异或运算，然后剔除密钥流和初始向量，其结果是两个明文流的异或形式。如知道其中一个明文流，计算另一个明文流并不困难。

由于 IEEE 802.11 没有明确规定初始向量的使用方法，许多厂商在设计 WLAN 设备时，简单地将设备启动时的初始向量设置为 0，然后再逐次加 1。多数用户都会在每天早晨几乎相同的时间重新启动设备，大大增加了初始向量的重用率。只要获得足够多的相同初始向量，就有可能从密文消息中破译出密钥或明文。此外，初始向量只有 24 位，可用空间十分有限。就目前的计算能力而言，短时间内就可以穷举完所有的初始向量。有限的初始向量空间，也会导致密钥重用率提高，降低了密钥破译的难度。WEP 采用共享密钥加密和解密数据，如果需要更改密钥，就必须告知与之通信的所有节点，了解秘密的人越多，秘密信息也就变成了公开信息。

10.3.3　WEP 密钥管理漏洞

事实上，WEP 并没有提供真正意义上的密钥管理机制，需要依赖 Internet 工程任务组（Internet engineering task force，IETF）提出的远程认证拨号用户服务（remote authentication dial-in user service，RADIUS）、扩展认证协议（extensible authentication protocol，EAP）等外部认证服务，但多数小型企业或办公在部署 WLAN 时，并不会使用造价昂贵的专用认证服务器。尽管 WEP 容许用户自己配置共享密钥，但由于手工配置共享密钥十分麻烦，且多数用户不熟悉密钥配置过程。

无线网络适配器和无线 AP 在出厂时都带有 4 个默认的密钥，大多数用户一般都是从 4 个默认密钥中选择 1 个作为共享密钥。但厂商通常对密钥都进行了标准化，因此，只要知道设备生产厂商和类型，通过检索厂商缺省列表就有可能获得共享密钥。

WEP 也容许在无线客户端建立一个密钥映射表，记录 MAC 地址与共享密钥之间的对应关系。多个无线客户端之间直接利用 MAC 地址进行通信，MAC 地址的随机性很强，用 MAC 地址代替共享密钥从表面上看是提高了安全性。众所周知，MAC 地址同样也是经过标准化的，如果能够知晓设备生产厂商，从 IEEE 标准网站 http://standards.ieee.org/regauth/oui/index.shtml 可以很容易检索到分配给厂商的 MAC 地址范围。

10.3.4　服务设置标识漏洞

服务设置标识 SSID 是 WLAN 的名称，也可以将一个 WLAN 分为多个要求不同身份认证的子网，用于区分不同的服务区。IEEE 802.11 采用 SSID 实现基本的资源访问控制，防止未经授权的无线客户端进入 WLAN 子网。无论是有固定基础设施还是无固定基础设施的 WLAN，无线客户端都必须出示正确的 SSID 才能访问无线 AP 或其他无线客户端。事实上，SSID 只是一个简单的口令身份认证机制。

多数制造商在其生产的无线 AP 中设置了默认 SSID，甚至在设备使用说明中明确指出默认的 SSID。如果部署 WLAN 时不改变厂商默认的 SSID，任何人通过网上检索或安装指南都很容易获得默认 SSID。只要将无线客户端的 SSID 修改成无线 AP 默认的 SSID，就有可能非法接入 WLAN。

此外，同一个生产厂商的无线 AP 和无线网络适配器一般具有相同的默认 SSID。即使不知道默认的 SSID，只要使用同一厂商的无线网络适配器也可以非法接入无线 AP。还有一些厂商使用无线网络适配器的半个 MAC 地址作为默认 SSID，MAC 地址采用十六进制数字表示，长度为 6 个字节。前 3 个字节是 IEEE 分配给厂商的唯一标识（organizationally unique identifier，OUI），后 3 个字节为网络适配器的唯一标识编码。由于同一个厂商的 OUI 是完全相同的，因此，无论使用前半个还是后半个 MAC 地址作为默认 SSID，检索或推测出默认 SSID 并不是一件十分困难的事情。此外，著名的 2600 黑客杂志网站收集了几乎所有厂商的默认 SSID 和 WEP 密钥（ http://mediawhore.wi2600.org/nf0/wireless/ssid_defaults/ ）。表 10.1 所示为目前市场上无线 AP 主要生产厂商使用的默认 SSID 和 IEEE 分配的 MAC 地址 OUI。

表 10.1　无线 AP 主要厂商默认 SSID 和 OUI

厂 商 名 称	默认 SSID	OUI
Cisco	tsunami	00-40-96
Linksys	linksys	00-04-5A
TP-LINK	wireless	00-0A-EB
ACCTON	WLAN	00-00-E8
Compaq	compaq	00-02-A5
Intel	intel，xlan，101	00-02-B3
AboveCable	CTC	00-0D-08
3COM	101	00-00-86
Dell	wireless	00-06-5B
SMC Networks	WLAN	00-04-E2

10.4　无线局域网安全威胁

10.4.1　无线局域网探测

1. 战争驱车探测

无线网络攻击步骤与有线网络攻击类似，第一步是发现目标无线网络。多数机构都使用防火墙作为内部网络的第一道安全防线，因为防火墙能够有效地隔离内部网和开放的 Internet。但内部网中私自与 Internet 连接的调制解调器给内部网安全留下了隐患，使用战争拨号器（war dialers）软件随机拨打电话号码，能够迅速发现接入 Internet 的调制解调器，人们将寻找隐藏调制解调器的方法称为战争拨号（war dialing）技术，其中，战争拨号中的战争（war）一词取自著名电影真假战争（war games）。

由于探测 WLAN 的方法有些类似战争拨号技术，人们将携带移动设备驱车到处转悠寻找 WLAN 的方法称为战争驱车（war driving）技术。战争驱车、战争驾驶或战争驾车都是 war driving 的直译，事实上，war driving 是泛指各种搜索无线局域网信息的技术，也许用无线局域网探测或扫描能更好地表示 war driving 的含义。目前，网络上有 Windows、UNIX、Linux 和 Mac OS 操作系统平台下运行的多种无线局域网探测和定位软件，表 10.2 所示为部分常用开放源码或非商业无线局域网探测软件，其中最著名的 WLAN 探测和定位软件是由 Marius Milner 开发的 Netstumbler。

表 10.2　常用开放源码或非商业 WLAN 探测软件

程 序 名 称	操 作 系 统	软 件 类 型	下 载 地 址
NetStumbler	Windows	免费	http://www.netstumbler.com/downloads/
MiniStumbler	Window CE	免费	http://www.netstumbler.com/downloads/
Kismet	Unix、Linux	开放源码	http://www.kismetwireless.net/
SSIDSniff	Unix、Linux	开放源码	http://netsecurity.about.com/gi/dynamic/
WiFi Scanner	Unix、Linux	开放源码	http://sourceforge.net/projects/
IStumbler	Mac OS X	开放源码	http://www.istumbler.net/
Wifimap	Unix、Linux、Windows	开放源码	https://sourceforge.net/projects/wifimap/
Wellenreiter	Unix、Linux	开放源码	http://www.remote-exploit.org/
KisMAC	Mac OS X	开放源码	http://kismac.binaervarianz.de/
Prismstumbler	Unix、Linux	开放源码	http://prismstumbler.sourceforge.net/

2. Netstumbler 简介

Netstumbler 0.4.0 要求在 Windows XP 或更高操作系统版本下运行，虽然未公开源代码，但可以免费使用。目前支持 IEEE802.11b、802.11a 和 802.11g 无线网络适配器和全球定位系统（global position system，GPS），事实上，Netstumbler 并不是一个专用的 WLAN 探测和定位工具。其主要功能是 WLAN 安全审计、信号质量检测、安装位置选择、探测与定位，安全审计供网络管理员检测自己周围是否存在恶意 WLAN，信号质量检测可以确定覆盖区内的信号质量及覆盖范围，安装位置选择能够为 WLAN 选择干扰最小的安装位置，探测和定位结合 GPS 实现战争驱车功能。

Netstumbler 通过向周围的 WLAN 发送探测请求，能够获得目标 WLAN 的 MAC 地址、SSID、无线 AP 名称、数据传输速率、设备制造商、AP 网还是自组网、是否加密、IP 地址、信号强度及所在经纬度等信息。

10.4.2　无线局域网监听

无线局域网监听的机制和方法与广播机制以太局域网相同，需要利用无线网络适配器的混杂工作模式从数据链路层实时截获数据帧，然后通过网络协议解协获取数据帧的内容。对于无线集线器 AP 共享网络环境，只要将网络适配器设置成混杂工作模式，就可以监听到整个 WLAN 内的数据帧流量。无线交换 AP 交换网络环境给 WLAN 监听增加了困难，由于每个无线客户端都是一个独立的网段，不同网段之间通过交换 AP 内部的网桥互连。因此，网络适配器混杂工作模式并不能截获到其他网段的任何数据帧。如果利用无线集线器将无线交换网络转换成共享网络，就有可能实现对无线交换网络的监听。

目前有许多软件工具支持无线局域网监听，除第 6 章 6.2 节介绍的 Tcpdum、Ethereal、Ngrep 等网络数据采集与分析工具之外，诸如 Airopeek、Kismet、Airsniffer、AirTraf、Airjack、LibRadiate、Mognet、APsniff 等都可以实现无线局域网监听任务。如果 WLAN 以明文方式传输数据，这些无线局域网监听工具都可以解析出传输内容。即使 WLAN 采用了加密保护机制，甚至不需要自己从密文消息中破译密钥，因为有众多免费 WLAN 密钥破译软件供使用。例如，Wepcrack、Airsnort、Weplab、Aircrack、Airsnarf、Asleap、WepAttack 都是当前网络上流行的 IEEE802.11 WEP 密钥破译软件。多数破译软件只要采集 500 万至 1000 万的加密分组，利用 WEP 加密漏洞就可以计算出 WEP 密钥，另一些破译软件则采用传统的字典攻击手段，试图猜测出密钥。

10.4.3　无线局域网欺诈

无线局域网欺诈（fraud）就是利用默认配置漏洞、加密漏洞、密钥管理漏洞和服务设置标识漏洞等突破身份认证的封锁，假冒合法无线客户端或无线 AP 骗取 WLAN 的信任，窃听重要机密信息或非法访问网络资源的攻击行为。尽管 IEEE 802.11 WLAN 开放系统认证容许所有无线客户端接入无线 AP，但没有正确的共享密钥，欺诈客户端只能与无线 AP 或其他无线客户端明文通信，并不能窃听到以密文传输的重要机密信息。封闭系统认证则要求无线客户端提供正确的 SSID，共享密钥认证不仅要求无线客户端提供正确的共享密钥，还要求出示正确的 SSID，只有通过身份认证的无线客户端才能接入 WLAN。因此，实现欺诈的关键是突破身份认证，而通过身份认证最简便的办法就是设法获得 SSID 和 WEP 共享密钥。如前 SSID 漏洞所述，获取 SSID 并不困难，窃取或破译共享密钥才是 WLAN 欺诈的关键要素。

除了使用众多免费的 WEP 共享密钥破译软件之外，由于 WEP 共享密钥认证过程相对简单，通过伪造合法的共享密钥认证过程，仍然有可能实现欺诈意图。在共享密钥认证方式下，无线 AP 收到认证请求后，以明文形式发送一个 128 位的随机认证消息，随机认证消息由共享密钥和初始向量通过 RC4 加密算法生成，无线客户端用共享密钥对随机认证消息加密后回送给无线 AP。如果能够积累大量回送给无线 AP 的加密随机认证报文，就有可能破译出无线客户端对明文流加密使用的密钥流，因为加密随机认证报文中隐藏了密钥流。一旦窃听到发送给客户端的明文随机认证响应，就可以用密钥流伪造一个合法的加密随机认证报文，无线 AP 必然错误地认为这是一个合法的无线客户端，共享密钥认证欺诈过程如图 10.12 所示。

IEEE 802.11 WLAN 除采用 SSID 和 WEP 共享密钥安全机制之外，MAC 地址过滤也是重要的安全措施之一。将 SSID、MAC 地址过滤和 WEP 共享密钥多种安全机制组合起来，能够在很大程度上降低安全威胁，多数无线 AP 在开放系统认证、封闭系统认证和共享密钥认证方式下都支持MAC地址过滤。MAC地址过滤就是用无线网络适配器的物理地址来确定无线客户端的合法性,在 MAC 地址过滤之前,需要在无线 AP 建立容许访问 WLAN 的 MAC 地址列表。只有当无线客户端提交的 MAC 地址能够与无线 AP 建立的 MAC 地址列表匹配时,才容许访问 WLAN。

如果在封闭系统认证方式下配置了 MAC 地址过滤,无线客户端不仅要向无线 AP 出示正确的 SSID,还需要提交合法的 MAC 地址。无线客户端首先向无线 AP 发送 SSID 认证请求,如果是开放系统认证,则可以发送任意 SSID 认证请求。如果提交的 SSID 能够与无线 AP 的 SSID 匹配,无线 AP 将返回认证成功应答。但此时无线客户端还不能接入 WLAN。无线客户端需继续向无线 AP 发送 MAC 地址连接请求,如提交的 MAC 地址位于合法 MAC 地址列表,则无线 AP 授权无线客户端的连接请求。

尽管 MAC 地址过滤机制增强了 WLAN 的安全性,但也为无线局域网欺诈提供了机会。由于无线客户端以明文方式向无线 AP 发送 MAC 地址连接请求,利用无线局域网监听工具,很容易窃取 WLAN 中其他无线客户端向无线 AP 发送的合法 MAC 地址。此外,如果能知道无线客户端使用的无线网络适配器生产厂商,破译 MAC 地址要比破译 WEP 共享密钥容易的多,因为 MAC 地址是通过标准化生成的。通过伪造合法 MAC 地址就可实现无线局域网欺诈,操作系统和无线网络适配器支持 MAC 地址重新配置功能,也为 MAC 地址欺诈提供了方便,封闭系统认证 MAC 地址欺诈过程如图 10.13 所示。如果伪造 MAC 地址的无线客户端和合法 MAC 地址的无线客户端同时在线,必然会破环 ARP 缓存表。所以利用 MAC 地址欺诈接入 WLAN 之前,需要用 WLAN 监听工具确认合法 MAC 地址是否在线。

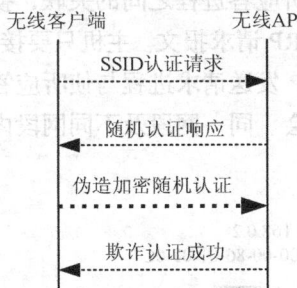

图 10.12　共享密钥认证欺诈过程　　　图 10.13　封闭系统认证 MAC 地址欺诈过程

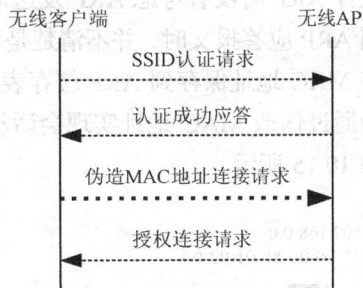

10.4.4　无线 AP 欺诈

无线 AP 欺诈(rogue)是指在 WLAN 覆盖范围内秘密安装无线 AP,窃取通信、WEP 共享密钥、SSID、MAC 地址、认证请求和随机认证响应等保密信息的恶意行为。事实上,WLAN 固有的性质不仅为无线局域网欺诈提供了方便,也为在 WLAN 附近安装欺诈无线 AP 提供了便利条件,欺诈无线 AP 原理如图 10.14 所示。

为了实现无线 AP 欺诈目的,需要首先利用 WLAN 探测和定位软件,获得合法无线 AP 的 SSID、信号强度、是否加密等信息。根据信号强度能够将欺诈无线 AP 秘密安装到合适位置,确保无线客户端可以在合法 AP 和欺诈 AP 之间切换,自然还需要将欺诈 AP 的 SSID 设置

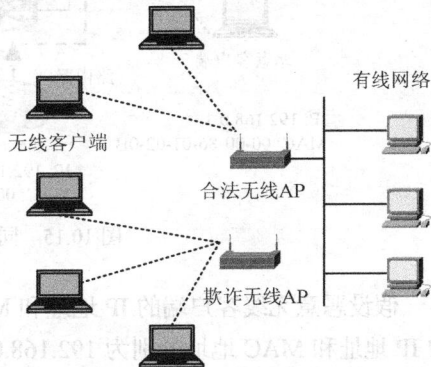

图 10.14　WLAN 欺诈无线 AP

成合法无线 AP 的 SSID 值。如果 WLAN 采用开放系统认证或封闭系统认证，无线 AP 欺诈已经成功。如果 WLAN 采用共享密钥认证，还需要设法获得 WEP 共享密钥才能欺诈成功。

发现欺诈无线 AP 的最简单方法就是使用无线局域网探测软件，因为无线局域网探测软件的基本功能就是试图发现非法无线 AP，但前提是欺诈无线 AP 采用了开放系统认证，因为在封闭系统认证或共享密钥认证方式下，无线 AP 并不广播自己的 SSID。

10.4.5　无线局域网劫持

无线局域网劫持（hijack）是指通过伪造 ARP 缓存表使会话流向指定恶意无线客户端的攻击行为，无线局域网劫持原理与有线网络的会话劫持相同，主要是利用了 ARP 中存在的请求与应答报文漏洞。通过网络层将 MAC 地址隐藏起来，使用统一的 IP 地址通信可以使 TCP/IP 与具体的物理网络无关，但主机在数据链路层必须使用 MAC 地址才能实现通信，正是 ARP 协议提供了 IP 地址到 MAC 地址的映射服务。

ARP 协议采用动态绑定（dynamic binding）方式解析目标主机的 MAC 地址，当主机发送数据时，首先查询本机的 ARP 缓存表，如检索到目标 IP 地址对应的 MAC 地址，将 MAC 地址封装在数据帧头内就可以实现数据链路层之间的通信。如果未检索到目标 IP 地址对应的 MAC 地址，则在本网段内广播 ARP 请求报文，只有同目标 IP 地址相同的主机才回送包含 MAC 地址的 ARP 应答报文。如果目标 IP 地址位于其他网络，主机将 ARP 请求报文发送给路由器，路由器再报告自己的 MAC 地址，然后由路由器转发数据报文。

由于在设计 ARP 时没有考虑 ARP 发送请求进程与侦听应答进程之间的关联，换句话说，发送主机接收到 ARP 应答报文时，并不清楚是否曾发送过 ARP 请求报文。主机只要接收到 ARP 应答报文，就将 MAC 地址保存到 ARP 缓存表中。正是 ARP 发送请求进程与侦听应答进程之间的无关联性，为通过伪造 MAC 地址实现会话劫持提供了机会。同一网段及不同网段内的无线局域网劫持过程如 10.15 所示。

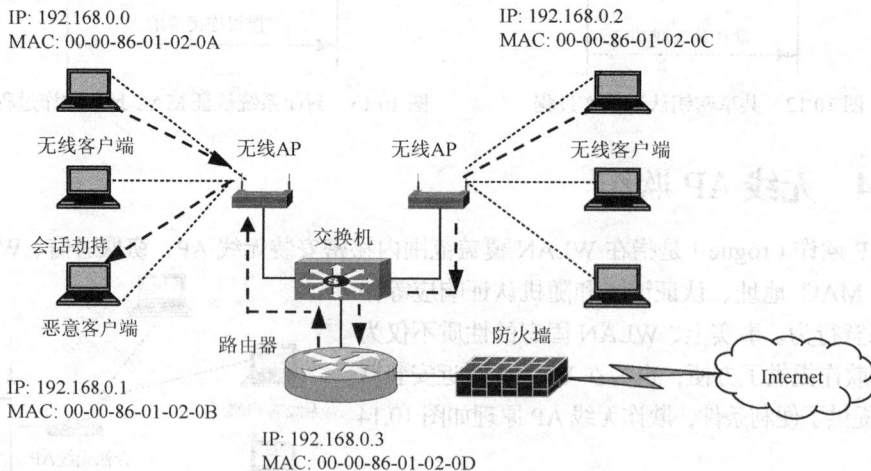

图 10.15　同网段及不同网段 WLAN 劫持过程

假设恶意无线客户端的 IP 地址和 MAC 地址分别为 192.168.0.1、00-00-86-01-02-0B；路由器的 IP 地址和 MAC 地址分别为 192.168.0.3、00-00-86-01-02-0D。如果恶意无线客户端希望劫持同一网段内 IP 地址为 192.168.0.0 的无线客户端会话，只要恶意无线客户端知道对方的 IP 地址，并

向其发送一个包含自己 00-00-86-01-02-0B MAC 地址的 ARP 应答报文。无线客户端将错误地认为
00-00-86-01-02-0B 就是目标主机的 MAC 地址，此时，无线客户端的所有报文将被劫持到恶意无
线客户端。如果恶意无线客户端希望劫持位于另一网段内 IP 地址为 192.168.0.2 的无线客户端会
话，则必须向路由器发送伪造 MAC 地址 00-00-86-01-02-0B，使路由器 ARP 缓存表错误地将无线
客户端的 IP 地址 192.168.0.2 映射成 00-00-86-01-02-0B 恶意 MAC 地址，路由器会将无线客户端
发送的所有报文错误地转发到恶意无线客户端。

目前网络上存在大量免费的会话劫持软件，甚至有些劫持软件还提供源代码，只要在搜索引
擎中输入关键词 ARP Spoof 就可以发现众多的劫持软件。例如，Dsniffer、Bktspibdc、WCI、
ARP0C2、Hunt、Fake、ARPtool 等都是典型的 ARP 会话劫持软件。从无线局域网会话劫持的原
理可以看出，能够实现会话劫持的前提是 ARP 协议使用了动态绑定机制。因此，只要采用静态
ARP 缓存表就可以有效地防止这种会话劫持攻击，但手工维护大量的静态 MAC 地址会给安全管
理增加额外的维护负担。

10.5 无线保护接入安全机制

为了解决 IEEE 802.11 系列无线局域网 WEP 安全机制存在的各种安全漏洞与威胁，Wi-Fi 联
盟于 2003 年 2 月正式推出了无线局域网无线保护接入（Wi-Fi protected access，WPA）安全机制。
WPA 采用临时密钥完整性协议（temporal key integrity protocol，TKIP）加强了数据传输的保密性；
采用基于端口的网络接入控制协议（port-based network access control protocol）IEEE 802.1x 和扩
展认证协议 EAP 相结合的方法提高了身份认证的可信度和密钥管理的安全性。WPA 不仅适应企
业网络环境，也可以用于小型、家庭办公网络环境（small office/home office，SOHO），并且能够
兼容 WEP 和 IEEE 标准委员会于 2004 年 6 月宣布的 IEEE 802.11i 新一代无线局域网安全标准。
如果无线 AP 和无线网络适配器支持 WPA，只要在无线 AP 安装 IEEE 802.1x 和 TKIP 协议软件；
在无线客户端安装 IEEE 802.1x、TKIP 和 EAP 协议，即可以将企业无线局域网从脆弱的 WEP 轻
松升级到具有互操作性和健壮安全的 WPA。

10.5.1 WPA 过渡标准

事实上，WPA 是 IEEE 802.11i 新一代无线局域网安全标准的子集。Wi-Fi 联盟考虑到 IEEE
802.11i 安全机制获得 IEEE 标准委员会批准还需要一段时间，等待新一代安全标准出台必然会阻
止 WLAN 产品的研发和市场发展速度。由于已经发现 WEP 存在多种安全漏洞和威胁，生产厂商
纷纷开发各自的 WLAN 安全解决方案，但不同厂商提出的安全解决方案缺少互操作性。因此，
Wi-Fi 联盟在 IEEE 802.11i 出台之前推出了 WPA，作为 IEEE 802.11i 的过渡中间标准，确保 WLAN
在过渡期内的安全性。Wi-Fi 联盟是 IEEE 802.11i 标准的主要参与者之一，所以在规划 WPA 时就
考虑了对市场上广泛使用的 WEP 和未来安全标准的兼容性。因此，不需要对现有 WLAN 结构进
行过多的改变，WEP 的软件和固件就可以很容易地升级到 WPA，WPA 也可以方便地升级到 IEEE
802.11i 标准。

10.5.2 IEEE 802.11i 标准

IEEE 802.11i 标准的全称是"IEEE 信息技术标准-系统之间的通讯和信息交换-局域网和城域

网特殊需求-第 11 部分：无线局域网介质接入控制和物理层规范-修正 6：介质接入控制安全增强（medium access control security enhancements）"，Wi-Fi 联盟则将 IEEE 802.11i 标准称为第二代无线保护接入（Wi-Fi protected access 2，WPA2）。IEEE 802.11i 在修正 WEP 已知缺陷的基础上，基于 IEEE 802.1x 认证协议、预先认证（pre-authentication，PA）、密钥体系（key hierarchy，KH）、密钥管理（key management，KM）、密码和认证协商（cipher and authentication negotiation，CAN）、临时密钥完整性协议 TKIP、计数模式/密码块链接消息认证码 CCMP 协议（counter-mode/CBC-MAC protocol）（CBC-MAC: cipher block chaining message authentication code）和无线健壮认证协议（wireless robust authenticated protocol，WRAP）等安全机制，提出了健壮安全网络（robust security network，RSN）的概念，从数据保密、密钥管理、身份认证、访问控制、消息完整性校验等多个方面加强了 WLAN 的安全性。

尽管 IEEE 802.11i 标准比 WPA 具有更高的安全级别，但由于实现成本较高，将主要用于政府、国防、公安、金融、企业等对信息安全有特殊要求的网络环境。WPA 更适用于 SOHO 网络环境，因此，多数网络安全专家认为 IEEE 802.11i 标准并不能完全取代 WPA。WPA 与 IEEE 802.11i 标准之间的关系如图 10.16 所示，WPA 提供了 IEEE 802.11i 标准中的 IEEE 802.1x 认证协议、密钥体系、密钥管理、密码和认证协商及临时密钥完整性协议主要安全机制。

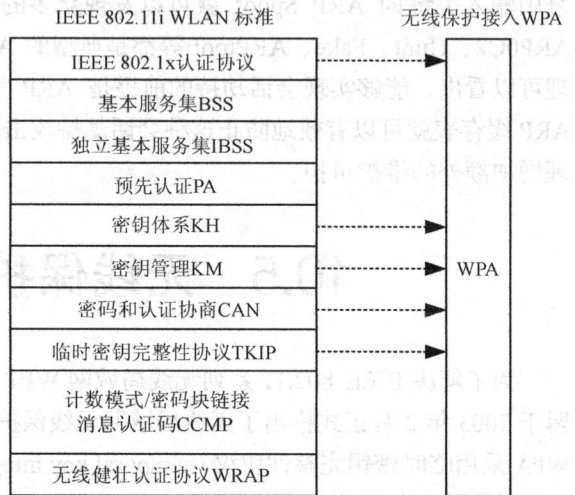

图 10.16　WPA 与 IEEE 802.11i 标准间的关系

10.5.3　WPA 主要特点

WPA 相对于 WEP 提供了比较完善的数据加密和用户身份认证功能，WEP 使用安全性较差的 40 位或 104 位密钥长度，24 位初始向量空间，用 WEP 密钥本身验证无线客户端身份。WPA 采用具有消息完整性校验（message integrity check，MIC）功能的 TKIP 加密技术代替了容易破译的 WEP 加密体制，MIC 也称为 Michael 码，并且将初始向量、密钥长度分别扩大到 48 位和 128 位，提高了破译 TKIP 密钥的难度。同时使用 IEEE 802.1x 认证协议、扩展认证协议 EAP 或预先共享密钥（pre-shared key，PSK）技术，提供了无线客户端和认证服务器之间的双向认证功能，解决了 WEP 单向认证的缺陷。此外，WPA 向下兼容 WEP，能够容易地通过软件或固件升级现有的 WEP 无线 AP 和无线网络适配器，而且不会影响无线网络的性能。WPA 不仅适用于 SOHO 网络环境，也适用于企业或小型商业环境，只有通过身份认证的合法用户才能访问 WLAN 资源。

10.5.4　IEEE 802.11i 主要特点

IEEE 802.11i 标准或 WPA2 不仅支持 IEEE 802.1x、EAP 或 PSK，而且定义了 CCMP 和 WRAP 高级加密标准 AES（advanced encryption standard）。AES 是美国商业部和国家标准技术协会批准的美国官方加密标准，能够满足官方政府的安全需求。但 AES 不能通过软件或固件方式升级 WEP 或 WPA 设备，需要购置支持 AES 的无线 AP 和无线网络适配器。尽管 IEEE 802.11i 标准定义了

TKIP、CCMP 和 WRAP 3 种加密机制，但只有 CCMP 和 WRAP 才是实现 RSN 概念的强制要求，IEEE 802.11i 标准规定 WRAP 仅是一种可选加密机制。WPA、WEP 和 IEEE 802.11i 标准的主要不同点如表 10.3 所示。

表 10.3　WAP 与 WEP 的主要不同点

主要安全机制	WEP	WAP	IEEE 802.11i
数据加密体制	RC4	TKIP	CCMP 或 WRAP
密钥长度	40 或 104 位	128 位	128 位
初始向量长度	24 位	48 位	48 位
完整性校验算法	CRC32	Michael（MIC）	CCM
完整性校验内容	仅数据部分，头部无校验	数据和头部都校验	数据和头部都校验
密钥管理协议	无	IEEE 802.1x 和 EAP	IEEE 802.1x 和 EAP
密钥管理方式	固定密钥、人工分发	动态事物密钥、自动分发	动态事物密钥、自动分发
身份认证协议	WEP 密钥	IEEE 802.1x 和 EAP	IEEE 802.1x 和 EAP

10.6　本章知识点小结

1. 无线网络标准

（1）第二代蜂房移动通信标准

1G 移动通信系统采用模拟信号传输实现语音业务，使用 FDMA 技术区分地址。2G 移动通信系统采用数字信号传输实现语音和多种数据业务，主要有 GSM 和 CDMA 移动通信标准。GSM 采用 TDMA 技术区分地址，具有 900MHz、1800MHz 和 1900MHz 3 个频段标准。CDMA 采用相互正交码型区分地址，能够在同一时间和同一频率下实现通信，比 GSM 具有更大的通信容量。此外，CDMA 还采用了扩频通信技术，扩频技术主要有直序扩频 DSSS 和跳频扩频 FHSS。扩频通信能够提高信号的抗干扰能力和通信的保密性。

（2）GPRS 和 EDGE 无线业务

GPRS 和 EDGE 是 GSM 迈向 3G 的过渡移动通信标准，GPRS 的数据传输速率为 171.2kbit/s，EDGE 提高到 384kbit/s，两者均采用分组交换传输模式，以语音通信为主，数据通信业务为辅。

（3）第三代蜂房移动通信标准

ITU 将第三代移动通信命名为国际移动电信 IMT-2000，统一标准和频段、提高频谱利用率和支持多媒体移动通信是 3G 与 2G 的主要区别。欧洲提出的宽带 WCDMA、美国提出的 CDMA2000 和我国提出的 TD-SCDMA 是当前 3G 移动通信的主流标准。

（4）第四代蜂房移动通信标准

ITU 将第四代移动通信系统命名为 IMT-Advanced，LTE-Advance 和 WirelessMAN-Advanced 均满足 IMT-Advanced 定义的规范，同时被 ITU 确定为第四代移动通信国际标准。我国提出的 TD-LTE-Advance 属于 LTE-Advance 范畴。

（5）IEEE 802.11 无线局域网

IEEE 802.11 WLAN 分为有固定基础设施和无固定基础设施两类，固定基础设施指无线 AP，无固定基础设施指没有安装无线 AP 的 WLAN，IEEE 802.11 无线局域网有 IEEE 802.11、802.11a、802.11b、802.11g、802.11n 五个标准系列，峰值数据传输速率分别为 2Mbit/s、56Mbit/s、11Mbit/s、

56Mbit/s 和 300Mbit/s。

（6）HiperLAN/2 高性能无线局域网

HiperLAN/2 是 ETSI 制定的宽带无线接入网 BRAN 组成部分之一，可分别支持 6Mbit/s、9Mbit/s、12Mbit/s、18Mbit/s、27Mbit/s、36Mbit/s、54Mbit/s 多种传输速率。IEEE 802.11 系列标准采用无连接传输方式，不提供 QoS 保障，而 HiperLAN/2 采用面向连接的传输方式，能够更好地满足多媒体数据业务的需求。

（7）HomeRF 无线家庭网

HomeRF 是 FCC 推出的面向家庭的无线网络工业标准，主要用于个人计算机和家用电子设备之间的无线通信。语音通信采用支持电路交换和分组交换的 DECT 标准，电路交换用于语音传输，分组交换用于数据传输。

（8）蓝牙短距离无线网

蓝牙业界联盟特别兴趣小组 SIG 在全球范围内积极推广蓝牙技术，目前已推出 Bluetooth 1.0、Bluetooth 1.1 和 Bluetooth 2.0 3 个版本规范。IEEE 将 Bluetooth 1.1 版本更名为无线个人区域网 WPAN，作为 IEEE802.15.1 标准发布。WPAN 工作在 2.4GHz ISM 频段，采用跳频扩频技术，最大数据传输速率为 1Mbit/s，理想传输距离为 10cm～10m。

（9）IEEE 802.16 无线城域网

IEEE 802.16 系列是面向大范围覆盖的无线城域网 WMAN 标准，WiMAX 联盟致力于在全球范围内推广 IEEE 802.16 标准。IEEE 802.16 标准系列根据是否支持移动特性分为宽带固定无线接入和移动无线接入两类，802.16、802.16a、802.16c 和 802.16d 属于宽带固定无线接入标准，802.16e 属于宽带移动无线接入标准。

2. 无线局域网有线等价保密安全机制

（1）有线等价保密 WEP

有线等价保密 WEP 是 IEEE 802.11 系列无线局域网采用的安全保护机制。数据加密采用 RC4 加密算法，提供无加密、40 位密钥和 104 位密钥不同安全强度选择，使用共享密钥加密和解密数据。

（2）WEP 加密与解密

初始密钥与 24 位初始向量 IV 连接后生成中间密钥，中间密钥通过 RC4 加密算法生成密钥流。明文与完整性校验值 ICV 连接后形成明文流，密钥流与明文流按位异或生成密文，密文再与初始向量连接形成最终的密文消息。IV 能够避免因重复使用共享密钥而降低加密强度，在明文中添加 ICV 可以防止插入文本试图破解密文消息，WEP 解密是加密的逆过程。

（3）IEEE 802.11 身份认证

IEEE 802.11 WLAN 具有开放系统、封闭系统和共享密钥认证 3 种身份认证方式。开放系统认证容许任意无线客户端接入无线 AP，封闭系统认证要求无线客户端必须提交正确的 SSID，共享密钥认证则要求提交正确的密钥和 SSID。

3. 无线局域网有线等价保密安全漏洞

（1）WEP 默认配置漏洞

开放系统认证是典型的 WEP 默认配置漏洞，任意无线客户端都可以接入 WLAN。

（2）WEP 加密漏洞

当 WEP 帧采用相同的密钥和初始向量加密时，利用重复使用的初始向量有可能破译出加密的 WEP 帧。如果获得足够多的相同初始向量，有可能从密文消息中破译出密钥或明文。有限的 24 位初始向量空间，使密钥重用率提高。

（3）WEP 密钥管理漏洞

厂商通常对默认密钥进行了标准化，检索厂商缺省列表有可能获得共享密钥。由于容易检索到厂商的 MAC 地址范围，用 MAC 地址代替共享密钥并不安全。

（4）服务设置标识漏洞

如将无线客户端的 SSID 配置成无线 AP 默认的 SSID，有可能非法接入 WLAN。即使不知道默认的 SSID，只要使用同一厂商的无线网络适配器也可以非法接入无线 AP。

4. 无线局域网安全威胁

（1）无线局域网探测

目前网络上有多种无线局域网探测和定位软件，其中最著名的 WLAN 探测和定位软件是 Netstumbler。

（2）无线局域网监听

无线集线器共享网络环境，只要将网络适配器设置成混杂工作模式，就可以监听到整个 WLAN 内的数据帧流量。

（3）无线局域网欺诈

伪造合法的共享密钥认证过程，有可能实现欺诈目的。虽然 MAC 地址过滤能够增强 WLAN 的安全性，但伪造合法 MAC 地址同样可以实现无线局域网欺诈。

（4）无线 AP 欺诈

无线 AP 欺诈指秘密安装无线 AP，窃取通信、WEP 共享密钥、SSID、MAC 地址、认证请求和随机认证响应等保密信息的恶意行为，发现欺诈无线 AP 的简单方法是使用无线局域网探测软件。

（5）无线局域网劫持

无线局域网劫持指伪造 ARP 缓存表使会话流向指定恶意无线客户端的攻击行为，ARP 发送请求进程与侦听应答进程之间的无关联性，为通过伪造 MAC 地址实现会话劫持提供了机会。

5. 无线保护接入安全机制

（1）WPA 过渡标准

WPA 是 Wi-Fi 联盟在 IEEE 802.11i 出台之前推出的 WLAN 过渡标准。

（2）IEEE 802.11i 标准

IEEE 802.11i 在修正 WEP 已知缺陷的基础上，提出健壮安全网络的概念，从数据保密、密钥管理、身份认证、访问控制、消息完整性校验等多个方面加强了 WLAN 的安全性。

（3）WPA 主要特点

WPA 采用 TKIP 加密技术代替了容易破译的 WEP 加密体制，将初始向量、密钥长度分别扩大到 48 和 128 位，使用 IEEE 802.1x、EAP 或 PSK 技术，提供无线客户端和认证服务器之间的双向认证功能，WPA 向下兼容 WEP。

（4）IEEE 802.11i 主要特点

IEEE 802.11i 标准支持 IEEE 802.1x、EAP 或 PSK，定义了 CCMP 和 WRAP 高级加密标准 AES，但 AES 不能通过软件或固件方式升级 WEP 或 WPA 设备。

习　　题

1. 查阅有关蜂房移动通信网、无线局域网、无线个人区域网和无线城域网标准的资料，撰写一篇不少于 3000 字的无线网络标准综述报告。

2. 简述 IEEE 802.11 WLAN 开放系统认证、封闭系统认证和共享密钥认证的过程及各自的特点。

3. WEP 主要有哪些安全漏洞？

4. 为什么获得足够多的相同初始向量，就有可能从密文消息中破译出密钥？

5. 无线局域网主要有哪些安全威胁？

6. 利用开源或非商业 WLAN 探测软件掌握 WLAN 安全审计、信号质量检测、安装位置选择、探测与定位等主要功能。

7. 战争驱车探测软件 Netstumbler 可以获得目标 WLAN 的哪些信息？

8. 利用开源分组采集与分析软件 Ethereal，分别在 Linux 和 Windows 操作系统平台下，学习分组捕获函数库 Libpcap、WinPcap 及 Ethereal 的安装与使用。

9. 分别简述共享密钥认证欺诈过程和封闭系统认证 MAC 地址欺诈过程。

10. 利用 WLAN 探测和定位软件，将欺诈无线 AP 安装到 WLAN 实验室合适位置，使用无线局域网探测软件试图发现欺诈无线 AP。

11. WPA 采用哪些技术加强了 WLAN 的安全性。

12. IEEE 802.11i 标准提出的健壮安全网络概念主要包含哪些内容。

13. 列举 WEP 安全机制的优缺点。

14. 列举 WPA 安全机制的优缺点。

15. 列举 IEEE 802.11i 安全机制的优缺点。

16. 比较 WEP、WPA 和 IEEE 802.11i 标准的异同。

附录
英文缩写对照表

A

AAA	authentication, authorization, accounting	认证、授权、审计
AAFID	autonomous agents for intrusion detection	入侵检测自治代理
ACL	access control table	访问控制表
AES	advanced encryption standard	高级加密标准
AH	IP authentication header	IP 认证包头
AirCERT	automated incident reporting	自动事件报告
AP	access point	接入点
ARP	address resolution protocol	地址解析协议
ASA	adaptive security algorithm	自适应安全算法

B

BEEP	blocks extensible exchange protocol	块扩展交换协议
BIND	Berkeley Internet name domain	伯克利 Internet 名字域
BPF	Berkeley packet filter	伯克利数据包过滤器
BRAN	broadband radio access networks	宽带无线接入网
BSM	basic security module	基础安全模块
BSS	basic service set	基本服务集

C

CA	computer associates international	国际计算机联盟
CAN	cipher and authentication negotiation	密码和认证协商
CBC-MAC	cipher block chaining message authentication code	密码块链接消息认证码
CC	common criteria for information technology security evaluation	信息技术安全评价公共标准
CCMP	counter-mode/CBC-MAC protocol	计数模式/CBC-MAC 协议
CCRA	common criteria recognition arrangement	多边认可协议
CDMA	code division multiple access	码分多址
CERT	CERT coordination center	计算机应急响应协作中心
CIDF	common intrusion detection framework	通用入侵检测框架
CISL	common intrusion specification language	通用入侵规范语言
CMU	Carnegie Mellon university	卡内基梅隆大学

CSMA/CD	carrier sense multiple access/collision detect	载波监听多路访问/冲突检测
CSPF	CMU Stanford packet filter	卡内基斯坦福数据包过滤器
CTCPEC	Canadian trusted computer product evaluation criteria	加拿大可信计算机产品评价标准
CVE	common vulnerability and exposures	公共漏洞披露机构
CyberCop	CyberCop intrusion protection	入侵防护系统

D

DAC	discretionary access control	自主访问控制
DACL	discretionary access control list	自主访问控制列表
DARPA	defense advanced research projects agency	美国国防部高级研究计划署
DDoS	distributed denial of service	分布式拒绝服务攻击
DECT	digital enhanced cordless telephony	数字增强无绳电话
DES	data encryption standard	数据加密标准
DET	detection error tradeoff	检测误差权衡曲线
DIDS	distributed intrusion detection system	分布式入侵检测系统
DMZ	demilitarized zone	非军事区
DNS	domain name systems	域名系统
DoS	denial of service	拒绝服务
DSSS	direct sequence spread spectrum	直序扩频
DTS	digital time-stamp	数字时间戳

E

EAL	evaluation assurance levels	评价保证等级
EAP	extensible authentication protocol	扩展认证协议
EDR	enhanced data rate	增强数据率
EL	event logger	事件记录器
ESP	IP encapsulating security payload	IP 封装安全负载
ESS	extended service set	扩展服务集
ETSI	European telecommunication standard institute	欧洲电信标准协会

F

FC	federal criteria for information technology security	信息技术安全评价联邦标准
FCC	federal communications commission	联邦通信委员会
FDD	frequency division duplex	频分双工
FDMA	frequency division multiple address	频分多址
FHSS	frequency hopping spread spectrum	跳频扩频
FPLMTS	future public land mobile telecommunication systems	未来公众陆地移动电信系统
FTP	file transfer protocol	文件传输协议

G

GIDO	general intrusion detection object	通用入侵检测对象
GISA	German information security agency	德国信息安全部
GPS	global position system	全球定位系统
GRE	generic routing encapsulation	通用路由协议封装

| GSM | global system for mobile communication | 全球移动通信系统 |

H

H2GF	HiperLAN/2 global forum	HiperLAN/2 全球论坛
HIDS	host-based intrusion detection system	主机入侵检测系统
HiperLAN	high performance radio local area network	高性能无线局域网
HMM	hidden Markov model	隐含马尔科夫模型
HomeRF	home radio frequency	家庭无线网络
HR-DSSS	high rate direct sequence spread spectrum	高速率直序扩频
HTML	hypertext markup language	超文本标志语言
HTTP	hypertext transfer protocol	超文本传输协议

I

IBSS	independent basic service set	独立基本服务集
ICMP	Internet control messages protocol	Internet 控制报文协议
ICV	integrity check value	完整性校验值
IDEA	international data encryption algorithm	国际数据加密算法
IDES	intrusion detection expert system	入侵检测专家系统
IDGW	intrusion detection working group	入侵检测工作组
IDMEF	intrusion detection message exchange format	入侵检测消息交换格式
IDS	intrusion detection system	入侵检测系统
IDSM	intrusion detection system module	入侵检测系统模块
IDXP	intrusion detection exchange protocol	入侵检测交换协议
IEC	international electrotechnical commission	国际电工委员会
IETF	Internet engineering task force	因特网工程任务组
IGMP	Internet group management protocol	Internet 组管理协议
IKE	Internet key exchange	Internet 密钥交换
IMAP4	Internet message access protocol version4	消息访问协议-版本 4
IMT-2000	international mobile telecommunication-2000	国际移动电信
InterNIC	Internet network information center	Internet 网络信息中心
IP	Internet protocol	网际协议
IPSec	IP security protoco	IP 安全协议
IR	infrared	红外线
ISAKMP	Internet security association and key management protocol	安全关联和密钥管理协议
ISM	industry science and medical	工业、科学和医疗频段
ISN	initial sequence number	初始序列号
ISO	international organization for standardization	国际标准化组织
ISS	Internet security systems	因特网安全系统公司
ITSEC	information technology security evaluation criteria	信息技术安全评价标准
ITU	international telecommunication union	国际电信联盟
IV	initialization vector	初始向量

K

KDC	Key Distribution Center	密钥分发中心
KH	key hierarchy	密钥体系
KM	key management	密钥管理

L

L2F	layer 2 forwarding	第二层转发协议
L2TP	layer2 tunneling protocol	第二层隧道协议
Libpcap	packet capture library	数据包捕获函数库
LSA	local security authority	本地安全认证

M

MAC	mandatory access control	强制访问控制
MAC	medium access control	介质访问控制
MIC	message integrity check	消息完整性校验
MIME	multipurpose Internet mail extensions	多用途邮件扩展协议
MPLS	multi protocol label switching	多协议标记交换
MPPE	Microsoft point to point encryption	微软点对点加密算法
MSS	maximum segment size	最大数据段大小
MTA	message transfer agent	报文传送代理
MTU	maximum transmission unit	最大传输单元

N

NAI	network associates Inc.	网络联盟有限公司
NAS	network access server	网络接入服务
NAT	network address translator	网络地址转换
NCSC	national computer security center	美国国家计算机安全中心
NetBIOS	network basic input output system	网络基本输入输出系统
NIDES	next-generation intrusion detection expert system	下一代入侵检测专家系统
NIDS	network-based intrusion detection system	网络入侵检测系统
NIST	national institute of standards and technology	美国国家标准技术委员会
NSA	national security agency	美国国家安全局
NSM	network security monitor	网络安全监视器

O

OFDM	orthogonal frequency division multiplexing	正交频分复用
OPSEC	open platform for security	安全性开放式平台
OSSIM	open source security information management	开放源码安全信息管理系统
OUI	organizationally unique identifier	厂商唯一标识

P

PA	pre-authentication	预先认证
PEM	privacy enhancement for Internet electronic mail	保密增强 Internet 邮件
PIN	personal identification number	个人身份号码
PIX	private internet exchange	保密互连交换

POP3	post office protocol-version3	邮局协议-版本 3
PP	protection profile	保护轮廓
PPP	point to point protocol	点对点协议
PPTP	point to point tunnel protoco	点对点隧道协议
PRNG	pseudo random number generator	随机数生成器
PSK	pre-shared key	预先共享密钥

Q

QoS	quality of service	服务质量

R

RADIUS	remote authentication dial-in user service	远程认证拨号用户服务
RAID	redundant arrays of inexpensive disks	冗余磁盘阵列
RARP	reverse address resolution protocol	逆向地址解析协议
RDP	reliable data protocol	可靠数据协议
RIPPER	repeated incremental pruning to produce error reduction	重复增量裁减缩减错误
RISC	reduced instruction system computer	精简指令系统计算机
ROC	receiver operating characteristic	接收机操作特性曲线
RPC	remote procedure call	远程过程调用
RSA	Ron Rivest, Adi Shamir, Leonard Adleman	名字命名的加密算法
RSN	robust security network	健壮安全网络

S

SA	security association	安全关联
SACK	selective acknowledgment	选择性应答
SACL	system access control list	系统控制访问列表
SAD	security association database	安全关联数据库
SAM	security account management	安全账户管理
SAMHAIN	file integrity and intrusion detection system	文件完整性检查与入侵检测系统
SET	secure electronic transaction	安全电子交易协议
SF	security target	安全目标
SFTP	secure Shell file transfer protocol	SSH 文件传输协议
SID	subject identification	主体安全标识符
SIG	Bluetooth special interest group	蓝牙特别兴趣小组
SII	standard indicator icons	标准指示图标
SMB	server message block	服务器消息块协议
SMTP	simple message transfer protocol	简单邮件传输协议
SOHO	small office home office	小型或家庭办公
SPAN	switched port analyzer	交换端口分析器
SPD	security policy database	安全策略数据库
SPI	security parameters index	安全参数索引
SPI	stateful packet inspection	状态包检查
SRI	Stanford research institute	斯坦福研究所

SRM	security reference monitor	安全参考监视器
SSID	service set identity	服务设置标识
SSL	security socket layer	安全套接层
SVM	support vector machine	支持向量机
SWAP	shared wireless access protocol	共享无线访问协议

T

TAP	test access port	测试接入端口
TCP	transfer control protocol	传输控制协议
TCSEC	trusted computer system evalution criteria	可信计算机系统评价标准
TDD	time division duplex	时分双工
TDI	trusted database interpretation	可信数据库解释
TDMA	time division multiple address	时分多址
TD-SCDMA	time division-synchronous CDMA	时分同步 CDMA
TEMPEST	transient electromagnetic pulse emanation standard	瞬态电磁脉冲辐射标准
TKIP	temporal key integrity protocol	临时密钥完整性协议
TLS	transport layer security	传输层安全
TNI	trusted network interpretation	可信网络解释
TOE	target of evaluation	评价目标
TTL	time to live	生存时间

U

| UA | user agent | 用户代理 |
| UDP | user datagram protocol | 用户数据报协议 |

V

| VIEID | Virtual identity electronic identification | 虚拟身份电子标识 |
| VPN | virtual private networking | 虚拟专用网 |

W

WCDMA	wideband CDMA	宽带 CDMA
WECA	wireless Ethernet compatibility alliance	无线以太网兼容性联盟
WEP	wired equivalent privacy	有线等价保密
Wi-Fi	wireless fidelity alliance	无线高保真联盟
WiMAX	worldwide interoperability for microwave access	微波接入全球互操作性联盟
WLAN	wireless local area network	无线局域网
WLL	wireless local loop	无线本地回路
WMAN	wireless metropolitan area network	无线城域网
WPA	Wi-Fi protected access	无线保护接入
WPA2	Wi-Fi protected access 2	第二代无线保护接入
WPAN	wireless personal area network	无线个人区域网
WRAP	wireless robust authenticated protoco	无线健壮认证协议

X

| XML | extensible markup language | 扩展标志语言 |

参考文献

［1］乔纳森，卡茨. 现代密码学——原理与协议.北京：国防工业出版社，2011.

［2］吴晓平，秦艳琳. 信息安全数学基础. 北京：国防工业出版社，2009.

［3］王文海，蔡红昌，李新社，任育. 密码学理论与应用基础. 北京：国防工业出版社，2009.

［4］范九伦，张雪锋，刘宏月，谢勰. 密码学基础. 西安：西安电子科技大学出版社，2008.

［5］胡向东，魏琴芳. 应用密码学. 北京：电子工业出版社，2006.

［6］沈昌祥，肖国镇，张玉清. 网络攻击与防御技术. 北京：清华大学出版社，2011.

［7］刘功申. 计算机病毒及其防范技术. 北京：清华大学出版社，2011.

［8］李剑，张然等. 信息安全概论. 北京：机械工业出版社，2009.

［9］张仕斌，曾派兴等. 网络安全实用技术. 北京：人民邮电出版社，2010.

［10］魏红芹. 计算机信息安全管理实验教程. 北京：清华大学出版社，2010.

［11］李拴宝，何汉华. 网络安全技术. 北京：清华大学出版社，2012.

［12］雷渭侣，玉兰波. 计算机网络安全技术与应用. 北京：清华大学出版社，2010.

［13］陈志德，许力. 网络安全原理与应用. 北京：电子工业出版社，2012.

［14］胡国胜，张迎春. 信息安全基础. 北京：电子工业出版社，2011.

［15］吕林涛，张亚玲. 网络信息安全技术概论. 北京：科学出版社，2010.

［16］马春光，郭方方. 防火墙、入侵检测与VPN. 北京：北京邮电大学出版社，2008.

［17］陈性元，杨艳. 网络安全通信协议. 北京：高等教育出版社，2008.

［18］秦科，张小松. 网络安全协议. 成都：电子科技大学出版社，2008.

［19］寇晓蕤，王清贤. 网络安全协议. 北京：高等教育出版社，2009.

［20］袁家政，印平. 计算机网络安全与应用技术（第二版）. 北京：清华大学出版社，2011.

［21］Peng Xinguang, Liu Yushu, Wu Yushu, Yang Yong. Classification Model with High deviation for Intrusion detection on System Call Traces. Journal of Beijing Institute of Technology. 2005, 14(3):260～263

［22］闫天杰，彭新光，王玲. Dos渗透测试平台的设计与实现，太原理工大学学报，2007，38(4)：290～293

［23］辛卫红，彭新光，赵月爱. P2P网络环境下的远程认证技术研究. 计算机安全，2009(5)：52～55

［24］Peng Xinguang, Yan Meifeng. Trusted Anomaly Detection with Context Dependency, Journal of Shanghai Jiaotong University(Science), 2006, E-11(2):253～258

［25］边婧，彭新光.不平衡入侵检测数据的代价敏感分类策略. 计算机应用研究，2009，26(8):3036～3043

［26］李宾，彭新光. 程序的语义远程认证研究. 计算机与数字工程，2010,38(7):111～114

［27］付东来，彭新光，陈够喜，杨秋翔. 动态Huffman树平台配置远程证明方案. 计算机应用，2012, 32(8):2275～2279

［28］闫建红，彭新光. 度量行为信息基的可信认证.计算机应用，2012, 32(1):56～59

［29］刘艳飞，彭新光. 多因素信任的无线传感器网络信任模型. 计算机应用，2012, 32(6):

1616～1619

　　［30］杨帆，彭新光. 分簇体制在 MANET 入侵检测中的应用. 计算机应用，2007, 27(4): 832～834

　　［31］赵月爱，彭新光. 高速网络环境下的入侵检测技术研究. 计算机工程与设计，2006, 27(16):2985～2987

　　［32］彭新光，马晓丽. 会话属性优化的网络异常检测模型. 计算机工程与设计，2005, 26(11):2945～2948

　　［33］高丹，彭新光. 基于 DET 曲线的入侵检测评估方法. 微电子学与计算机，2008, 25(8):133～138

　　［34］蔡思飞，彭新光. 基于 VPN 的安全网关研究. 太原理工大学学报，2006, 37:122～125

　　［35］张志新，彭新光. 基于 XEN 的入侵检测服务研究. 杭州电子科技大学学报，2008, 28(6):91～94

　　［36］吴佳民，彭新光，高丹. 基于 Xen 虚拟机的系统日志安全研究. 计算机应用与软件，2010, 27(4):125～126

　　［37］闫建红，彭新光. 基于混合加密的可信软件栈数据封装方案. 计算机工程，2012, 38(6):123～125

　　［38］闫建红，彭新光. 基于可信计算的动态组件属性认证协议. 计算机工程与设计，2011, 32(2):493～496

　　［39］闫建红，彭新光. 可信计算软件构架的检测研究. 软件工程技术，2011, 19:2735～2738

　　［40］彭新光，王晓阳. 可信计算中的远程认证体系. 太原理工大学学报，2012, 43(3):334～338

　　［41］马文丽，彭新光. 可信云平台远程证明. 计算机应用与软件，2011, 28(12):128～131

　　［42］彭新光，贾宁，王峥. 模糊异常度特权程序异常检测. 计算机工程与应用，2006, 36:124～126

　　［43］张艳艳，彭新光. 虚拟健壮主机入侵检测的实验研究. 计算机应用与软件，2010, 27(4):130～132

　　［44］付东来，彭新光，陈够喜，杨秋翔. 一种高效的平台配置远程证明机制. 计算机工程，2012, 38(7):25～27

　　［45］亢华爱，彭新光. 一种降低误分类代价的权值分布优化算法.太原理工大学学报，2005, 36(4):398～400

　　［46］赵月爱，彭新光. 异或和取模运算的负载均衡算法. 计算机工程与设计，2007, 28(6): 1290～1291